kosmos Naturführer

Der Kosmos-Insektenführer

J. Zahradnik

Der Kosmos-Insektenführer

Ein Bestimmungsbuch
mit 1000 farbigen Abbildungen

5., überarbeitete und
verbesserte Auflage

Kosmos
Gesellschaft der
Naturfreunde
Franckh'sche Verlagshandlung
Stuttgart

Text von Dozent Dr. Jiří Zahradník

Mit 935 Farbzeichnungen
und 53 einfarbigen Zeichnungen
von František Severa
und 69 Farbbildern von Jiří Polák.
Illustrative Konzeption der Einleitung
(S. 6–72): Professor Albrecht Rissler
Aus dem Tschechischen übertragen
von J. Ostmeyer
Fachliche Beratung:
Dr. Roland Gerstmeier

Umschlag von Kaselow-Design,
München, unter Verwendung einer
Farbzeichnung von František Severa

CIP-Titelaufnahme der
Deutschen Bibliothek

Zahradník, Jiří
Der Kosmos-Insektenführer: ein
Bestimmungsbuch / J. Zahradnik. Mit
935 Farbzeichn. u. 53 einfarb. Zeichn.
von František Severa u. 69 Farbbildern
von Jiří Polák. [Aus d. Tschech. übertr.
von J. Ostmeyer]. – 5. überarb. u. verb.
Aufl. –
Stuttgart: Franckh, 1989
(Kosmos-Naturführer)
ISBN 3-440-05989-8

Franckh'sche Verlagshandlung
W. Keller & Co., Stuttgart / 1989

L 14 PL / ISBN 3-440-05989-8
Printed in Germany / Imprimé en Allemagne
Satz: Kittelberger, Reutlingen
Herstellung: Mairs Graphische
Betriebe, Ostfildern

Der Kosmos-Insektenführer

Einleitung

Insekten leben schon fast 350 Millionen Jahre auf unserem Planeten. Die Entwicklung des Menschen begann dagegen erst vor knapp einer Million Jahre. Als der Mensch auftauchte, hatten die Insekten bereits eine lange und vielseitige Entwicklung hinter sich, die bis heute noch nicht abgeschlossen ist: Einige Insektenordnungen stehen erst am Anfang ihrer Entwicklung. Lange vor den Anfängen primitiver Kulturen und der Entdeckung der ersten Werkzeuge konnten die Insekten schon manches, was der Mensch erst viel später gelernt hat. Jahrmillionen, bevor die ersten Papyrusrollen beschrieben wurden, stellten die Wespen aus Holz sehr haltbares Papier her, als Baumaterial für ihre Nester. Ehe der Mensch mühsam die ersten Bohrwerkzeuge erfand, beherrschten verschiedene Käfer und Larven die Technik, auch in sehr hartes Holz ihre Gänge zu bohren. Insekten betäuben und lähmen ihre Beute so vollendet, daß sie als Nahrung viele Tage frisch bleibt. Seit jeher stellen Insekten süßen Sirup her, scheiden Wachs aus als Schutz und Baumaterial, erzeugen Schellackkrusten, kilometerlange feine Seidenfasern und sehr beständigen karminroten Farbstoff.
Insekten können auch leuchten, sie wandeln in einem sehr komplizierten Vorgang Energie in Licht um, und zwar mit sehr hohem Wirkungsgrad. Bis heute kann der Mensch dieses kalte Licht nicht nachahmen, das aus den „Lämpchen" der Leuchtkäfer strahlt.
Insekten sind hervorragende Hersteller von Baumaterial und geschickte Baumeister. Viele Arten kleben aus verschiedenen Stoffen für ihre Nachkommen kleine Nester, die Termiten stellen aus solidem „Holzbeton" feste und hohe Bauten her. Insekten können schneiden, nähen, weben und bestatten, und nicht zuletzt sei daran erinnert, daß Insekten die Schöpfer der ersten organisierten Gesellschaften sind, streng in Kasten gegliederter Staaten. Alle Individuen unterstehen gleichermaßen der Königin, die nicht nur Gründerin des Staates ist, sondern in den meisten Fällen auch die Mutter aller seiner Bewohner, wie etwa bei Ameisen, Bienen, Wespen und Termiten.

Als im Laufe der Zeit der Mensch begann, Land zu bebauen, also mit Beginn der Landwirtschaft, prallten die Interessen des Menschen und der Insekten aufeinander. Tiere umgaben den Menschen ja schon von Anbeginn seiner Existenz. Das war schon den ältesten Kulturen bewußt. Zur Zeit der Pharaonen wurden Insekten als heilig verehrt und häufig abgebildet, wie der Skarabäus, der als Symbol der Wiedergeburt galt, oder auch die Biene. Diese Zeugnisse kommen uns heute sehr alt vor, aber in der Entwicklungsgeschichte der Schöpfung sind ein paar Jahrtausende nichts.
Der Beginn der Landwirtschaft bedeutete eine einschneidende Veränderung im Charakter der damaligen Landschaften. Die ursprünglichen Waldbestände verschwanden, und an ihre Stelle traten Kultursteppen, später auch Waldmonokulturen. Damit wandelte sich auch die Insektenwelt: Die Bewohner der Urwälder verschwanden, und an ihre Stelle traten andere, völlig unterschiedliche Arten. Sie fanden genügend Nahrung und entwickelten sich allmählich zu Wald- und Feldschädlingen.
Schließlich mußte der Mensch diese ungebetenen Gäste bekämpfen, die er ja einst eigentlich erst durch seine Arbeit in seine Nähe gelockt und deren Tisch er ja erst gedeckt hatte. Im Altertum, aber auch in den erst vergangenen Jahrhunderten war der Mensch den Insekten gegenüber wehrlos. Er stürzte sich mit bloßen Händen oder mit Stöcken in den Kampf, beschwor die Insekten oder stieß – mit sicherlich ziemlich geringem Erfolg – Bannflüche gegen sie aus. Insekten brachten Krankheiten und Hungersnöte. Heuschreckenschwärme, die sich auf einer Landschaft niederließen und alles Grün bis auf den letzten Halm kahlfraßen, wurden für eine Strafe Gottes gehalten. Es wäre jedoch falsch zu behaupten, daß die Insekten dem Menschen immer nur schadeten. Immerhin sind viele Arten auch nützlich, nur ihre Bedeutung hat man erst in letzter Zeit so richtig würdigen können. Insekten sind die wichtigsten Blütenbestäuber und sorgen so nicht nur für die Ernte verschie-

dener Nutzpflanzen, sondern stellen die Existenz der Blütenpflanzen sicher. Raubinsekten fressen die weniger räuberischen, dem Menschen aber lästige Arten und tragen so mit dazu bei, den Bestand der Schädlinge zu verringern. Als „Gesundheitspolizei“ entfernen Insektenarmeen viele verwesende Stoffe tierischer oder pflanzlicher Herkunft. Nicht zuletzt aber bereiten die Insekten durch ihr bloßes Vorhandensein auch Freude. Es genügt, an die unnachahmliche Schönheit vieler Tagfalter zu erinnern, an den eleganten Libellenflug, die bizarren Gestalten vieler Insekten, ihre bemerkenswerten Ornamente und Farben. Wer das Leben der Insekten näher kennengelernt hat, bewundert ihre unglaubliche Anpassungsfähigkeit. Die Insekten sind eine Tiergruppe, die unsere Aufmerksamkeit verdient.

Was ist ein Insekt?

Der Laie bezeichnet mit dem Ausdruck „Insekten" alle möglichen Lebewesen, also nicht nur die eigentlichen Insekten, sondern auch Spinnen, Milben, Skorpione, Tausendfüßler, Schnurasseln und sogar Krustentiere. Das ist natürlich falsch. Richtig nennt man alle diese Tiere Gliederfüßer. Die Insekten sind nur eine Klasse der Gliederfüßer, wenn auch eine sehr artenreiche und vielgestaltige, zu der über 30 verschiedene Ordnungen gehören. Daher ist es nicht ganz einfach, für alle Insekten gemeinsame Merkmale zu finden.

Für die meisten Insekten gilt grundsätzlich dasselbe wie für eine Reihe anderer Gliederfüßer: Ihr Körper besteht aus den drei Hauptteilen Kopf, Brust und Hinterleib. Am Kopf befinden sich die Fühler, zusammengesetzte und einfache Augen und die Mundwerkzeuge, an der Brust sitzen die gegliederten Gliedmaßen. Im Unterschied zu allen anderen Gliederfüßern besitzen die Insekten ein oder zwei Flügelpaare. Betrachtet man alle Insekten, so tauchen auch Gruppen auf, deren Körper nicht so deutlich gegliedert sind, es gibt ganze Familien und Ordnungen, deren Arten nur verkümmerte Gliedmaßen besitzen, bei zahlreichen Arten in verschiedensten Ordnungen sind die Flügel zum Beispiel zurückgebildet bzw. gar nicht vorhanden. Auch Augen, Fühler und nicht zuletzt die Mundwerkzeuge sind vielfältig verändert und fehlen manchmal auch ganz.

Der Insektenkopf besteht ursprünglich aus sechs, die Brust aus drei und der Hinterleib aus elf Segmenten oder Abschnitten. Am leichtesten lassen sich die Brustabschnitte erkennen. Die Kopfglieder sind miteinander verwachsen, die Hinterleibssegmente meist nur in geringerer Zahl auszumachen.

Die äußere Hülle des Insektenkörpers besteht aus einer unterschiedlich starken Haut (Cuticula), die gelegentlich

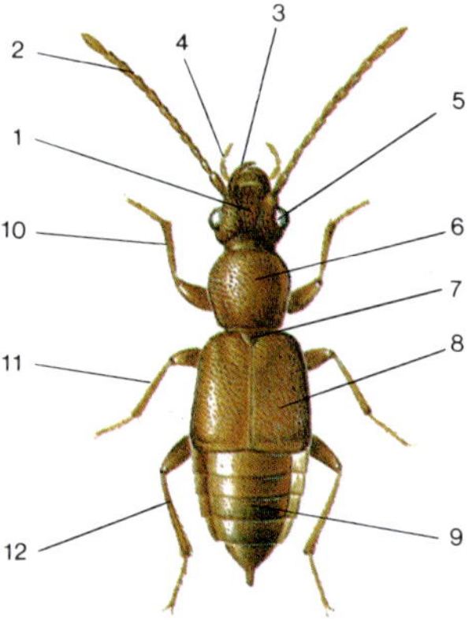

Bild 1. Schema des Insektenkörpers (Kurzflügler der Gattung *Antophagus*): **1** Kopf, **2** Fühler, **3** Oberkiefer (Mandibel), **4** Kiefertaster (Palpus maxillaris), **5** Facettenauge, **6** Schild (Scutum), **7** Schildchen (Scutellum), **8** Vorderflügel (hier Flügeldecken), **9** Hinterleib (Abdomen), **10, 11, 12** Vorder-, Mittel- und Hinterbeine.

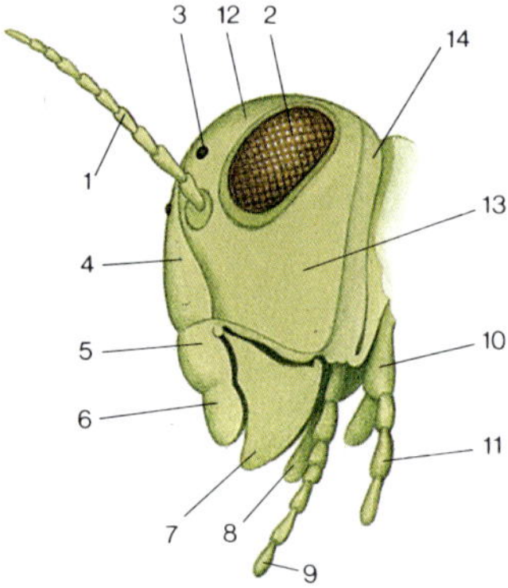

Bild 2. Insektenkopf: **1** Fühler, **2** Facettenauge, **3** Punktauge, **4** Stirn, **5** Kopfschild (Clypeus), **6** Oberlippe (Labrum), **7** Oberkiefer (Mandibel), **8** Unterkiefer (Maxille), **9** Kiefertaster (Palpus maxillaris), **10** Unterlippe (Labium), **11** Lippentaster (Palpus labialis), **12** Scheitel (Vertex), **13** Wange (Gena), **14** Hinterhaupt (Occiput).

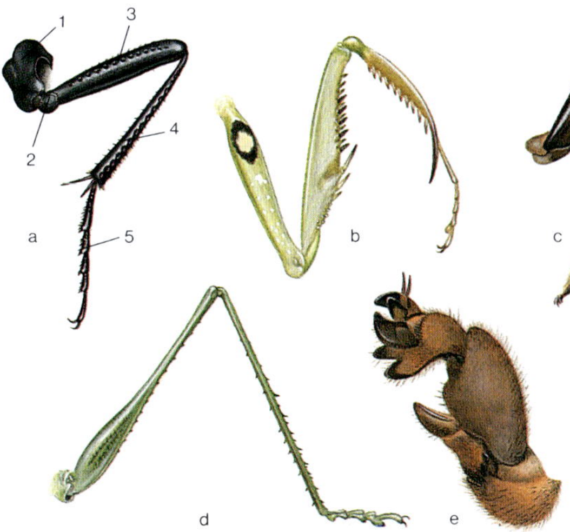

Bild 3. Insektengliedmaßen: **a** Laufbein (Laufkäfer), **b** Fangbein (Gottesanbeterin), **c** Schwimmbein (Schwimmkäfer), **d** Sprungbein (Heupferd), **e** Grabbein (Maulwurfsgrille).
1 Hüfte (Coxa), **2** Schenkelring (Trochanter), **3** Schenkel (Femur), **4** Schiene (Tibia), **5** Fuß (Tarsus).

weich, meistens aber stark sklerotisiert, das heißt mit Chitin und anderen Stoffen gepanzert ist. Bei vielen Arten ist die Cuticula sehr hart. So bildet sie ein Außenskelett (Exoskelett). Die einzelnen Teile, die zu diesem Skelett gehören, die sogenannten Sklerite, sind zwar sehr fest, jedoch leicht gegeneinander beweglich und mit einem dünnen, elastischen Häutchen untereinander verbunden. Oft überlappen sich die einzelnen Sklerite dachartig.

Von den drei Körperabschnitten ist der Kopf (Caput) der kleinste. Er ist verschieden geformt und nimmt zum Körper drei verschiedene Stellungen an: Entweder zeigt er gerade nach vorn (prognather Kopf), oder er ist abwärts geneigt (orthognather Kopf), oder er zeigt unter dem Körper nach hinten (hypognather Kopf).

Der Kopf trägt die Mundwerkzeuge, Fühler und Augen (Komplex- und Nebenaugen) und wird mit einer Reihe von Nähten unterteilt. Ganz vorne sitzt die Oberlippe (Labrum), die die Oberkiefer (Mandibeln) von oben schützt. Daran schließt der Kopfschild (Clypeus) an, die Stirn (Frons), der Scheitel (Vertex) und schließlich das Hinterhaupt (Occiput). Hinter den Augen befinden sich die Wangen (Genae). Von unten ist die Unterlippe (Labium) zu erkennen. Die einzelnen Bestandteile des Kopfes sind jedoch bei den einzelnen Arten nicht immer klar auszumachen.

Die Fühler sind in Form und Gliederzahl sehr verschieden. Sie sitzen mit ihrem Schaft in einer Fühleröffnung am Kopf und sind in der Hauptsache Geruchssinnesorgane. Man unterscheidet eine Vielfalt von Fühlertypen; am verbreitetsten sind folgende: Fadenfühler (lang mit dünnen Gliedern), Perlschnurfühler (rundliche Glieder), gesägte Fühler (Glieder an einer Seite mit kurzen Fortsätzen), gekämmte Fühler (Glieder ein- oder beidseitig mit langen Fortsätzen), gekeulte Fühler (Fühlerende kolbenförmig), gekniete Fühler (rechtwinklig geknickt und am Ende kolbenförmig), Fächerfühler (lamellenartiger Fächer), borstenförmige Fühler (nur einige Glieder, aus dem letzten wächst eine lange Borste heraus). Beispiele für die erwähnten

Fühlertypen findet man in fast allen Insektenordnungen. Die meisten Insekten haben Fühler, wenn auch häufig in reduzierter Form.
Die Mundwerkzeuge liegen im Kopfvorderteil. Der bekannteste und wohl auch ursprünglichste Typ sind die beißend-kauenden Mundwerkzeuge, die man bei Käfern am besten sehen kann. Sie bestehen aus vier Teilen: Oben sitzt die unpaarige Oberlippe (Labrum), die keine Anhänge hat. Darunter folgen die Oberkiefer (Mandibeln), auffallende, oft große, in der Regel stark sklerotisierte Organe, die meist gezahnt und scharf sind. Sie bewegen sich scherenartig gegeneinander und zerkleinern die Nahrung nur grob. Unter ihnen liegen die Unterkiefer (Maxillen). Sie tragen gegliederte Anhänge, die Kiefertaster (Palpi maxillares). Darunter sitzt dann die Unterlippe (Labium), entstanden aus verwachsenen weiteren Kiefern. Dieser Teil ist sekundär unpaarig und trägt die Lippentaster (Palpi labiales).
Außer den beißend-kauenden Mundwerkzeugen gibt es noch eine Reihe anderer Typen, in denen die ursprünglichen Bestandteile der Mundwerkzeuge verschiedene Abwandlungen erfahren haben. So entstanden zum Beispiel stechend-saugende, leckend-saugende, leckende Mundwerkzeuge u. a. Bei diesen Typen haben sich verschiedene Rüsselformen ausgebildet, wie man sie von den Schmetterlingen kennt. Ein solcher Rüssel kann sogar ziemlich lang werden (zum Beispiel bei den Schwärmern). Die Mundwerkzeuge der ausgewachsenen Tiere, der Imagines, unterscheiden sich häufig von denen der Larven (zum Beispiel Schmetterling und Raupe).
Die meisten ausgewachsenen Insekten besitzen Augen. Meist findet man zwei Facettenaugen (auch Seiten-, Komplex- oder Netzaugen) und dazu zwei bis drei Punktaugen (Ocellen, Neben-, Scheitel-, Stirnaugen) wie bei Köcherfliegen, Schmetterlingen, Zweiflüglern, Wanzen u. a.; in einigen Fällen sind nur Facettenaugen vorhanden (bei den meisten Käfern), gelegentlich auch nur Punktaugen (bei der Mehrzahl der Schildlausmännchen).
Die Komplex- oder Facettenaugen sind rund, oval oder nierenförmig. Sie sind flach oder gewölbt und setzen sich aus unterschiedlich vielen winzigen Sehkeilen oder Ommatidien zusammen. Diese Ommatidien können in einem Auge alle gleich, aber auch verschieden sein; ihre Anzahl schwankt sehr stark. Es gibt Insektenarten, die nur wenige haben, andere besitzen Dutzende, Hunderte, ja sogar Tausende von Ommatidien. Jede Facette ist eine selbständige Seheinheit, die einen Ausschnitt des Gesichtsfeldes wahrnimmt. Erst in der Summierung dieser Teilbilder entsteht das mo-

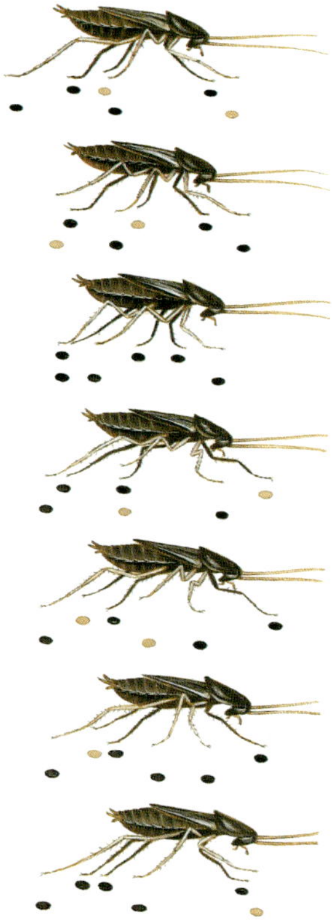

Bild 4. Schreitende Schabe: Die Beinpaare bewegen sich nicht synchron. Die schwarzen Punkte bezeichnen die Beine, die den Boden berühren, die hellen Punkte die Beine, die sich in der Luft befinden.

saikartige Gesamtbild. Einige Insekten besitzen auffallend große Augen (Libellen, einige Zweiflügler, Käfer), bei anderen sind die Augen sehr klein. Dabei muß die Augengröße durchaus nicht immer der Körpergröße entsprechen. Einige sehr kleine Käfer überraschen zum Beispiel durch ihre großen Augen, einige große Käferarten durch kleine Augen.

gungsorgane der Insekten, tragen aber auch Sinnesorgane wie zum Beispiel verschiedene Sinnesborsten (Geruchsorgan) oder Gehörorgane. Viele Insekten erzeugen durchdringende Zirptöne mit den Beinen, gelegentlich werden aber zur Geräuscherzeugung auch noch weitere Körperteile herangezogen (z. B. Flügeldecken oder Hinterleibsteile).

Bild 5. Wichtige Adern und Felder im Flügel eines Hautflüglers: **B** Basalfeld, **C** Costa, **Cu_1 Cu_2 Cu_3** Cubitusfelder, **D_1 D_2** Mittelfelder (diskoid), **Pt** Pterostigma (Flügelmal), **R** Flügelmalfeld (radial), **Sc** Subcosta.

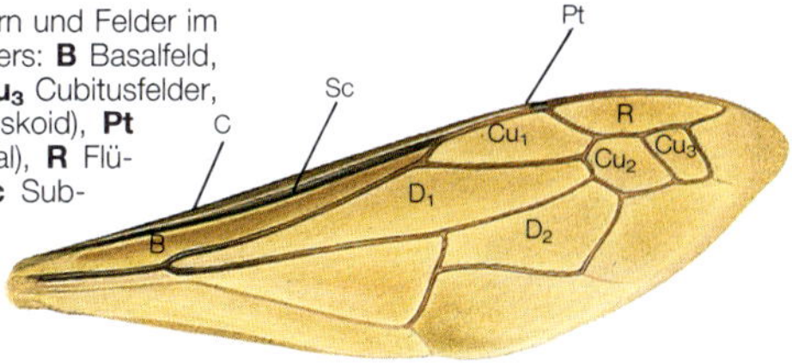

Die Brust (Thorax) besteht aus drei Segmenten: Vorderbrust (Prothorax), Mittelbrust (Mesothorax) und Hinterbrust (Metathorax). An jedem Brustabschnitt sitzt je ein Gliedmaßenpaar, an Mittel- und Hinterbrust je ein Flügelpaar. Die Gliedmaßen der Insekten bestehen aus fünf Teilen, die letzte, der Fuß, setzt sich wiederum aus fünf (minimal zwei) Gliedern zusammen. Die Hüfte (Coxa) verbindet Körper und Bein. An sie schließt der kleine Schenkelring (Trochanter) an, auf den der Schenkel (Femur) folgt. An ihm sitzt die Schiene (Tibia) und daran der Fuß (Tarsus). Den Abschluß bildet die Kralle (Unguiculus). Der Grundtyp der Gliedmaßen ist das Laufbein mit langen und verhältnismäßig schwachen Gliedern (zum Beispiel beim Laufkäfer). Gelegentlich ist das letzte Beinpaar zu Sprungbeinen umgebildet und hat entweder breite Schenkel (Lang- und Kurzfühlerschrecken) oder lange Schienen (Zikaden). Man kennt auch Grabbeine (Maulwurfsgrille, Totengräber u. a.), Fangbeine (Fangschrecken, Fanghafte) und Schwimmfüße (Schwimmkäfer). Nicht selten sind ein oder mehrere Beinpaare verkümmert (Schildläuse) bzw. fehlen die Beine ganz (Fächerflügler und einige Schildlausweibchen usw.). Die Gliedmaßen sind die wichtigsten Fortbewe-

Typische und wichtige Organe der Insekten sind die Flügel; es gibt jedoch auch einige Ordnungen mit primär flügellosen Arten. Das Vorhandensein von Flügeln galt lange Zeit als Hauptkriterium bei der Einteilung der Insekten in zwei Unterklassen. Primär flügellose Insekten gehörten in die nicht sehr umfangreiche Unterklasse der Urinsekten *(Apterygota)*. Alle übrigen zählten zur Unterklasse der Fluginsekten *(Pterygota)*. Aber auch unter den Fluginsekten gibt es viele Arten, Gattungen, Familien, ja sogar ganze Ordnungen, die keine Flügel haben (Läuse, Kieferläuse, Flöhe). Diese Flügellosigkeit ist jedoch sekundär. Heute tritt diese Einteilung allmählich in den Hintergrund. Manchmal sind nur gewisse Stadien flügellos (Schildlaus- und einige Blattlausweibchen), in anderen Fällen sind die Arten dauernd (Schildlausmännchen) oder nur vorübergehend geflügelt (Ameisen- und Termitenweibchen).
Die Flügel dienen zwar zur Fortbewegung, doch sind sie nicht ursprünglich Fortbewegungsorgane, sondern verschiedenartig modifizierte Hautausstülpungen. Der wichtigste Typ ist der Hautflügel. Er besteht aus zwei dicht aufeinander liegenden Häutchen, zwischen denen Äderchen verlaufen, die die Nervatur oder das Geäder bilden.

Die Längsadern sind durch Queradern miteinander verbunden. Manchmal sind nur einzelne Adern ausgebildet, meist ist das Geäder aber recht kompliziert (Libellen, Hautflügler). Jede Ader trägt eine eigene Bezeichnung, die vor allem bei der detaillierten Bestimmung einiger Arten und Gattungen von Bedeutung ist. Für unsere Zwecke genügt es, nur die Hauptadern anzuführen, die im Flügelschema zu sehen sind (Bild 6). Typische Hautflügel besitzen zum Beispiel Hautflügler, Zweiflügler, Netzflügler, Libellen, Eintagsfliegen u. a. Die Hautflügel der Schmetterlinge sind von

Bild 6. Verschiedene Typen der Insektenflügel: **a, b** Flügeldecke und Hautflügel eines Käfers, **c** Vorderflügel eines Geradflüglers, **d** Vorderflügel einer Eintagsfliege, **e** Halbdecke einer Wanze, **f** Vorderflügel eines Zweiflüglers, **g** Flügel eines Schmetterlings.

verschiedenfarbigen Schuppen bedeckt, die dachziegelartig auf dem Flügel sitzen und sich teilweise überlappen.
Bei zahlreichen Insektengruppen erfahren die Vorderflügel alle möglichen Ab-

wandlungen. Es bilden sich z. B. Halbdecken (Hemielytren), deren Basisteil lederartig zäh ist und in ein häutiges Ende ausläuft (Wanzen), oder der ganze Flügel ist hart, dann ist es ein Deckflügel, der keine Spur von Geäder mehr trägt (Käfer, Ohrwürmer).
Ursprünglich haben die Insekten zwei Flügelpaare, aber auch hier treten zahlreiche und vielgestaltige Abweichungen auf. So ist z. B. bei den Zweiflüglern nur das erste Flügelpaar ausgebildet, das zweite hat sich in kleine Organe, Schwingkölbchen (Halteren) genannt, verwandelt. Ähnliches findet man bei den Schildlausmännchen. Bei den Fächerflügler-Männchen ist andererseits nur das zweite Flügelpaar entwickelt, das erste Paar ist reduziert. In der Ruhe nehmen die Flügel verschiedene Stellungen ein. Viele Insekten legen die Flügel dachförmig zusammen (Köcherfliegen, einige Zweiflügler u. a.), bei anderen sind sie waagrecht zusammengelegt, oder sie stehen senkrecht vom Körper ab (Eintagsfliegen, Tagfalter, u. ä.). Einigen Insekten dienen die Flügel nur zu kurzen Flügen, es gibt aber auch Arten, die ausgezeichnete Flieger sind.
Den letzten Körperabschnitt bildet der Hinterleib (Abdomen). Er trägt keine Gliedmaßen. Einige Insekten haben am Körperende Anhänge (Ohrwürmer, Schaben, Eintagsfliegen u. a.). Die Weibchen etlicher Insektengruppen besitzen am Hinterleib einen Legeapparat (Heuschrecken, Hautflügler u. a.).
Die Anordnung der inneren Organe ist gleichfalls interessant. Eine genaue Beschreibung würde aber über den Rahmen dieses Buches hinausgehen. Erwähnenswert sind auf jeden Fall Form und Funktion der Atemorgane. Sie bestehen aus röhrenartigen Luftkanälen, den Tracheen, die an der Körperoberfläche in Öffnungen münden, die Stigmen genannt werden, und die die Luft direkt den Organen zuführen. Darin liegt ihre Besonderheit im Vergleich zur Kiemen- und Lungenatmung. Die Tracheen sollen aber hier nicht nur als biologische Besonderheit erwähnt werden; Zahl, Anordnung und Form der Stigmen sind auch bei der Bestimmung einiger Insektengruppen wichtig

Die Entwicklung der Insekten

Die meisten Insektenarten legen Eier (ovipare Arten), die in der Regel befruchtet sind; es gibt aber viele Arten, deren Weibchen unbefruchtete entwicklungsfähige Eier ablegen. Diese Vermehrungsweise nennt man Jungfernzeugung oder Parthenogenese; man findet sie bei Blattläusen, Stabheuschrecken und anderen Arten.
Neben den oviparen Insekten gibt es zahlreiche lebendgebärende (vivipare) Arten bzw. ovovivipare. Die viviparen Weibchen bringen lebende Junge zur Welt (Larven, selten auch Puppen), ovovivipare legen Eier, aus denen schon nach kurzer Zeit Larven schlüpfen.
Mit der Befruchtung der Eier beginnt die Embryonalentwicklung, die bis zum Ausschlüpfen der ersten Eilarve dauert. Nun folgt eine komplizierte Entwicklung, in deren Verlauf jedes Tier tiefgreifende morphologische Verwandlungen durchmacht.
Diese Verwandlungen oder Metamorphosen sind aber nicht bei allen Insekten gleich, man kennt zwei verschiedene Entwicklungsgänge. Danach teilt man die Insekten in zwei Kategorien ein: Zur ersten gehören Insekten mit unvollständiger Verwandlung (Heterometabolie), zur zweiten die mit vollständiger Verwandlung (Holometabolie).
Die Gesamtdauer der Entwicklung ist von verschiedenen Faktoren abhängig, in erster Linie aber von der Temperatur. Bei höheren Temperaturen geht die Entwicklung schneller, man findet deshalb starke Schwankungen beim Auftreten der verschiedenen Entwicklungsstadien (einschließlich der Imago). Sie erscheinen in Gegenden mit höherem Temperaturdurchschnitt ohne weiteres einige Wochen früher als dort, wo es kälter ist (z. B. im Gebirgsvorland und im Gebirge). Einige Arten bringen zwei oder mehr Generationen im Jahr hervor.

Bild 7. Unvollkommene Verwandlung einer Wanze: Ei, zwei Larvenstufen, Imago.

Bild 8. Vollkommene Verwandlung eines Schmetterlings: Ei, ausgewachsene Raupe, Puppe, Imago.

Die unvollständige Verwandlung ist der einfachere Typ der Metamorphose. In zeitlicher Aufeinanderfolge treten diese Entwicklungsstadien auf: Ei – Larve – Vollinsekt (Imago). Die verschiedenen Larvenstadien sind einander sehr ähnlich, ihre Zahl ist jedoch unterschiedlich. Je älter die Larve ist, desto ähnlicher wird sie der Imago. Allmählich bilden sich an der Larve Flügelstummel, bis aus dem letzten Larvenstadium das Vollinsekt schlüpft. Es unterscheidet sich von der Larve durch die vollkommen ausgebildeten Flügel, das Vorhandensein von Geschlechtsorganen und durch seine Größe. Bei der unvollständigen Verwandlung gibt es kein Ruhestadium, die Entwicklung verläuft ohne Unterbrechung. Zu den Heterometabolen gehören zahlreiche Insektenordnungen wie z. B. Eintagsfliegen, Libellen, Kurz- und Langfühlerschrecken, Gleichflügler, Wanzen, Fransenflügler, Termiten, Läuse u. a.
Die vollständige Verwandlung unterscheidet sich vom vorigen Typ durch das Vorhandensein der Puppe, dem Ruhestadium zwischen der letzten Larve und dem Vollinsekt. In der Entwicklungsreihe mit vollständiger Verwandlung ähneln sich die einzelnen Stadien nicht. Der Unterschied zwischen Larve und Puppe ist genauso auffällig wie der zwischen Puppe und Vollinsekt. Auch bei der vollständigen Verwandlung gibt es unterschiedliche Zahlen von Larvenstadien; diese Zahl muß nicht einmal innerhalb einer einzigen Ordnung gleich bleiben. So folgen z. B. bei den Großschmetterlingen *(Rhopalocera)* 4–5 Larvenstadien aufeinander, bei den zur Gruppe *Microlepidoptera* gehörenden Kleinschmetterlingen sind es viel mehr. Das Entwicklungstempo der Larvenstadien wird durch eine Reihe von Faktoren beeinflußt. Es kann aber auch von der Qualität (und Haltbarkeit) der Nahrung für die Larven abhängen. Bei den Totengräbern (Gattung *Necrophorus)*, deren Larven sich von den ins Erdreich

eingewühlten Kadavern ernähren, muß sich die Larvenentwicklung schnell vollziehen, da die Kadaver sich rasch zersetzen. Ähnlich ist es bei den Larven der Hautflüglerfamilie Grabwespen *(Sphecidae)*, die sich von paralysierten Raupen mit gleichfalls beschränkter Haltbarkeit ernähren. Bei den holzfressenden, xylophagen Arten hingegen verläuft die Entwicklung wesentlich langsamer. Die Nahrung ist immer erreichbar und nur schwer verdaulich. Zu den Holometabolen gehören in erster Linie die vier artenreichsten Ordnungen: Käfer, Schmetterlinge, Hautflügler und Zweiflügler, ferner aber auch einige weniger artenreiche Ordnungen wie Flöhe, Kamelhalsfliegen usw.
In beiden Entwicklungsreihen kommt es jedoch zu einer Reihe von Abweichungen. Manchmal tritt noch ein weiteres Stadium auf, und die Entwicklung wird komplizierter (Fransenflügler, Ölkäfer). Darauf wird in der Übersicht der Ordnungen eingegangen. Daneben gibt es eine ganze Anzahl primitiver Insekten, deren Entwicklung praktisch ohne Metamorphose vor sich geht. Die Larve ist fast mit der Imago identisch, nur ist sie kleiner, hat weniger Segmente und ist nicht fortpflanzungsfähig. Dabei macht sie sehr viele (bis zu 30) Häutungen durch. Bei diesen Arten häuten sich auch ausgewachsene Exemplare.

Das Ei

Insekteneier sind in der Regel oval, kugelig, spitzrund, länglich, abgeplattet, sind vasenförmig, haben Schwimmer oder Schwimmfäden, können aber auch gestielt sein. Sie können die ganze Zeit ihre ursprüngliche Färbung beibehalten, andere ändern sie sehr häufig. Die Eioberfläche ist meist glatt, viele Eier haben aber auf ihrer Oberfläche reiche und komplizierte Skulpturen. Besonders bei Schmetterlingseiern findet man auf der Oberfläche sehr feine und komplizierte Ornamente.
Eigröße und Eizahl sind ganz unterschiedlich. Manche Arten legen eine

Bild 9. Verschiedene Eier- und Gelegetypen der Insekten: **a** Gleichflügler, **b** Wanze, **c** Schmetterling, **d** Käfer, **e** Hautflügler, **f** Netzflügler, **g** Gottesanbeterin (Oothek), **h** Ringelspinner (Eigelege), **i** Schabe (Oothek), **j** Schwammspinner (Eigelege).

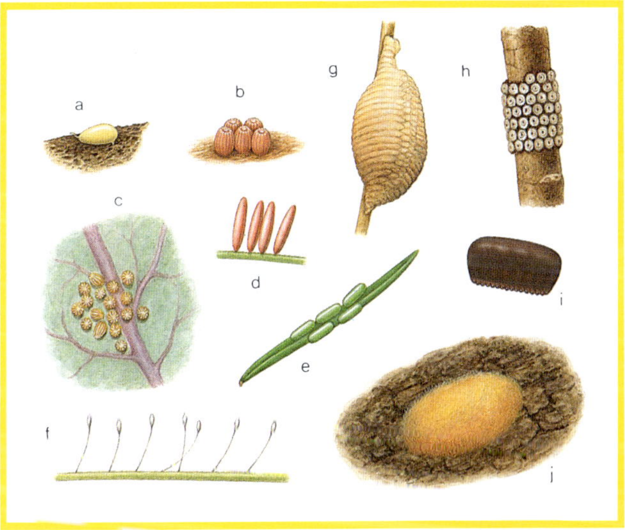

beträchtliche Anzahl Eier (Blattläuse, einige Schildläuse u. ä.). Arten, die eine komplizierte Verwandlung durchmachen, sind ebenfalls gezwungen, die Existenz der kommenden Generation durch eine große Eizahl zu sichern (z. B. Ölkäfer). Die Größe hängt meist sowohl von der Anzahl der abgelegten Eier als auch von der Lebensweise der künftigen Larven ab. Das Ei der größten Laufkäferart mißt 11 mm, die Napfschildlaus-Eier dagegen sind mikroskopisch klein.
Die Weibchen legen ihre Eier einzeln in Reihen oder in Häufchen ab. Manche legen sie auf Pflanzen, andere ins Fell oder Gefieder von Tieren, die dritten suchen einen geeigneten Unterschlupf und legen die Eier in die Erde, in Ritzen von Baumstämmen und Ästen, unter die Rinde und ins Holz oder unter Steine. Andere stechen sie in verschiedene Lebewesen, legen sie in Nahrungsmittel oder gelagerte Vorräte (Getreide, Gewürze, Mehl usw.), in Textilien u. ä. Eier, die an ungeschützter Stelle abgelegt werden, werden meist mit einer Schutzschicht bedeckt. Einige Weibchen legen die Eier in Behälter (Ootheken) oder stellen für sie Höhlen aus Blättern her.

Die Larve

Nach einer unterschiedlich langen Zeitspanne schlüpft die Larve aus dem Ei (1. Larvenstadium). Bald nach dem Ausschlüpfen beginnt sie zu fressen und wächst dabei sehr schnell. Sobald der Larve die Haut zu eng wird, kommt es zur ersten Häutung. Die Haut reißt auf, und die neue Larve kriecht durch die entstandene Öffnung ins Freie (2. Larvenstadium). Die Larve frißt weiter, das Tier wächst weiter. Nach einiger Zeit kommt es wiederum zur Häu-

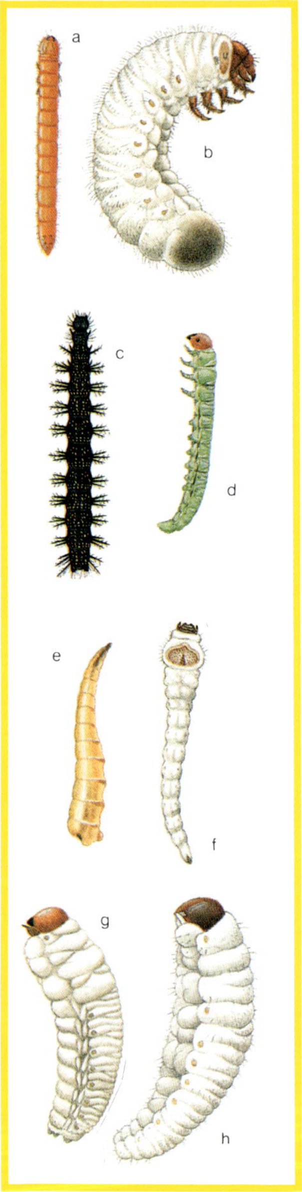

Bild 10. Verschiedene Typen der Insektenlarven: Oligopode Larven der Käfer: **a** Schnellkäfer, **b** Rosenkäfer; Polypode Larven: **c** Schmetterling (Raupe eines Edelfalters), **d** Hautflügler (Afterraupe einer Blattwespe); Apode Larven: **e** Zweiflügler (Fliege), **f** Käfer (Prachtkäfer), **g** Käfer (Borkenkäfer), **h** Käfer (Rüsselkäfer).

tung. In der Regel häuten sich die Larven vier- bis fünfmal, aber viele Insekten häuten sich noch öfter.
Die Larve ist ständig auf Nahrungssuche; von der Menge und Qualität der aufgenommenen Nahrung hängt auch die Größe des späteren Vollinsekts ab (die Imago wächst nicht!). Die Larven einiger Insektenordnungen haben sehr typische Formen und sind daran leicht von den übrigen zu unterscheiden.
Larven leben auf trockenem Boden oder im Wasser, frei oder im Inneren von Pflanzen bzw. von Lebewesen. Je nach Ausbildung ihrer Körperfortsätze teilt man die Larven in vier Gruppen ein:
1. Protopode Larve. Sie hat einen gar nicht oder nur unzulänglich gegliederten Hinterleib. Kommt nur vereinzelt vor (z. B. bei bestimmten Schlupfwespen).
2. Oligopode Larve. Sie hat gut ausgebildete Brustfüße; kommt bei Käfern, Köcherfliegen, Netzflüglern u. a. vor.
3. Polypode Larve. Sie hat außer den Brustfüßen noch Hinterleibsfortsätze (Afterfüße, Tracheenkiemen). Bekannt sind sie z. B. bei Schmetterlingen, Pflanzenwespen, Skorpionsfliegen.
4. Apode Larve. Sie hat keine Körperfortsätze, ist weich, oft weiß. Kommt bei zahlreichen Käfern, Hautflüglern, Zweiflüglern, Flöhen u. a. vor.
Aus dem letzten Larvenstadium geht entweder die Imago (in der Entwicklung der heterometabolen Insekten) oder die Puppe (Pupa) hervor.

Die Puppe

Die Puppe ist ein Ruhestadium, in dem keine Nahrung aufgenommen wird; bis auf wenige Ausnahmen ist sie zu keiner aktiven Bewegung fähig. In diesem Stadium ist das Tier allen Feinden wie Raubinsekten, Vögeln und Insektenfressern gegenüber hilflos. Für die Sicherheit der Puppe sorgen nur Kokons oder Höhlen. Darin erfährt der gesamte Organismus einen sehr komplizierten Umbauprozeß. Bis auf wenige Ausnahmen kommt es zur Auflösung (Histolyse) des Gewebes (junge Puppen sind mit dünner Flüssigkeit gefüllt). Später bilden sich in der Puppe allmählich die Organe des künftigen Vollinsekts.
Die Puppen einiger Insektenordnungen haben ein charakteristisches Aussehen. Insgesamt unterscheidet man zwei Typen:

Bild 11. **a** Bewegliche Puppe der Kamolhalsfliege, **b, c** Puppen der Käfer: Mumienpuppe eines Marienkäfers und freie Puppe eines Bockkäfers, **d** Freie Puppe einer Honigbiene, **e** Freie Puppe einer Stechmücke, **f** Mumienpuppe der Bremse.

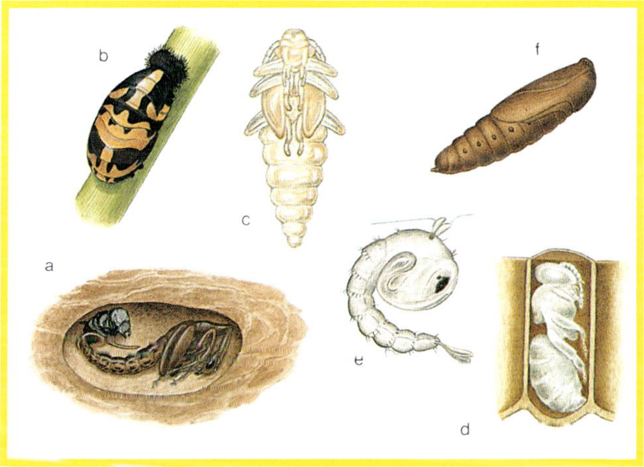

a. Die Mumienpuppe (Pupa obtecta). Ihre entstehenden Flügel und Gliedmaßen sind unter einer festen Schale verborgen (z. B. Schmetterlinge).
b. Die freie Puppe (Pupa libera). An ihr sind die künftigen Gliedmaßen, Fühler und Flügel gut zu erkennen (z. B. Käfer).
Die Dauer des Puppenstadiums ist recht unterschiedlich. Bei Arten, deren Puppen auf spezielle Bedingungen angewiesen sind oder ungeschützt und frei an Pflanzen hängen (z. B. Marienkäfer), dauert es nur kurze Zeit. In vielen Fällen verlängert sich dieses Ruhestadium jedoch über Wochen und Monate; sehr viele Arten überwintern als Puppe, eine ganze Reihe von Arten sogar zweimal.

Die Imago

Die Imago, d. h. das fertig ausgebildete, geschlechtsreife Insekt, weist in Form und Färbung eine unerschöpfliche Vielfalt auf – es sei nur an die geläufigsten Typen wie Libelle, Käfer, Schmetterling, Biene oder Floh erinnert. Ein Blick in die Insektenwelt der Tropen bietet eine noch größere Vielfalt.
Das erwachsene Insekt, eben aus der Puppe oder Larve geschlüpft, ist in den ersten Stunden seines Lebens sehr unansehnlich. Es ist weißlich, seine Haut ist sehr weich. In einem Büschel von Beinen und verschiedenen Anhängen würde man wohl kaum eine Libelle vermuten, die etwas später über dem Wasser ihre Kreise zieht. Nach verschieden langer Zeit wird die Haut des geschlüpften Tieres hart und nimmt ihre endgültige Färbung an. Vollinsekten mit häutigen Flügeln müssen sich gleich zu Lebensbeginn an einem Ast, auf Rinde oder einer anderen Unterlage festhalten, um ihre Flügel allmählich zu strekken und mit Luft füllen zu können. Gelingt dies nicht, bleiben die Flügel verkümmert, und das Tier stirbt vorzeitig ab.
Die Imagines leben unterschiedlich lange, je nach Art. Ihre Lebensdauer ist artspezifisch festgelegt, und unter normalen Lebensbedingungen gibt es bei einer Art keine größeren Unterschiede. Bei den Arten, die eine Frühlings- und eine Herbstgeneration hervorbringen, ist die Lebensdauer von Tieren beider Generationen verschieden lang. Die Imagines der Herbst-(Sommer-)Generation überwintern oft, und ihr Leben verlängert sich dadurch um mehrere Monate. Einen großen Teil dieses Lebens verbringen sie freilich im Winterschlaf.

Bild 12. Das frisch ausgeschlüpfte Vollinsekt ist weich und hell gefärbt, erst nach einigen Stunden nimmt es die endgültige Färbung an.

Das Leben der Imagines vieler Arten geht rasch vorüber. Den Eintagsfliegen sind nur wenige Stunden vergönnt. Das gleiche Schicksal erleiden die Männchen der Schildläuse, Fächerflügler und viele andere. Auch zahlreiche Käferarten leben als Vollinsekten nur einige Tage. Die durchschnittliche Lebensdauer der Schmetterlinge beträgt 3–5 Wochen; so alt werden auch zahlreiche Käfer, Hautflügler und Zweiflügler. Einige Insekten leben jedoch wesentlich länger. Der Kartoffelkäfer lebt zwei, einige große Laufkäfer leben drei Jahre.
Auch bei den Urinsekten *Machilis* und *Lepisma* ist eine Lebensdauer von drei Jahren festgestellt worden. Gleichfalls langlebig sind viele Ameisen. Die Arbeiterinnen der bekannten Schwarzen Ameise *Formica fusca* leben acht Jahre, die der Roßameise *(Camponotus ligniperda)* 13 Jahre und die Weibchen der sehr häufigen Ameise *Lasius niger* sogar 15 Jahre.
Die Lebensdauer der Imago ist in der Regel viel kürzer, als die präimaginale Entwicklung dauert. Das Larvenleben der Eintagsfliegen dauert 1–3 Jahre, das Leben des Vollinsekts jedoch nur einige Stunden. Auch die Entwicklung vieler Käfer, Hautflügler, Libellen und anderer ist zeitlich viel länger als das Leben der Imago (beispielsweise lebt der Maikäfer etwa einen Monat, aber seine Entwicklung dauert 3–4 Jahre). Das präimaginale Leben kann unglaublich lange dauern. Den Rekord hält die Baumgrille *Magicicada septendecim*, deren Larvenleben 17 Jahre dauern kann.

Die Verbreitung der Insekten

Die Insekten stellen etwa 80 % aller Lebewesen unserer Erde und sind damit ohne Frage die Tierklasse mit der größten Artenzahl. Über die Zahl der Arten liegen nur geschätzte Angaben vor, die auch in der Fachliteratur um einige zehntausend schwanken. Man kann aber ruhig annehmen, daß bis jetzt etwa 800000 –1 Million beschriebener und registrierter Arten bekannt sind. Außerdem ist noch eine große Zahl von Arten bisher nicht beschrieben worden, vor allem die ausgedehnten Tropengebiete Afrikas, Asiens und Südamerikas haben noch längst nicht alle ihre Geheimnisse preisgegeben. Aber man muß nicht einmal in die fernen Tropen gehen. Selbst in Europa, das entomologisch bisher am gründlichsten durchforscht ist, werden jährlich einige Dutzend, ja Hunderte neuer Arten festgestellt.
Insekten bewohnen fast die ganze Erde. Sie leben in den Tropen, Subtropen, den gemäßigten Zonen und sogar jenseits des nördlichen und südlichen Polarkreises. In den Tropen herrscht das reichste Insektenleben. Hier finden sich die größten und farbenprächtigsten Arten.
Nach der Verbreitung der Tiere werden auf der Erde neun zoogeographische Regionen unterschieden: die paläarktische, die nearktische, die neotropische, australische, orientalische, äthiopische, madagassische, arktische und antarktische Region. Einige Insektengruppen sind in mehreren Regionen vertreten, aber jede zoogeographische Region zeigt eine für sie charakteristische Insektenwelt.
Die paläarktische Region nimmt die größte Fläche ein. Grob umrissen umfaßt sie fast ganz Europa (bis zum nördlichen Polarkreis), Nordafrika, Klein- und Vorderasien, den Nordteil der arabischen Halbinsel, große Teile der UdSSR und Chinas sowie Japan. Es ist also ein Gebiet, das sehr unterschiedliche Lebensräume umfaßt und sich klimatisch über die subtropische und gemäßigte Zone erstreckt.
Die nearktische Region besteht aus dem nordamerikanischen Kontinent und einem Teil Mittelamerikas. Die Insektenfauna der nearktischen Region steht der paläarktischen sehr nahe, deshalb werden beide Regionen häufig als holarktische Region zusammengefaßt.
Die neotropische Region reicht vom Rio Grande del Norte in Mexiko bis zum Südzipfel des amerikanischen Kontinentes. Diese Region ist ungeheuer

Bild 13. Karte der zoogeographischen Regionen der Erde.

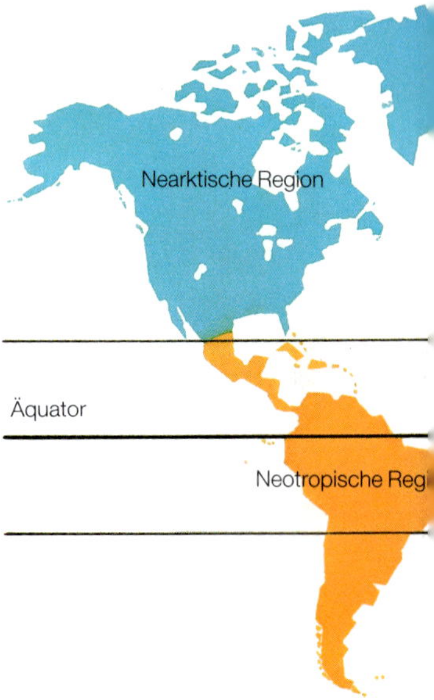

reich an großen Insektenarten. Hier leben die größten Käfer der Welt (z. B. die Bockkäfer *Titanus giganteus* und *Macrodontia cervicornis*, die beide 15–16 cm lang werden, oder der Herkuleskäfer *Dynastes hercules*, 15 cm, und andere). Auch der größte Schmetterling *(Thysania agrippina)* kommt hier vor, gleichfalls herrliche Arten der Gattung *Morpho* u. a.

Die australische Region umfaßt vor allem den Kontinent Australien, dazu kommen Tasmanien, Neuseeland, Neuguinea, Celebes, die Molukken und weitere kleine Inseln. Dieses interessante Gebiet kann wegen seiner ungewöhnlichen Tierwelt noch in mehrere Unterregionen aufgeteilt werden.

Die orientalische oder indomalaiische Region grenzt an die paläarktische Region und schließt Vorder- und Hinterindien, Ceylon, Südchina, Taiwan und die Philippinen ein. Sie ist für ihre herrlichen Käferarten *(Lucanidae, Cetoniidae)* und Schmetterlinge bekannt.

Die äthiopische Region erstreckt sich auf dem afrikanischen Kontinent südlich vom Wendekreis des Krebses und schließt den Südzipfel der arabischen Halbinsel ein. Ihre Insektenfauna ist außerordentlich reich, die hier lebenden Insekten werden zum Teil sehr groß (Goliathkäfer, Riesenpfauenauge u. ä.). Häufig wird Madagaskar zur äthiopischen Region gerechnet, einige Zoologen sehen es aber als selbständige Region an. Die Nord- und Südkappe der Erdkugel sind die Gebiete der arktischen und antarktischen Region. Hier leben nur wenige Tierarten.

Wo leben Insekten?

Insekten leben so gut wie überall. Mancherorts stellen sie sich zur Schau, anderswo bleiben sie uns gänzlich verborgen. Hier wollen wir nun die Stellen beschreiben, an denen sich Insekten gerne aufhalten.

Wiese und Waldrand

Blühende Pflanzen auf Wiesen und den angrenzenden Waldrändern haben in jeder Jahreszeit ihre Insektenbewohner. Für Insekten beginnt der Pflanzenbesuch im zeitigen Frühjahr, sobald am Waldrand die ersten Salweiden aufblühen. Bald zeigen sich hier an einem schönen Frühlingstag die ersten Bienen, nicht nur Honig-, sondern auch Erdbienen. In der Regel fehlen auch die Fleckenfalter nicht, zahlreich erscheinen Tagpfauenauge und Kleiner Fuchs. Beim näheren Hinsehen entdeckt man in den Salweidenkätzchen auch eine Menge Kleininsekten. Mit zunehmender Blütenzahl werden auch die Besucher immer mehr. Wollschweber, Schwebfliegen, weitere Schmetterlinge und auch Hautflügler kommen geflogen. Der größte Artenreichtum zeigt sich an Sonnentagen im späten Frühling und Frühsommer auf den Blüten. Manche Insektenarten lieben Blüten und Blütenstände in weißen oder hellen Farben, andere suchen sich gelbe Löwenzahn- und Habichtskrautblüten

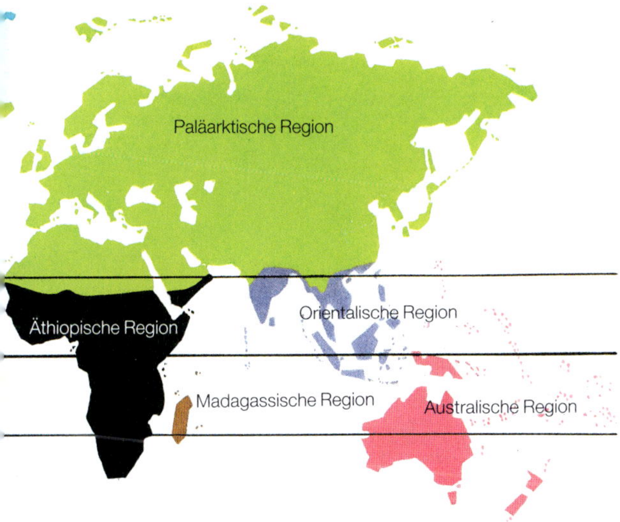

aus oder etwas später die violetten Witwenblumen. Blühender Weißdorn, Holunder und insbesondere Doldengewächse werden besonders häufig aufgesucht. Auf ihnen geben sich vom Frühjahr bis zum Herbst Käfer, Hautflügler, Schmetterlinge und auch Zweiflügler ein Stelldichein. Alle Insekten fliegen diese Blüten an, um süßen Nektar zu trinken oder Pollenkörner zu sammeln. Mit dem herannahenden Abend wandelt sich das Bild. Die tagaktiven Arten ziehen sich zurück, und an ihrer Stelle erscheinen Nachtinsekten, die den sonnigen Tag in einem Schlupfwinkel verschlafen haben.

Gewässer

Ein ganz anderes Bild bietet die Insektenfauna stehender und fließender Gewässer. Ihre Zusammensetzung hängt nicht nur von der Gewässerart, sondern in erster Linie von der Wasserverschmutzung ab. Im Wasser leben die Larven vieler Käferarten, vor allem von Schwimm- und Kolbenwasserkäfern. Beide sind Räuber und stellen hier ihrer

Bild 11. Auf dem Grund von Gewässern kommen sehr oft verschiedene Gehäuse der Köcherfliegenlarven vor (unten), hie und da schwimmt der Wasserskorpion (oben).

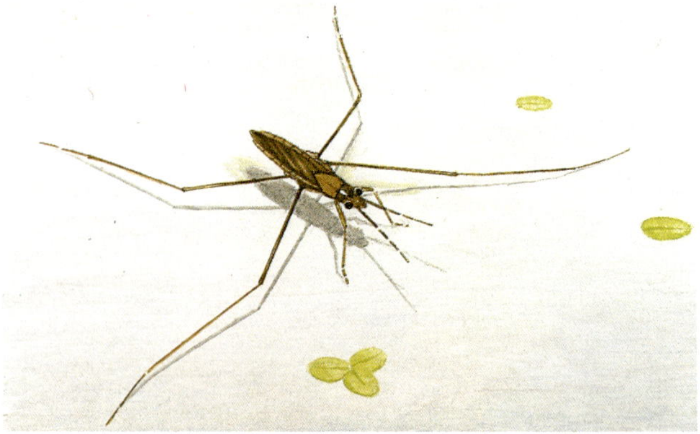

Bild 15. Teichläufer auf der Wasseroberfläche.

Beute nach, um sich dann auf dem Trockenen zu verpuppen. Ihre Imagines kehren aber wieder ins Wasser zurück. Wasser ist auch der Lebensraum verschiedener Wanzen. Am bekanntesten und verbreitetsten sind die im Wasser schwimmenden Rückenschwimmer und Wasserskorpione. Auf dem Wasser halten sich Wanzen auf, die auf der Wasseroberfläche leben, die Wasserläufer. Die Fähigkeit dazu verleihen ihnen feine Härchen an den Füßen. Auf dem Gewässergrund leben Eintagsfliegen-, Libellen-, Uferfliegen-, Köcherfliegen- und Zuckmückenlarven.
Einige dieser Larven sind gegenüber der Wasserverschmutzung recht empfindlich, was zu ihrem Aussterben in den großen Flüssen geführt hat. Im Gegensatz zu den Schwimmkäfern kehrt ihre Imago nicht ins Wasser zurück, sondern fliegt in Gewässernähe und wagt sich mitunter auch recht weit in Wälder vor.

Wald

Der Laub- und Nadelwald gehört mit zu den besonders artenreichen Lebensräumen der Insekten. Hier finden sie alles zum Leben Notwendige, weshalb sie auch ihr ganzes Leben lang dem Wald treu bleiben und ihn nie verlassen. Unendlich viele Waldinsekten ließen sich anführen, doch sollten hier nur einige wenige erwähnt werden. Unter der Rinde oder auch tiefer im Holz entwickeln sich die Bockkäfer, die später auf Blüten fliegen oder einen Großteil ihres Lebens auf der Baumrinde zubringen. Unter der Rinde der Stämme finden Prachtkäfer, Feuerkäfer sowie die gefährlichen Borkenkäfer einen für ihre Entwicklung geeigneten Raum, hier leben aber auch die sehr nützlichen Kamelhalsfliegen und Buntkäfer. Ihre Imagines halten sich nicht unter der Rinde auf, dafür finden aber Kurzflügelkäfer und viele andere kleine Käferarten unter der Baumrinde eine bleibende Heimstatt. Für zahlreiche Insektenarten sind die Blattgewebe von Nadel- und Laubgehölzen eine geeignete Nahrung (Raupen, Afterraupen). Andere Arten brauchen nicht eigentlich die Bäume selbst, sondern werden von ihren Bewohnern angelockt: Puppenräuber, Schlupf- und Brackwespen suchen hier nach Schmetterlingslarven.
Ein eigener Lebensraum sind alte, sich schon zersetzende Baumstümpfe. Sie sind von den Gängen vieler Käfer- und Hautflüglerlarven durchzogen; wachsen auf ihnen noch Pilze, so wird die In-

Bild 16. Unter der Rinde entwickeln sich viele Käferarten, wie z.B. der Zangenbock.

sektenfauna noch reicher. Viele kleine Käfer (Holzpilzkäfer u. a.) sind ihr Leben lang mit diesen Pilzen verbunden. Modernde Baumstümpfe sind auch ein gern aufgesuchtes Winterversteck für die großen Laufkäfer und andere Insekten.

Bewohner verwesender Organismen

Zahlreiche Insektenarten kümmern sich weder um Blüten noch um Holz, sondern leben an verwesenden pflanzlichen und tierischen Stoffen, und zwar das ganze Leben lang oder aber wenigstens im Larvenstadium. Am bekanntesten sind wohl die Aaskäfer, Stutzkäfer, viele Kurzflügler, Mistkäfer, aber auch zahlreiche Zweiflügler. Viele von ihnen, wie z. B. eine Reihe von Kurzflüglern, aber auch Wespen, fliegen zwar Aas oder Kompost an, aber nicht weil die sich zersetzende organische Materie sie lockt, sondern weil sie hier nach gutgenährten Larven suchen, die ihnen wiederum als Nahrung dienen.

Wärmeliebende Insekten

Sehr viele Insekten lieben Wärme und Trockenheit. Aus diesem Grund bewohnen sie trockene Hänge mit Steppenvegetation, Waldsteppen oder Weinberge bzw. deren Ränder. Die trockenen Steppenflächen beherbergen vom Hochsommer bis zum Herbst viele Heuschreckenarten, an günstigen Stellen kommt sogar die heute bereits selten gewordene Gottesanbeterin vor. Gern von Insekten aufgesuchte Standorte sind Sanddünen, verlassene Sandgruben und sandige Hänge. Hier legen die Larven der Ameisenjungfer, die Ameisenlöwen, ihre Gruben an, und hier heben auch die Grabwespenarten unterirdische Gänge für die Aufzucht ihrer Nachkommenschaft aus. Auf sandi-

Bild 17. Viele Insektenarten sind wärmeliebend. Im Sand legen die Ameisenlöwen ihre Gruben an, die Grabwespen (rechts) graben hier ihre Nester für die Aufzucht der Larven, und auch einige Sandlaufkäferarten (links) fühlen sich hier wohl.

gen Wegen zeigen sich die Sandlaufkäfer, deren Larven in unterirdischen Höhlen leben.

Felder

Auf den Feldern ist die Insektenwelt verhältnismäßig artenarm. Klee- und Luzernefelder werden von Insekten aufgesucht, die auch aus langröhrigen Blüten Nektar gewinnen können. Daher wird der Klee von Schmetterlingen und einigen Hummelarten angeflogen. Anders sieht die Insektenfauna der Getreidefelder aus. Hier leben verschiedene Wanzen, Blattkäfer und Heuschrecken. Wieder ganz andere Bewohner beherbergen die Kartoffelfelder. Hier findet man den Kartoffelkäfer und mit ihm auch die großen Laufkäfer, die sowohl den Kartoffelkäfer als auch seine Larven fressen.

Gärten

In den Gärten der Menschen ist die Insektenfauna arm, wenn man ständig Insektizide sprüht. Nur dort, wo nicht unnötig Gift angewendet wird, kann man vom Frühjahr bis zum Herbst viele interessante Insektenarten entdecken. Besonders finden sich hier auch Schädlinge wie Apfelblattsauger, Apfelwickler und Apfelblütenstecher. Außer der Honigbiene kommen im Frühjahr auch Erdbienen in den Garten, vor allem die mit orangerötlichen Haaren bedeckte *Andrena armata*, deren Zahl vor allem in den Städten zunimmt. Auch Hummeln gibt es hier genug. Vom Frühjahr bis in den Herbst suchen sie alle möglichen Blüten auf und lassen sich auch gern in Gärten nieder. Blühende Rhododendren locken gelegentlich den im Fluge Nektar saugenden Taubenschwanz, einen Schmetterling, an. Mit dem einbrechenden Herbst entdeckt man in der Regel den Admiral mit seiner Vorliebe für überreifes Fallobst, dessen Saft er aufnimmt. An Falten- und Feldwespen herrscht kein Mangel, die Beete mit ihrer Blütenpracht werden von den verschiedensten Schwebfliegenarten aufgesucht.

Die Rote Liste

Die Natur um uns herum war in ihrer Gesamtheit noch nie so nachhaltig durch die menschliche Tätigkeit gefährdet wie in der zweiten Hälfte des 20. Jahrhunderts. Die Entwicklung der Technik, vor allem aber der Chemie, hat dazu geführt, daß immer mehr Tier- und Pflanzenarten verschwinden. Daher gehen zivilisierte Länder, die von dieser Problematik am augenfälligsten (aber nicht am stärksten) berührt werden, dazu über, für die Zukunft wenigstens das Wenige zu retten, das unter den sich unablässig verschlechternden Bedingungen noch zu retten ist. Pflanzen und Tiere sind ein nicht weniger wertvolles Kulturgut als Kunstdenkmäler. Sie sind sogar viel wertvoller, da sie sich nicht ersetzen lassen. Sind sie einmal ausgestorben, bleiben als Beweis für ihre Existenz nur noch einige Sammlungsexemplare zurück.
Im Laufe der Zeit ist so eine Situation entstanden, in der der Mensch die Natur vor seiner eigenen Tätigkeit schützen muß. Der Natur- und Umweltschutz mußte auf eine andere Grundlage als einst gestellt werden. Dazu wurden klein- und großflächige Naturschutzgebiete ausgewiesen, in denen weder Pflanzen gepflückt noch Tiere gejagt oder gestört werden dürfen.
Ein immer dringlicheres Warnsignal sind die Meldungen vom Aussterben immer neuer Tier- und Pflanzenarten. Daher wurden die sogenannten Roten Listen aufgestellt, die den derzeitigen Stand der bedrohten Arten erfassen. Diese Roten Listen können nur kommentierte Verzeichnisse sein, jedoch auch breit angelegte Bücher, in denen zu den normalen Angaben auch Verbreitungsarten der bedrohten Arten kommen.
Viele Länder Europas geben dem Natur- und Umweltschutz ihren Möglichkeiten und Erkenntnissen entsprechend wachsendes Gewicht. Auch in diesen Fragen offenbart sich dann eine mehr oder weniger weit reichende Einsicht in die wahren Ursachen des Arten- und Biotopschwundes. Die Ge-

setzgebung der Bundesrepublik Deutschland ist mit erkennbarem Ernst an diese Problematik herangegangen. Das neue Bundesnaturschutzgesetz und die Bundesartenschutzverordnung tragen alle Zeichen einer gewissenhaften Arbeit. Neben den generellen Verboten enthalten sie ausführliche Verzeichnisse der besonders geschützten Arten, Gattungen oder auch höherer Taxa. Besonders hervorzuheben ist der strenge Rechtsschutz der vom Aussterben bedrohten Arten.
Die für das gesamte Bundesgebiet gültige Rote Liste vermag für die Praxis des Naturschutzes in den Einzelheiten noch weitere Hinweise zum dringend notwendigen Biotopschutz zu geben als das Gesetz selbst.
Was die Insekten anbelangt, entspricht die Rote Liste dem heutigen Forschungsstand. Sie enthält eine Übersicht von Arten der meisten Ordnungen, doch konnte sie in manchen Bereichen noch nicht vervollständigt werden. Das gilt besonders für die Zweiflügler- und Hautflüglerarten. Von diesen Ordnungen wurden nur bestimmte Bereiche erfaßt. Auch bei den Käfern ist die Fassung nicht endgültig. Von der Gesamtzahl der auf bundesdeutschem Gebiet lebenden 5727 Insektenarten konnten nur 4073 ausgewertet werden. Komplett ist die Auswertung von weniger artenreichen kleineren Ordnungen wie z. B. Uferfliegen, Libellen, Eintagsfliegen, Köcherfliegen u. a.
Das Blättern in der Roten Liste wirkt alarmierend, denn es zeigt sich, daß die Zahl der bedrohten Arten in die Tausende geht. Das ist der heutige Stand. Wie

Bild 18. Einer der schönsten Tagfalter, der Apollo, ist vom Aussterben bedroht.

Bild 19. Der seltene, stark gefährdete Alpenbock steht unter Naturschutz.

Bild 20. Sämtliche Arten der Schmetterlingshafte sind vom Aussterben bedroht.

wird die Bilanz nach weiteren zwanzig Jahren aussehen?
Ein Vergleich dürfte bestimmt interessant ausfallen, genauso lehrreich wie für uns heute ein Vergleich der Zahlen von Insektenarten, die man in den Jahren 1938 und 1979 im Rhein bei Bonn gefunden hat. Die Zahl der Arten aus dem Jahr 1979 steht in Klammern: Eintagsfliegen 10 (3), Köcherfliegen 34 (2), Uferfliegen 20 (0), Libellen 7 (0).
Die in der Roten Liste der Bundesrepublik Deutschland aufgeführten Arten werden in folgende Kategorien eingeteilt: 0 ausgestorben oder verschollen, 1 vom Aussterben bedroht, 2 stark gefährdet, 3 gefährdet, gegebenenfalls noch 4 potentiell gefährdet.
Viele vom Aussterben bedrohte Insektenarten sind allgemein bekannt. Wer kennt nicht wenigstens von Abbildungen her den Alpenbock *(Rosalia alpina)* oder den Bockkäfer *Necydalis major*, den Apollofalter *(Parnassius apollo)*, den prachtvollen Schwarzen Bären *(Arctia villica)* oder die durch ihre merk-

Bild 21. Der seltene Wespenbock *(Necydalis major)*.

Unter diesem Aspekt sieht die Situation in einigen Ordnungen so aus:

Ordnung	Artenzahl in der BRD (gesamt)	ausgestorben oder verschollen	vom Aussterben bedroht	stark gefährdet
Schaben – *Blattodea*	10	1	2	–
Eintagsfliegen – *Ephemeroptera*	81	5	14	18
Uferfliegen – *Plecoptera*	119	12	17	15
Libellen – *Odonata*	80	4	10	17
Köcherfliegen – *Trichoptera*	278	19	23	39
Käfer – *Coleoptera*	5727			
bearbeitet	4073	96	256	593
Schmetterlinge – *Lepidoptera*				
Tagfalter	177	2	13	27
Nachtfalter – (Familie *Noctuidae)*	460	8	21	62
Spanner (Familie *Geometridae)*	400	8	15	50
Hautflügler – *Hymenoptera*	481			
Erdbienen (Überfamilie *Apoidea)* bearbeitet	170	34	40	42
Schnabelfliegen – *Mecoptera*	8	1	–	–

würdige Lebensweise bekannte Amazonenameise *(Polyergeus rufescens)*? Alle diese und mit ihnen Hunderte von weiteren Arten werden in der Roten Liste bereits als „vom Aussterben bedroht" klassifiziert. Die Möglichkeiten unseres Insektenführers reichen nicht aus, die bedrohten Arten eingehend zu behandeln, obwohl gerade sie besondere Aufmerksamkeit verdienen. Im Bestimmungsteil wird bei einigen Arten konkret auf den Grad ihrer Bedrohung verwiesen. Unter den durch die Bundesartenschutzverordnung vom 19. Dezember 1986 geschützten Tieren befinden sich auch viele Insektenarten. Sie dürfen daher – wie auch ihre Entwicklungsstadien (Eier, Larven, Puppen) – nicht gesammelt werden. Das Sammeln von Insekten war früher eine beliebte Freizeitbeschäftigung, ähnlich wie z. B. heute das Briefmarkensammeln. Heutzutage sollte man aber gerade wegen der immer noch zunehmenden Umweltzerstörung wirklich nur dann an die Anlage einer Insektensammlung denken, wenn wissenschaftliches Interesse dahintersteht. Dann arbeitet man am besten in einer entomologischen Vereinigung oder mit einem Naturkundemuseum zusammen. Um es deutlich zu sagen: Die Sammler sind am Rückgang der Insektenfauna nicht schuld. Aber gerade der verantwortungsbewußte Naturfreund wird das Sammeln um des Sammelns willen lieber auf anderen Gebieten betreiben. In der Natur kann man heute auch mit der Kamera sammeln gehen. Mit einem Makroobjektiv an der Spiegelreflexkamera und einem Elektronenblitz lassen sich mit etwas Übung die schönsten Insektenbilder machen.

Die besonders geschützten Arten sind im Bestimmungsteil durch roten Druck hervorgehoben.

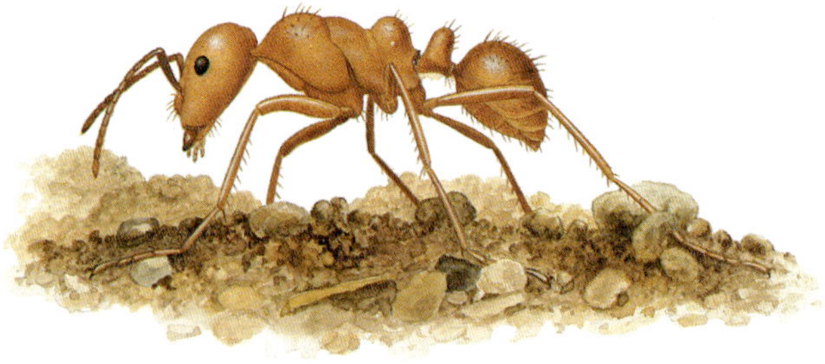

Bild 22. Die Amazonenameise *(Polyergus rufescens)* gehört zu den vom Aussterben bedrohten Ameisenarten.

Die Ursachen für den Rückgang der Insekten

Der spürbare Rückgang in der Artenzahl und auch der Insekten an sich hat seine Hauptursache in der Tätigkeit des Menschen, der bestrebt ist, die Natur nach eigenen Vorstellungen umzuformen und seinen Bedürfnissen anzupassen. Meist sind es aber irrige und verhängnisvolle Vorstellungen und Pläne mit weitreichenden Auswirkungen auf die Existenz von Tieren und Pflanzen. Hier sollen versuchsweise die Ursachen für die Bedrohung der Natur zusammengefaßt und der heutigen Tätigkeit des Menschen, also unserer eigenen Tätigkeit, der Spiegel vorgehalten werden. Die negativen Einflüsse äußern sich in den verschiedenen Biotopen ganz spezifisch. Jeweils anders sind sie in den Gewässern und ihrer unmittelbaren Umgebung, in den landwirtschaftlich genutzten Gegenden, in Wäldern, Gebirgen oder Städten. Ihr gemeinsamer Nenner lautet aber überall gleich: Gefährdung der Natur.

An der Gefährdung der im Wasser lebenden Insekten oder Arten, deren Larven sich im Wasser entwickeln (Uferfliegen, Eintagsfliegen, Libellen, Köcherfliegen, einige Netzflügler), haben die Wasserverschmutzung, die Regulierung von Flußläufen, die Uferbefestigung und Uferentwaldung, die Anlage von Talsperren und die Nutzung aller Gewässertypen für Erholungszwecke (Wassersport, Badebetrieb usw.) ihren mehr oder weniger großen Anteil. Hinzu kommt noch die Trockenlegung und Einebnung von kleinen Tümpeln auf landwirtschaftlichen Nutzflächen.

Der Rückgang der landbewohnenden Insekten hat seine Gründe in sehr vielen und verschiedenartigen Eingriffen des Menschen in das Geschehen der Natur, die sich praktisch überall bemerkbar machen. In Gebieten mit intensiver Landwirtschaft spielt die starke und ständig wiederholte Ausbringung von Kunstdüngern auf Feldern und Wiesen eine negative Rolle. Schuld sind ferner die Anwendung der verschiedenen Gifte (Herbizide, Insektizide), die Trockenlegung feuchter Wiesen und die Umwandlung von Wiesen in Weideflächen (was mit einem Wandel in der Zusammensetzung der Pflanzenarten einhergeht), das Abbrennen von Altgras auf

Bild 23. Ursachen für die Gefährdung der Tagfalter (nach Blab und Kudrna, Hilfsprogramm für Schmetterlinge, Kilda-Verlag, Greven 1982).

Wiesen und Weiden, die Beseitigung von Feldrainen und kleinen, unbestellten Gebieten, die Ausdehnung von Weingärten auf alle sandigen Bodenflächen und sonnigen Steilhänge, der Einsatz ungeeigneter Landmaschinen.

Negativ ausgewirkt hat sich auch die Umwandlung einstiger Laubwaldbestände in Nadelholzmonokulturen, die Beseitigung von alten Bäumen und Baumstubben (die die einzige Nahrungsquelle für die Larven von holzfressenden Insekten darstellen) sowie die Torfförderung. Manche Insektenarten werden auch durch die abnehmende Zahl von Wirtspflanzen oder Wirtstieren bedroht.

Zu den negativen, die Tierwelt bedrohenden Faktoren gehören nicht zuletzt auch der Bau von Häusern, Industrieanlagen, Wochenendhäusern, dazu die Anlage von Straßen und der damit verbundene Landverlust, der Freizeitbetrieb und der anfallende Müll.

Ein einleuchtendes Beispiel zeigt uns das Diagramm von Bild 23, das die am Rückgang der Schmetterlingsfauna beteiligten Ursachen festhält. Die Daten klingen nicht optimistisch.

Wir müssen daher alle erdenklichen Wege suchen, damit in unserer Natur nicht die Eintönigkeit die Oberhand gewinnt sondern uns die Schönheit ihrer Blüten und ihrer sechsbeinigen Bewohner erhalten bleiben.

Bild 24.

Bild 25. Alle Hummelarten sind wichtige Blütenbestäuber.

Die Entwicklung der Insektenkunde oder Entomologie hat gezeigt, wie eng die Geschicke von Menschen und Insekten miteinander verbunden sind. Insekten werden nicht mehr nur aus Interesse gesammelt, sondern werden von vielen Fachleuten in wissenschaftlichen Instituten überall auf der Welt studiert. Rein vom Standpunkt des Menschen aus gesehen können wir drei Gruppen von Insekten feststellen: nützliche und nutzbare Arten, schädliche Arten und Insekten, die in keine der beiden Kategorien passen. Eines muß vielleicht klargestellt werden: In der Natur gibt es keine „schädlichen" Insekten.
Vom Menschen her gesehen „nützliche" Insekten sind in erster Linie die Pflanzenbestäuber und die räuberischen Arten, die die Schädlinge fressen. Nutzinsekten liefern dem Menschen Honig, Wachs, Seide, Schellack und Farbstoffe. Schädlinge sind mehr oder weniger stark an wirtschaftlichen Verlusten beteiligt, einige Arten erweisen sich als sehr hartnäckig. Die anderen Insektenarten hingegen bringen der menschlichen Wirtschaft keinen unmittelbaren Nutzen, fügen ihr aber auch keinen Schaden zu.
Die für uns nützlichsten Insekten sind die Blütenbestäuber. Die Beziehung Insekt – Blüte gilt als Symbiose. Beide sind in einem solchen Maß voneinander abhängig, daß einer ohne den anderen nicht existieren kann. Verschwänden die Bestäuber von der Erde, wären sehr viele Pflanzen verloren, nämlich alle von Insekten bestäubten Arten. Insekten fliegen Blüten an, um sich an deren Nektar bzw. Pollen zu sättigen. Wenn sie sich zum Nektar vorarbeiten, bleiben an ihrem Körper Pollenkörner haften, die sie dann auf eine andere Blüte übertragen. Die bekanntesten Bestäuber stammen aus den Reihen der Hautflügler. Das Gros stellen die Honigbienen, daneben sind es viele hundert Erdbienenarten und Hummeln. Die Hummeln sind wichtig für die Bestäubung von Blüten, in die der kurze Saugrüssel der Bienen nicht hineinreicht, und auch

Bild 26. Marienkäfer spielen in der Natur eine wichtige Rolle als Vertilger von Blattläusen.

deswegen, weil sie auch an Schlechtwettertagen bestäuben, wenn die Bienen ihre Stöcke nicht verlassen. Gleich nach den Bienen kommen die Schmetterlinge, und zwar sowohl Tag- als auch Nachtfalter. Auch unter den Zweiflüglern gibt es Bestäuber. Viele Schwebfliegen halten sich in Blüten auf und übertragen Pollen. Auch die Wollschweber, Haarmücken und Dickkopffliegen tragen ihren Teil zur Blütenbestäubung bei. Bestäuber finden wir auch unter den Käfern; einige Bockkäfer haben so schmale Köpfe, daß sie sie in die Blüten stecken können. Auch zahlreiche Blattkäfer krabbeln gern in Blüten herum.
Insekten sind aber nicht nur als Bestäuber nützlich. Viele Raubinsekten vertilgen Larven, Puppen und Imagines aller möglichen den Menschen belästigenden oder schädigenden Insekten. Manche Arten fressen ihre Beute einfach auf wie z. B. Marienkäfer, Laufkäfer, Kurzflügler, Glanzkäfer, Buntkäfer, Florfliegen oder räuberische Zweiflügler. Andere legen ihre Eier in oder auf die Beute und sorgen so für die Entwicklung ihrer Nachkommen (Schlupf-, Brack- und Erzwespen, Raupen, Fliegen u. a.). Raubinsekten sind wichtige Schädlingsregulierer, ganz gleich, ob es sich um Blattläuse, Schildläuse, Raupen und andere Larven oder Fliegen handelt. Nachdem man die Wechselbeziehung Raubinsekt – Schädling erkannt hatte, konnte eine neue Schädlingsbekämpfungsmethode entwickelt werden: die Biologische Schädlingsbekämpfung, die sich der Fähigkeit der Räuber, ihre Verwandten zu fressen, zunutze macht.

Bild 27. Die Zehrwespen, die ihre Eier in die Deckelschildläuse legen, gehören zu den ernsthaften Feinden dieser Schädlinge.

Viele Insekten sind auch dadurch nützlich, daß sie organische Stoffe beseitigen. Daran sind vor allem Käfer, aber auch Zweiflüglerlarven beteiligt. Kurzflügler und Aaskäfer leben in Kadavern, Mistkäfer in faulendem Pflanzengewebe und Kot. Sie sorgen für deren Zersetzung, was ihnen den Namen einer „Gesundheitspolizei der Natur" eingebracht hat. An der Zersetzung von Pflanzengewebe sind auch viele in altem Holz lebende Larven beteiligt, in den Tropen sind es die Termiten.

Bild 28. Honigbiene auf einer Lindenblüte.

Von allen Nutzinsekten steht die Honigbiene an erster Stelle. Sie ist, wie der Name verrät, von alters her ein Honigspender. Sie ist allerdings bei weitem nicht die einzige mit dem Geheimnis der Honigherstellung vertraute Art. Honig wird auch von Hummeln und Erdbienen erzeugt, doch nur in kleinen Mengen, die gerade zur Ernährung des Tieres und seiner Nachkommen ausreichen. Ein weiteres wertvolles Bienenprodukt ist das Wachs, doch sind die Honigbienen nicht die einzigen Hersteller: Hummeln und Schildläuse können ebenfalls Wachs herstellen. Die in China lebende Schildlaus *Ericerus pela* scheidet so viel Wachs ab, daß es gesammelt werden kann.
Schon seit langem ist bekannt, daß die Raupen einiger Schmetterlinge in der Zeit vor der Verpuppung Seidenfasern abscheiden, aus denen sie einen die Puppe schützenden Kokon weben. Eine dieser Arten ist der Seidenspinner,

der schon im 3. Jahrtausend v. Chr. von den Chinesen in streng bewachten Zuchten gehalten wurde. Trotzdem wurden seine Eier heimlich nach Europa geschmuggelt, und im 6. Jahrhundert wurde in Byzanz mit der Seidenraupenzucht begonnen. Viel später begann man auch in Frankreich mit der Seidenerzeugung. Weit größere Kokons als der Seidenspinner legen auch andere Schmetterlinge an, z. B. die in Asien gezüchteten *Antheraea pernyi* und *A. yamamayi*. Heute stellt man vor allem Kunstfasern her, aber Seide ist immer noch ein begehrtes Produkt.

Schellack und Farbstoffe sind Schildlausprodukte. Schellack ausschwitzende Schildläuse findet man in Afrika, Indien, im tropischen Amerika und in Australien. Um ihren Körper herum sammelt sich eine so starke Schellack-Kruste an, daß es sich lohnt, sie zu sammeln und zu verarbeiten.

Auch aus getrockneten Schildläusen gewinnt man Farbstoffe. Dabei handelt es sich vor allem um die Schildlaus *Dactylopius coccus*, deren karminroter Farbstoff einst sehr geschätzt war. Auch in Europa gibt es farbstoffbildende Arten; sie haben jedoch keine Bedeutung.

Die schädlichen Arten greifen in viele Bereiche menschlicher Tätigkeit ein, ob es sich nun um Landwirtschaft, Obstanbau, Forstwirtschaft, Handel oder Gesundheitswesen handelt. Vorkommen und Wirkung mancher Schädlinge sind begrenzt, viele Arten haben sich aber über die ganze Welt ausgebreitet.

Man könnte fast sagen, daß jede Kulturpflanze ihren Schädling bzw. ihre Schädlinge hat. Manche Insekten spezialisieren sich nur auf eine Wirtspflanzenart, andere sind nicht wählerisch, und diese sind dann am gefährlichsten. Manche Insekten schaden nur im Larvenstadium (z. B. Raupen), bei anderen Arten richten Larve und Imago gleichermaßen Schäden an (einige Käfer).

Gefährliche Landwirtschaftsschädlinge gibt es in großer Zahl. Hier sind Schild- und Blattläuse, verschiedene Schmetterlingsraupen, Käferlarven, einige Zweiflüglerlarven u. a. zu nennen. Eine Geißel der tropischen und subtropischen Landwirtschaft sind die Heuschrecken, deren Gefräßigkeit die gesamte Vegetation zum Opfer fällt, wenn sie ihre Wanderungen antreten. Auch im Obstbau kennt man viele Schädlinge. Immer wieder findet man z. B. „wurmstichiges“ Obst. Aber die „Würmer“ in Äpfeln und Pflaumen sind Raupen und Afterraupen, in den Kirschen z. B. findet man die Larven der Kirschenfliegen. Viele Schädlinge leben auch in den Wäldern. Noch unlängst richteten die Raupen eines unscheinbaren Schmetterlings, der Nonne, in

Bild 29. Der Maulbeerseidenspinner ist der bekannteste Seidenlieferant. Links Raupe, Mitte Kokon, rechts Imago (♂).

den Fichtenmonokulturen Mitteleuropas Kahlfraßschäden an. Immer wieder kommt es auch zur Massenvermehrung des Buchdruckers, eines Käfers, von dem die bekannten Fraßstellen in der Baumrinde stammen. Zu den Waldschädlingen gehören auch verschiedene Pflanzenwespen, Blattläuse und Käfer. In Lagerräumen mit Lebensmitteln, Textilien, Leder, aber auch in unseren Haushalten machen sich Vertreter einiger Käferfamilien und die Raupen kleiner Schmetterlingsarten (Zünsler, Motten) unangenehm bemerkbar.

Bild 30. Der Buchdrucker, ein gefährlicher Fichtenschädling, entwickelt sich unter der Rinde.

Mit Insektenschädlingen hat auch die Human- und Veterinärmedizin zu kämpfen. Einige Schädlinge übertragen gefährliche Krankheitserreger auf Mensch und Tier; zu ihnen gehören hauptsächlich Zweiflügler, Flöhe und Läuse. Besonders berüchtigte Angehörige dieser Insektenordnungen haben bestimmt im Laufe der Zeit Millionen von Menschen zu Tode gebracht, man denke nur an Flöhe als Überträger von Fleckfieber und Pest.

Versucht man einmal, die für den Menschen negativen Wirkungen von Insekten zusammenzufassen, so erhält man ein buntes Bild. Insekten beschädigen oder vernichten Blätter, Blüten und Früchte, verderben Holz durch das Nagen von Gängen unter der Rinde und im Holz selbst, beschädigen oder vernichten Holzbauten und Kunstdenkmäler, gefährden oder vertilgen die Ernte auf den Feldern. Sie befallen eingelagerte Lebensmittel, Textilien oder Felle, beschädigen oder vernichten naturkundliche Sammlungen, belästigen Menschen und Tiere und können ihre Gesundheit gefährden.

Dem Menschen bleibt also nichts anderes übrig, als den Kampf mit den Insekten aufzunehmen. Die Wege dazu sind verschieden; sie führen von der primitiven, aber unschädlichen mechanischen Bekämpfung bis zur zwar relativ einfachen, dafür aber gefährlichen chemischen Bekämpfung. Einst schien es, als ob dieser Kampf durch die Entdekkung des DDT entschieden wäre. Dieser Stoff wurde seinerzeit für ein universelles Insektenbekämpfungsmittel gehalten. Mit der Zeit hat man aber erkannt, wie gefährlich DDT für Mensch und Tier ist, weshalb in Kulturländern seine Anwendung verboten wurde. Wir bleiben aber nicht von den Auswirkungen dieses Stoffes verschont, denn heute wirkt es über den Umweg von Obst- und Gemüseimporten aus den Entwicklungsländern weiter. Es gibt Tausende von chemischen Insektenvernichtungsmitteln, deren Anwen-

Bild 31. Die Kirschenfliege entwickelt sich in den Kirschenfrüchten.

dung in den meisten Fällen nicht ohne Risiko ist. Eine Wende zum Besseren zeichnete sich ab, als die Prinzipien der Biologischen Schädlingsbekämpfung, eine Art Krieg der Insektenarten untereinander, entdeckt wurden. Die biologische Bekämpfung kann die chemische erfolgreich ersetzen oder zumindest ergänzen. Die Biologische Schädlingsbekämpfung findet immer mehr Anhänger. Sie ist die einzige Möglichkeit, gegen Schädlinge vorzugehen, da dadurch die Natur und die menschliche Gesundheit vor der verhängnisvollen Wirkung der chemischen Gifte bewahrt bleiben.

Das System der Insekten

Die Insekten *(Insecta)* gehören zum Tierstamm der Gliederfüßer *(Arthropoda)*. Zur leichteren Orientierung hat man diesen Stamm in kleinere Einheiten unterteilt. Dabei wurde auf verschiedene Kriterien Bezug genommen: zunächst auf Anordnung und Form der Mundwerkzeuge, danach auf die verschiedenen Atmungsweisen.

Die Einordnung der Gliederfüßer ins zoologische System und die Stellung der Insekten unter den Gliederfüßern wird aus der folgenden Übersicht wohl am klarsten:

Reich (Regnum): Tiere *(Animalia)*. Das Reich umfaßt alle auf der Erde lebenden Tierarten.

Unterreich (Subregnum): Vielzeller *(Metazoa)*. Hierher gehören Lebewesen, deren Körper aus einer Vielzahl von Zellen besteht (im Gegensatz zu den Einzellern – *Protozoa*).

Stamm (Phylum): Gliederfüßer *(Arthropoda)*. Ihr Körper gliedert sich in drei Hauptteile: Kopf, Brust und Hinterleib. Der Stamm der Gliederfüßer zerfällt je nach den Mundwerkzeugen in zwei Abteilungen:

1. Abteilung (Divisio): *Amandibulata*. Ihre Mundwerkzeuge bestehen aus Cheliceren und Pedipalpen. Zu den *Amandibulata* gehören zwei Unterstämme:

Unterstamm *Trilobitomorpha*, der ausgestorben ist.

Unterstamm *Chelicerata*, zu dem die Klasse der Spinnen *(Arachnida)* zählt.

2. Abteilung (Divisio): *Mandibulata*. Sie haben in ihren Mundwerkzeugen ein Oberkieferpaar (Mandibeln) und zwei Unterkieferpaare (Maxillen und Labium). Auch diese Abteilung hat zwei Unterstämme:

Unterstamm Kiemenatmer *(Branchiata)*, zu dem man die Klasse der Krustentiere *(Crustacea)* rechnet.

Unterstamm Tracheenatmer *(Tracheata)*, die mit Hilfe fester Luftröhren atmen. Zu diesem Unterstamm gehören vier Klassen: *Symphila* (Zwergfüßer), *Diplopoda* (Doppelfüßer), *Chilopoda* (Hundertfüßer) und *Insecta* (Insekten).

Die Klasse der Insekten unterteilt man weiter in zwei Gruppen von sehr verschiedener Größe: in die ursprünglich ungeflügelten Urinsekten *(Aptorygota)* und in die Fluginsekten *(Pterygota)*. Die Urinsekten sind nur wenigen Naturfreunden bekannt, obwohl man ihnen bei jedem Schritt in der Natur begegnet. Sie sind winzig und unscheinbar und leben im Verborgenen, und darum werden sie von den Nichtkundigen kaum beachtet, ihrem Studium widmen sich fast ausschließlich Fachleute. Einige Spezialisten unter ihnen sind auch der Ansicht, daß diese Tiergruppe eigentlich gar nicht zu den Insekten gehört. Einige Apterygoten haben nämlich eigenartige Sprungapparate, die sonst bei den Insekten nicht zu finden sind; die Beintastler tragen Gliedmaßenrudimente an den ersten drei Hinterleibsgliedern – wiederum ein Merkmal, das bei den Insekten fehlt. Auch die Doppelschwänze werden gelegentlich von den Insekten getrennt, und so blieben nach Ansicht dieser Zoologen nur die Borstenschwänze und Fischchen als Urinsekten bei der Klasse der Insekten. Mit Rücksicht auf den allgemeinen Gebrauch und wegen der Unbeständigkeit solcher Meinungen beläßt man vorerst noch alle Ordnungen der Urinsekten bei der Klasse der Insekten. Dafür sprechen auch praktische Gründe, denn jeder, der sich nur ein wenig umschaut, begegnet ihnen überall.

Übersicht über die Insektenordnungen

1. Ordnung
Doppelschwänze – Diplura

Die Doppelschwänze erinnern an Insektenlarven, sie sind blind, etwa 3–10 mm lang und hell gefärbt. Sie besitzen lange Fadenfühler, ihre Mundwerkzeuge sind in die Kopfplatten eingelassen. Der Hinterleib läuft entweder in zwei gegliederte und borstenbesetzte Aftergriffel (Cerci) aus oder trägt ein zangenförmiges Ende. An der Unterseite der Hinterleibsglieder sitzen feine Anhänge (Styli), die man für Gliedmaßenrudimente hält.
Die Doppelschwänze sind Pflanzenfresser, aber gelegentlich leben sie auch räuberisch. Sie lieben es feucht und dunkel, deshalb halten sie sich meist unter Moos, tief unter Steinen, im Boden, im Mulm alter Baumstümpfe und in Höhlen auf. Man kennt etwa 500 Arten, von denen aber nur wenige in Europa leben; viele Gebiete sind aber noch nicht genügend erforscht.

Bild 32. *Campodea fragilis,* einer der häufigsten Doppelschwänze.

2. Ordnung
Beintastler – Protura

Die Arten dieser Ordnung sehen wohl am allerwenigsten wie Insekten aus. Ihre etwa 2 mm langen, dünnen Körper sind gelblich oder gelbweiß; sie sind blind und besitzen keine Fühler. Deren Funktion hat das erste Beinpaar übernommen, das nach vorne gerichtet ist und Sinnesborsten trägt. Der Hinterleib eines ausgewachsenen Beintastlers besteht aus 12 Gliedern. Die Jungtiere haben nur 8 Glieder, bei jeder Häutung kommt ein weiteres hinzu. An der Unterseite der ersten drei Abdomensegmente sitzen deutlich sichtbare Anhänge, wohl zurückgebildete Gliedmaßen. Beintastler sind kleine Raubinsekten, die aber auch mit Pflanzennahrung vorliebnehmen. Sie leben in feuchter Umgebung, im Humus von Nadelwaldböden, im Moos, unter Steinen, verwe-

Bild 33. Ein Vertreter der Ordnung der Beintastler.

sender Rinde usw. Wegen ihrer geringen Größe, ihrer unauffälligen Färbung und der verborgenen Lebensweise fallen sie nicht auf. Aus diesem Grund ist auch über ihre Entwicklung und ihre Lebensweise verhältnismäßig wenig bekannt. Man kennt etwa 140 Beintastler-Arten, in Europa lebt etwa ein Zehntel davon.

3. Ordnung
Springschwänze – Collembola

Springschwänze sind verhältnismäßig kleine, meist nur 1–3, in Ausnahmefällen auch 7–9 mm lange Urinsekten. Eine sehr feine Haut umgibt ihren Körper, der manchmal langgestreckt, gelegentlich auch gedrungen und fast kugelförmig sich aus Kopf, drei Brustsegmenten und höchstens sechs Hinterleibsabschnitten zusammensetzt.
Sie sind häufig bunt gefärbt, viele Arten haben aber nur eine unauffällige Färbung: blau, blaugrau, gelblich oder weißlich. Am Kopf sitzen Fühler, Komplexaugen, die nur aus einigen Ommatidien bestehen, und Mundwerkzeuge, die im Kopfbehälter geborgen sind.
Charakteristisches Merkmal aller Springschwänze ist die Springvorrichtung. Ihre wichtigsten Teile sind die gespreizte Sprunggabel (Furca) und ihre Haltevorrichtung (Retinaculum). In der Ruhestellung liegt die Sprunggabel unter den Körper geklappt, wo sie vom Retinaculum gehalten wird. Aus der Unterseite des ersten Abdominalsegments wächst der sogenannte Ventraltubus heraus, ein Organ, das sich nur bei Springschwänzen findet.

Bild 34. Ein Vertreter der Springschwänze in Ruhestellung.

Es gibt aber auch einige Collembolongruppen, die keinen Sprungapparat besitzen. Der Sprung mit Hilfe der Gabel ist jedoch nicht die eigentliche Fortbewegungsart der Springschwänze. Meist kriechen sie langsam auf ihren drei schlanken Laufbeinpaaren herum; nur wenn sie sich in Gefahr fühlen, suchen sie springend ihr Heil in der Flucht. Springschwänze ernähren sich von verwesenden organischen Stoffen und auch von lebendem Pflanzengewebe. Sie kommen sehr zahlreich in den oberen Humusschichten vor. Mit zunehmender Tiefe nimmt ihre Zahl stark ab, aber einige Arten finden sich auch noch in der Tiefe von einigen Dezimetern. Nach der Zahl der Individuen gehören sie zu den häufigsten Insekten. Man nimmt an, daß sich bei europäischen Verhältnissen auf einer Fläche von 1 m^2 und bis zu einer Tiefe von 30 cm zwischen 50000–400000 Tiere aus dieser Ordnung aufhalten. Springschwänze leben im Hochgebirge bis zur Gletschergrenze, sie sind sogar bis in die Antarktis verbreitet.
Die Weibchen legen ihre Eier in kleinen Häufchen ab. Während ihrer Entwicklung, aber auch ausgewachsen, häuten sich die Springschwänze oft. Sie sind für die leichte Regeneration von Gliedmaßen und Fühlern bekannt. Springschwänze bewohnen verschiedene Biotope, sie kommen im Boden, auf Pflanzen (viele Arten auf Moos und Pilzen), in Wassernähe oder auf der Wasseroberfläche, in verwesenden tierischen und pflanzlichen Stoffen, in Ameisenhaufen, Höhlen usw. vor. Die meisten Arten findet man das ganze Jahr über, auch im Winter. Springschwänze haben als Humusbildner große wirtschaftliche Bedeutung.
Stammesgeschichtlich gehören sie zu den ältesten Tiergruppen, die schon im Paläozoikum, genauer gesagt im Devon, auf der Erde auftraten. Man kennt etwa 3500 Arten, von denen in Mitteleuropa 300 vorkommen; man entdeckt jedoch jedes Jahr neue Arten.

4. Ordnung
Felsenspringer – Archaeognatha

Diese größten Urinsekten erreichen eine Länge von etwa 20 mm. Sie sind oft mit feinen, grauschimmernden Schuppen bedeckt, die manchmal Ornamente bilden. Der Körper wird nach hinten schmaler und trägt zwei Afterfühler (Cerci), zwischen denen ein langer, fadenförmiger Terminalanhang sitzt, so daß der Hinterleib von drei Borsten ab-

geschlossen wird. Felsenspringer besitzen lange und fadenförmige Fühler, beißende Mundwerkzeuge und Punktaugen. Wie bei den Beintastlern und Doppelschwänzen tragen auch hier die Hinterleibssegmente Anhänge (Styli). Die langen und schlanken Beine brechen sehr leicht ab, wachsen aber nach. Felsenspringer können sehr schnell laufen.
Sie ernähren sich von kleinen Pflanzen (Algen und Flechten) und Pilzfäden, aber auch von kleinen Tieren. Sie leben im Steingeröll, in Steinbrüchen, unter Steinhaufen auf Feldern oder unter der Rinde von Baumstümpfen. Erst abends kommen sie aus ihren Schlupfwinkeln hervor.
Sie entwickeln sich relativ langsam. Die Weibchen legen nur wenige, oft mikroskopisch kleine Eier. Die jungen Tiere häuten sich sehr oft. Man kennt etwa 250 Arten, die schwierig zu bestimmen sind, da die konservierten Exemplare ihre Schuppen und damit die Färbung verlieren. Zur genauen Bestimmung ist meist das Mikroskop nötig.

Bild 35. Die Arten der Familie *Machilidae* gehören zu den bekanntesten Vertretern der Felsenspringer.

5. Ordnung
Fischchen – Zygentoma

Die stets ungeflügelten, 5–12 mm lang werdenden Arten haben längliche, meist mit Schuppen besetzte Körper. Ihre Fühler sind lang und gegliedert, Punktaugen sind nicht vorhanden. Am Körperende tragen sie zwei Cerci, zwischen denen die fadenförmige Verlängerung der letzten Rückenplatte sitzt, also insgesamt drei Borsten.
Sie ernähren sich von kleinen Pflanzen und Tieren; meist leben sie in Häusern oder Ameisenhaufen.
Sie entwickeln sich langsam; die erwachsenen Exemplare leben mehrere

Bild 36. Das Silberfischchen ist überall in menschlichen Wohnungen zu finden.

Jahre und häuten sich dabei sehr oft. Von den existierenden knapp 300 Arten leben nur einige wenige in Europa. Die Angehörigen dieser und der vorherigen Ordnung werden oft zu einer Ordnung, den Borstenschwänzen (*Thysanura*), zusammengefaßt. Die Unterschiede liegen im Vorhandensein bzw. Fehlen von Punktaugen und im Bau der Mundwerkzeuge.

Bild 37. Die Männchen der Eintagsfliege haben auffallend lange Vorderbeine.

6. Ordnung Eintagsfliegen – Ephemeroptera

Die Insekten aus dieser Ordnung sind zwischen 3–40 mm lang (ohne Borsten) und besitzen eine dünne Haut. Die Basalglieder der kurzen Fühler sind verdickt, während die übrigen eine feine Geißel bilden. Die Mundwerkzeuge sind verkümmert. Charakteristisches Erkennungszeichen der Eintagsfliegen sind zwei lange, auseinanderstrebende und gegliederte Borsten am Körperende, zwischen denen sich oft noch eine dritte Borste befindet. Meist sind zwei Flügelpaare entwickelt, manchmal aber auch nur das erste, das zweite Paar fehlt dann völlig. In Ruhestellung werden die Flügel mit der Oberseite aneinandergelegt und stehen senkrecht nach oben. An dieser Flügelstellung lassen sich die Eintagsfliegen sehr leicht von allen anderen Wasserinsekten unterscheiden. Die Flügel sind reich geädert, durchsichtig, gelblich, weißlich oder bräunlich, manchmal glänzen sie. Das erste Beinpaar ist bei den Männchen auffallend lang. Eintagsfliegen nehmen keine Nahrung auf, denn sie leben meist nur einige Stunden. In Wassernähe kann man sie am Spätnachmittag in größeren Mengen beobachten; sie werden jedoch bei uns immer seltener, da sie in den immer stärker verschmutzten Gewässern nicht mehr leben können.

Die Eintagsfliegen machen eine unvollständige Metamorphose durch. Die Weibchen lassen ihre Eier einfach ins Wasser fallen, wo aus ihnen Larven schlüpfen, die sich mehrfach häuten. Je nach Art dauert die Entwicklung zwischen 1–3 Jahren. Ehe die Imago erscheint, tritt noch eine weitere Entwicklungsstufe auf, die sogenannte Subimago. Sie lebt einige Stunden bzw. Tage und ist der Imago sehr ähnlich.

Die Larven der Eintagsfliegen leben in sauberen Gewässern, die reich an Sauerstoff sind. Dort kriechen sie auf Steinen, an Wasserpflanzen oder über den Grund. Sie atmen mit Tracheenkiemen, die zu beiden Seiten des Hinterleibes sitzen.

Eintagsfliegen und ihre Larven sind eine wichtige Nahrungsquelle für Fische und andere Wasser- und Landtiere (Vögel, Fledermäuse). Gegenwärtig kennt man auf der Erde etwa 2000 Arten. Bei uns kommen etwa 70–80 Arten vor.

7. Ordnung Libellen oder Wasserjungfern – Odonata

Libellen sind allgemein recht große Insekten, deren Länge zwischen 20–80 mm schwankt; sie haben eine Flügelspannweite von bis zu 150 mm. Ihre Körper sind lang ausgestreckt oder kurz gedrungen. Sie sind auffällig gefärbt, oft gestreift oder gefleckt. Der Kopf ist mit der Brust durch einen dünnen Stiel verbunden. Die Fühler sind nur kurz, gleich, hinter ihnen sitzen die großen, gewölbten Augen, die für die Jagd sehr wichtig sind. Ihre Punktaugen sind oft unterschiedlich groß. Libellen haben beißend-kauende Mundwerkzeuge. Ihre Flügel sind häutig, beide Paare sind gleich bzw. annähernd gleich groß. In der Form länglich gestreckt, sind sie glasartig durchsichtig oder mit dunklen Feldern und Flecken verziert. In Ruhestellung werden die Flügel entweder aneinandergelegt oder waagrecht vom Körper abgespreizt. Einige Libellen fliegen nur langsam und flatternd (Prachtlibellen), andere wiederum zeichnen sich durch einen sehr rasanten, geräuschlosen und ausdauernden Flug aus. Die langen Beine tragen dreigliedrige Füße, das Körperende bilden kurze, eingliedrige Anhänge.

Libellen sind Raubinsekten, die ihre Beute direkt im Flug ergreifen. Als Nahrung dienen ihnen vor allem Insektenarten, die sich in Wassernähe aufhalten, z. B. Stechmücken, Fliegen usw., aber auch viele andere Arten. Libellen fliegen tagsüber in der Frühlings- und Sommersonne. Meist halten sie sich in der Nähe von Gewässern oder über der Oberfläche stehender oder langsamfließender Gewässer auf. Sie entfernen sich aber auch weit von dem Platz, an dem sie geschlüpft sind, und so kommt es vor, daß man ihnen auf Waldlichtungen, Wegen, Feldern und sogar in den Straßen der Städte begegnen kann. Junge Tiere verlassen in der Regel für einige Zeit den Gewässerrand, kehren aber wieder dorthin zurück.

Bei ihrer Entwicklung durchlaufen die Libellen eine unvollständige Verwandlung. Die Weibchen legen ihre rundlichen, verhältnismäßig kleinen Eier (0,5–2 mm) entweder direkt ins Wasser, in den Schlamm oder in den Sand ab oder stechen sie mit Hilfe eines kurzen Legeapparates in das Gewebe von Wasserpflanzen. Bei einigen Arten geschieht das unter Mitwirkung des Männchens, das sich mit seinen Hinter-

Bild 38. Zwei Typen der Libellenlarve: Prachtlibelle (links) und Edellibelle (rechts).

leibsanhängen am Weibchen festhält (Tandemflug). Aus den Eiern schlüpfen zunächst die sogenannten Vorlarven, aus denen sich schon nach wenigen Sekunden die ersten Larven entwickeln. Libellenlarven sind ebenfalls Räuber und ernähren sich von kleinen Wasserbewohnern wie z. B. Wasserflöhen, Würmern usw. Zum Nahrungsfang dient ihnen eine besondere Vorrichtung, die Fangmaske genannt wird und eigentlich eine umgestaltete Unterlippe ist. Die Larven leben in Tümpeln, Tei-

Bild 39. Die Blaugrüne Mosaikjungfer erscheint noch im November.

chen, toten Flußarmen usw. Je nach Art dauert ihre Entwicklung 1–4 Jahre. Die ausgewachsene Larve nimmt keine Nahrung mehr auf, kriecht an Wasserpflanzen teilweise oder ganz über die Wasseroberfläche, wo dann das Vollinsekt schlüpft. Überwinterungsstadien sind Eier und Larven, lediglich die Winterlibelle *Sympecma fusca* und die Sibirische Winterlibelle *S. paedisca* überwintern als vollentwickelte Tiere und fliegen bereits an warmen Februartagen. Libellen sind sehr nützliche Tiere, da sie viele Schadinsekten vertilgen. Übertrieben wäre es, die Larven als Schädlinge zu bezeichnen, auch in Fischzuchtteichen richten sie keinen nennenswerten Schaden an.
Libellen zählen zu den entwicklungsgeschichtlich sehr alten Insektengruppen. Sie sind schon aus dem Paläozoikum bekannt, besonders aus dem Perm. Unter ihnen befanden sich Arten, deren Flügelspannweite bis zu 700 mm betrug. Bisher sind etwa 4700 Libellenarten beschrieben. Nur 80–100 Arten kommen in Europa vor.
Alle heimischen Libellenarten sind geschützt.

8. Ordnung
Stein- oder Uferfliegen – Plecoptera

In diese Ordnung gehören größere und kleinere Arten mit einer Flügelspannweite von maximal 50 mm und weichem, langgestrecktem Körper. Das Körperende trägt zwei oft lange, gegliederte Borsten. Die Fühler sind lang und vielgliedrig. Charakteristisches Merkmal der Uferfliegen ist die Form und Ruhestellung der Flügel. Die Vorderflügel sind einfach und oval, die Hinterflügel etwas breiter. In Ruhe werden sie flach auf dem Rücken zusammengelegt. Die Beine sind gleich ausgebildet und tragen einen dreigliedrigen Fuß. Ausgewachsene Uferfliegen ernähren sich von Algen, kleinen Flechten, Wasser oder nehmen überhaupt keine Nahrung auf. Die Männchen leben nur 1–2 Wochen, die Weibchen etwa eine Woche länger.

Bild 40. Erwachsene Steinfliege (Familie *Perlidae*).

Die meisten Uferfliegen fliegen nur wenig und nicht weit. Sie sitzen im Schatten auf Pflanzen und Holzstücken am Wasser, unter Steinen und an Brückenpfeilern. Uferfliegen verständigen sich untereinander durch eine Art Trommeln, das sie mit Hilfe der in den Beinen sitzenden Sinnesorgane wahrnehmen.
Sie machen eine unvollständige Verwandlung durch. Die Weibchen legen Eipakete ins Wasser ab, im Wasser entwickeln sich auch die Larven in einem oder auch mehreren Jahren; sie häuten sich in dieser Zeit 20–30mal. Die Larven brauchen sauerstoffreiches Wasser; sie sind deshalb in Gebirgsbächen und -flüssen am häufigsten, in denen sie auf dem Grund unter Steinen leben. Uferfliegenlarven sind Fleisch-, Pflanzen- oder Allesfresser; sie atmen durch Kiemen. Die ausgewachsene Larve kriecht ans Ufer und verwandelt sich binnen kurzem an einem Stein oder einer Wasserpflanze zur Imago.
Larven und Imagines der Uferfliegen dienen Fischen und anderen Tieren als Nahrung. Wie auch die Eintagsfliegen-Larven kann man sie als Indikator für die Sauberkeit der Wasserläufe ansehen. Auch die Uferfliegen gehören zu den entwicklungsgeschichtlich alten Insekten; man kennt sie schon aus dem Paläozoikum (älteres Karbon). Von den etwa 2000 auf der Erde lebenden Arten findet man in West- und Mitteleuropa etwa 80–100.

9. Ordnung
Fußspinner – Embioptera

Die Vertreter dieser Ordnung sind meist nur einige Millimeter lang und haben beißende Mundwerkzeuge und richtige Facettenaugen, aber keine Punktaugen. Die Männchen besitzen zwei einander ähnliche Flügelpaare, die nur schwach geädert sind. Die Weibchen sind flügellos.
Fußspinner sind leicht an den eiförmig erweiterten ersten Fußgliedern der Vorderbeine zu erkennen. In ihnen sitzt eine Reihe Spinndrüsen. Fußspinner ernähren sich von Pflanzenteilchen und Abfällen. Oft leben sie in Gesellschaften zusammen und halten sich in selbstgesponnenen Röhren auf. Die Weibchen legen ihre Eier darin ab, schützen sie und halten sie sauber, manchmal bringen sie auch Nahrung für die frischgeschlüpften Larven herbei. Auf der Erde sind über 200 Arten bekannt. In Mitteleuropa kommen sie nicht vor, in West- und Südeuropa und auf dem Balkan treten einige Arten aber recht zahlreich auf.

10. Ordnung
Ohrwürmer – Dermaptera

Die Arten dieser Ordnung sind zwischen 5–20 mm lang und zeichnen sich dadurch aus, daß sich am Ende ihres langgestreckten, abgeflachten Körpers bei beiden Geschlechtern zwei zangenförmige Anhänge befinden, deren Innenseiten entweder glatt oder mit einem bzw. mehreren Zähnchen versehen sind. Die Ohrwürmer sind überwiegend gelb und braun gefärbt.
Der prognathe Kopf ist deutlich sichtbar von der Brust abgeteilt. Sie haben beißende Mundwerkzeuge, die Facettenaugen liegen hinter den Fühlern, die nicht sehr lang sind, aber aus 30 und mehr Gliedern bestehen. Sie haben auch Punktaugen. Die Vorderbrust wird von oben durch den Schild bedeckt. Meist haben Ohrwürmer zwei Flügelpaare: Das erste Paar ist kurz, hart und glatt ohne Äderung (Flügeldecken). Das zweite Paar bilden breite Hautflügel, die doppelt unter den Vorderflügeln zusammengelegt werden. Es kommt aber auch vor, daß das zweite Flügelpaar gar nicht ausgebildet ist. Die Gliedmaßen sind Laufbeine, die Füße

Bild 41. Ein Vertreter der Ordnung der Fußspinner (Südeuropa).

Bild 42. Eierpflegendes Weibchen des Gemeinen Ohrwurms.

sind dreigliedrig. Alle Beinpaare ähneln sich. Männchen und Weibchen lassen sich leicht an der Zahl der Hinterleibssegmente unterscheiden: Die Männchen haben 10, die Weibchen 8.
Ohrwürmer fressen sowohl pflanzliche Stoffe (Früchte) als auch tierische (Insekten). Sie sind wärmeliebende Insekten, weshalb sie sich oft in allerlei Verstecken aufhalten: unter Steinen und altem Holz, unter der Rinde von Baumstümpfen; oft suchen sie auch in Häusern Unterkunft und verbergen sich im Keller oder in der Speisekammer. Einige Arten leben auch auf sandigen Ufern.
Die Verwandlung der Ohrwürmer ist unvollständig. Die Weibchen legen ihre Eier in unterirdischen Kammern ab, tragen sie zu kleinen Häufchen zusammen und pflegen sie. Durch stetes Belecken schützen sie sie vor Schimmelpilzen. In ähnlicher Weise kümmern sich die Muttertiere auch um die ausgeschlüpften Larven.
Ohrwürmer sind typische Tropenbewohner. Von den bisher bekannten 1300 Arten finden sich in Mitteleuropa nur 7–9.

11. Ordnung
Fangschrecken – Mantodea

Aus dieser Ordnung kommt in Mitteleuropa nur eine Art vor, die Gottesanbeterin. Das große, 4–8 cm lange Insekt fällt auf den ersten Blick durch die eigenartige Haltung der Vordergliedmaßen, der sogenannten Fangbeine, auf (Name). Schenkel und Schienen sind mit scharfen Zähnen bewehrt und lassen sich taschenmesserartig gegeneinander schließen, wodurch ein gefangenes Beutetier fest zwischen ihnen eingeklemmt wird. Die übrigen Gliedmaßenpaare sind lang und schlank.
Der nach unten geneigte, dreieckige Kopf trägt mittellange Fühler, Komplex- und Punktaugen sowie mächtige Beißwerkzeuge. Die Vorderbrust ist auffallend lang und frei beweglich. Die gut ausgebildeten Flügel werden flach auf dem Körper zusammengelegt, wobei das vordere Flügelpaar härter und schmäler ist als das hintere. Die Fangschrecken sind aber keine besonders guten Flieger.
Imago und Larve sind Räuber und ernähren sich in erster Linie von verschiedenen Insektenarten. Die Verwandlung ist unvollständig. Die Weibchen legen

Bild 43. Oothek mit Eiern der Gottesanbeterin.

ihre Eier in großen Ootheken ab, von denen sie während ihres Lebens eine ganze Reihe herstellen. Sie befestigen diese Eipakete an Pflanzenzweigen oder Steinen. Das Material der Oothek schützt die Eier nicht nur vor Feinden, sondern auch vor dem Austrocknen und Überhitzen. Die Larven häuten sich während ihrer Entwicklung mehrmals.
Alle Fangschreckenarten sind sehr wärmeliebend, man findet die insgesamt etwa 2000 Arten deshalb vorwiegend in den Tropen und Subtropen.

Bild 44. Die Gemeine Waldschabe sitzt gern an Blättern.

12. Ordnung
Schaben – Blattodea

Die meisten Arten dieser Ordnung messen 2–10 mm. Der Schabenkörper ist stark abgeplattet. Am Hinterleibsende finden sich zwei Cerci, die Männchen besitzen zwei weitere Anhänge. Die meisten Schaben sind schwarzbraun bzw. ockerfarben. Der Kopf ist nach hinten gerichtet und wird von oben von dem breiten Schild bedeckt. Die Mundwerkzeuge sind beißend, die Fühler lang und vielgliedrig. Die Flügel sind meist ausgebildet, es gibt aber auch ungeflügelte Formen. Bei den Männchen sind die Flügel besser entwickelt, bei den Weibchen sind sie dagegen meist verkürzt oder sie fehlen ganz. Beide Flügelpaare unterscheiden sich in Größe und Bau. Das erste Paar ist in der Regel stärker, hart und deckenartig, das zweite häutig und breit. Die Schaben fliegen aber nur sehr kurze Strecken; zur Fortbewegung dienen ihnen die Laufbeine mit den fünfgliedrigen Füßen. Schaben sind gute und schnelle Läufer. Die im Freien lebenden Schaben sind Pflanzenfresser, die „Hausschaben" dagegen Allesfresser. Die im Haus lebenden Schaben sind im Gegensatz zu den freilebenden auch Nachttiere. Die freilebenden Schaben sind unschädlich, Hausschaben verdienen jedoch den Namen „Ungeziefer".
Die Schaben haben eine unvollständige Verwandlung. Die Weibchen legen die Eier in charakteristischen Ootheken ab, die einige Arten eine Zeitlang mit sich herumtragen.
Die Schaben sind eine sehr alte Ordnung. Zahlreiche Gattungen und Arten sind schon aus dem Paläozoikum (Karbon, Perm) bekannt. Die Gesamtzahl der Arten wird auf etwa 3500 geschätzt, die meisten sind in den Tropen heimisch. Nur etwa ein Dutzend Arten bewohnt Mittel- und Westeuropa.

13. Ordnung
Termiten – Isoptera

Die Termiten werden als nahe Verwandte der Schaben angesehen. Ihr Körper ist aber kaum abgeflacht, sondern langgestreckt, weichhäutig und mit Ausnahme der Geschlechtstiere pigmentlos. Ihre Größe schwankt zwischen wenigen Millimetern und 2,2 cm. Am Kopf befinden sich die gut entwikkelten Beißwerkzeuge und verhältnismäßig kurze Fühler. Augen fehlen häufig ganz. An den Beinen sitzen viergliedrige Füße.
Termiten sind Insekten, die in Gesellschaften leben. Ihre straff organisierten Staaten bewohnen ganz verschiedenartige Nester. Jeder Staat umfaßt mehrere Kasten, deren Angehörige sich voneinander morphologisch und physiologisch unterscheiden. An der Spitze des Staates steht das Königspaar, weitere Kasten bilden die Arbeiter und die Soldaten. Alle Kasten erfüllen im Staat spezielle Aufgaben. Die Geschlechtstiere sind zeitweise geflügelt, werfen aber die Flügel nach dem Hochzeitsflug ab (Massenflug!).
Als Nahrung dient den meisten Termiten Zellulose, also Holz oder Pflanzengewebe; andere Arten fressen Humus oder sind Allesfresser. Bei der Zelluloseverdauung helfen ihnen kleine Geißeltierchen (Flagellaten), die in großer Zahl den Verdauungstrakt der Termiten bewohnen. Für die Nahrungsbeschaffung sorgen die Arbeiter, die alle übrigen Kasten im Staat füttern.
Die Verwandlung der Termiten ist unvollständig. Die Königin ist die Mutter aller im Staate lebenden Tiere.

In den Tropen, dem Hauptlebensraum der Termiten , sind diese Insekten von großer wirtschaftlicher Bedeutung. Einerseits tragen sie zur Zersetzung abgestorbener Pflanzen bei, andererseits sind sie gefürchtete Feinde aller Holzbauten usw. Von den über 2000 bekannten Arten leben nur einige in den subtropischen Zonen Europas. Sie werden jedoch leicht in Bereiche eingeschleppt, in denen sie ursprünglich nicht vorkommen, das beweisen Verschleppungsfälle in mitteleuropäische Gebiete.

14. Ordnung
Gespenst- oder Stabschrecken – Phasmida

Gespenstschrecken sind verhältnismäßig große Insekten. Ihr Körper ist entweder walzenförmig langgestreckt und mit einer Vielzahl von Auswüchsen übersät oder flach und grün, einem Blatt ähnlich.
Auf der Erde leben etwa 2500 Arten, die über die Tropen und Subtropen verbreitet sind. Nur wenige Vertreter dieser merkwürdigen Ordnung finden sich in Europa (Mittelmeerraum).

Bild 46. *Carausius morosus,* ein Vertreter der Gespenstschrecken, wurde früher oft gezüchtet.

Bild 45. Die Termitennester sind typische Bauten der Tropen.

15. Ordnung
Langfühlerschrecken – Ensifera

In dieser Ordnung finden sich meist mittelgroße, in der Regel etwa 3 cm lange Insekten. Ihre Hauptvertreter sind Laubheuschrecken, Maulwurfs- und andere Grillen. Der Körper ist seitlich abgeflacht, der Hinterleib fest mit der Brust verbunden. Der nach unten geneigte Kopf trägt starke Kiefer. Die Fühler sind mindestens so lang wie der ganze Körper. Langfühlerschrecken haben meist zwei Flügelpaare, von denen das erste stärker, ledrig und schmal ist, das zweite jedoch häutig

Bild 47. Das Große Heupferd, ein Vertreter der Ordnung *Ensifera,* lebt räuberisch.

und breit. Das Geäder auf den Flügeln ist reich entwickelt, auf dem hinteren Flügelpaar ist es fächerförmig. Die Flügel sind meist grünlich, bräunlich oder grünlichbraun gefärbt. Es gibt auch kurzflügelige (brachyptere) und flügellose Arten. Das hintere Beinpaar hat sehr starke Schenkel; es dient zum Springen. Der Fuß ist in der Regel vier-, bei den Grillen nur dreigliedrig. Die Weibchen besitzen einen unterschiedlich langen, oft säbelartig gebogenen Legeapparat. Viele Arten sind Fleischfresser und stellen kleineren und größeren Insekten nach. Einige (z. B. Maulwurfsgrillen) sind Allesfresser, andere Pflanzenfresser (Grillen).
Langfühlerschrecken geben laute Töne von sich, die manchmal auch über größere Entfernungen zu hören sind. Sie werden meist von den Männchen erzeugt und entstehen durch Aneinanderreiben von dazu ausgebildeten Teilen der Vorderflügel. Diese Töne sind im Leben der Insekten wichtig; so haben die Schrecken an den Schienen der Beine Tympanalorgane (Gehörorgane), mit deren Hilfe sie Geräusche registrieren.
In Mitteleuropa findet man die Langfühlerschrecken vor allem im Hochsommer und Frühherbst. Sie lieben die Wärme und bewohnen Gebüsche, Wiesen und baumbestandene Hänge, Waldlichtungen und Wege. Einige Arten sind Kulturfolger (Heimchen) und leben in Häusern und Gewächshäusern botanischer Gärten und Gärtnereien. Ihre Verwandlung ist unvollständig. Die Weibchen legen die Eier mit Hilfe eines Legebohrers entweder in die Erde oder in Pflanzengewebe. Die Larven schlüpfen nach unterschiedlich langer Zeit, häuten sich mehrmals und haben große Ähnlichkeit mit dem Vollinsekt.
Im Freien sind die Langfühlerschrecken oft nützlich, da sie eine beachtliche Menge verschiedener, oft schädlicher Insekten vertilgen. Auf der Erde leben etwa 8000 Arten, in Mitteleuropa ungefähr 30.

16. Ordnung Kurzfühlerschrecken – Caelifera

Bis vor kurzem wurden Lang- und Kurzfühlerschrecken in einer Ordnung vereint – Geradflügler *(Orthoptera, Saltatoria)*. Sie unterscheiden sich aber in einigen morphologischen Merkmalen und vor allem im Zirpen (in der Stridulationstechnik) voneinander. Auch ernähren sie sich unterschiedlich.
Der Körper der Kurzfühlerschrecken ist ebenfalls seitlich abgeflacht, die Oberkiefer sind stark entwickelt, aber die Fühler sind nicht länger als der Kopf und das erste Brustsegment zusammen. Der Legeapparat ist sehr kurz, die Füße haben nur drei Glieder.
Das erste Flügelpaar ist kurz und fest und meist nur unauffällig gefärbt, das

zweite Paar besteht aus breiten Hautflügeln, die bei vielen Arten auch bunt gefärbt sind: blau, rot und gelb.
Die Kurzfühlerschrecken geben durch Reiben der Beine an den Flügeldecken Zirptöne von sich. Das stärkste Zirpen lassen wohl die Arten der Familie *Acrididae* hören.
Im Sommer und Herbst halten sich die Kurzfühlerschrecken gern im offenen Gelände auf – auf Wiesen, Lichtungen, an Waldrändern. Sie sind Pflanzenfresser, einige Arten sind deswegen schädlich. Das trifft vor allem für die Gebiete des Nahen Ostens und Nordafrikas zu, wo verschiedene Wanderheuschreckenarten noch heute gelegentlich Verwüstungen anrichten.
Heuschreckenschwärme waren schon in der alten Geschichte bekannt, eine der „ägyptischen Plagen" aus der Bibel war ein Heuschreckenkahlfraß, und bereits im 6. Jahrhundert nach Christus findet man in alten Chroniken Vermerke über Heuschreckeneinfälle auch in Europa. Selbst älteste Kulturen kannten die Heuschrecken: Neben Bienen und heiligen Skarabäen wurden sie schon von den alten Ägyptern dargestellt.
Auf der Erde gibt es über 10000 Arten, von denen in Europa nur rund 80 leben.

Bild 48. Die Vertreter der Ordnung *Caelifera* ernähren sich von Pflanzengeweben.

Die Vertreter der Ordnungen 10–16 werden in der Literatur oft als „Geradflügler" zusammengefaßt.

Bild 49. Staubläuse leben auch in alten Büchern.

17. Ordnung
Staubläuse – Psocoptera

Staubläuse kommen sowohl im Freien als auch in der Nähe menschlicher Behausungen recht zahlreich vor, doch sind sie so unauffällig, daß man sie meistens übersieht. Sie sind unscheinbar klein (1–4 mm) und weichhäutig, meist gelb oder bräunlich und manchmal gemustert.
Im Vorderteil des relativ großen Kopfes liegen die beißenden Mundwerkzeuge, die Augen und recht lange Fühler, die aus 50 Gliedern bestehen. Der Kopf ist durch einen weichhäutigen Hals mit der Brust verbunden, der Prothorax ist sehr viel kleiner als die übrigen Brustabschnitte. An der Brust sitzen entweder zwei Paar voll ausgebildeter Flügel, die länger als der Körper sind, bei einigen Arten findet man aber auch nur kurze oder auch zu unscheinbaren Schuppen zurückgebildete Flügel, manchmal fehlen sie auch ganz. Die Flügel sind meist durchsichtig, das erste Paar trägt

dunklere Flecken. In Ruhestellung werden die Flügel dachförmig zusammengelegt.
Staubläuse fressen einzellige Algen, Schimmelpilze und andere organische Stoffe. Sie lieben die Wärme und bevorzugen darum trockene Lebensräume. Im Freien findet man sie im Wald (unter Stämmen, Rinde, im Laub), auf Felsen, in Vogelnestern und Ameisenhaufen; andere Arten leben in Vorräten, Medikamenten, altem Papier, Heu, Stroh, in zoologischen und botanischen Sammlungen.
Einige Arten stellen eine Art Schutzgespinst her, unter dem sie sich verbergen. Die Eier werden in Gruppen abgelegt, die Larve häutet sich während ihrer Entwicklung 5–6mal. Manche Arten bringen nur eine, andere zwei, in Ausnahmefällen auch drei Generationen jährlich hervor.
Wirtschaftliche Bedeutung haben vor allem die Arten, die in der Nähe des Menschen leben. Besonders in Insektensammlungen machen sich Staubläuse oft unangenehm bemerkbar, da sie die Härchen präparierter Tiere abfressen und das Material verunreinigen. Insgesamt kennt man mehr als 1600 Arten, in Mitteleuropa leben etwa 70–100 Arten.

18. Ordnung Kieferläuse – Mallophaga

Die Länge der meisten europäischen Kieferläuse schwankt zwischen 1–5 mm, es gibt aber auch größere Arten. Ihr Körper ist abgeflacht, entweder breit-oval oder langgestreckt. Gefärbt sind sie schlicht, meist gelb, gelbbraun oder braun. Der Kopf ist im Verhältnis zum Körper auffallend groß und deutlich von der Brust abgesetzt. Außer den beißenden Mundwerkzeugen und den Augen trägt er kurze, meist nur 3–5gliedrige Fühler. Die Mittelbrust ist von der Vorderbrust deutlich abgesetzt, die Hinterbrust aber oft kaum zu erkennen. Flügel fehlen völlig. Die Beine sind gut entwickelt, meist haben sie 1–2 Klauen.
Kieferläuse fressen Feder- und Hautreste, nur einige Arten parasitieren und ernähren sich vom Blut ihres Wirtes. Kieferläuse halten sich vor allem im Gefieder von Vögeln auf, wo sie sich mit ihren Oberkiefern festhalten. Von den in Europa heimischen Arten leben rund

Bild 50. Die Kieferläuse kommen sehr oft im Gefieder von Vögeln vor.

zwei Drittel nur auf Vögeln, die übrigen im Fell von Säugetieren, z. B. bei Katzen, Hunden, Ziegen, Schafen, Rindern, Pferden, Rehen und Mardern. Bei Fledermäusen, Maulwürfen und einigen anderen Säugetieren sind sie nicht bekannt, auch Menschen werden nicht befallen. Häufig sind Kieferläuse auf eine bestimmte Wirtsart spezialisiert, auf der sich dann ihr gesamter Lebenszyklus abspielt, manchmal leben sie auch nur auf einem bestimmten Körperteil des Wirtes. Manche Arten wechseln allerdings auch von einer Wirtsart auf die andere über. Kieferläuse sind in erster Linie nur lästige Insekten, die das Gefieder von Haustieren verunreinigen und anfressen, bei stärkerer Vermehrung können sie vor allem in Hühnerfarmen sehr unangenehm werden.
Von den über 3000 bekannten Arten sind in Europa rund 700 heimisch.

19. Ordnung Echte Läuse – Anoplura

Die Echten Läuse sind wohl allgemein bekannt; zu ihnen gehören auch einige auf dem Menschen parasitierende Arten. Sie sind höchstens etwa 6 mm lang. Ihr Körper ist abgeflacht, oval oder gestreckt, weißlich oder grauweiß. Die

Brustsegmente verschmelzen in der Regel zu einer Einheit. Flügel sind nie vorhanden, dafür in vielen Fällen mächtige, mit einer Kralle versehene Gliedmaßen. Diese Kralle bildet mit dem ihr gegenüberstehenden, an der Schiene sitzenden Ausläufer ein besonderes Klammerorgan, das es der Laus ermöglicht, sich an den Haaren oder im Fell des Wirtes festzuklammern.
Als Ektoparasiten vieler Säuger ernähren sich die Läuse vom Blut ihrer Wirte. Sie leben auf Menschen, Hunden, Nagetieren, Pferden, Rindern, Schafen und Ziegen, daneben auch auf Rehen, Hirschen und Schweinen. Nicht befallen werden Katzen, Fledermäuse, Igel,

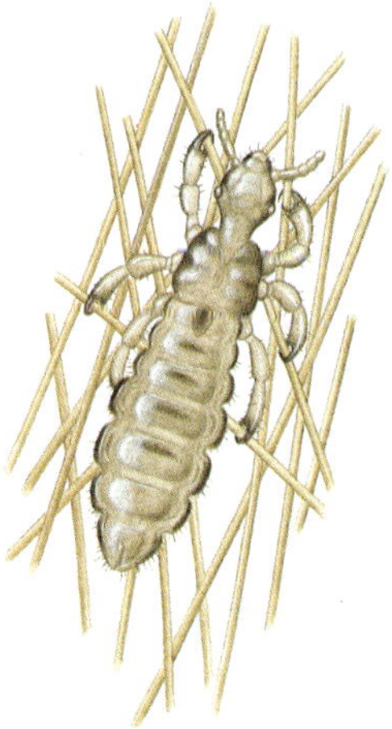

Bild 51. Die Kopflaus ist ein unangenehmer Parasit des Menschen.

Maulwürfe u. a. Meist sind die Läusearten auf das Blut eines bestimmten Wirtes spezialisiert.
Die Laus durchläuft eine unvollständige Verwandlung. Das Weibchen legt ziemlich große Eier, die sogenannten Nissen, die so fest im Haar oder Fell festkleben, daß sie nicht vom Wasser abgespült werden können. Drei Larvenstadien führen zur Imago. Die Entwicklung verläuft unterschiedlich schnell und ist nicht nur bei jeder Art verschieden, sondern unter anderem auch von der Umgebungstemperatur abhängig.
Läuse gehören zu den unangenehmsten Schädlingen. Sie peinigen ihre Wirte nicht nur durch Blutsaugen, sondern übertragen auch verschiedene gefährliche Infektionskrankheiten; so lösten sie vor gar nicht allzu langer Zeit noch Fleck- und Wechselfieberepidemien aus.
Etwa 400 Läusearten sind über die ganze Erde verbreitet.

20. Ordnung
Fransenflügler – Thysanoptera

Fransenflügler sind kleine, unscheinbare, meist nur 1–3 mm lange Insekten mit länglichem braunem, schwarzem oder gelbem Körper. Die Mundwerkzeuge sind asymmetrisch gebaut, vom stechend-saugenden Typ. Die Fühler bestehen nur aus 6–9 Gliedern.
Die meisten Fransenflügler weisen zwei typische Merkmale auf: die besondere Flügelform und die ausstülpbaren Blasen an den zweigliedrigen Füßen. Die Flügel sind schmal und an Vorder- und Hinterrand von vielen feinen Fransen umsäumt, am Hinterrand sind sie meist dichter und länger als vorne. Das Geäder beider Flügelpaare ist sehr einfach. Eine Reihe von Arten ist jedoch flügellos. Fransenflügler ernähren sich vorwiegend von Pflanzensäften, die sie mit ihren stechend-saugenden Mundwerkzeugen aus Blättern und Blüten aufnehmen. Einige Arten saugen aber auch Blattläuse und andere Fransenflügler aus.

Bild 52. Manche Fransenflügler sind ernste Schädlinge der Zimmerpflanzen.

Meist halten sich diese Insekten auf Pflanzen auf, besonders in Blüten und Blütenständen (sehr häufig kommen sie auf Korbblütlern vor). Auch Blattscheiden von Gräsern werden aufgesucht, so sind sie fast immer in den Blattscheiden von Getreide zu finden. Auch auf alten Pilzen, im Laub u. ä. kommen sie vor.
Die Verwandlung der Fransenflügler ist unvollständig. Die mit einem Legeapparat ausgestatteten Weibchen legen die Eier in Pflanzengewebe ab, die übrigen in Blattscheiden, Blüten usw. In ihrer Entwicklung durchlaufen sie zwei Larvenstadien, die der Imago recht ähnlich sind. Darauf folgen 2–3 Ruhestadien, in denen keine Nahrung aufgenommen wird. Dieser Verwandlungstyp nähert sich der vollständigen Verwandlung, man nennt ihn Remetabolie.
Fransenflügler sind vor allem in den Tropen und Subtropen von wirtschaftlicher Bedeutung, doch können auch einige mitteleuropäische Arten zu unangenehmen Schädlingen werden, wenn sie in größerer Zahl auftreten. So befallen die Thripse z. B. Zimmerpflanzen. Die befallenen Pflanzen leiden nicht nur unter dem Saftverlust, es kommt auch zu verschiedenen Mißbildungen, sie welken und sterben gegebenenfalls ab. Mitunter treten die Imagines an feuchtschwülen Tagen in großen Mengen auf und können dann auf der Haut des Menschen einen unangenehmen Juckreiz verursachen. Das sind die im Volksmund als „Gewitterwürmchen" bekannten Insekten.
Auf der Erde sind ungefähr 4000 Arten bekannt, davon in Mitteleuropa rund 300. Sie gehören zu zwei Unterordnungen: den *Terebrantia* (mit Legebohrer) und den *Tubulifera* (ohne Legebohrer). Die Fransenflügler sind weit bis in den Norden hinaus verbreitet, man findet sie z. B. auch auf Grönland.

21. Ordnung
Wanzen – Heteroptera

In Mitteleuropa erreichen Wanzen eine durchschnittliche Größe von 0,5–2 cm, in den Tropen finden sich aber auch über 10 cm große Arten. Ihr Körper ist oval oder langgestreckt und in den meisten Fällen abgeflacht. Ihre Färbung ist vorwiegend schlicht bräunlich oder gräulich, es gibt aber auch einige bunte Arten, meist rote, grüne oder braune, die mit farbigen Streifen geschmückt sind. Am Kopf sitzen die mächtig ausgebildeten stechend-saugenden Mundwerkzeuge; die Fühler sind ursprünglich viergliedrig. Neben den Komplexaugen haben sie in der Regel auch Punktaugen. Hinter dem Kopf sitzt ein unterschiedlich gestalteter, häufig breiter und großer Schild (Pronotum) und das Schildchen (Scutellum). Auch das Schildchen ist gut zu erkennen; es erreicht oft eine beträchtliche Größe.
Flügel sind meistens vorhanden, es gibt aber auch ungeflügelte Arten. Der Bau der Vorderflügel ist eigenartig: Zu zwei Dritteln sind sie ledrig-fest, der Endteil (Distalteil) ist aber häutig. Dieser Flügel wird als Halbdecke bezeichnet (Hemielytra), sein Geäder ist für die Artenbestimmung wichtig. Das hintere Flügelpaar ist kleiner. In Ruhestellung werden die Flügel flach an den Körper gelegt.
Die Beine haben eine normale Gliederzahl, ihre Länge ist von der Lebensweise der Tiere abhängig. Darin unterscheiden sich die wasserlebenden Arten von den Landbewohnern.
Charakteristisches Merkmal der Wanzen sind ihre Stinkdrüsen, die ein durchdringend, unangenehm und lang anhaltend stinkendes Sekret absondern.
Die Wanzen bewohnen verschiedene Lebensräume im Wasser und auf dem Lande. Man findet sie in Wäldern, auf

Bild 53. Die Streifenwanze kommt an warmen Plätzen zahlreich vor.

Feldern und Wiesen, einige Arten leben auf den Pflanzen von Müllhalden, in Vogelnestern und in Säugetierbehausungen. Die meisten Wanzen saugen Pflanzensäfte; einige Arten ernähren sich von Blut (Bettwanzen), manche sind Räuber und jagen andere Insekten.

Wanzen machen eine unvollständige Verwandlung durch. Bei seiner Entwicklung durchläuft ein Tier 4–5 Larvenstadien, die der Imago immer ähnlicher werden, allerdings kleiner sind. Während der Entwicklung entstehen auch allmählich die Flügel.

Wanzen haben eine gewisse wirtschaftliche Bedeutung. Einige Arten gehören zu den indifferenten Insekten, aber viele Wanzen schmarotzen auf Kulturpflanzen. Sie entziehen ihnen Nährstoffe, beschädigen mit ihrem Rüssel Zellen und Gewebe, injizieren Giftstoffe und können auch Viruskrankheiten übertragen. Bettwanzen saugen Menschenblut und können in den Wohnungen sehr lästig werden. Eine Reihe von Arten gehört aber nachweislich zu den Nützlingen. Das sind die Raubwanzen, die schädlichen Insekten nachstellen. Aus diesem Grund werden sie auch in der Biologischen Schädlingsbekämpfung eingesetzt.

Je nach ihrem Lebensraum werden die *Heteroptera* in Land- und Wasserwanzen eingeteilt. Die Ordnung der Wanzen ist sehr artenreich; man kennt etwa 40000 Arten. In Mitteleuropa sind sie relativ reich vertreten, bisher wurden 800–1000 Arten festgestellt.

Bild 54. Unter den Gleichflüglern gehören die Blattläuse zu den bekanntesten Arten.

22. Ordnung Gleichflügler – Homoptera

Die Gleichflügler oder Pflanzensauger wurden früher mit der vorangegangenen Ordnung, den Wanzen *(Heteroptera)* zu einer einzigen Ordnung gezählt, den *Rhynchota* oder *Hemiptera*. Der Grund dafür lag vor allem im Bau ihrer Mundwerkzeuge, die bei beiden Ordnungen stechend-saugend sind. Zwischen den Gleichflüglern und den Wanzen gibt es aber eine Reihe morphologischer Unterschiede, die ihre Trennung in zwei selbständige Ordnungen rechtfertigen.

Die Gleichflügler sind eine recht uneinheitliche Ordnung. Einerseits umfaßt sie Arten, die etwa 1 mm lang werden, andererseits aber auch solche, die mehrere Zentimeter groß sind. Ihre Färbung ist gleichfalls vielgestaltig, einige sind nur einfarbig, andere lebhaft gefleckt oder gestreift. Manche Zoologen spalten daher die Ordnung der Gleichflügler noch einmal auf, und zwar in die Ordnung Zikaden *(Auchenorrhyncha)* und Pflanzenläuse *(Sternorrhyncha)*.

Die Mundwerkzeuge der Gleichflügler sitzen an der Kopfunterseite und sind nach hinten gerichtet. Sie sind stechend-saugend und erreichen bei einigen Arten eine beträchtliche Länge. Lediglich in Ausnahmefällen sind sie zurückgebildet. Die Fühler sind unterschiedlich lang, sie können vielgliedrig, aber auch zu einem kurzen Stummel reduziert sein. Bei den Augen verhält es sich ähnlich: Sie sind entweder gut entwickelt oder fehlen gelegentlich ganz.

Bei einigen Arten sind die Körperteile – Hals, Brust und Hinterleib – deutlich gegeneinander abgesetzt; bei anderen gehen sie ineinander über oder sind miteinander verwachsen, so daß der

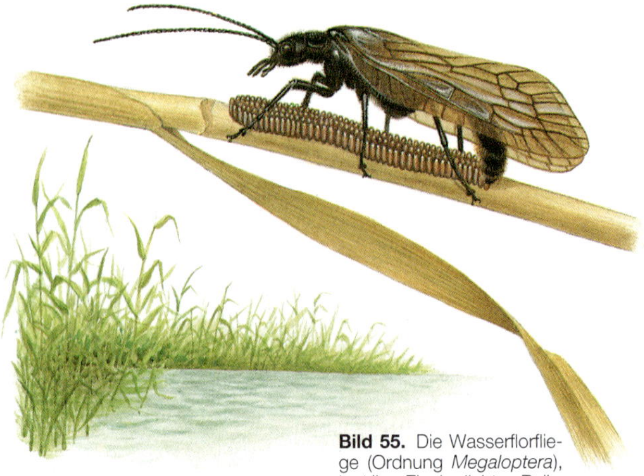

Bild 55. Die Wasserflorfliege (Ordnung *Megaloptera*), legt ihre Eier in dichten Reihen.

Körper wie ein länglicher oder breiter Sack aussieht (Schildläuse, *Coccina*). Die Flügel sind in der Regel ausgebildet, es gibt aber auch ungeflügelte Arten. Beide Flügelpaare sind gleich: Hautflügel, die durchsichtig, aber auch schon gefärbt sein können. Bei einigen Gleichflüglergruppen haben nur die Männchen Flügel (Schildläuse), andere sind nur in einem bestimmten Stadium geflügelt (Blattläuse).

Auch die Beine sind verschieden ausgebildet; sie tragen ein- bis dreigliedrige Füße. Gelegentlich sind sie verkümmert oder fehlen völlig.

Gleichflügler sind wichtige Pflanzenparasiten, die in der Regel mehr Saft aus den Pflanzen saugen, als sie für ihre Existenz benötigen. Sie setzen sich an den verschiedensten Pflanzenorganen fest, selbst an den Wurzeln. Einige Arten bewegen sich als ausgewachsene Tiere nicht mehr fort, sondern saugen sich an einer Stelle fest und haben keine Möglichkeit mehr zum Ortswechsel (Schildläuse).

Gleichflügler machen in der Entwicklung eine unvollständige Verwandlung durch. Aus den Eiern schlüpfen Larven, die sich einige Male häuten. Bei manchen Gruppen ist die Entwicklung nicht so einfach. Hier haben sich komplizierte Entwicklungszyklen herausgebildet, in denen ungeschlechtliche und geschlechtliche Generationen folgen und die Wirtspflanzen gewechselt werden (Blattläuse) oder in denen die Entwicklung von Männchen und Weibchen verschiedenartig verläuft: Während die Entwicklung der Weibchen eine typisch unvollständige Verwandlung darstellt, treten in der Entwicklung der Männchen zwei Ruhestadien auf, die als Propupa und Pupa bezeichnet werden (Schildläuse). Bei anderen Arten kommt es bei beiden Geschlechtern zu einem Ruhestadium, dem sogenannten Puparium (Mottenläuse).

Viele Gleichflüglerarten schädigen die Pflanzen, an denen sie saugen. Einerseits entziehen sie ihnen lebenswichtige Säfte, andererseits führen sie giftige Stoffe in die Pflanzenteile ein. Mit ihrem Rüssel beschädigen sie Zellen und Gewebe mechanisch. Viele Arten scheiden im Übermaß süßen Honigtau aus. Dieser kann die Pflanzen sehr beeinträchtigen, da er ihnen die Atmung erschwert und einen geeigneten Nährboden für Rostpilze darstellt. Einige Arten übertragen auch Viruserkrankungen auf die Pflanzen. Werden Pflanzen von einer größeren Anzahl Gleichflügler heimgesucht, so verlieren sie an Kraft, welken und vertrocknen schließlich. Auch für Zierpflanzen in Wohnungen

Bild 56. Die Kamelhalsfliegen zeichnen sich durch eine lange Vorderbrust aus.

und Gewächshäusern sind einige Gleichflügler, vor allem die Blattläuse *(Aphidina)* und Schildläuse *(Coccina)*, unangenehme Schädlinge.

Nach Schätzungen von Fachleuten kennt man etwa 50 000 Gleichflüglerarten, von denen in Mitteleuropa etwa 2500 vorkommen. Diese Ziffer steigt jedoch mit jedem Jahr an, da ständig neue Arten entdeckt werden. Man teilt die Gleichflügler in fünf ziemlich verschiedenartige Unterordnungen ein: Zikaden *(Cicadina)*, Blattläuse *(Aphidina)*, Schildläuse *(Coccina)*, Mottenläuse *(Aleurodina)* und Springläuse *(Psyllina)*.

23. Ordnung Schlammfliegen – Megaloptera

Die Imago ist mittelgroß und erreicht eine Flügelspannweite von 20–40 mm. Die drei Hauptabschnitte des langgestreckten, braungrauen Körpers sind gut zu erkennen. Die zwei breiten Hautflügelpaare sind fast gleich groß; auch sie sind dunkel gefärbt und werden in Ruhestellung dachförmig über dem Körper zusammengelegt.

Schlammfliegen halten sich in Wassernähe auf. Meist sitzen sie auf Uferpflanzen und fliegen schwerfällig davon, wenn sie gestört werden. Diese Insekten machen eine vollständige Verwandlung durch. Die Weibchen legen einige hundert Eier auf Ufer, Pflanzen und Steinen ab. Die Larve braucht zu ihrer Entwicklung zwei Jahre; sie lebt am Grunde von Gewässern und ernährt sich von kleineren Lebewesen. Am Ende des letzten Larvenstadiums kriecht sie ans Ufer und gräbt sich in die Erde ein, wo sie sich dann verpuppt.

Auf der Erde leben etwa 200 Arten, in Mittel- und Westeuropa nur 2–3.

24. Ordnung Kamelhalsfliegen – Rhaphidioptera

In der älteren Literatur wurden die Kamelhalsfliegen gewöhnlich mit anderen Gruppen zu einer gemeinsamen Ordnung, den *Neuroptera*, zusammengefaßt. Die Arten sind etwa 8–18 mm lang und haben eine Flügelspannweite von 12–38 mm. Hinter dem flachen und verhältnismäßig großen Kopf mit beißenden Mundwerkzeugen sitzt eine sehr lange Vorderbrust. Sie ist nach oben abgewinkelt, was in Verbindung mit ihrer Länge und der großen Beweglichkeit des Kopfes bei der Jagd wichtig ist. Die zwei fast gleich großen Flügelpaare sind durchsichtig und werden in Ruhe dachförmig zusammengelegt. Ihr charakteristisches Merkmal ist das

dichte Längs- und Quergeäder. Die Weibchen besitzen einen Legeapparat. Kamelhalsfliegen sind Räuber, die allen möglichen Insekten nachstellen wie z. B. Blattläusen oder kleinen Käfern.
Schon im zeitigen Frühjahr zeigen sie sich an Waldrändern, wo sie sich in Gebüschen, auf gefällten Bäumen u. ä. aufhalten. Sie gehören zu den Insekten mit einer vollständigen Verwandlung. Die Weibchen legen etwa 10–15 Eier in Rindenspalten ab. Die Larven halten sich unter der Rinde auf und können sich dank ihrer langgestreckten schlanken Körperform in den Gängen der Rindenbewohner bewegen, die ihnen als Nahrung dienen. Daher gehören sowohl Larven als auch Imagines zu den Nützlingen, die viele Borkenkäferlarven und andere Schädlinge vertilgen. Die Puppe der Kamelhalsfliege ist aktiv beweglich. Man kennt rund 100 Arten, davon leben in Mitteleuropa nur 12.

25. Ordnung
Echte Netzflügler – Planipennia

In diese Ordnung stellt man einerseits Arten, deren Flügelspannweite nur einige Millimeter beträgt, andererseits auch solche, die eine Spannweite von 60, 80, sogar 150 mm haben. In ihrer Körperform ähneln die Netzflügler nicht selten Vertretern anderer Insektenordnungen – Libellen, Fangschrecken, Blattläusen usw.
Ihre Färbung ist sehr vielfältig, häufig sind sie aber unauffällig oder grünlich gefärbt. Die Fühler sind unterschiedlich lang und sitzen zwischen den Augen. Flügel sind bei allen Arten ausgebildet. Es sind fast gleich große Hautflügel, häufig durchsichtig mit grünem Geäder oder gelben und dunklen Flecken. In Ruhe werden sie dachförmig über dem Körper zusammengelegt. Einige Netzflügler sind ausgezeichnete Flieger *(Ascalaphidae)*, andere flattern nur schwerfällig über kurze Strecken dahin *(Osmylidae, Chrysopidae)*. Die meisten Netzflügler sind Räuber, die andere Insekten im Flug oder auf Pflanzen erbeuten. Einige Arten sammeln süßen Honigtau, andere nehmen überhaupt keine Nahrung zu sich. Durchschnittlich leben die Arten etwa vier Wochen (ausgenommen die überwinternden Arten). Die Imago hält sich häufig an der Unterseite von Blättern auf. Man findet sie an buschbestandenen Hängen, an Waldrändern, auf sandigen Waldböden und in Wassernähe. Die Florfliegen *(Chrysopidae)* fliegen auch in Häuser ein. Netzflügler machen eine vollständige Verwandlung durch. Die Weibchen legen ihre Eier einzeln oder häufchenweise im Boden ab. Einige Gruppen legen gestielte Eier, die sie an die Blattunterseiten kleben. Die Larven leben auf dem Trockenen. Sie sind Fleischfresser und stellen Insekten nach; häufig jagen sie Blattläuse, die sie mit Hilfe ihrer Oberkiefer aussaugen. Ihren Körper bedekken sie mit Staub und den Häuten von Beutetieren. Sie leben unter Steinen, im Moos, auf Blättern oder heben sich Fangtrichter aus, in denen sie auf ihre Beute lauern (Ameisenjungfern, *Myrmeleonidae*).
Nur die Larven der Familie *Sisyridae* leben im Wasser, und zwar in Süßwasserschwämmen, die Larven der Gattung *Osmylus* sind amphibisch. Die ausgewachsene Larve verpuppt sich in einem Kokon. Einige Arten brauchen zu ihrer Entwicklung mehrere Jahre, andere bringen innerhalb eines Jahres zwei Generationen hervor *(Chrysopidae)*. In der Regel überwintert die Larve, manchmal auch die Imago. Allgemein

Bild 57. Die Florfliege *(Chrysopa perla)* ist ein häufiger Vertilger von Blattläusen.

bekannt sind die Florfliegen oder Goldaugen *(Chrysopidae)*, die im Herbst Zimmer und Dachböden zum Überwintern aufsuchen.

Die Mehrzahl der Netzflüglerarten ist für den Menschen nützlich, denn Larven und Imagines ernähren sich von lästigen Insekten, meist von Blattläusen und Zweiflüglerlarven. Da die Netzflügler sehr wärmeliebend sind, lebt der größte Teil der Arten in den Tropen und den Subtropen. Man kennt etwa 7000 Arten, in Mitteleuropa leben etwa 70.

26. Ordnung
Käfer – Coleoptera

Gemeinsam mit den Schmetterlingen gehören die Käfer zu den Insektenordnungen, denen die Naturfreunde das größte Interesse entgegenbringen. Käfer erregen Aufmerksamkeit durch ihre schönen Formen und ihre vielfältige Lebensweise. Sie lassen sich auch im Verhältnis zu den Angehörigen vieler anderer Ordnungen relativ leicht bestimmen.

Trotz ihres Formenreichtums sind die Käfer eine morphologisch sehr einheitliche Ordnung. Es ist nicht schwer, einen

Bild 58. Viele Käfer, so auch der Gefleckte Blütenbock, suchen Blüten auf.

Käfer von anderen Insekten zu unterscheiden. An seinem Körper lassen sich gut drei Abschnitte ausmachen, die allerdings nicht genau Kopf, Brust und Hinterleib entsprechen. Von vorn angefangen sind das der Kopf, anschließend der Schild und die Flügeldecken. Der Schild bedeckt nicht die ganze Brust, sondern nur ihren vorderen Teil, die Vorderbrust. Unter den Flügeldecken finden sich nicht nur die Hinterleibssegmente, sondern auch die verbleibenden Brustsegmente: Mittel- und Hinterbrust. Davon kann man sich am besten überzeugen, wenn man einen Käfer auf den Rücken dreht. Die Brustabschnitte erkennt man daran, daß an ihnen die Gliedmaßen sitzen.

Die Größe der Käfer schwankt stark. Die kleinsten europäischen Arten werden nur einige Zehntel Millimeter groß, die größte in Europa vorkommende Art mißt einschließlich der Oberkiefer 75 mm. In den Tropen leben wesentlich größere und massivere Käfer. Auch die Gestalt der Käfer läßt sich nicht in ei-

nem Satz beschreiben. Bei den meisten ist der Körper zwar in Richtung der Längsachse gestreckt, viele Käfer sind aber auch eiförmig oder rund. Ihr Körper ist in der Regel gewölbt (Marienkäfer, Blattkäfer), daneben gibt es aber auch zahlreiche Arten mit einem flachen Körper (Plattkäfer u. a.).
Auch die Färbung der Käfer ist sehr unterschiedlich. Nicht wenige sind farblich unauffällig, unscheinbar, gewöhnlich bräunlich, grau und schwarz. Viele Käferarten prangen aber in herrlichen Farben. Häufig sind sogenannte Metallfärbungen; solche Tiere glänzen in grünen, goldenen, grüngoldenen, purpurnen, violetten, blauvioletten und anderen Farbtönen. An der Körpervorderseite sitzt der gut erkennbare Kopf. Er ist rundlich, dreieckig, oval oder zu einem spitzen bzw. stumpfen Rüssel ausgezogen und zeigt normalerweise nach vorn (prognath) oder nach unten (orthognath). An seiner Vorderseite sitzen die beißenden Mundwerkzeuge; einige Käfer sind mit besonders kräftigen Oberkiefern (Mandibeln) ausgestattet, die häufig bezahnt sind. Die Komplexaugen sind bei den Käfern gut entwickelt, die Nebenaugen fehlen bis auf wenige Ausnahmen, obwohl sie gewöhnlich bei allen anderen Insektenordnungen ausgebildet sind. Man kennt auch völlig blinde, in der Erde oder in Höhlen lebende Käfer.
Eine wichtige Rolle für die Käfer spielen die Fühler. In der ganzen Ordnung kommen derart viele morphologisch differenzierte Typen vor, daß man schwerlich etwas Vergleichbares finden kann. Die häufigsten Fühlertypen sind Faden- und Perlschnurfühler, gesägte, einseitig gefiederte, gekeulte, gekniete und Fächerfühler. Meist bestehen sie aus 11 Gliedern, nicht selten aber auch aus 12 oder weniger. An den meisten Fühlergliedern sitzen Sinnesstäbchen und -borsten. Die Fühler einiger Käfer sind außerordentlich kurz, dafür haben andere Arten sehr lange Fühler, die die Körperlänge erreichen oder sie gar übertreffen. Der Schild (Scutum) ist in jedem Falle entwickelt, bei einigen Arten sogar sehr auffällig. Bei manchen Arten sitzt der Kopf unter ihm verborgen. Form und Größe des Schildes variieren stark, er ist manchmal sichtlich schmaler als die anschließenden Flügeldecken, oder er erreicht die gleiche Breite wie sie. Er kann länger als breit sein und umgekehrt. Im Grundriß ist er oval, langgestreckt oder eckig, sein Rand ist entweder glatt oder verschieden breit gesäumt. Bei vielen Käferarten ist der Schild mit dornenartigen Fortsätzen bewehrt.
Meist sind zwei Flügelpaare entwickelt. Das erste Paar bildet die festen, lederartigen Flügeldecken (Elytren). Das zweite Paar besteht aus Hautflügeln, die unter den Deckflügeln zusammengelegt werden. Die Decken haben keine Äderung, sie werden längs der Mittelnaht aneinandergelegt und verwachsen bei einigen Arten an dieser Stelle völlig. Zahlreiche Käfer haben ganz glatte Deckflügel, bei anderen tragen die Deckflügel Leisten, Vertiefungen und Auswüchse. Bei manchen Arten reichen die Flügeldecken über den ganzen Hinterleib, bei anderen sind sie kürzer als der Körper. Hautflügel besitzen die meisten Käfer, sie sind relativ groß und tragen verschiedenartige Äderungen. Käferbeine sind immer ihrer Funktion entsprechend gestaltet. Flugunfähige Käfer haben lange Laufbeine, andere besitzen zum Beispiel Grabfüße, Ruderfüße usw.
Sexualdimorphismus, also das verschiedene Aussehen der Geschlechter, ist bei Käfern häufig, die Männchen unterscheiden sich in zahlreichen Merkmalen von den Weibchen. Sie weisen verschiedene Auswüchse auf Kopf und Schild auf (z. B. Nashornkäfer), stärker entwickelte Oberkiefer (z. B. Hirschkäfer), anders gebaute Gliedmaßen (Schwimm- und Laufkäfer), Fühler (Bockkäfer, Schnellkäfer, Blatthornkäfer u. a.) und Farben (Bockkäfer).
Einige Käfer lassen recht laute Töne hören, eine Art Klopfen oder Zirpen (Pochkäfer, Bockkäfer, Kolbenwasserkäfer, Borkenkäfer u. a.). Sie nehmen diese Töne mittels spezieller, in den Gliedmaßen sitzender Organe wahr. Manche Käfer scheiden stinkende Stoffe oder Blutflüssigkeit (Hämolymphe) aus (Laufkäfer, Schwimmkäfer, Blasenkäfer, Marienkäfer, Blattkäfer u. a.), andere können leuchten.
Ihrer Nahrung entsprechend teilt man die Käfer grob in drei Gruppen ein: Fleischfresser, Pflanzenfresser und Allesfresser.
Käfer kommen in allen möglichen Biotopen vor: in Wäldern, Feldern und Gärten, auf Wiesen und Feldrainen, in Gewässern und an Gewässerrändern, auf

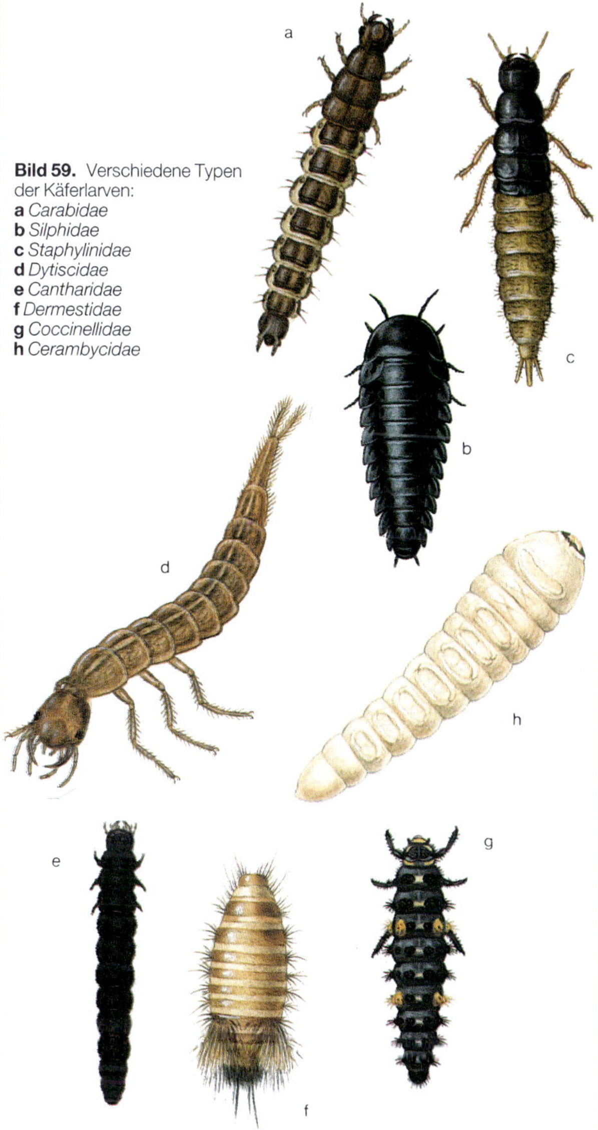

Bild 59. Verschiedene Typen der Käferlarven:
a *Carabidae*
b *Silphidae*
c *Staphylinidae*
d *Dytiscidae*
e *Cantharidae*
f *Dermestidae*
g *Coccinellidae*
h *Cerambycidae*

Sandböden und in Steppen, in der Nähe menschlicher Behausungen und in Wohnungen, Lagerräumen u. ä. Einige halten sich nur in Niederungen auf, andere Arten wiederum nur im Hochgebirge; viele Käfer sind jedoch vom Tiefland bis ins Gebirge hinein anzutreffen. Sie tauchen in allen zoogeographischen Regionen auf und dringen sogar bis über den Polarkreis vor.
Käfer machen eine vollständige Verwandlung durch. Die Weibchen legen unterschiedlich viele Eier vereinzelt oder in Gruppen in verschiedenen Verstecken ab: unter Rinde, in die Erde, ins Holz, auf Pflanzen usw. Die Weibchen vieler Arten stellen für ihre Eier einen Behälter her (Kolbenwasserkäfer, Rüsselkäfer) und überziehen die Eier mit einer Schutzschicht. Nach unterschiedlich langen Zeiträumen schlüpfen die Larven aus, die der Imago überhaupt nicht ähneln. Ehe sie sich in eine Puppe verwandeln, durchlaufen die Larven mehrere Häutungen. Die letzte Larve fertigt häufig einen Kokon. Die Imagines vieler Arten schlüpfen schon im Herbst aus, verlassen ihre Verstecke aber erst im Frühjahr.
Viele Arten versorgen ihre Brut mit Nahrung (Mistkäfer), auch gibt es Arten, bei denen man Brutpflege an den jungen Larven durch die Muttertiere findet (Totengräber). Wie die Imagines fressen auch die Larven Fleisch oder Pflanzenteile bzw. sind Allesfresser. Die Nahrung der Larven kann sich aber von der des erwachsenen Käfers unterscheiden.
Die Entwicklung geht bei den meisten Käfern recht langsam vor sich, sie dauert in der Regel ein Jahr, bei vielen Arten jedoch wesentlich länger (2–4 Jahre oder noch mehr). Zwei Generationen jährlich sind selten, drei stellen eine Ausnahme dar.
Käfer sind in der Natur von großer Bedeutung. Sieht man von den indifferenten, das heißt für den Menschen bedeutungslosen Arten ab, finden sich unter ihnen sehr viele Nützlinge. Das sind vor allem die räuberisch lebenden Käfer, deren Nahrung aus allen möglichen Larven oder Raupen, gegebenenfalls auch aus Imagines schädlicher Insekten besteht. Aus diesem Grund wurden einige Käfer in andere Gebiete eingeführt, z. B. aus der Alten in die Neue Welt und umgekehrt, um bei der Reduzierung überhandnehmender Schadinsekten zu helfen. In der Biologischen Schädlingsbekämpfung haben sich besonders die Marien- und Laufkäfer bewährt. Käfer beseitigen auch verschiedene tierische Exkremente und kleinere Tierkadaver („Gesundheitspolizei"). Einige Arten bestäuben auch Blüten. Unter den Käfern finden sich jedoch auch zahlreiche Wald-, Feld-, Garten- und Haushaltsschädlinge.
Die Käfer stellen nicht nur die artenreichste Insektenordnung, sondern die größte Ordnung im ganzen Tierreich. Heute kennt man auf der Erde schon etwa 350000 Arten, und ständig werden noch neue beschrieben. In Europa gehören über 8000 Arten zu zwei ungleich großen Unterordnungen: den Fleischfressern (Adephaga) und den Allesfressern (Polyphaga).

27. Ordnung Fächerflügler – Strepsiptera

Noch bis vor kurzem hielt man die Fächerflügler nur für eine Familie bzw. Unterfamilie der Käfer. Später sah man sie als eine selbständige Ordnung an und hielt sie für Verwandte der Hautflügler oder der Käfer. Die Verwandtschaftsbeziehungen zu diesen Insektenordnungen sind aber heute noch nicht eindeutig geklärt.
Fächerflügler sind kleine, nur 3–5 mm lange Insekten mit stark ausgeprägten Geschlechtsunterschieden. Der Körper des Männchens ist langgestreckt. Auf dem Kopf trägt er vier- bis siebenglied-

Bild 60. Einige Fächerflügler entwickeln sich im Hinterleib der Feldwespen. Nur ein kleiner Teil des Fächerflüglers ist sichtbar.

rige Fühler, einige Glieder sind mit Anhängen versehen. Augen sind zwar entwickelt, doch gleichen sie eher einer Anhäufung von Punktaugen als Komplexaugen. Die Flügel sind ungewöhnlich: Das vordere Paar ist zu kleinen, langgestreckten festen Schuppen umgebildet, das hintere besteht aus breiten, faltigen Hautflügeln mit reduziertem Geäder. Die Weibchen der in Mittel- und Westeuropa heimischen Arten der Familie *Stylopidae* gleichen einem wenig gegliederten Säckchen. Sie sind beinlos, haben keinerlei Spuren von Flügeln und lassen weder Augen noch Fühler oder Mundwerkzeuge erkennen. Sie sind in die Häute der letzten beiden Entwicklungsstadien eingeschlossen und ruhen zwischen den Hinterleibssegmenten des Wirtes, meist Wespen, Bienen, Zikaden, gelegentlich auch Geradflüglern. Insekten, deren Hinterleib von einem Fächerflügler befallen ist, werden als stylopisiert bezeichnet (abgeleitet von dem Gattungsnamen *Stylops*).

Da die Mundwerkzeuge zurückgebildet sind, nehmen die erwachsenen Fächerflügler keine Nahrung auf. Die Männchen leben nur einige Stunden. Die Entwicklung eines Fächerflüglers verläuft sehr kompliziert; im Grunde handelt es sich um eine vollständige Verwandlung. Die Larve wird lebend geboren; wegen ihrer Ähnlichkeit mit den Ölkäferlarven wird sie genau wie diese Triungulinus genannt. Mit dem Wirt des Muttertieres, einer stylopisierten Wespe oder Biene, gerät die Larve auf eine Blüte. Hier verläßt sie den Wirt und wartet den Anflug einer anderen Biene oder Wespe ab, an der sie sich festklammert und sich von ihr ins Nest tragen läßt. Dort dringt sie in eine Larve ein. Die Entwicklung von weiblichen und männlichen Larven verläuft verschieden; die Weibchen bleiben für immer in ihrem Wirtstier, die ausgewachsenen Männchen verlassen es und fliegen davon.

Auf der Erde kennt man rund 400 Arten, in Mittel- und Westeuropa etwa 25.

28. Ordnung
Hautflügler – Hymenoptera

Auch die Vertreter dieser Ordnung weisen in der Körpergröße beträchtliche Unterschiede auf. In einigen Familien finden sich Arten, die nur Millimeterbruchteile messen, in anderen solche, die bis zu 40 mm erreichen.

Bild 61. Die Sächsische Wespe beim Nesteingang.

Die Mehrzahl aller Arten besitzt einen langgestreckten Körper, an ihm sitzt deutlich erkennbar der Kopf. Man teilt die Hautflügler in zwei ungleich große Unterordnungen ein: die *Symphyta*, deren Hinterleib breit an der Brust ansitzt,

und die *Apocrita*, die eine sogenannte Wespentaille haben.
Die Färbung vieler Arten ist recht unauffällig, es überwiegen die Töne Braun und Rotbraun (Bienen). Nicht wenige Arten zeichnen sich aber durch ihre leuchtend bunten Farben aus, wobei es oft zur Kombination von Gelb und Schwarz kommt (Wespen). Eine Reihe von Arten zeigt geradezu strahlende Farben (Goldwespen).
Der Kopf trägt beißende oder leckend-saugende Mundwerkzeuge. Die Komplexaugen setzen sich aus einer großen Zahl von Ommatidien zusammen. Die Fühler sind lang und dünn, gelegentlich auch kürzer und kräftig bzw. gekniet. Der Fühlerbau der Männchen unterscheidet sich oft von dem der Weibchen *(Symphyta)*.
In der Regel sind zwei Hautflügelpaare ausgebildet, das erste ist größer als das zweite. Die Flügel sind schuppenlos, dafür aber mit einer großen Menge feiner Härchen besetzt und meist durchsichtig; bei einigen Arten schimmern sie bräunlich oder violett.
Die Gliedmaßen sind als Schreitbeine

Bild 62. Schnitt durch einen Ameisenhaufen der Wegameise.

ausgebildet, es sind typische Insektenbeine. An den Enden der fünfgliedrigen Füße sitzen verschiedengestaltete Krallen. Die Hinterbeine der Biene sind zum Pollensammeln eingerichtet.
Die Weibchen zahlreicher Arten besitzen eine Legeröhre *(Symphyta)*, die bei einigen anderen Gruppen zu einem Stachel umgestaltet ist *(Apocrita)*. Der Stich einiger Hautflügler ist sehr schmerzhaft.
Die Nahrung der Hautflügler besteht einerseits aus Blättern und Blüten *(Symphyta)*, andererseits aus Pollen, Nektar oder Insekten *(Apocrita)*. Ihre Lebensweise ist sehr interessant. Einige Arten leben einzeln (solitär), andere bilden Staaten mit sich morphologisch unterscheidenden Kasten (Bienen, Hummeln, Wespen, Hornissen, Ameisen). Sie bauen Nester aus Wachs, Papier, Lehm, Sand oder verschiedenen Holz-

teilchen unter der Erde, auf Bäumen oder im Bauminneren, unter Steinen, auf Felsen und in Körben (Bienenkörbe). Die Nester einiger Arten sind architektonische Wunderwerke.
Hautflügler leben auf Wiesen und Steppen, in Wäldern, Gärten und Häusern. Sie halten sich auf Blüten und anderen Pflanzenteilen auf, ebenso auf Hauswänden, Meterholz und im Gras.
Die Hymenopteren machen eine vollständige Verwandlung durch. Aus den Eiern schlüpfen Larven, die außer den eigentlichen drei Gliedmaßenpaaren noch sogenannte Scheinfüße (Afterraupen) haben können, oft aber auch beinlos sind. Die Larven vieler Arten ernähren sich von süßen Säften oder sind auf Pflanzengewebe, vor allem auf Blätter, spezialisiert; einige Arten leben vom Holz und bohren darin Gänge, andere bilden typische Galläpfel aus (Gallwespen), wieder andere sind Fleischfresser.
Die Entwicklung vieler Hautflüglerarten ist recht kompliziert. Viele Weibchen stellen für ihre Larven Fleischnahrung bereit, meist Insektenlarven oder Spinnen, die sie betäuben und in ein Nest eintragen. Auf die erbeuteten Tiere legen sie ihre Eier ab. Andere Arten legen ihre Eier direkt auf Wirtstiere oder in deren Körper ab, ohne sie vorher zu betäuben. Die Larven ernähren sich dann von den Wirtstieren und verpuppen sich auch auf der Körperoberfläche oder im Körperinneren (Ekto- und Endoparasiten). Die Larven einiger Arten können sich nicht allein ernähren und sind auf die Pflege von Arbeiterinnen angewiesen (Bienen, Wespen u. a.).
Die Larven häuten sich mehrmals und gehen in ein Ruhestadium über (Puppe), aus dem sie nach einer unterschiedlich langen Zeitspanne als Imago schlüpfen.
Für den Menschen sind die Hautflügler zweifellos eine der wichtigsten Insektengruppen. Zunächst einmal sind sie arten- und zahlenmäßig wohl die bedeutendsten Blütenbestäuber. Viele Arten legen ihre Eier in schädliche Insekten ab, wodurch sie zur Erhaltung eines natürlichen Gleichgewichtes beitragen und den Schädlingsbestand regulieren. Diese Eigenschaft wird in zunehmendem Maße bei der Biologischen Schädlingsbekämpfung ausgenutzt.
Der wichtigste Honig- und Wachsspender gehört zu den Hautflüglern – die Honigbiene *(Apis mellifera)*. Allerdings findet sich unter den Hautflüglern auch eine Reihe von Arten, deren Larven Pflanzenfresser sind und sich von den Blättern verschiedener Kulturpflanzen ernähren. Einige dieser Arten sind bekannte Wald- und Obstschädlinge. Auf jeden Fall aber überwiegt die Nützlichkeit der Hautflügler den Schaden, den ihre Larven anrichten, um ein Vielfaches.
Die Artenzahl der Hautflügler wird auf über 100000 geschätzt, in Mitteleuropa leben mehr als 10000 Arten. Die angeführten Zahlen sind jedoch nur grobe Näherungswerte, da weder in Europa noch auf der übrigen Erde die Hautflüglerfauna hinreichend erforscht ist; in verschiedenen Gebieten werden immer noch neue Arten entdeckt.

29. Ordnung
Köcherfliegen – Trichoptera

Die Köcherfliegen stehen den Schmetterlingen recht nahe, einige Arten werden leicht mit ihnen verwechselt. Ihre Größe schwankt stark. Neben Arten, die nur einige Millimeter messen, stehen solche, deren Flügelspannweite 50–60 mm beträgt. Sie haben langgestreckte gelbbraune oder graue Körper. Ihre Fühler sind fadenförmig und so lang wie die Vorderflügel; manchmal sind sie noch länger, gelegentlich aber auch kürzer. Neben den Komplexaugen sind drei einfache Nebenaugen vorhanden, die Mundwerkzeuge sind leckend-saugend, so daß sie nur flüssige Nahrung aufnehmen können.
Flügel sind immer vorhanden; sie sind mit feinen Härchen (nur in Ausnahmen mit Schuppen) bedeckt. Die Vorderflügel sind größer und kräftiger gefärbt als die Hinterflügel. In Ruhestellung werden sie entweder dachförmig oder flach über dem Hinterleib zusammengelegt. Sie werden allerdings nicht viel zur Fortbewegung benutzt, denn Köcherfliegen fliegen nie über weite Strecken. Die dünnen Beine haben lange Glieder, bei denen die Schienen gelegentlich mit Borsten besetzt sind.
Die Imago ernährt sich meist von Blütensäften. Sie hält sich in der Nähe fließender oder stehender Gewässer auf, an Steinen oder Pflanzen. Einige Arten fliegen tagsüber, die meisten aber erst in der Dämmerung oder in der Nacht.

Die Weibchen legen ihre Eier in Paketen ab, die sie mit einer gallertigen Masse umkleiden. Sie kleben die Eier entweder an Pflanzen fest oder legen sie auf feuchte Stellen oder ins Wasser.
Köcherfliegenlarven leben im Wasser und haben ein ganz charakteristisches Aussehen; je nach Form teilt man sie in zwei Gruppen ein: starke, raupenähnliche Larven oder dünne, langgestreckte und leicht abgeplattete Larven (sogenannte campodeide Larven). Die meisten Larven stellen sich einen Köcher her, in dem der weiche Teil ihres Körpers geschützt ist. Der Köcher besteht entweder aus einem weichen Gespinst oder aus Sandkörnchen, kleinen Steinen, Nadeln, Laub oder kleinen Schneckenhäusern. Je nach den verwendeten Baumaterialien kann man oft die Art bestimmen. Viele Arten verwenden jedoch alles, was sie finden. Einige Köcherfliegenlarven stellen Netze her, die ihnen zum Beutefang dienen. Auch die Verpuppung spielt sich in einem Köcher ab. Dazu wird entweder der alte Larvenköcher benutzt und umgebaut, oder sie stellen sich eine neue Puppenhülle her.

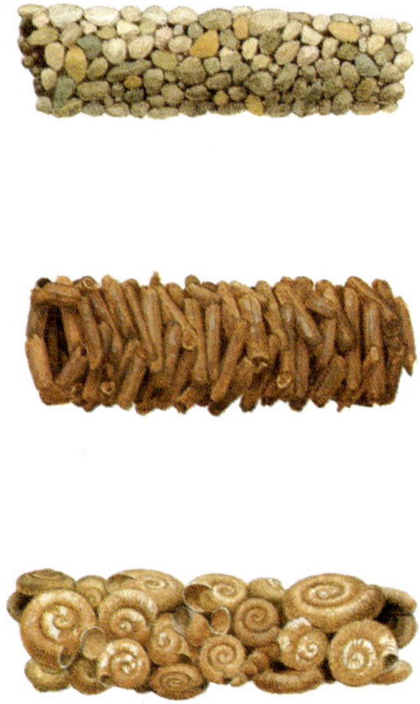

Bild 64. Drei Köchertypen der Trichopteren.

Bild 63. Die Große Köcherfliege in Ruhestellung mit dachförmig zusammengelegten Flügeln.

Die Larven der Köcherfliegen sind Pflanzenfresser, oder sie jagen Lebewesen aus dem Plankton und auch andere Insektenlarven.
Köcherfliegen gibt es auf der ganzen Erde; sie dringen bis hoch in den Norden vor. Bekannt sind mehr als 6000 Arten, von denen etwa 300 in Mitteleuropa leben.

30. Ordnung
Schmetterlinge – Lepidoptera

Mit dem Studium der Schmetterlinge befassen sich viele Liebhaberentomologen, die vor allem in Europa zur Kenntnis und Verbreitung der Schmetterlinge eine Menge beigetragen haben.
Obwohl einige Schmetterlinge anderen Insekten ähneln (z. B. Köcherfliegen, Hornissen, Wespen), sind sie eine ziemlich einheitliche Ordnung. Der Größenunterschied zwischen den kleinsten und den größten Arten in Europa ist bemerkenswert. Während der kleinste Schmetterling, die Zwergmotte *(Nepticula)*, nur eine Flügelspannweite von 2–3 mm hat, beträgt die Spannweite

Bild 65. Schmetterlingseier.

des Vorderflügelpaares beim Großen Nachtpfauenauge (*Saturnia pyri*) 120–140 mm. Bei den tropischen Arten fällt dieser Unterschied noch mehr ins Auge (die größte Art mißt 320 mm!). Der Körper der Schmetterlinge ist deutlich in Kopf, Brust und Hinterleib gegliedert. Einige Arten haben einen schlanken, andere einen gedrungenen Körper, der oft dicht behaart oder mit Schuppen bedeckt ist. Am Kopf befinden sich Fühler, Augen und Mundwerkzeuge. Die Fühler bestehen manchmal aus einigen Dutzend Gliedern, am kürzesten sind sie bei der Familie *Hepialidae*, am längsten bei den *Adelidae*. Sie sind fadenförmig (Eulenfalter), borstenförmig (Spanner), gekeult (Tagfalter), gesägt, kahl oder fein behaart. Die Fühlerform dient als wichtiges Erkennungsmerkmal bei der Bestimmung von Art und Geschlecht; bei den Männchen sind die Fühler oft ein- oder beidseitig gekämmt. Die Mundwerkzeuge sind bei den allermeisten Arten als Rüssel ausgebildet, der spiralig unter dem Körper zusammengerollt wird. Bei vielen Schmetterlingen hat er eine beachtliche Länge und läßt sich gut in Blütenröhren einführen. Nur primitive Schmetterlingsarten besitzen noch beißende Mundwerkzeuge (Familie *Micropterygidae*).

Bild 66. Der Kaisermantel, ein Tagfalter, ist heute noch ziemlich häufig.

In der Regel sind zwei Paar Flügel ausgebildet. Sie sind die besondere Zierde der Schmetterlinge. Nur bei wenigen Arten sind sie reduziert oder können ganz fehlen wie bei einigen Spannerweibchen der Familie *Geometridae*. Die Flügel sind häutig, manchmal sind beide Paare fast gleich groß, in der Regel ist aber das hintere Paar wesentlich kleiner als das vordere. Die Flügelteile tragen spezifische Bezeichnungen: Die Basis ist die Flügelwurzel, vorn und hinten sind der Flügelvorder- bzw. -hinterrand, dazwischen der Außenrand. Wo Vorder- und Außenrand zusammenstoßen, liegt die Vorderecke, zwischen Außen- und Hinterrand die Innenecke, die bei den Hinterflügeln Afterecke heißt.

Meist bestehen die Flügel aus einem Stück, bei manchen Familien setzen sie sich aber aus mehreren freien Teilen zusammen, die an Flaumfedern erinnern (Familien *Orneodidae, Pterophoridae*). Auch kann der Flügelrand kürzer oder länger gefranst sein (Familie *Lyonetiidae, Argyresthiidae, Yponomeutidae* u. a). Das Geäder der Flügel ist relativ einfach, die waagrechten Adern sind nur durch einige Queradern verbunden. Die meisten Schmetterlinge tragen auf beiden Flügelseiten einen Belag aus kleinen Schuppen, die dicht nebeneinanderstehen und sich häufig gegenseitig überdecken. Die Schuppen sind 0,07–0,4 mm lang und kompliziert gebaut. Sie bestehen aus einer Ober- und einer Unterlamelle, zwischen denen ein Hohlraum oder Plasma ausgebildet ist. Die Oberlamelle trägt eine feine und reiche Skulpturierung, die von Längs- und Querleisten gebildet wird. Die Form der Schuppen ist nicht einheitlich, oft sind sie einfach oder nur etwas gestreckt oder breit und auf der Oberseite reich verästelt. In den Schuppen ist Farbstoff enthalten, von dem das Farbmuster des Flügels abhängt. Bei einer Reihe von Schmetterlingen entsteht der Farbeffekt auch durch Lichtbrechung auf den Schuppenleisten (sogenannte Schillerfarben). Einige Schmetterlingsarten bilden dunkle, sogenannte melanistische Formen aus, bei anderen treten Farbunterschiede zwischen der Frühjahrs- und der Herbstgeneration auf. Auf den Flügeln zahlreicher Arten, besonders bei den Männchen, befinden sich Duftschuppen, die mit einer Drüse verbunden sind und bestimmte Duftstoffe ausscheiden. Diese Duftschuppen bilden manchmal ganze Felder. Eine weitere Schuppensorte sind die Sinnesschuppen.

Bild 67. Verschiedene Typen der Schmetterlingsraupen: **a** Trauermantel, **b** Kohlweißling, **c** Schwammspinner, **d** Mittlerer Weinschwärmer, **e** Nierenmakeleule, **f** Birkenspanner, **g** Brauner Bär, **h** Großer Gabelschwanz, **i** Zickzackspinner.

Es gibt auch Schmetterlinge mit durchsichtigen Flügeln (Familie *Sesiidae*), sie ähneln verschiedenen Hautflüglerarten. Unter den Schmetterlingen gibt es ausgezeichnete Flieger, aber auch langsame und träge Arten. An Geschwindigkeit und Ausdauer werden alle zweifellos von den Schwärmern übertroffen. Zu den langsameren und schwächeren Fliegern gehört z. B. Mohrenfalter oder Blutströpfchen. Im Flug werden die Flügelpaare zuweilen miteinander verbunden. Dazu besitzen die meisten Schmetterlinge an der Vorderkante der Hinterflügel eine kräftige Borste (Frenulum), die im Retinaculum, einer auf der

Unterseite des Vorderflügels gelegenen Falte, verankert wird. Einige Familien, z. B. die *Hepialidae*, haben statt dessen am Hinterrand der Vorderflügel einen spitzen Hautlappen (Jugum), der in den vorderen Rand der Hinterflügel greift. Bei Schmetterlingen, die nicht über solche Koppelungsvorrichtungen verfügen, übernehmen besondere Adern in den Flügeln die gleiche Aufgabe (z. B. bei Nymphaliden). In Ruhestellung stehen die Flügel entweder senkrecht vom Körper ab (Tagfalter), oder sie werden flach bzw. dachförmig über dem Körper zusammengelegt (Nachtfalter).

Beine sind bei den Schmetterlingen zwar entwickelt, ihre Bedeutung als Fortbewegungsorgan ist jedoch nicht groß; mit ihnen kriechen sie nur kurze Strecken oder halten sich während einer Flugpause auf einer Unterlage fest. Bei einigen Familien sind einzelne Beinglieder zurückgebildet, es kann aber auch zur völligen Verkümmerung der Beine kommen. An den hinteren und mittleren Beinen haben einige Schmetterlinge Sinnesorgane oder Zellen, die als Geschmackssinnesorgane funktionieren.

Geschlechtsdimorphismus bzw. -dichroismus (Unterschiede der Geschlechter in Gestalt bzw. Färbung) zeigt sich bei den Schmetterlingen in vielfältiger Form. Die Weibchen einiger Schmetterlinge sind gänzlich flügellos bzw. haben Flügel, die zu kleinen Schuppen reduziert sind (Spanner, *Geometridae*). Die Geschlechter mancher Nachtfalter unterscheiden sich sehr deutlich in der Fühlerform (Augen-

spinner, *Saturniidae*). Häufig sind Männchen und Weibchen verschieden gefärbt, die Männchen sind in der Regel farbenprächtiger. So leuchten z. B. Zitronenfalter-Männchen intensiv gelb, während die Weibchen weißlich sind. Auch in der Lebensweise unterscheiden sich die Geschlechter.
Die Tatsache, daß auch Schmetterlinge vielerlei Töne von sich geben, ist wenig bekannt. Sie stridulieren, trommeln und pfeifen. Die Töne nehmen sie vermittels besonderer Hörorgane wahr, die an verschiedenen Körperteilen sitzen.

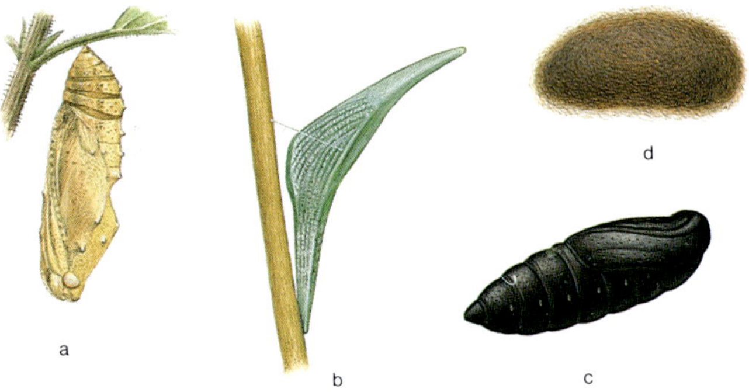

Bild 68. Verschiedene Typen der Schmetterlingspuppen: **a** Stürzpuppe des Kleinen Fuchses, **b** Gürtelpuppe des Aurorafalters, **c** Mumienpuppe des Braunen Bärs, **d** Kokon des Eichenspinners.

Der Rüssel gestattet den Schmetterlingen nur die Aufnahme flüssiger Nahrung. Die Imagines fliegen deshalb meist Blüten an und saugen Nektar. Einige Arten haben einen größeren Flüssigkeitsbedarf und sind aus diesem Grund oft in größerer Zahl an Pfützen auf Waldwegen anzutreffen. Andere Arten ernähren sich von verwesenden Stoffen, zu denen sie geflogen kommen. Die Augenfalter *(Satyridae)* lassen sich auch Menschen „schmecken" und sitzen gerne auf der menschlichen Haut, um Schweiß zu saugen. Eine Reihe von Schmetterlingsarten nimmt überhaupt keine Nahrung auf.

Bei uns bewohnen Schmetterlinge fast alle Biotope, sowohl die natürlichen als auch die von Menschenhand geschaffenen. Am liebsten halten sie sich auf Blüten und Pflanzen auf, die den Raupen als Wirtspflanzen dienen. Die Falter sitzen aber auch auf Steinen, Zäunen oder Telegrafenstangen und schmiegen sich an die Rinde von Baumstämmen und Ästen. Sie bewohnen Waldränder und Lichtungen, fliegen Wege entlang, zeigen sich auf Feldern, Wiesen und in Gärten. Viele Arten haben sich auf das Leben in feuchter Umgebung spezialisiert, in Mooren, an Teich-, Bach- und Flußufern. Auch in menschlicher Umgebung finden wir Schmetterlinge; sie fliegen durch die Straßen der Städte und kommen in Wohnungen, Lagerräume und Nahrungsmittelspeicher. Die Schmetterlinge sind vom Tiefland bis ins Hochgebirge verbreitet. Einige Arten können überall existieren *(Nymphalidae)*, andere haben sich auf bestimmte Höhen spezialisiert.
Schmetterlinge überwintern in verschiedenen Entwicklungsstadien. In gemäßigten Breiten fliegen sie am zahlreichsten im Frühling und Sommer, einige Arten auch im Herbst, und eine ganze Reihe ist sogar noch in den Wintermonaten anzutreffen. Manche Arten lieben die pralle Sonne, andere bevorzugen eher die Dämmerung, und viele kommen erst nach dem Eintritt völliger Dunkelheit in den späten Nachtstunden aus ihren Verstecken hervor, einige auch erst gegen Morgen. Man unterteilt

allgemein die Schmetterlinge in Tag- und Nachtfalter. Diese Einteilung ist aber ungenau und systematisch nicht brauchbar. Es gibt „Nachtfalter“, die auch am Tage fliegen (Blutströpfchen, *Zygaenidae*), und „Tagfalter“, die in der Nacht unterwegs sind.
Einige Schmetterlinge unternehmen weite Züge, in der Regel von Süden nach Norden; dort angekommen, pflanzen sie sich fort und sterben (Schwärmer). Ihre Nachkommen überleben auch nicht. Die Schmetterlingszüge können aber auch in umgekehrter Richtung von Nord nach Süd verlaufen. Die Schmetterlinge machen eine vollständige Verwandlung durch. Ihre Larven, Raupen genannt, und ihre Puppen sind verhältnismäßig leicht zu erkennen. Die Eier werden einzeln oder gruppenweise (in Reihen oder Kränzen) auf Pflanzen, Holz, in verschiedene Verstecke, in Vorräte und Textilien abgelegt. Die nach unterschiedlich langer Zeit ausschlüpfenden Raupen tragen am Kopf deutlich sichtbare Oberkiefer, der Kopf geht unmittelbar in die Brust über. An ihr sitzen die drei Gliedmaßenpaare; an den Hinterleibsabschnitten findet man noch einige Paare, die sogenannten Bauchfüße, am Hinterleibsende die Nachschieber. Die Raupen sind langgestreckt und zeichnen sich häufig durch eine schöne Färbung und dichten Haarpelz aus. Die Raupen einiger Arten sind eigenartig geformt (Gattung Zahnspinner, *Notodonta*), Schwärmerraupen haben einen Dorn auf dem Hinterleib (Familie *Sphingidae*).

Bild 69. Ein Repräsentant der Nachtfalter, der Schwarze Bär, gehört zu den vom Aussterben bedrohten Arten.

Die Raupen leben auf verschiedenen Pflanzenorganen, meist fressen sie Blätter. Einige fressen die Blätter ganz ab, andere leben unter der Blattoberfläche und stellen im Blatt Gänge (Minen) her (Familie Langhornminiermotten, *Lyonetiidae*). Weniger häufig bohren Raupen im Holz (Familie Holzbohrer, *Cossidae*), oder sie leben in Ameisenhaufen (einige Bläulinge, *Lycaenidae*). Der größte Teil der Raupen lebt auf dem Land, im Wasser gibt es nur einzelne Arten. Die Raupen sind teils durch ihre Färbung, teils durch Stinkdrüsen oder durch Haare vor Freßfeinden geschützt. Nur manchmal bauen sie sich aus Blattstücken sackartige Schutzhüllen (Sackspinner, *Psychidae*). Die Raupen vieler Schmetterlinge leben einzeln, nur einige Arten kommen gesellig in Gemeinschaftsnestern vor, die aus einer Art Seidenfaser gesponnen werden (Familie Gespinstmotten, *Yponomeutidae*, und Prozessionsspinner, *Thaumetopoeidae*, u. a.).
Nach unterschiedlich langer Lebensdauer verpuppt sich die Raupe schließlich. Häufig spinnt sie sich vorher einen Kokon. Die Puppen sind meist dunkel gefärbt, der häufigste Typ ist die sogenannte Pupa obtecta mit einem teilweise beweglichen Hinterteil.
Schmetterlinge erfreuen uns nicht nur in Wäldern, Feldern, Wiesen und Gärten, sie haben auch große Bedeutung als Pflanzenbestäuber. Einige Arten (Familie Echte Spinner, *Bombycidae*) sind in Europa und im Orient als Seidenhersteller bekannt. Einige Schmet-

Bild 70. Eine Skorpionsfliege auf dem Blatt ruhend.

terlingsraupen ernähren sich von Unkrautpflanzen und erweisen so dem Menschen einen gewissen Dienst. Allerdings finden sich auch unter den Schmetterlingen viele schädliche Arten. Dabei kann die Imago, der fertige Schmetterling, durchaus nützlich sein, nur seine Raupe frißt an Kulturpflanzen. Einige Arten sind berüchtigte Waldschädlinge (Familie Nonnenartige, *Lymantriidae*; Prozessionsspinner, *Thaumetopoeidae* u. a.), andere treiben in Gärten (Familien Zünsler, *Pyralididae* und Langhornminiermotten, *Lyonetiidae*) und Wohnungen ihr Unwesen (Familie Echte Motten, *Tineidae*). Schmetterlinge und Raupen haben aber sehr viele natürliche Feinde, die dafür sorgen, daß sie nicht überhandnehmen. Das sind Vögel, Säugetiere und andere Insekten, denen Eier und Raupen ein willkommener Leckerbissen sind (Käfer, Hautflügler). Auch Pilz- und Bakterienkrankheiten dezimieren die Schmetterlingsbestände.
Nach Schätzungen leben auf der ganzen Erde etwa 140000 Schmetterlingsarten. Die größten und farbenprächtigsten sind in den Tropen und Subtropen zu Hause. Von den in Mitteleuropa lebenden 3000 Arten entfällt nur ein geringer Teil – etwa 230 Arten – auf die Tagfalter.

31. Ordnung Schnabelfliegen – Mecoptera, Panorpata

Außer kleinen Arten (2,5 mm) gehören zu den Schnabelfliegen auch 20 mm lange Arten, deren Flügel bis zu 40 mm spannen. Ihr Körper ist meist langgestreckt und braun gefärbt. Der Kopf ist vorne lang ausgezogen, am Ende sitzen die beißenden Mundwerkzeuge. Die Augen sind gewöhnlich groß, die Fühler lang.
Die Flügel sind verschieden entwickelt. Sind bei dem Insekt beide Paare ausgebildet, dann sind es Hautflügel von fast gleicher Größe mit braunen Flekken. Bei einigen Arten sind die Flügel zu kleinen Stümpfen reduziert. Der Flug einer Schnabelfliege ist unbeholfen, meist fliegt sie nur kurze Entfernungen. Die langen Beine sind gut entwickelt und dienen zum Beutefang (Familie Mückenhafte, *Bittacidae*). Winterhafte *(Boreidae)* können springen. Die Männchen einiger Arten haben am Hinterleibsende zangenartige Fortsätze.
Schnabelfliegen ernähren sich von abgestorbenen Pflanzen und toten Tieren, einige Arten sind auch Räuber und jagen Insekten *(Bittacidae)*.
Schnabelfliegen findet man auf Wiesen, in Gebüschen und oft auch an Wasserläufen. Winterhafte *(Boreidae)* erscheinen zwischen Oktober und April auf verschneiten Flächen. Die Weibchen legen ihre Eier flach in den Boden oder an

Pflanzen *(Bittacidae)*. Die Larven leben im Erdreich, in Sand und im Unterwuchs. Sie verpuppen sich unter der Erde.
Von 350 Arten leben in Mitteleuropa nur etwa 10.

32. Ordnung
Zweiflügler – Diptera

Die Zweiflügler sind in Körper und Flügelbau sehr einheitlich. Dennoch gleichen einige Arten anderen Insektenordnungen (Schwebfliegen, *Syrphidae*; Trauer- oder Wollschweber, *Bombyliidae* u. a.)
Die kleinste Zweiflüglerart wird nur einige Zehntel bzw. 1 mm groß (Gallmükken, *Cecidomyidae*), die größten messen rund 3 cm (Raubfliegen, *Asilidae*, Bremsen, *Tabanidae*, Schnaken, *Tipulidae*). Die durchschnittliche Länge europäischer Arten liegt bei etwa 1 cm.
Der Körper mancher Zweiflügler ist langgestreckt und schlank (Schnaken, *Tipulidae*; Stechmücken, *Culicidae*), bei anderen ist er kürzer, breit und gedrungen (Echte Fliegen, *Muscidae*, Bremsen, *Tabanidae*). Ihre Färbung ist recht unterschiedlich. Viele Arten sind grau, graubraun, rostfarben und unauffällig, andere sind bunt und farbenfroh (Schwebfliegen, *Syrphidae*, Bohr- und Fruchtfliegen, *Trypetidae*, einige Echte Fliegen, *Muscidae* u. a.).

Die drei Hauptabschnitte des Körpers sind gut ausgeprägt. Am Kopf sitzen Fühler, Komplexaugen und Nebenaugen. Die Fühler können lang sein, sogar länger als der Körper *(Nematocera)*, oder auch nur stummelartig kurz *(Brachycera)*. Viele Gruppen haben auch große und oft auch farbige Augen (Fliegen, *Muscidae*, Bremsen, *Tabanidae* u. a.). Die Mundwerkzeuge sind stechend-saugend oder leckend-saugend. Einige Arten besitzen einen auffällig langen Rüssel (Trauer- und Wollschweber, *Bombyliidae*). Die meisten Arten verfügen über gutentwickelte Flügel. Das vordere Paar besteht aus meist durchsichtigen Hautflügeln, das hintere ist zu kleinen Anhängen zurückgebildet, den sogenannten Schwingkölbchen (Halteren). Die Vorderflügel weisen nur eine geringe Anzahl von Adern auf. In Ruhestellung sind sie meist in waagrechter Stellung gespreizt, bei einigen Arten dachförmig über dem Körper zusammengelegt (Schmetterlingsmücken, *Psychodidae*).
Unter den Zweiflüglern finden sich auch flügellose Arten (Bienenläuse, *Braulidae*, Fledermausfliegen, *Nycteribiidae*) oder solche mit Flügelrudimenten (Lausfliegen, *Hippoboscidae*).
Die Beine haben gewöhnlich fünf Glieder. Sie sind entweder kräftig und mit Borsten besetzt (Fliegen, *Muscidae*,

Bild 71. Viele Zweiflügler, wie z.B. die *Scaeva pyrastri*, bestäuben Blüten.

Bremsen, *Tabanidae*) oder dünn und auffallend lang (Schnaken, *Tipulidae*). In den Füßen sitzen Geschmackssinnesorgane.
Einige Arten lassen im Flug hohe surrende Töne hören (Stechmücken, *Culicidae*, Raubfliegen, *Asilidae*).

„hängen" viele Schwebfliegen in der Luft, auch Bremsen, Stechmücken (*Tabanidae* und *Culicidae*) und andere kann man beobachten. Viele Arten fliegen auf Wiesen (Bremsen, *Tabanidae*) oder in Wassernähe herum (Stechmücken, *Culicidae*, Kriebelmücken, *Simuliidae*). „Mückenwolken" bestehen aus Zuckmücken *(Chiromonidae)*, diese Mücken stechen nicht. Auch auf Feldern und in Gärten sind die Zweiflügler zahlreich; einige Arten sind synanthrop, das heißt, sie suchen menschliche Nähe (Echte Fliegen, *Muscidae*, Schmeißfliegen, *Calliphoridae*, Taufliegen, *Drosophilidae* u. a.). Die Zweiflügler erscheinen zum größten Teil im Frühjahr und Sommer, vereinzelte Arten findet man auch im Schnee (Gattung Schneefliegen, *Chionea*).
Die Verwandlung der Dipteren ist vollständig. Die Weibchen legen ihre Eier ins Erdreich, auf Pflanzen, auf die Wasseroberfläche, in verwesende organische Stoffe und in offene Wunden ab. Einige Arten sind ovipar, andere ovovivipar; seltener kommt es vor, daß lebende Larven oder Puppen zur Welt gebracht werden. Die Larven sind tönnchenförmig oder langgestreckt, weichhäutig und beinlos. Sie finden sich im Boden, unter Rinde, in verwesenden Stoffen, in Nahrungsmitteln, Früchten (Bohr- und Fruchtfliegen, *Trypetidae*),

Bild 72. Zu den räuberischen Zweiflüglern gehört die weit verbreitete Mordfliege *(Laphria flava)*. Sie saugt ihre Beute in Ruhe aus.

Die Zweiflügler suchen verschiedenerlei Nahrung. Viele Arten ernähren sich von süßem Pflanzennektar, räuberische Arten stellen anderen Insekten nach (Raubfliegen, *Asilidae*, Tanzfliegen, *Empididae* u. a.). Auch kommt es vor, daß beide Geschlechter sich verschieden ernähren: Die Männchen suchen süße Säfte, die Weibchen sind Blutsauger (Stechmücken, *Culicidae*, Gnitzen, *Ceratopogonidae*, Bremsen, *Tabanidae*). Einige Arten fliegen gern verwesende und stinkende Stoffe tierischen und pflanzlichen Ursprungs an.
Zweiflügler kommen in der Natur sehr häufig vor und bewohnen die verschiedensten Lebensräume. Einige fallen den Menschen gar nicht auf, andere sind sehr aufdringlich. Zahlreiche Arten sind Waldbewohner. An Sommertagen

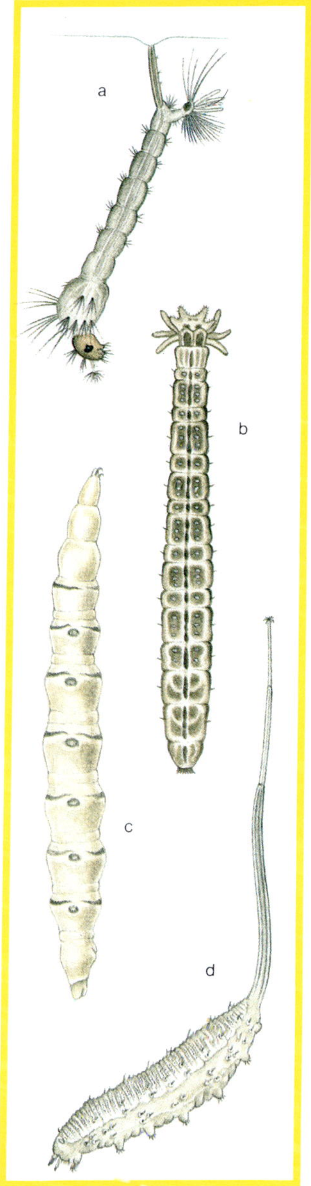

in den Organen verschiedener höherer Lebewesen (Dasselfliegen, *Oestridae*, Magendasseln, *Gastrophilidae*), im Körper anderer Insekten (Raupenfliegen, *Tachinidae*) oder in Galläpfeln (Gallmücken, *Cecidomyidae*). Die Mehrzahl lebt an Land, viele Zweiflügler machen aber ihre Larvenzeit im Wasser durch: Stechmücken *(Culicidae)*, Zuckmücken *(Chironomidae)*, Kriebelmükken *(Simuliidae)*, Waffenfliegen *(Stratiomyidae)* u. a.

Vor der Verpuppung verlassen die Larven einiger Zweiflüglergruppen ihre gewohnte Umgebung und verkriechen sich meist ins Erdreich. Andere Larven verpuppen sich an Ort und Stelle. Die Larven der höher entwickelten Zweiflügler schließen sich in einem sogenannten Puparium ein, das ist die Haut des letzten Larvenstadiums.

Dipteren gehören zu den wichtigsten Insektenordnungen. Auch unter ihnen finden sich Nützlinge und Schädlinge. Raubfliegen *(Asilidae)*, Raupenfliegen *(Tachinidae)* und Schwebfliegen *(Syrphidae)* gehören zu den nützlichen Arten. Viele Fliegen sind lästige Insekten wie z. B. Bremsen *(Tabanidae)*, Stechmücken *(Culicidae)*, Kriebelmücken *(Simuliidae)*, ihre Weibchen saugen das Blut von Menschen und Tieren. Die Fruchtfliegen *(Trypetidae)* entwickeln sich in Kirschen und anderem Obst. Gallmücken verunstalten Blätter und Schößlinge, Pilzmückenlarven bewohnen Pilze. Unangenehme Zweiflügler sind auch die Dasselfliegen *(Oestridae)*, Magendasseln *(Gastrophilidae)* und weitere Tierparasiten aus den Familien *Braulidae, Hippoboscidae* (Lausfliegen) u. a. Zweiflügler können auch Infektionskrankheiten übertragen. In dieser Hinsicht ist die Bedeutung dieser Insekten in den tropischen und subtropischen Zonen wesentlich größer als bei uns. Dort übertragen sie gefährliche Krankheitserreger auf Mensch und Tier (Schlafkrankheit, Malaria usw.).

Die Zahl der auf der Erde lebenden Zweiflüglerarten wird auf 85000 bis 100000 geschätzt, in Mitteleuropa auf etwa 7000.

Bild 73. Einige Typen von Zweiflüglerlarven: **a** Mücke, **b** Waffenfliege, **c** Bremse, **d** Schlammfliege.

33. Ordnung
Flöhe – Siphonaptera

Eine eigenartige und leicht kenntliche Insektenordnung sind die Flöhe, die sich durch ihren seitlich abgeplatteten Körper auszeichnen. Meist sind sie nur 2–4 mm, in Ausnahmefällen auch 6 mm lang. Normalerweise sind Flöhe rostbraun, schwarz oder gelbbraun gefärbt. An den Körpersegmenten tragen sie nach hinten gerichtete Borsten, auch ihre Beine sind damit besetzt.

das heißt, sie leben nur auf einem Wirt, die meisten sind aber polyphag und saugen auf einer ganzen Reihe verschiedener Tierarten. Flöhe können viele Tage ohne Nahrung auskommen.
Ihre Verwandlung ist vollständig. Die Weibchen legen bis zu einige hundert weiße Eier in den Müll und auf Abfälle, wo sich auch die Larven entwickeln. Sie verfügen über beißende Mundwerkzeuge und ernähren sich von allerlei Nahrungsresten, die sich im Staub und in den Abfällen finden. Auch Fell- und

Bild 74. Die Beine des Menschenflohs sind zum Laufen und Springen geeignet.

An der Kopfvorderseite sitzen die stark entwickelten stechend-saugenden Mundwerkzeuge, die Punktaugen (die auch fehlen können) und hinter ihnen in einer Vertiefung die kurzen, starken Fühler.
Alle Floharten sind flügellos. Dafür haben sie kräftige Beine, die sich zum Laufen und Springen eignen. Sie sind Parasiten, die sich gut dem Leben im Vogelgefieder und im Fell der Säugetiere angepaßt haben. Sie ernähren sich von Blut. Einige Arten sind monophag,

Gefiederreste verschmähen sie nicht. Am Ende der Larvenzeit stellen sie einen Kokon her, in dem sie sich verpuppen.
In Europa sind die Flöhe für Mensch und Tier nur lästig; in den Tropen und Subtropen gehören sie dagegen zu den gefährlichen Insekten, die z. B. auch Pesterreger übertragen können. Auf der Erde sind etwa 1600 Arten bekannt, von ihnen kommen in Mitteleuropa nur rund 100 vor.

Zur Bestimmung der Insektenordnungen

Die Bestimmung von Insektenarten ist wegen ihrer ungeheuren Vielzahl nicht einfach. Wesentlich leichter ist die Bestimmung der Zugehörigkeit zu den einzelnen Ordnungen.
Der hier folgende Bestimmungsschlüssel ist schon vielfach direkt im Gelände erprobt worden. Wie alle anderen Schlüssel besteht er immer aus einer These und der dazugehörigen Antithese. Bei der Bestimmung ist es deshalb angebracht, stets beide Möglichkeiten durchzulesen und sich dann für eine von beiden zu entscheiden. Steht am Ende einer These bzw. Antithese nicht direkt die Bezeichnung der Ordnung, fährt man nach der angegebenen Nummer fort, bis man zur Bezeichnung der Ordnung kommt.

Beispiel: Wir werden irgend eine „Stubenfliege", die fast zu jeder Jahreszeit zur Hand ist, bestimmen. Bei der 1. Antithese stellen wir fest, daß die Flügel immer vorhanden sind, wir fahren also mit Nr. 26 fort. Hier müssen wir zwischen zwei Möglichkeiten unterscheiden: Hat das Insekt ein oder zwei Flügelpaare? Unser Exemplar hat nur ein einziges Flügelpaar, deshalb geht es bei Nr. 27 weiter. Unter dieser Ziffer stellen wir fest, daß unser Exemplar nur entwickelte Vorderflügel hat, die Hinterflügel werden von kleinen Schuppen gebildet. Darum Nr. 28: Das Insekt hat Hautflügel, deshalb weiter unter Nr. 31. Hier suchen wir uns von zwei Möglichkeiten die zweite aus: Die Flügel

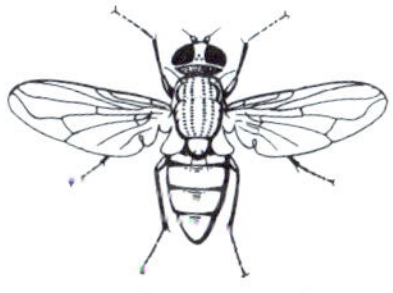

sind klein. Mit Nr. 32 sind wir am Ziel und haben festgestellt, daß wir einen Vertreter der Ordnung Zweiflügler vor uns haben.

Schlüssel

1 Völlig flügelloses Exemplar oder nur mit unscheinbaren Flügelstümpfen **2**
– Flügel stets entwickelt **26**

2 Fühler fehlen völlig **3**
– Fühler entwickelt, wenn auch reduziert **4**

3a Vorderbeine nach vorn gerichtet, Körper dünn, langgestreckt, farblos oder gelblich, etwa 2 mm lang, lebt im Boden ... **Beintastler** *(Protura)*

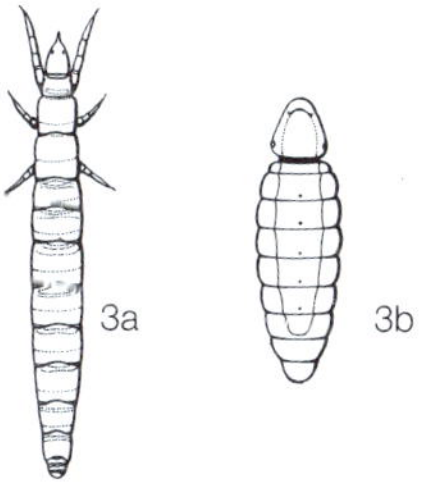

3b Es fehlen nicht nur die Fühler, sondern auch Augen, Beine, Mundwerkzeuge, Körper tönnchenförmig. Lebt in Hinterleibsgliedern anderer Insekten, vor allem in Hautflüglern (besonders Wespen), seltener in Gleichflüglern (Zikaden) oder Geradflüglern. Ziemlich selten zu finden ... **Fächerflügler** *(Strepsiptera),* ♀ der Familie *Stylopidae*

4 Hinterbeine mit mächtigen Schenkeln und zum Sprung geeignet. Körper seitlich abgeflacht. Größere, nicht parasitierende Insekten. Oft in Gewächshäusern von botanischen Gärten und Gärtnereien (Nachttiere) ... **Langfühlerschrecken** *(Ensifera)*

Hinterbeine wie die anderen Gliedmaßenpaare (Ausnahme: Flöhe, vgl. Nr. 15) **5**

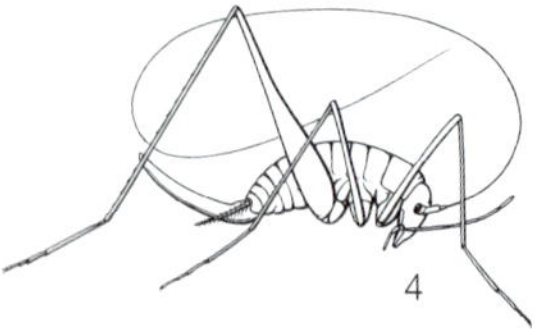
4

5 Auffallende Terminalanhänge am Körperende **6**
– Körperende ohne Anhänge oder nur kurze und unauffällige Anhänge **10**

6 Anhänge fadenförmig, lang oder geblättert, stark **7**
– Anhänge in Zangenform **9**

7 Drei Anhänge entwickelt, Körper nach hinten zu verengt, kleines oder größeres, schnell laufendes Insekt. Einige Arten besonders in steinigen Hängen (Ordnung **Felsenspringer,** *(Archaeognatha),* oder in der Nähe des Menschen (Nachttiere in Badezimmern oder Speisekammern) oder mit Ameisen zusammenlebend (Ordnung **Fischchen,** *Zygentoma)*
– Zwei Anhänge entwickelt **8**

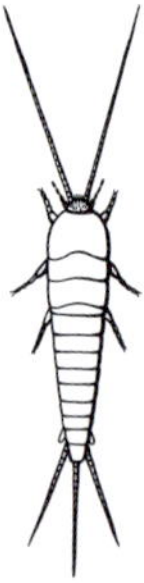
7

8a Körper langgestreckt, schmal, gelblich gefärbt; lebt unter Rinde und im Erdreich ... **Doppelschwänze** *(Diplura)*, Familie *Campodeidae*

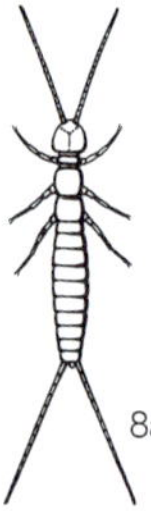
8a

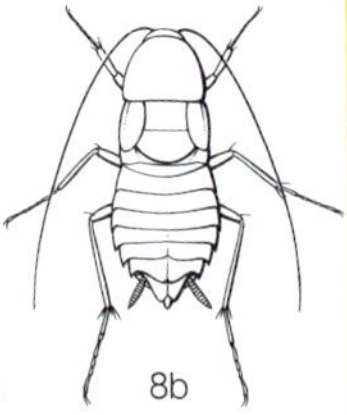
8b

8b Körper breit, flach und groß mit auffallend flachem Schild, unter dem der Kopf verborgen ist. Beißende Mundwerkzeuge. Größere, meist dunkel gefärbte Tiere mit langen, vielgliedrigen Fühlern. Geschlechtsdimorphismus: Weibchen mit rudimentären Flügeln, Männchen mit 2 Flügelpaaren. Oft in der Nähe des Menschen (Nachttiere). Gute, schnelle Läufer ... **Schaben** *(Blattodea)*

9a Dreigliedriger Fuß. Größeres Insekt ...
... **Ohrwürmer** *(Dermaptera)*

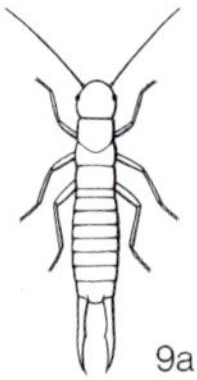
9a

9b

9b Eingliedriger Fuß. Kleineres Insekt mit weichem Körper, pigmentlos, nur Hinterleibsende und eingliedrige Anhänge sind sklerotisiert (und dunkel gefärbt). Bodenbewohnende Tiere, in Mitteleuropa bisher nur selten gefunden, in Südeuropa häufiger ... **Doppelschwänze** *(Diplura)*, Familie *Japygidae*

10 An der Körperunterseite besondere Sprungvorrichtung, mit der sich das Insekt hochschnellt. Hinterleib mit 6 Segmenten, Körperlänge meistens nur 0,3 bis 6 mm (ausnahmsweise auch größere Arten). Meist unauffällig – blaugrau, grau, weißlich oder gelblich gefärbt, manche auch mit bunter Zeichnung. Mehrzahl der Arten an feuchteren Stellen – im Boden, Laub, Streu, Moos, unter Steinen, untor Baumrinde usw. Fast überall sehr häufig das ganze Jahr über (auch im Schnee) ... **Springschwänze** *(Collembola)*

– Sprungapparat nicht entwickelt. Falls das Exemplar doch springt, dann vermittels Gliedmaßen **11**

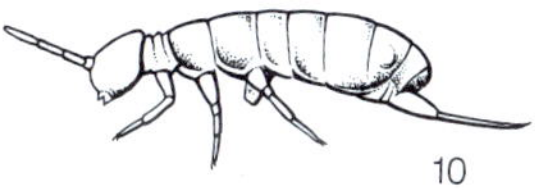

10

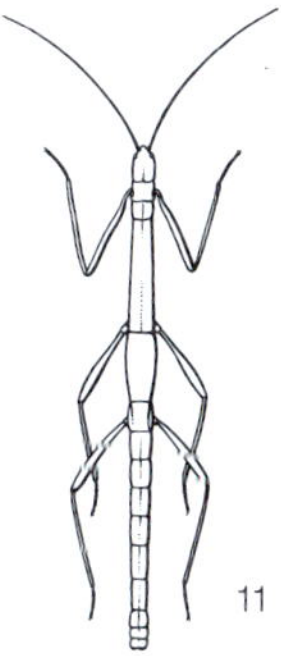

11

11 Stabförmiger Körper, langgestreckt, einige cm lang, Kopf sehr klein. Lebt in Mitteleuropa nicht im Freien, in Süd- und Westeuropa kommen einige Arten vor. Wird oft gezüchtet ... **Gespenstschrekken** *(Phasmida)*

– Andere Körperform **12**

12 Kopf rüsselartig ausgezogen, am Ende beißende Mundwerkzeuge ... **Schnabelfliegen** *(Mecoptera)*

– Kopf nicht rüsselartig ausgezogen, Mundwerkzeuge verschiedenartig **13**

13 Tier unter kleinem Wachschitinschild bzw. -behälter verborgen oder selbst in schildförmiges Gebilde verwandelt, in ausgewachsenem Zustand unbeweglich. Schild meistens rundlich, kommaförmig oder birnenförmig, sehr unauffällig gefärbt (grau, bräunlich), aber auch weißlich. Das unter dem Schild verborgene Tier ist des öfteren gelb, weiß oder karminrot. (♂ geflügelt, vgl. Nr. 32) ... **Gleichflügler,** Unterordnung **Schildläuse** *(Homoptera, Coccina)*

– Das Tier beweglich **14**

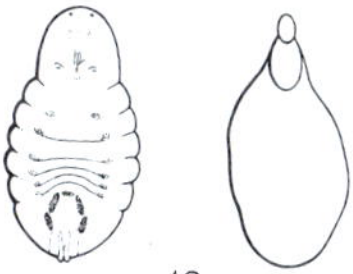

13

14 An den Vorderfüßen besondere Spinndrüsen. Leben in Röhrchen (in Mitteleuropa nicht vorhanden, aber im Mittelmeerraum). Nur wenige Arten. (♂ geflügelt, vergl. Nr. 34) ...

Fußspinner *(Embioptera)*, ♀
– Ohne Spinndrüsen an den Füßen **15**

14

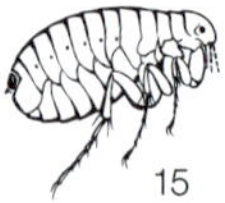
15

15 Körper seitlich auffallend abgeflacht, nur wenige mm lang, mit vielen starken Borsten versehen. Fühler sehr kurz. Mundwerkzeuge zu Stechborste und Saugrüssel ausgebildet. Mehrzahl der Arten unauffällig gefärbt (braun, braunschwarz, gelblich).
Beine zur Sprungbewegung geeignet. Parasiten, die sich von Vogel- und Säugetierblut (einschl. Menschenblut) ernähren... **Flöhe** *(Siphonaptera)*
– Körper seitlich nicht abgeflacht **16**

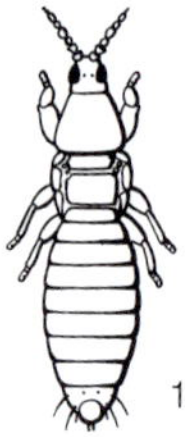
16

16 Ausstülpbare Haftblasen am Fuß. Lebt in Blüten, unter Blattscheiden usw. Kleines, meist schwarzes oder gelbes Insekt... **Fransenflügler** *(Thysanoptera)*
– Keine ausstülpbaren Haftblasen an den Füßen **17**

17 Kopf auffallend groß **18**
– Kopfgröße in normalem Verhältnis zu den anderen Körperabschnitten **21**

18 Mundwerkzeuge stechend. An den Beinen starke Krallen entwickelt, mit deren Hilfe sich die Tiere an den Haaren der Wirtstiere festhalten. Körper 1–5 mm lang, weich, behaart, meistens weißlich bis bräunlich gefärbt. Kopf schmäler als Brust. Lästige Parasiten mancher wildlebenden und gezüchteten Säugetiere, auch des Menschen... **Läuse** *(Anoplura)*
– Beißende Mundwerkzeuge **19**

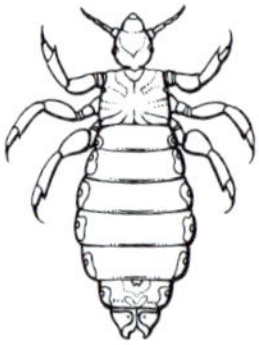
18

19

19 Augen nicht entwickelt, Fühler nicht länger als Kopf und Brust. Der Körper sehr weich, hell gefärbt. Leben in Gesellschaften zusammen, Kastenbildung. Die Angehörigen einzelner Kasten sind morphologisch und biologisch unterschieden (vgl. Nr. 54 – geflügelte Individuen). Holzfresser. In Mitteleuropa nur wenige, eingeschleppte Arten, mehr in Süd- und Westeuropa... **Termiten** *(Isoptera)*, Arbeiter- und Soldatenkaste
– Augen in der Regel entwickelt **20**

20a Fühler kurz, Vorderbrust kenntlich. Meist in Vogelgefieder, seltener im Säugetierfell ... **Kieferläuse** *(Mallophaga)*

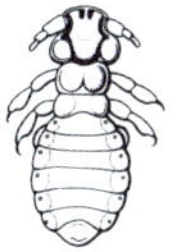

20a

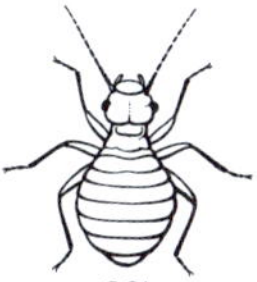

20b

20b Fühler lang, fadenförmig, hinter dem großen Kopf ein sehr kurzer Hals. Tiere mit weicher Haut, nur wenige mm lang. Beißende Mundwerkzeuge. Oft in Haushalten, in Speisekammern und in Bibliotheken. Regelmäßig in Lagorräumen und in naturwissenschaftlichen Sammlungen. (Viele Arten sind geflügelt, vergl. Nr. 52) ... ... **Staubläuse** *(Psocoptera)*

21 Körper mit Schuppen bedeckt, oft Flügelstümpfe verschiedener Länge sichtbar. Dicke, behaarte Tiere, einige Arten schon bald im Frühling, andere

21

Spätherbst. (Fast alle Arten, die zu dieser Ordnung gehören, sind mit zwei Flügelpaaren versehen, vgl. Nr. 46) ... **Schmetterlinge** *(Lepidoptera)*, Weibchen der Familie **Spanner** *(Geometridae)*

– Körper ohne Schuppen **22**

22 Hinterleib durch einen deutlichen Stiel vom Brustabschnitt getrennt. Meistens schwarz, schwarzbraun, braun oder gelb gefärbte Tiere, die gesellig in Nestern zusammenleben. Kastenbildung. Arbeiter stets flügellos, Weibchen und Männchen anfangs mit Flügeln versehen, später flügellos ... **Hautflügler,** Oberfamilie **Ameisen** *(Hymenoptera, Formicoidea)*

– Hinterleib in voller Breite an der Brust sitzend oder abgeteilt, aber nicht durch einen Stiel **23**

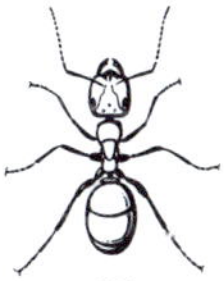

22

23 Fuß gewöhnlich zwei- bis dreigliedrig **24**

– Fuß gewöhnlich fünfgliedrig **25**

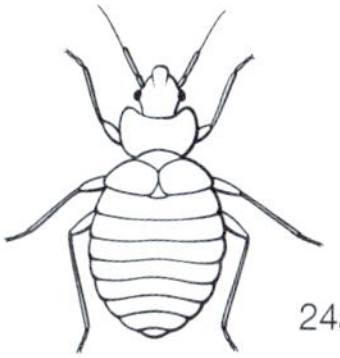

24a

24a Körper sehr flach, bräunlich gefärbt. Blutsaugende Parasiten der Wirbeltiere, manchmal auch in Wohnungen. (Die meisten Angehörigen dieser Ordnung sind mit 2 Flügelpaaren versehen, vgl. Nr. 38) ... ... **Wanzen,** Familie **Plattwanzen** *(Heteroptera, Cimicidae)*

24b Körper gewöhnlich gewölbt, weichhäutig. Fühler oft lang, Pflanzenparasiten... **Gleichflügler, Blattläuse, Schildläuse** *(Homoptera, Aphidina, Coccina)*

24b

25a Kurze Fühler, an den Beinen deutlich sichtbare Krallen. Meistens in Säugetierpelzen, einige im Schnee... **Zweiflügler** *(Diptera)*

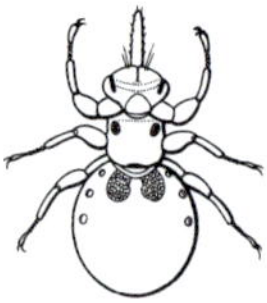

25a

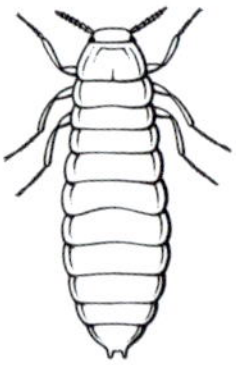

25b

25b Gesamtform erinnert an eine gegliederte Larve. Hinterleib deutlich segmentiert. Körper weich. An der Körperunterseite Leuchtorgane. (In der ganzen Ordnung finden sich nur vereinzelt ungeflügelte Arten. Überwiegende Mehrzahl aller Arten ist mit zwei Flügelpaaren versehen, von denen das erste in Flügeldecken umgeformt ist; vgl. Nr. 41)... **Käfer,** Familie **Leuchtkäfer** *(Coleoptera, Lampyridae)*, ♀

26 Nur ein Flügelpaar entwickelt. Das andere (meist zweite) Paar zu kurzen Stummeln umgestaltet **27**

– Beide Flügelpaare gut entwickelt **33**

27 Vorderflügel zu einer winzigen Schuppe umgestaltet, Hinterflügel im Verhältnis zum Körper groß, fächerförmig zusammengelegt... **Fächerflügler** *(Strepsiptera)* ♂

Vorderflügel entwickelt, Hinterflügel, soweit vorhanden, bilden eine winzige Schuppe **28**

28 Flügel hart, deckenartig **29**

Flügel häutig **31**

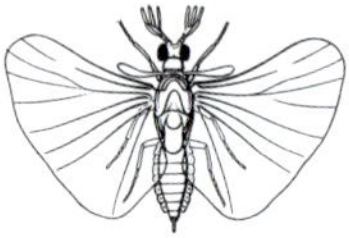

27

29 Hinterbeine sind Sprungbeine mit mächtigen Schenkeln. Größere Insekten. Auf Pflanzen... **Lang-** und **Kurzfühlerschrecken** *(Ensifera* und *Caelifera)*

– Hinterbeine wie die anderen Beinpaare **30**

30 Am Körperende starke, zangenartige und zueinander gebogene Anhänge. Die Flügel kurz und deckenartig, bedecken nicht den Hinterleib... **Ohrwürmer** *(Dermaptera)*

– Am Körperende keine zangenförmigen Anhänge. Flügeldecken stark entwickelt, bedecken in der Regel den Hinterleib... **Käfer** *(Coleoptera)*

31 Flügel auffallend groß mit reichem Geäder, in Ruhe senkrecht auf dem Körper stehend. Am Körperende 2–3 lange Borsten... **Eintagsfliegen** *(Ephemeroptera)*

– Flügel in der Regel klein **32**

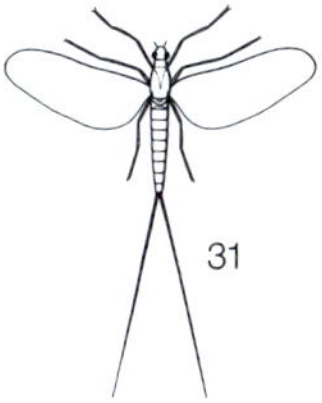

31

32a Flügelgeäder stark reduziert, nur aus einer verästelten Ader bestehend. Anstatt des zweiten Flügelpaares nur sogenannte Halteren entwickelt. Hinterleibsende oft mit Wachsfäden versehen. Normalerweise nur Punktaugen, Mundwerkzeuge verkümmert . . . **Gleichflügler,** Unterordnung **Schildläuse** *(Homoptera, Coccina),* ♂

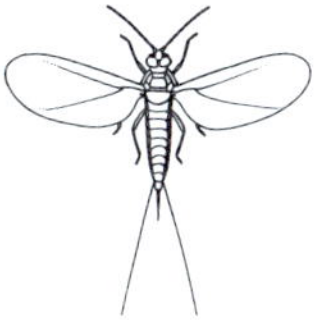

32a

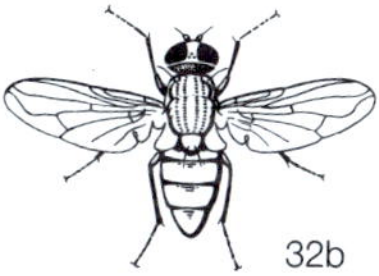

32b

32b Flügelgeäder relativ kompliziert, das zweite Flügelpaar in winzige Schuppen – sogenannte Halteren – umgewandelt. Augen (Komplexaugen) meist groß, oft bunt gefärbt (rot, grün, gebändert). Mundwerkzeuge entwickelt . . . . . . **Zweiflügler** *(Diptera)*

33 Flügel schmal und kräftig, mit feinen Fransen besetzt. Kleine, nur wenige mm lange Insekten, meistens gelb, braun oder dunkel gefärbt, in Blüten und Blütenständen (Fam. *Asteraceae),* oft viele Exemplare zusammen . . . **Fransenflügler** *(Thysanoptera)*

– Flügel normalerweise ohne feine Fransen **34**

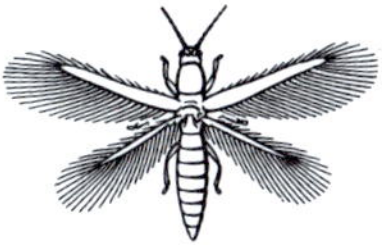

33

34 An den Vorderfüßen besondere Spinndrüsen. Beide Flügelpaare gleich groß . . . **Fußspinner** *(Embioptera)* ♂

– Vorderfüße ohne Spinndrüsen, Flügel gleich oder verschieden groß **35**

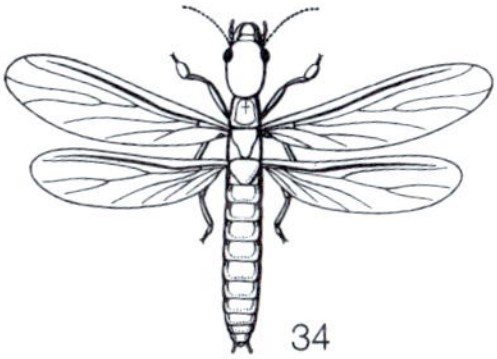

34

35 Hinterbeine mit mächtigen Schenkeln. Meist große Arten, die sich springend fortbewegen, Vorderflügel schmaler und fester als die hinteren, die unter ihnen zusammengelegt werden **36**

– Hinterbeine unterscheiden sich nicht sonderlich von den anderen Beinpaaren **37**

36a Fühler fadenförmig, mindestens so lang bzw. länger als der Körper, mit über 30 Gliedern (außer Maulwurfsgrille). Beißende Mundwerkzeuge. Manche Arten grünlich gefärbt. Weibchen mit verschieden langem und starkem Legeapparat versehen … … **Langfühlerschrekken** *(Ensifera)*

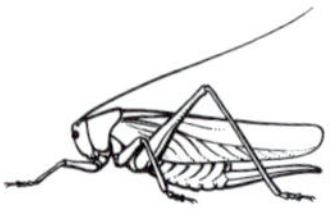

36a

36b

36b Fühler kurz, nicht länger als der Kopf und der erste Brustabschnitt zusammen.
Mundwerkzeuge mit starken Mandibeln versehen. Viele Arten bräunlich, untere Flügel oft bunt gefärbt (rot, blau, gelb). Füße dreigliedrig. Weibchen besitzen einen nur kurzen Legeapparat. An Gräsern, besonders im Sommer und Herbst … **Kurzfühlerschrecken** *(Caelifera)*

37 Vorder- und Hinterflügelpaar unterscheiden sich deutlich in Bau und Beschaffenheit **38**

– Vorder- und Hinterflügel unterscheiden sich in Bau und Beschaffenheit gar nicht oder nur unwesentlich voneinander, ihre Größe kann sehr verschieden sein **43**

38 Die Vorderflügel sind an der Basis lederartig, an den Spitzen häutig (Halbdecken), Mundwerkzeuge stechend-saugend. Mittelgroße Arten. Manche sind grün oder bräunlich, andere wiederum bunt gefärbt. Meist leben sie auf Pflanzen (an Blättern und in Blüten), einige auch im Wasser. Durchdringender Geruch … **Wanzen** *(Heteroptera)*

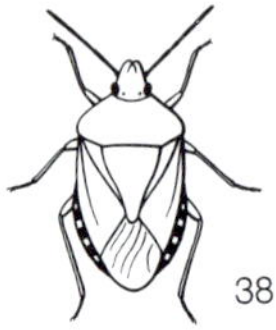

38

– Vorderflügel lederartig, auffallend stärker als die hinteren **39**

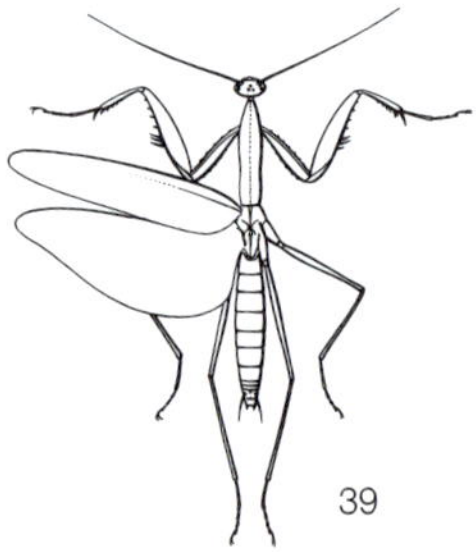

39

39 Vordergliedmaßen sind Fangbeine, lang, mit vielen Stacheln. In Mitteleuropa nur eine einzige große Art in Gebieten mit Steppencharakter. In Süd- und Westeuropa mehrere Arten vorfindlich … **Fangschrecken** *(Mantodea)*

– Vordergliedmaßen keine Fangbeine **40**

40 Flügel dachförmig zusammengelegt, oft auffällig gefärbt. Schiene des Hinterbeines oft lang und stachelbewehrt. Bewegt sich springend. Kopf unter dem Körper nach hinten gebogen. Mundwerkzeuge stechend-saugend. Auf Pflanzen ... **Gleichflügler,** Familie **Zikaden** *(Homoptera, Cicadina)*

– Flügel nicht dachförmig zusammengelegt, bewegt sich nur selten springend **41**

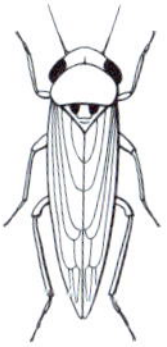

40

41 Körperende ohne Anhänge. Vorderflügel sind zu festen und harten Decken umgewandelt, die sich an der Naht berühren. Unter den Decken liegen Hautflügel. Außer der Pigmentfärbung ist Metallfärbung bekannt. Viele Arten sind

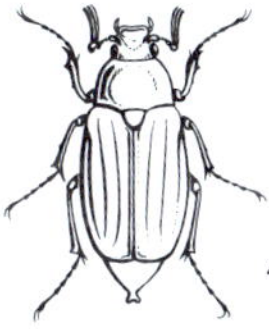

41

tief schwarz. Winzige (um 1 mm) bis einige cm lange Tiere. Leben auf Pflanzen, unter der Baumrinde, unter Steinen, in Höhlen, im Wasser, manche auch in der Nähe des Menschen (in Wohnungen) ... **Käfer** *(Coleoptera)*

– Das Körperende trägt auffällige Anhänge **42**

42a Anhänge haben Zangenform. Flügeldecken kurz und hart, unter ihnen liegen zusammengefaltet die Hautflügel. Leben in verschiedenen Verstecken (oft unter Steinen, unter der Rinde, auch in Wohnungen), an Ufern von Gewässern. In Mitteleuropa nur wenige Arten ... **Ohrwürmer** *(Dermaptera)*

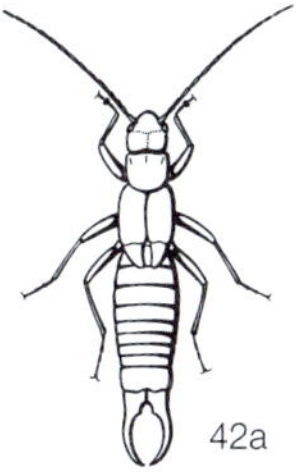

42a

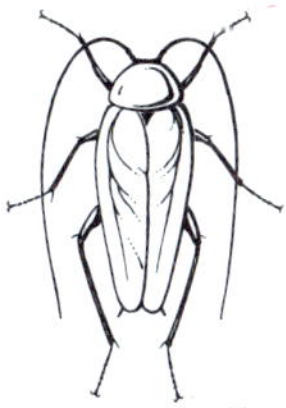

42b

42b Anhänge langgestreckt, auseinanderlaufend. Vorderes Flügelpaar kräftiger, die Hautflügel bedeckend. Lange Fühler, Insekt läuft sehr schnell. Mittelgroße bis große Insekten. Einige Arten leben in Wäldern, andere in der Nähe des Menschen (in Wohnungen, Speisekammern, in Bäckereien, Krankenhäusern usw.) ... **Schaben** *(Blattodea)*

43 Kopf rüsselartig ausgezogen, an der Spitze beißende Mundwerkzeuge ...

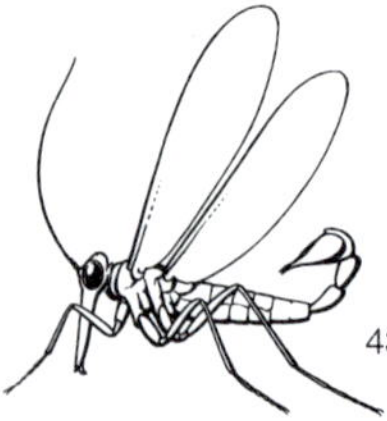

43

Schnabelfliegen *(Mecoptera)*

– Kopf nicht rüsselartig ausgezogen **44**

44 Vorderbrust auffallend lang, mehrfach so lang wie breit **45**

– Vorderbrust nicht besonders lang **46**

45a Vorderbeine sind ähnlich wie die übrigen Gliedmaßen ausgebildet. Kopf flach und beweglich... **Kamelhalsfliegen** *(Raphidioptera)*

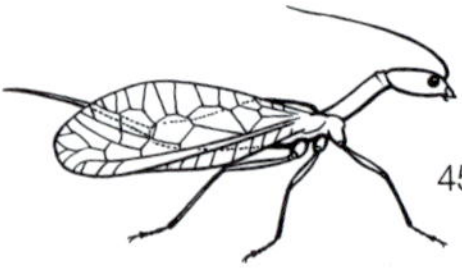

45a

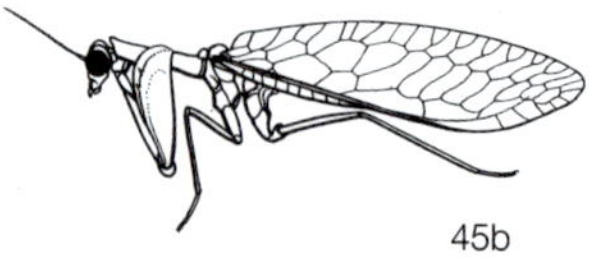

45b

45b Vordergliedmaßen sind Fangbeine... **Netzflügler** *Planipennia,* Familie *Mantispidae*

46 Flügel von einer großen Menge kleiner Schuppen bedeckt, die verschiedene Form haben. Einige sind bläulich, andere weißlich, gelblich, bräunlich usw. Die Kombination der Farben von allen Schuppen zusammen bestimmt die gesamte Färbung des Flügels. Oft kommt Sexualdichroismus vor. Der Körper ist entweder schlank oder dick, meistens mehr oder weniger dicht behaart. Meist auf Blüten. Einige Arten fliegen tagsüber, andere nachts (Tag- und Nachtfalter)... **Schmetterlinge** *(Lepidoptera)*

– Flügel nicht mit Schuppen bedeckt **47**

46

47 Flügel durchsichtig oder verschieden gefärbt **48**

– Flügel mit feinen Wachskörnchen übersät. Arten winzig klein **56**

48 Am Körperende sitzen 2–3 fadenförmige lange Anhänge **49**

– Körperende ohne Anhänge oder mit kurzen und starken Anhängen **50**

49 Anhänge (2 oder 3) sind aus vielen Gliedern zusammengesetzt. Sind et-

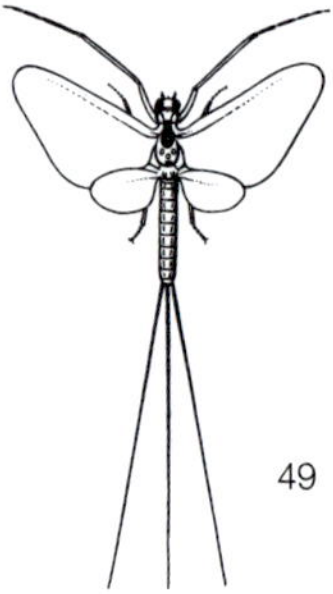

49

wa zweimal so lang wie der Körper. Fühler sehr kurz, Vorderbeine länger als die übrigen Beinpaare (beim Männchen sind die Vorderbeine beträchtlich länger als beim Weibchen). Körper sehr weich. Flügel in Ruhe senkrecht über dem Körper zusammengeklappt. Oft in Schwärmen in Wassernähe … **Eintagsfliegen** *(Ephemeroptera)*

– Zwei Anhänge am Körperende. Hinterflügel größer als Vorderflügel. In Ruhe flach auf dem Körper zusammengelegt … **Stein-** oder **Uferfliegen** *(Plecoptera)*

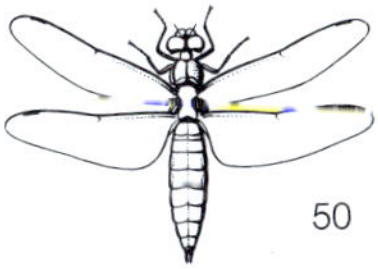

50

50 Fühler sehr kurz, kaum kenntlich. Körper sehr lang (25 mm), oft blau, gelb, grün und rot; schwarz gestreift. Kopf groß, Flügel von gleicher Größe. Oft in Wassernähe und in Wäldern … **Libellen** *(Odonata)*

– Fühler verhältnismäßig lang 51

51 Flügel meist dicht mit feinen Härchen besetzt, seltener mit Schuppen (andere Schuppen als bei Schmetterlingen). Vorderflügel meist länger als hintere, gelegentlich stärker, in Ruhe dachförmig. In Wassernähe … **Köcherfliegen** *(Trichoptera)*

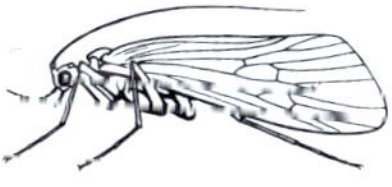

51

– Flügel nicht dicht mit Härchen besetzt, es sind durchsichtige, farbige bis dunkle Hautflügel. Geäder einfach oder kompliziert 52

52 Fuß ein- bis dreigliedrig. Geäder beider Flügelpaare ziemlich einfach.
a) Kopf mit stechend-saugenden Mundwerkzeugen; unter dem Körper nach hinten gerichtet. Bei einigen Arten ist am Hinterleibsende ein Ausläufer (sogenannte Kauda) und an den Hinterleibsseiten sind sogenannte Siphunculi vorhanden. Pflanzensauger, oft an Stengeln, Blättern, Blüten und Wurzeln lebend … **Gleichflügler,** Unterordnung **Blattläuse** *(Homoptera, Aphidina)*

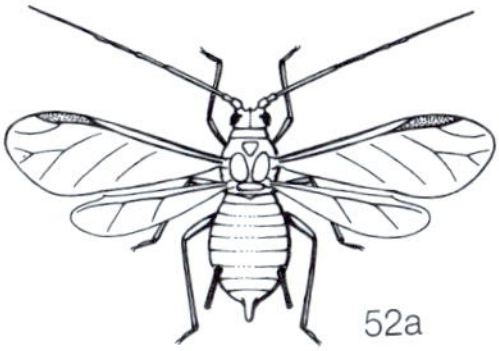

52a

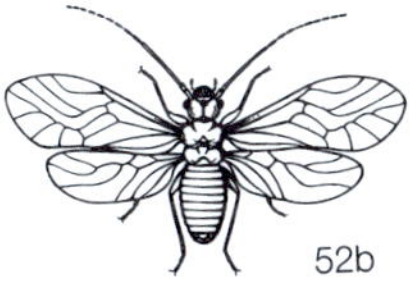

52b

b) Beißende Mundwerkzeuge. Meist winzige Arten mit sehr weichem Körper. Auf dem großen Kopf liegen auffallend lange Fühler. Flügel in der Ruhe

dachförmig zusammengelegt ... **Staubläuse** *(Psocoptera)*
– Fuß vier- bis fünfgliedrig **53**

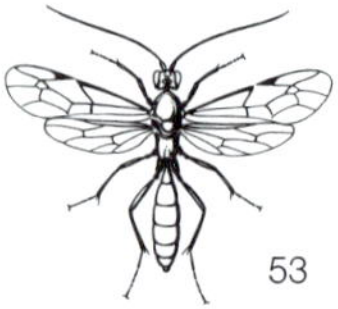

53

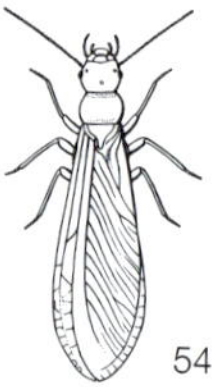

54

53 Beide Flügelpaare fast gleich groß **54**
– Hinteres Flügelpaar kleiner als vorderes. Unterschiedlich große Arten, manchmal auffallend gestreift, gedrungen oder schlank. Der vordere Körperteil ist entweder vom Hinterteil durch einen Stiel getrennt oder sitzt am Hinterleib dem Brustabschnitt in voller Breite an. Weibchen einiger Arten mit Legeröhre versehen. Einige Gruppen leben in Kolonien (Wespen, Bienen, Hummeln). Wichtige Blütenbestäuber ... **Hautflügler** *(Hymenoptera)*

54 Äderung verläuft meist in Längsrichtung, Flügel werden flach zusammengelegt. Fühler sind nicht länger als Kopf und Brust zusammen. Soziale, kastenbildende Insekten, die morphologisch und biologisch verschieden sind. Ernähren sich von Zellulose. In Mitteleuropa nur wenige, eingeschleppte Arten ... **Termiten** *(Isoptera)* ♀ und ♂ (Die meisten Exemplare im Termitennest sind flügellose Arbeiter und Soldaten, vgl. Nr. 19)
– Längs- und Queradern bilden auf den Flügeln ein kompliziertes Netzwerk. Flügel werden in Ruhe dachförmig zusammengelegt. Faden- oder gekeulte Fühler **55**

Literaturhinweise

Amann, G.: Kerfe des Waldes. Melsungen (mehrere Aufl.)

Brehm-Bücherei (Die neue B. B.). Titel über Insekten. Wittenberg Lutherstadt

Brohmer, P.: Fauna von Deutschland. Heidelberg 1984

Cramer, E. und H. Engel: Mitteleuropäische Insekten. Kronenverlag, Hamburg 1956

Dierl, W.: Welcher Käfer ist das? Franckh'sche Verlagshandlung, Stuttgart 1987

Forster, W. und Th. Wohlfahrt: Die Schmetterlinge Mitteleuropas. Franckh'sche Verlagshandlung, Stuttgart 1984

Freude, H., Harde, K. W. und G. Lohse: Die Käfer Mitteleuropas. Krefeld, seit 1964

Friedrich, E.: Handbuch der Schmetterlingszucht. Europäische Arten. 2. Aufl., Franckh'sche Verlagshandlung, Stuttgart 1983

Friese, G.: Insekten. Taschenlexikon der Entomologie. Leipzig 1964

Gerstmeier, R.: Welcher Schmetterling ist das? Franckh'sche Verlagshandlung, Stuttgart 1988

Harde, K. W. und F. Severa: Der Kosmos-Käferführer. 3. Aufl., Franckh'sche Verlagshandlung, Stuttgart 1988

Harz, K.: Die Geradflügler Europas. Jena 1957

55a Mundwerkzeuge nach vorn gerichtet. Flügel dunkelbraun. Fühler lang, fadenförmig. An Gewässern... **Schlammfliegen** *(Megaloptera)*

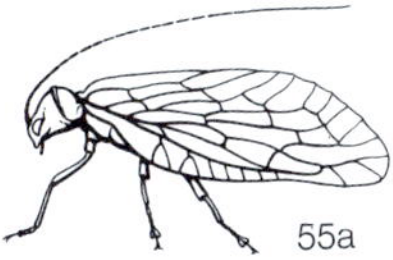

55a

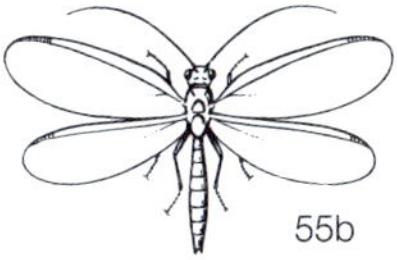

55b

55b Mundwerkzeuge abwärts gerichtet. Flügel meistens durchsichtig, oft mit grünlicher, bräunlicher oder bläulicher Nervatur. Seltener sind die Flügel mit gelben und schwarzen Flekken versehen. Fühler entweder fadenförmig oder gekeult. Oft während des Winters in Wohnungen... **Netzflügler** *(Planipennia)*

56 Fühler siebengliedrig, Füße zweigliedrig. Geäder sehr einfach. Mundwerkzeuge stechend-saugend. Kleine Insekten mit weißen Flügeln, besonders an der Blattunterseite verschiedener Bäume und Sträucher... **Gleichflügler,** Unterordnung **Motten-(schild)läuse** *(Homoptera, Aleurodina)* (Abb. 56)

– Fühler haben mindestens 14 Glieder, manchmal auch mehr. Fuß fünfgliedrig. Geäder recht kompliziert, Mundwerkzeuge beißend... **Netzflügler,** Familie Staubhafte *(Planipennia, Coniopterygidae)*

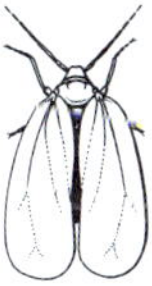

56

HERING, M.: Biologie der Schmetterlinge. Springer Verlag, Berlin 1926

HIGGINS, L. G. und N. D. RILEY: Tagfalter Europas und Nordwestafrikas. Hamburg/Berlin 1971

HORION, A.: Käferkunde für Naturfreunde. Klostermann, Frankfurt 1949

JURZITZA, G.: Welche Libelle ist das? Franckh'sche Verlagshandlung, Stuttgart 1988

KÉLER, S. von: Entomologisches Wörterbuch. Akad. Verlag, Berlin 1963 (mehrere Auflagen)

NOVAK, J. und F. SEVERA: Der Kosmos-Schmetterlingsführer. 3. Aufl. Franckh'sche Verlagshandlung, Stuttgart 1985

REITTER, E.: Fauna Germanica. Die Käfer des Deutschen Reiches Bd. I–V. Lutz Verl., Stuttgart 1908–1916

SCHIEMENZ, H.: Die Libellen unserer Heimat. Jena 1953

SMART, P.: Kosmos-Enzyklopädie der Schmetterlinge. Franckh'sche Verlagshandlung, Stuttgart 1987

STRESEMANN, E.: Exkursionsfauna von Deutschland. Insekten, erster und zweiter Halbband, Berlin 1969–70

Urania Tierreich. Insekten. Urania Verl., Leipzig/Jena/Berlin 1968

ZAHRADNIK, J.: Bienen, Wespen, Ameisen. Die Hautflügler Mitteleuropas. Franckh'sche Verlagshandlung, Stuttgart 1985

Typenschlüssel

Auf dieser Doppelseite ist je ein typischer Vertreter der im Kosmos-Insektenführer vertretenen Ordnungen abgebildet. Die Seitenzahlen verweisen auf die Seiten im Bestimmungsteil, auf denen Arten aus der jeweiligen Ordnung zu finden sind.

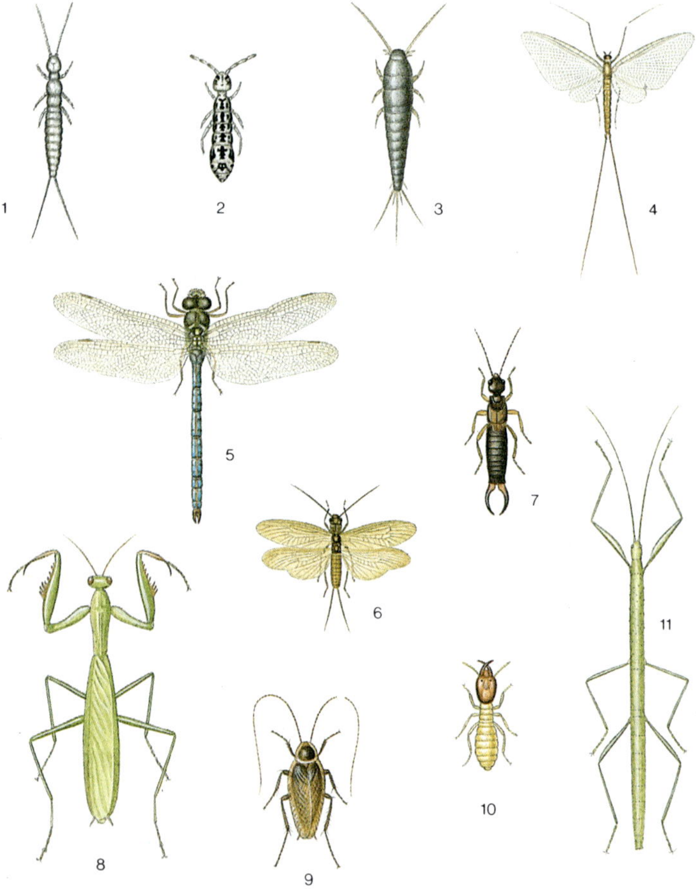

1 Doppelschwänze – *Diplura*, S. 88
2 Springschwänze – *Collembola*, S. 88
3 Fischchen – *Zygentoma*, S. 88
4 Eintagsfliegen – *Ephemeroptera*, S. 90
5 Libellen – *Odonata*, S. 92
6 Stein- oder Uferfliegen – *Plecoptera*, S. 98
7 Ohrwürmer – *Dermaptera*, S. 100
8 Fangschrecken – *Mantodea*, S. 100

12

13

14

15

16

17

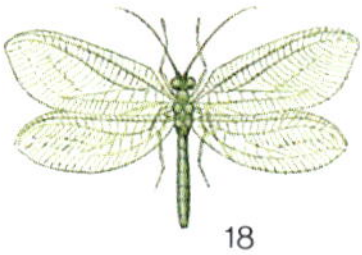
18

19

20

21

22

23

24

25

9 Schaben – *Blattodea*, S. 102
10 Termiten – *Isoptera*, S. 102
11 Gespenstschrecken – *Phasmida*, S. 102
12 Langfühlerschrecken – *Ensifera*, S. 104
13 Kurzfühlerschrecken – *Caelifera*, S. 108
14 Wanzen – *Heteroptera*, S. 112
15 Gleichflügler – *Homoptera*, S. 124
16 Schlammfliegen – *Megaloptera*, S. 132
17 Kamelhalsfliegen – *Raphidioptera*, S. 132
18 Netzflügler – *Planipennia*, S. 132
19 Käfer – *Coleoptera*, S. 134
20 Hautflügler – *Hymenoptera*, S. 212
21 Köcherfliegen – *Trichoptera*, S. 242
22 Schmetterlinge – *Lepidoptera*, S. 244
23 Schnabelfliegen – *Mecoptera*, S. 296
24 Zweiflügler – *Diptera*, S. 296
25 Flöhe – *Siphonaptera*, S. 310

Unterklasse *Entotropha*
Ordnung Doppelschwänze – *Diplura*
Familie *Campodeidae*

1 Campodea fragilis. 3,5 mm, trägt am Hinterleibsende zwei Borsten, die kürzer sind als der Körper. Wie alle Doppelschwänze ist er blind und lebt in feuchten, humusartigen Böden, unter Steinen, altem Holz und nicht selten in Ameisenhaufen. Verbreitung: Kosmopolit.

Ordnung Springschwänze – *Collembola*
Familie Blindspringer – *Onychiuridae*

2 Tetrodontophora bielanensis. 6–9 mm, gehört zu den großen und robusten Arten seiner Familie, liebt feuchte Umgebung und ist häufig in Gebirgs- und Vorgebirgswäldern anzutreffen, wo er sich in Gesellschaften auf Baumstümpfen, Moos, Pilzen usw. aufhält. Man findet die Art aber auch in Höhlen und verlassenen Bergwerken. Das Tier verliert nach dem Abtöten die dunkelblaue Färbung. Verbreitung: Mitteleuropa, Jugoslawien.

3 Onychiurus armatus. 2,3–3 mm, ist häufig unter Steinen, Rinde, im Moos, Boden und in Höhlen in allen Höhenlagen anzutreffen. Verbreitung: Kosmopolit.

Familie *Poduridae*

4 Schwarzer Wasserspringer *Podura aquatica.* 1,1–1,5 mm, gehört zu den sehr häufigen Arten; besonders zur Zeit der Schneeschmelze findet man ihn in großer Zahl auf der Oberfläche von Pfützen auf Waldwegen. Er zeigt sich von Niederungen bis auf 2500 m Höhe. Verbreitung: Ganz Europa, Sibirien, Nordamerika.

Familie Gleichringler – *Isotomidae*

5 Isotomurus palustris. Etwa 3 mm, variiert in Färbung und Zeichnung sehr stark. Der Körper ist grünlich oder gelblich mit einem violetten Mittelstreifen und dunklen Flecken an der Seite. (Es gibt Beschreibungen mehrerer Farbformen.) Die Art ist häufig an feuchten Stellen von Niederungen bis ins Gebirge. Verbreitung: Ganz Europa, wahrscheinlich Kosmopolit.

Familie Ringelhörnler – *Tomoceridae*

6 Tomocerus flavescens. 4–4,5 mm, findet sich häufig unter Steinen, Holzstücken und unter Rinde. Verbreitung: Europa, Nordamerika.

Familie Kugelspringer – *Sminthuridae*

7 Luzernefloh *Sminthurus viridis.* 2 mm, ist grünlich oder gelblich gefärbt. Er hält sich auf Wiesen, Feldern und besonders häufig in Gärten auf. Verbreitung: Kosmopolit.

Unterklasse *Ectotropha*
Ordnung Fischchen – *Zygentoma*
Familie Silberfischchen – *Lepismatidae*

8 Silberfischchen *Lepisma saccharina.* 7–10 mm, gehört in Mitteleuropa zu den synanthropen Arten, d. h. es hält sich in menschlichen Behausungen auf. Es kommt in Wohnungen, Lagerräumen und Büchereien vor. In Südeuropa lebt es im Freien. Erst in der Nacht wird es aktiv und verläßt sein Versteck. Es läuft sehr schnell und kann bei stärkerer Vermehrung gelegentlich Schäden verursachen. Verbreitung: Kosmopolit.

Urinsekten

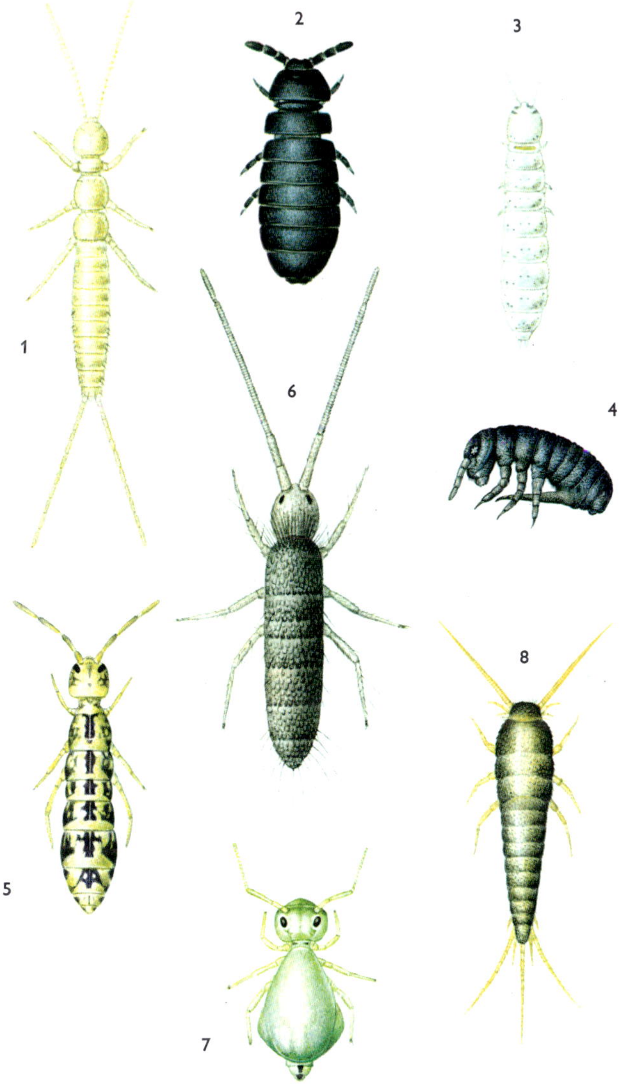

Ordnung Eintagsfliegen – *Ephemeroptera*
Familie *Siphlonuridae*

1 Siphlonurus lacustris. 11–14 mm + Borsten 16–22 mm, kommt von Mai bis August in höheren Lagen vor (400–900 m). Das Weibchen legt bis zu 2500 Eier. Die Larve entwickelt sich in Ufernähe von langsam fließenden Bächen. Verbreitung: Hauptsächlich Mitteleuropa, Balkan, Italien, Nordeuropa (einschl. Großbritannien), Kleinasien.

Familie *Baetidae*

2 Fliegenhaft *Cloëon dipterum.* 6–8 mm + Borsten 8–17 mm, bringt jährlich zwei Generationen hervor (Mai –Juni, August–September). Die Weibchen halten sich in größerer Anzahl in Wassernähe auf, die Männchen verlassen die Ufer und fliegen in die Wälder. Aus den abgelegten Eiern schlüpfen sofort Larven, die in Teichen, Tümpeln, aber auch in kleinen Pfützen und Gräben leben. Verbreitung: Europa (vor allem Mitteleuropa, seltener im Süden und Norden), Sibirien, Japan.

Familie Büschelhafte – *Oligoneuriidae*

3 Rheinmücke *Oligoneuriella rhenana.* 9–16 mm + Borsten 3–13 mm, fliegt an Juli- und Augustabenden in Schwärmen über der Wasseroberfläche größerer Flüsse. Die Larven leben in sauberen Flüssen und Bächen. Verbreitung: Europa (außer Skandinavien und Großbritannien).

Familie *Heptageniidae*

4 Heptagenia sulphurea. 7–12 mm + Borsten 13–23 mm, von Mai bis Juli, manchmal auch bis August. Ihre Larven leben in fließenden Gewässern von Niederungen und Hügellandschaften auf Steinen und versunkenem Holz. Verbreitung: Europa (hauptsächlich Mittel- und Nordeuropa), Westasien (Larve abgebildet).

Familie *Ephemerellidae*

5 Ephemerella ignita. 6–9 mm + Borsten 6–9 mm, fliegt von Juni bis September, häufig in großer Zahl. Ihre Larven bewohnen ausschließlich fließende Gewässer in Niederungen und Hügellandschaften. Verbreitung: Meist Mitteleuropa, kein Vorkommen im Süden.

Familie *Leptophlebiidae*

6 Habrophlebia lauta. 5–7 mm + Borsten 6–9 mm, tritt im Hochsommer auf (Juli/August). Fliegt tagsüber und abends. Die Larven bewohnen fließende Gewässer im Gebirge und Gebirgsvorland. Verbreitung: Vor allem Mittel- und Nordeuropa, fehlt im Süden und in Großbritannien.

Familie Massenhafte – *Polymitarcidae*

7 Uferaas *Polymitarcis virgo.* 10–18 mm + Borsten 15–35 mm, zeigt sich oft in großen Schwärmen an Augustabenden über Gewässern. Die Imagines werden vom Licht angelockt. Die Larven leben in größeren Flüssen. Verbreitung: Große Teile der paläarktischen Region.

Familie Eintagsfliegen – *Ephemeridae*

8 Ephemera danica. 15–24 mm + Borsten 14–40 mm, fliegt von Mai bis August (maximales Auftreten im Juni). Die Larven leben in fließenden Gewässern hügeliger Gebiete. Verbreitung: Fast ganz Europa.

Eintagsfliegen

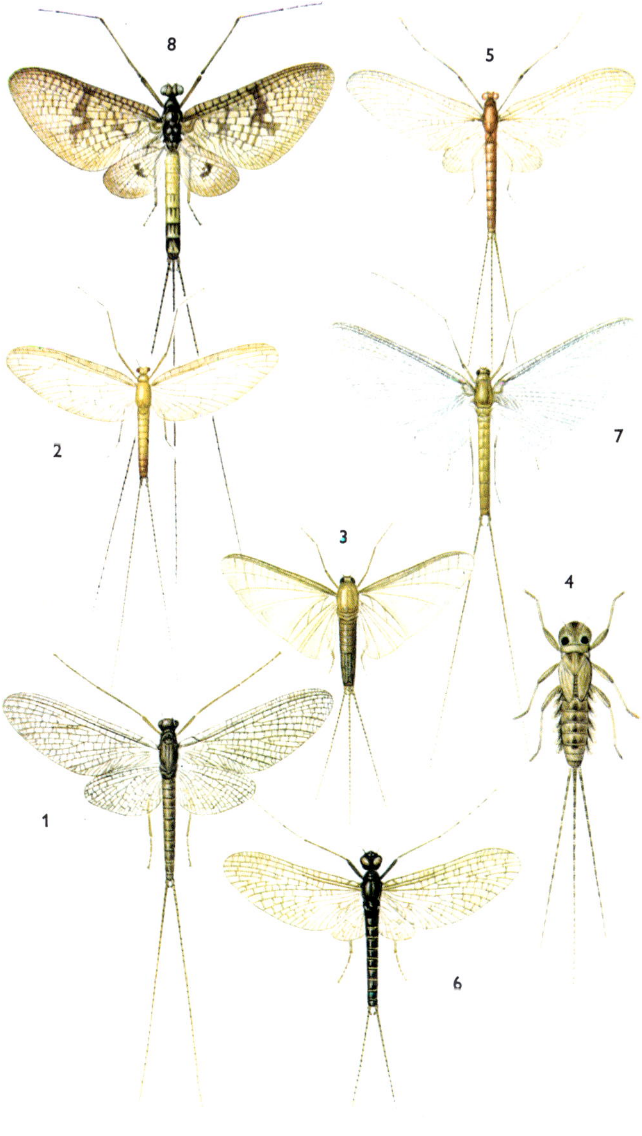

Ordnung Libellen – *Odonata*
Familie Prachtlibellen –
Calopterygidae

Alle heimischen Arten sind geschützt.

1 Blauflügel-Prachtlibelle, Seejungfer *Calopteryx virgo.* 50 mm, Spannweite 70 mm, fliegt von Mai bis September in Bachnähe oder sitzt auf der Ufervegetation. Das Männchen hat blaugrün glänzende Flügel. Sein Hinterleibsende trägt zwei Paar Anhänge, die bei der Kopulation verwendet werden. Die Flügel des Weibchens sind hellbraun-transparent, das Vorderpaar weist in der Apexnähe ein weißliches „unechtes" Flügelmal auf. Die Entwicklung dieser wie auch der folgenden Art dauert zwei Jahre. Das Weibchen legt ungefähr 300 Eier in das Gewebe verschiedener Wasserpflanzen, z. B. Pfeilkraut *(Sagittaria)*, Wasserliesch *(Butomus)*, Igelkolben *(Sparganium)*, Wasserhahnenfuß *(Batrachium)* u. a. Die Larven leben im Wasser und lassen sich leicht von denen anderer Gattungen unterscheiden: an länglich-dreikantigen Anhängen am Körperende und an den Fühlern, deren erstes Glied länger ist als alle übrigen Glieder zusammen. Die ausgewachsene Larve, die Nymphe, kommt ans Ufer, wo nach einiger Zeit die Imago ausschlüpft. Verbreitung: Große Teile Europas (einschl. Mittelmeerraum), Nordasien. Gefährdet!

2 Gebänderte Prachtlibelle *Calopteryx splendens.* 50 mm, Spannweite 70 mm, hält sich ebenfalls in der Nähe von Wasserläufen auf. Das Männchen erkennt man am blauen bzw. blaugrünen, unterschiedlich breiten Streifen auf den Vorder- und Hinterflügeln. Die Flügel des Weibchens sind durchsichtig hellgrün. Verbreitung: Große Teile Europas, Vorderasien, Nordafrika. Durch zunehmende Verbauung von Bächen und Flüssen gefährdet!

Familie Teichjungfern –
Lestidae

3 Gemeine Binsenjungfer *Lestes sponsa.* 35 mm, Spannweite 40–45 mm, ist die häufigste Libellenart Mitteleuropas; die Geschlechter unterscheiden sich farblich voneinander. Der Leib des Männchens ist metallisch grün, das Weibchen ist kupferfarben. Das Flügelmal ist dunkel. Die Imago tritt von Juni bis Oktober auf und bevorzugt die Nähe stehender Gewässer, nicht selten entfernt sie sich aber weit davon. Das Weibchen legt seine Eier in verschiedene Wasserpflanzen ab (auch unter Wasser), das geschieht unter unmittelbarer Beteiligung des Männchens, das sich dabei mit den Hinterleibsanhängen am Weibchen festhält. Die Eier überwintern, im Frühjahr schlüpfen die Larven aus. Sie haben am Hinterleib drei blattförmige Anhänge. Verbreitung: Mittel- und Nordeuropa, Nordasien.

4 Weidenjungfer *Chalcolestes viridis.* 45 mm, Spannweite 60 mm, metallisch grün, Flügelmal hell ockergelb. Die Imago fliegt von Juli bis Oktober in der Nähe von Teichen, entfernt sich aber oft weit von ihnen. Das Weibchen legt ungefähr 200 Eier in die Zweige von Bäumen und Sträuchern in Wassernähe. Die Eier überwintern, die Larven schlüpfen im Frühjahr und suchen das Wasser auf. Die Entwicklung dauert ein Jahr. Verbreitung: Europa (ausgenommen im Norden), Klein- und Vorderasien (Syrien), Nordafrika.

Familie Federlibellen –
Platycnemidae

5 Federlibelle *Platycnemis pennipes.* 35 mm, Spannweite 45 mm, weist in der Form große Ähnlichkeit mit den Angehörigen der folgenden Familie auf. Erst die genaue Untersuchung eines Exemplares läßt stark verbreiterte, dornenbesetzte Schienen erkennen, die das wichtigste Merkmal der Federlibelle darstellen. Die Imago fliegt von Mitte Mai bis Mitte September um langsam fließende und stehende Gewässer. Die Entwicklungsdauer vom Ei bis zum Schlüpfen der Imago beträgt ein Jahr. Dabei überwintern die Larven, die man an den drei spitz ausgezogenen Terminalanhängen erkennt. Verbreitung: Beinahe ganz Europa (fehlt im Norden und auf der Iberischen Halbinsel), Vorderasien.

Libellen

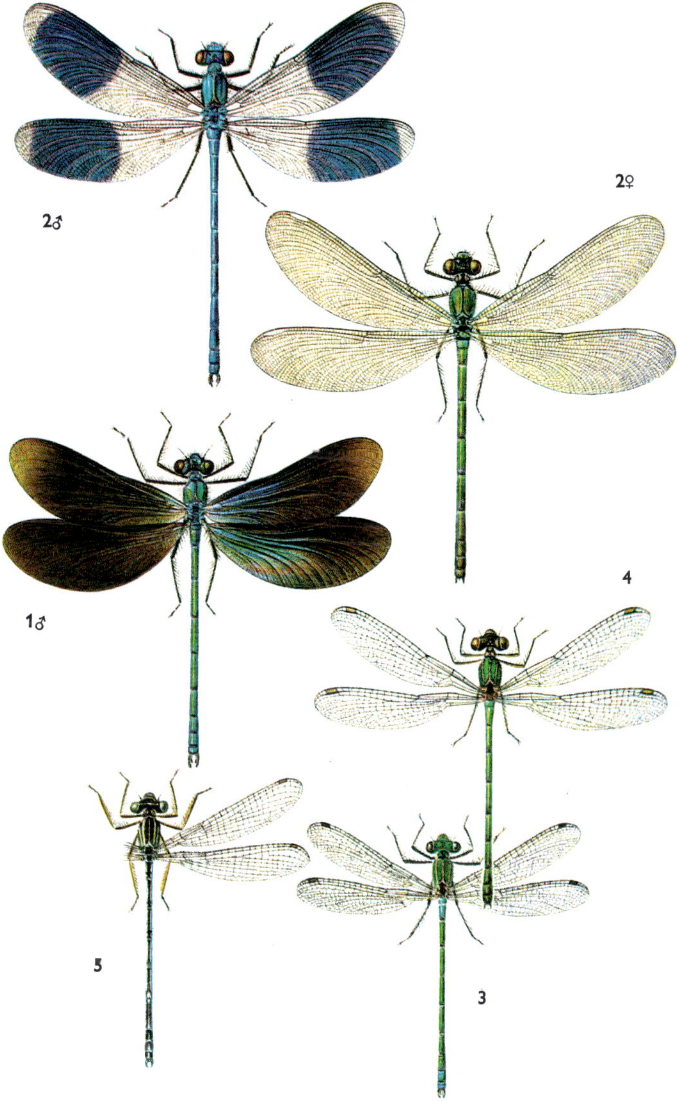

Familie Schlanklibellen – *Coenagrionidae*

1 Frühe Adonislibelle *Pyrrhosoma nymphula.* 35 mm, Spannweite 45 mm, fällt durch den überwiegend rötlich gefärbten Hinterleib auf, über den eine schwarze Zeichnung verläuft. Bereits ab Ende April bis Anfang August erscheint sie ziemlich häufig an langsam fließenden und stehenden Gewässern. Bei der Eiablage wird das Weibchen vom Männchen begleitet. Die Entwicklung dauert nur ein Jahr. Verbreitung: Europa, Kleinasien.

2 Hufeisen-Azurjungfer *Coenagrion puella.* 35 mm, Spannweite 45 mm, gehört zu den häufigsten Schlanklibellen der mitteleuropäischen Fauna. Die einzelnen Azurjungfer-Arten werden nach der Zeichnung und den Hinterleibsanhängen bestimmt (Männchen), bzw. nach der Hinterleibszeichnung und der Vorderbrustform (Weibchen). Die Männchen dieser Art haben auf dem 2. Hinterleibssegment eine dunkle hufeisenförmige, nach vorn offene Zeichnung. Von Mai bis September zeigen sie sich häufig an langsam fließenden und stehenden Gewässern, in denen sich ihre Larven entwickeln. Entwicklungsdauer: ein Jahr. Verbreitung: Großteil Europas, Vorderasien, Nordwestafrika.

Familie Edellibellen – *Aeshnidae*

3 Torf-Mosaikjungfer *Aeshna juncea.* 70–80 mm, Spannweite 90–105 mm, weist bei den Weibchen zwei Farbformen auf. Die eine sieht fast genauso aus wie das Männchen (dunkler Hinterleib mit hellblauen und gelblichen Flecken), die andere hat oberseits gelbe und an den Seiten grüne Flecken. Die Imago fliegt von Juni bis Oktober nicht nur in Wassernähe, sondern auch in Wäldern, wo sie sich auf Lichtungen und an Wegen aufhält. Das Weibchen legt seine Eier in Sumpf- und Wasserpflanzen. Die Entwicklung – meist in sumpfigen Gewässern – dauert vier Jahre. Die Larve ähnelt den verwandten Arten: Sie ist langgestreckt mit großen Augen und langen Beinen und hat am Hinterleibsende kurze Anhänge. Verbreitung: Gilt als boreoalpine Art, die in Nordeuropa in tieferen Lagen auftritt, in Mittel- und Südeuropa stellenweise in den Bergen (bis 2200 m). Gefährdet!

4 Blaugrüne Mosaikjungfer *Aeshna cyanea.* 65–80 mm, Spannweite 95–110 mm, gehört zu den häufigsten Arten der Familie. Sie erscheint im Juni und fliegt bis November an stehenden Gewässern, von denen sie sich oft recht weit, sogar bis in die Städte hinein, entfernt; man findet die Larven deshalb auch in Gartenteichen. Das Weibchen legt seine Eier im Spätherbst in lebendes oder totes Pflanzengewebe. Die Eier überwintern; im Frühling schlüpfen aus ihnen die Larven, die sich bis zum Herbst entwickeln, überwintern, bis endlich im darauffolgenden Sommer die Imago ausschlüpft. Verbreitung: Fast ganz Europa (steigt bis ins Hochgebirge auf), Kleinasien, Nordafrika.

5 Große Königslibelle *Anax imperator.* 70–80 mm, Spannweite 95–110 mm, gehört zu den besten Fliegern unter den Libellen und Insekten überhaupt und ist die größte heimische Libellenart. Der Hinterleib des Männchens ist leuchtend blau mit dunkler Zeichnung, der des Weibchens grün mit brauner Zeichnung. Ähnlich wie die vorausgegangenen Arten entfernt sich auch die Königslibelle weit von den Wasserflächen. Aus den Eiern, die in Wasserpflanzen oder deren Reste abgelegt werden, schlüpfen nach zwei bis vier Wochen die Larven. Sie überwintern, und im Sommer des folgenden Jahres schlüpft die Imago. Verbreitung: Von Europa bis Mittelasien und Nordafrika.

4
1
3
5
2

Familie Flußjungfern – *Gomphidae*

1 Gemeine Keiljungfer *Gomphus vulgatissimus.* 45–50 mm, Spannweite 60–70 mm, gehört zu den Arten, deren Hinterleib gelb und schwarz gestreift ist. Die Imago fliegt von Mai bis Juli nicht nur an Wasserrändern, sondern auch an Waldwegen, auf Lichtungen und Wiesen. Das Weibchen legt rund 500 Eier, dabei taucht es das Hinterleibsende ins Wasser und stößt die Eier in Paketen aus. Die Larven schlüpfen zwar schon nach drei bis vier Wochen, doch dauert ihre Entwicklung sehr lange. Dreimal müssen sie überwintern, ehe die Imago schlüpft. Verbreitung: Ganz Europa. Früher sehr häufig, heute eine unserer seltensten Libellen: Vom Aussterben bedroht!

2 Kleine Zangenlibelle *Onychogomphus forcipatus.* 45–55 mm, Spannweite 55–75 mm, zählt zu den selteneren Arten. Das Männchen fällt durch die zangenförmig gebogenen oberen Hinterleibsanhänge auf. Die Imago fliegt von Mai bis Juli an Bächen und Flüssen. Verbreitung: Mittel- und Nordeuropa. Vom Aussterben bedroht!

Familie Quelljungfern – *Cordulegasteridae*

3 Zweigestreifte Quelljungfer *Cordulegaster boltoni.* 70–85 mm, Spannweite 95–105 mm, fällt durch ihre Größe und die schwarz-gelbe Färbung auf. Hält sich hauptsächlich an Gebirgsbächen auf, im Tiefland selten. Die Imago tritt von Juni bis August auf. Die Lebensweise dieser sehr schönen Art ist bisher kaum bekannt. Man nimmt an, daß die Entwicklung bis zu fünf Jahren dauert. Verbreitung: Großteil Europas. Gefährdet!

Familie Falkenlibellen – *Corduliidae*

4 Gemeine Smaragdlibelle *Cordulia aenea.* 50–55 mm, Spannweite 65–75 mm, zeichnet sich nicht nur durch ihre metallisch grüne Färbung, sondern auch durch ihre grün glänzenden Augen aus. Sie fliegt von Mai bis August um Gewässer, auch im Wald. Die Weibchen legen ihre Eier in Gruppen ab, sie fliegen dabei dicht über dem Wasserspiegel und tauchen den Hinterleib ein. Die Eier sinken auf den Grund. Nach etwa drei Wochen schlüpfen aus ihnen Larven, deren weitere Entwicklung langsam verläuft, nämlich zwei bis drei Jahre. Verbreitung: Europa, Asien (bis zum Amur), Nordafrika.

5 Glänzende Smaragdlibelle *Somatochlora metallica.* 50–60 mm, Spannweite 70–75 mm, überwiegend metallisch grün gefärbt. Die Weibchen können auch metallisch blau sein, sie besitzen eine ziemlich lange Legeröhre, die schräg nach unten weist. Die Art ist meist in den Bergen zu finden (in den Alpen bis 1400 m), in Niederungen weniger häufig. Sie fliegt von Mai bis etwa Mitte September in der Dämmerung in bewaldeten Gegenden um langsam fließende und stehende Gewässer, auch in Mooren oder an Waldwegen. Das Weibchen legt im Juli/August über 500 Eier. Die Larven schlüpfen nach vier bis sechs Wochen (die im August gelegten Eier überwintern jedoch erst). Die Entwicklung dauert zwei bis drei Jahre. Die ausgewachsenen Larven sind bis zu 25 mm lang. Verbreitung: Europa (hauptsächlich Mittel- und Nordeuropa, seltener in Frankreich und Großbritannien), Westasien (bis Tomsk).

1
3
4
5
2

Libellen, Stein- oder Uferfliegen

Familie Segellibellen – *Libellulidae*

1 Vierfleck *Libellula quadrimaculata.* 40–50 mm, Spannweite 70–85 mm, hat ihren sehr passenden Namen von den vier Flecken in den Flügeln. Sie gehört zweifellos zu den häufigsten Libellenarten und kommt von Mai bis August an stehenden Gewässern vor. Das Weibchen legt seine Eipakete frei ins Wasser ab. Schon nach zwei bis drei Wochen zeigen sich die ersten kleinen Larven, insgesamt verläuft die Entwicklung jedoch langsam. Die Larven sind gedrungen, sie leben zwei Jahre, erst nach der zweiten Überwinterung erscheint die Imago. Verbreitung: Europa, Vorderasien, Nordamerika.

2 Plattbauch *Libellula depressa.* 40–45 mm, Spannweite 70–80 mm, unterscheidet sich von den anderen Arten durch den auffallend breiten und flachen Hinterleib. Kommt von Mai bis August häufig an kleineren stehenden Gewässern vor. Meist Erstbesiedler neu angelegter Gewässer, da er vegetationsarme Teiche mit freiem Ufer bevorzugt. Die Entwicklung verläuft ähnlich wie bei der vorigen Art. Verbreitung: Europa, Vorderasien.

3 Gefleckte Heidelibelle *Sympetrum flaveolum.* 35 mm, Spannweite 50–60 mm, gehört zu den häufigen Arten und fliegt im Frühherbst auf Feldern. Das Weibchen legt die Eier unter direkter Beteiligung des Männchens, selten auch allein. Aus den Eiern, die noch während der letzten warmen Tage abgelegt werden, schlüpfen bis Winterbeginn Larven, die später abgelegten Eier überwintern. Die Entwicklung dauert nur ein Jahr. Verbreitung: Europa, Vorderasien, ganz Nordasien. Charakterart der Sümpfe, Moore und Heidetümpel, aber auch an Teichen und Seen häufig.

4 Blutrote Heidelibelle *Sympetrum sanguineum.* 35–40 mm, Spannweite 50–60 mm, erscheint von Ende Juni bis Oktober häufig an stehenden, nährstoffreichen Gewässern. Die Entwicklung verläuft genauso wie bei der vorigen Art und dauert nur ein Jahr. Verbreitung: Europa, Vorderasien.

Ordnung Stein- oder Uferfliegen – *Plecoptera*
Familie *Nemouridae*

5 Nemoura cinerea. 4,0–6,8 mm, Vorderflügellänge 5,0–7,9 mm, gehört zu einer Reihe mitteleuropäischer Arten, die einander sehr ähnlich sehen und nur schwer zu bestimmen sind, vor allem die Weibchen. Die Männchen kann man an den Borsten erkennen, sie tragen am Ende zwei Stacheln. Diese Art hält sich von April bis September häufig an stehenden und fließenden Gewässern auf. Verbreitung: Mittel- und Nordeuropa (Norwegen, Finnland), Iberische Halbinsel.

Familie *Perlidae*

6 Perla bipunctata. 18–28 mm lang, gehört zu den großen Steinfliegenarten. Die Brust dunkler als der Hinterleib, Cerci und Beine. Von anderen unterscheidet sich diese durch die Färbung zwischen den Augen. Erscheint von Mai bis Juli an Bächen und Flüssen. Verbreitung: Mittelgebirge.

1
2
3
4
5
6

Ordnung Ohrwürmer – *Dermaptera*
Familie Sandohrwürmer *Labiduridae*

1 Sandohrwurm *Labidura riparia.* 13–30 mm, lebt mit Vorliebe auf sandigem und feuchtem Gelände, wie an Flußufern und an der Küste und bohrt im Sand seine Gänge. Er ist ein wärmeliebendes Nachtinsekt, das sich von Mai bis November zeigt. Während des Sommers legt das Weibchen einige Dutzend Eier in unterirdischen Hohlräumen ab, bleibt dann in ihrer unmittelbaren Nähe, beleckt und reinigt sie, um sie vor Schimmelpilzen und Feinden zu schützen. Das Weibchen verweilt auch noch bei den jungen Larven, die aber später davonkriechen und eigene Gänge anlegen. Die Larve verwandelt sich in der Regel noch vor Wintereintritt in die Imago, die tief im Sand überwintert. Sie ernährt sich von verschiedenen toten und lebenden Insekten. Verbreitung: Kosmopolit, kommt in Mitteleuropa nur an warmen Stellen vor, im Süden ist er häufiger.

Familie *Labiidae*

2 Kleiner Ohrwurm *Labia minor.* 5–9 mm, kommt im Gegensatz zur vorigen Art häufig vor, hält sich vom Frühjahr bis in den Herbst (Oktober) auf Feldern, Wiesen, an Waldrändern und in Mistbeeten auf. Verbreitung: Großteil Europas (bis nach Schweden), auch in den meisten anderen Erdteilen.

Familie Eigentliche Ohrwürmer – *Forficulidae*

3 Gemeiner Ohrwurm *Forficula auricularia.* 14–23 mm, gehört zu den sehr häufigen und allgemein bekannten Insektenarten. Er ist ein Nachttier und verbirgt sich oft in Gesellschaften unter Steinen, Holzstücken und alten Lumpen in menschlicher Nähe. Das Weibchen legt zwischen November und März in einer unterirdischen Kammer einige Dutzend Eier ab, reinigt sie ständig und bleibt auch noch nach dem Schlüpfen der Larven in der Kammer. Danach stirbt es, und die Larven fressen den toten Körper. Ohrwürmer leben von pflanzlicher und tierischer Nahrung, oft findet man sie in Fallobst. Da zu seiner Nahrung auch Blattläuse gehören, läßt sich der Ohrwurm in gewissem Ausmaß zu den Nützlingen zählen. Er lebt in allen Regionen vom Tiefland bis ins Hochgebirge. Verbreitung: Kosmopolit.

4 Chelidurella acanthopygia. 9–18 mm, hat verkürzte Flügeldecken, tritt vom Frühjahr bis Herbst häufig auf. Lebt unter Steinen und im Laub. Verbreitung: Europa.

Ordnung Fangschrecken – *Mantodea*

5 Gottesanbeterin *Mantis religiosa.* 40–75 mm (Weibchen größer als Männchen), fällt durch Form und Funktion des vorderen Fangbeinpaares ins Auge; diese Beine sind hervorragend zum Beutefang geeignet. Die Imago erscheint von August bis in den Herbst auf gras- und buschbestandenen durchsonnten Hängen. Hier lauert sie auf ihre Beute: Fliegen, Wespen, Kurz- und Langfühlerschrecken, Bienen und andere Insekten. Das Weibchen legt seine Eier in Kokons, von denen es im Laufe seines Lebens eine ganze Reihe herstellt. Diese Kokons sind gestreckt bis 4 cm lang und aus leichtem, schaumähnlichem Material gefertigt, das die Eier während der Überwinterung vor niedrigen Temperaturen schützen soll. Verbreitung: Diese sehr wärmeliebende Art findet sich in Mitteleuropa nur an ganz wenigen Stellen (Kaiserstuhl) und steht unter Naturschutz. Kommt in den warmen Gebieten Asiens, Afrikas und Australiens vor, wurde nach Nordamerika eingeschleppt.

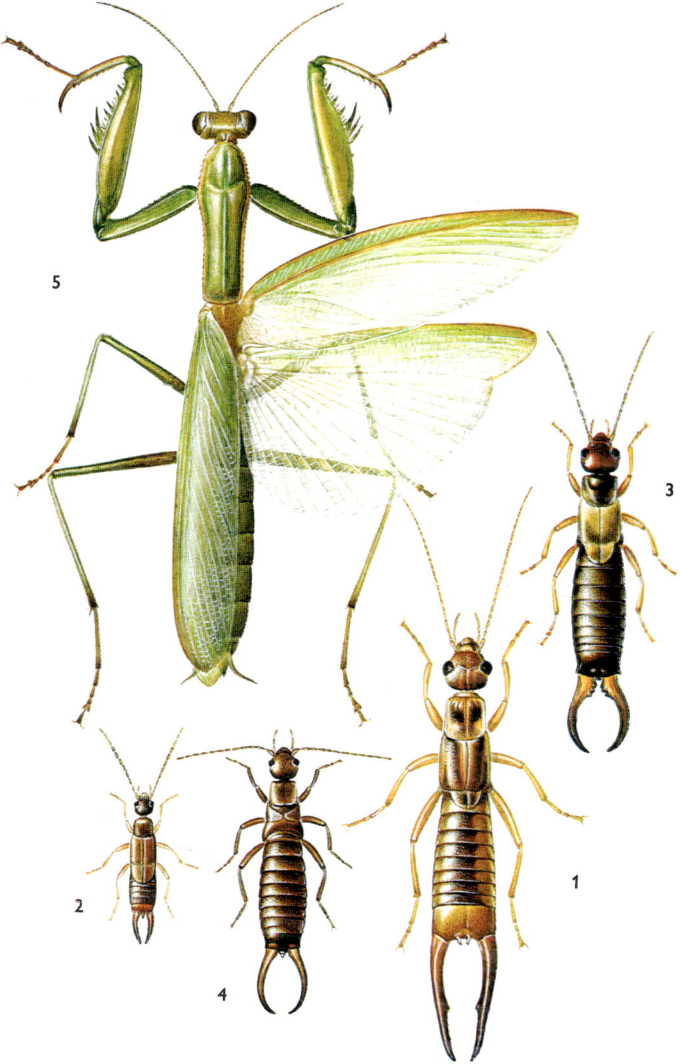
5
3
1
2
4

Schaben, Termiten, Gespenstschrecken

Ordnung Schaben – *Blattodea*
Familie Schaben – *Blattidae*

1 Gemeine Waldschabe *Ectobius lapponicus.* 7–10 mm, ist ein sehr flinker Waldbewohner. Das Weibchen legt seine Eier in einen quergestreiften, ca. 3 mm großen Kokon. Verbreitung: Europa (von Norditalien bis nach Lappland und der Halbinsel Kola), Westsibirien.

2 Deutsche Schabe *Blattella germanica.* 10,5–13 mm, kommt in den gemäßigten Zonen vor, meist in menschlichen Behausungen, die im Winter geheizt werden. Sie ist daher in Wohnungen, Bädern, Hotels, Bäckereien, Unterkünften ein lästiger Gast. In den Tropen und Subtropen lebt die Schabe im Freien. Das Weibchen legt seine Eier in Kokons, von denen es bis zu drei Stück herstellt. Eine Zeitlang trägt es den Kokon mit sich herum. Verbreitung: Kosmopolit. Stammt wahrscheinlich aus Südasien, über die ganze Welt verschleppt.

3 Gemeine Küchenschabe *Blatta orientalis.* 18–30 mm, zeichnet sich durch Geschlechtsdimorphismus aus. Das Männchen besitzt ausgebildete Flügel, die den größten Teil des Hinterleibs bedecken, das Weibchen hat nur Flügelstummel. Die Küchenschabe ist ein Nachttier, das sich tagsüber in Ritzen verbirgt. Sie hält sich in menschlichen Behausungen wie Bäckereien, Hotels, Kasernen auf, wo sie die nötige Wärme vorfindet, auch vernichtet und verunreinigt sie Nahrungsmittel und kann zum Krankheitsüberträger werden. Das Weibchen legt die Eier in einen Kokon (Oothek), der 7–12 mm lang ist. In ihrer Entwicklungsreihe gehen der Imago sechs Larvenstadien voran. Verbreitung: Kosmopolit, seine Heimat ist nicht bekannt. In Europa vom Mittelmeerraum bis in den Norden mit Ausnahme des Polargebietes.

4 Amerikanische Großschabe *Periplaneta americana.* 27–34 mm. Das Weibchen unterscheidet sich durch kürzere Flügel vom Männchen, diese Art ist ein wärmeliebender Allesfresser. In den Tropen und Subtropen leben sie im Freien, in Mitteleuropa halten sie sich in Lagerräumen, Gewächshäusern usw. auf. Das Weibchen legt seine Eier in einem flachen, etwa 9–11 mm langen Kokon ab, den es in die Erde vergräbt oder anders verbirgt. Verbreitung: Kosmopolit, Urheimat wahrscheinlich Südasien.

Ordnung Termiten – *Isoptera*
Familie Nasentermiten – *Rhinotermitidae*

5 Gelbfußtermite *Reticulitermes flavipes.* Lebt in Kolonien zusammen, in denen sich unterschiedlich große und auch im Aussehen unterschiedliche Kasten (Arbeiter, Soldaten und Geschlechtstiere) herausgebildet haben. Sie ernähren sich von Zellulose (Holz) und sind deswegen schädlich. Diese Art wurde im Jahre 1837 nach Exemplaren aus einem Gewächshaus im österreichischen Schönbrunn bei Wien beschrieben, kürzlich wurde sie auch an einigen Stellen bei Hamburg festgestellt. Sie wird in Laboratorien als Versuchsinsekt gezüchtet. Verbreitung: Nordamerika (USA, Kanada), Westeuropa.

Ordnung Gespenstschrecken – *Phasmida*
Familie Stabschrecken – *Bacteriidae*

6 Carausius morosus. 80 mm, flügellos. Ähnelt in Körperform und Färbung einem trockenen Zweig. Obwohl die Art nicht in Europa heimisch ist, wird sie häufig gezüchtet. Sie zeichnet sich durch große Regenerationsfähigkeit verlorener Gliedmaßen aus, vor allem in der Zeit, in der sie sich noch häutet. Männchen sind sehr selten. Die Vermehrung erfolgt durch Parthenogenese (Jungfernzeugung ohne Befruchtung). Die Weibchen legen rundliche Eier ab, die ein „Mützchen“ tragen. Verbreitung: Stammt aus Südasien.

Schaben / Termiten / Gespenstschrecken

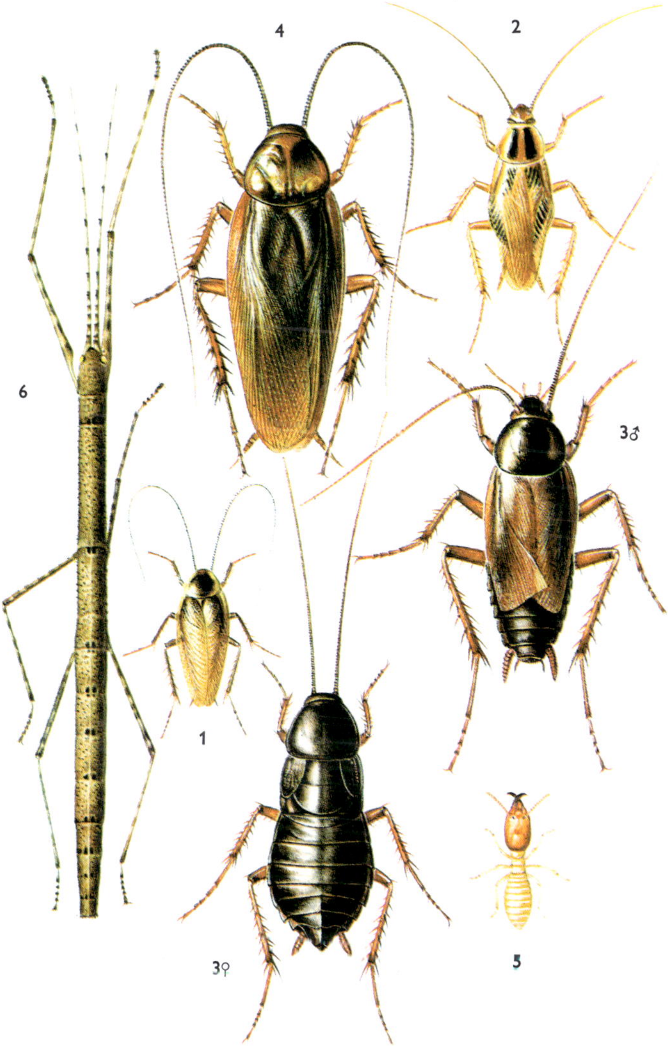

Ordnung Langfühlerschrecken – *Ensifera*
Familie Sichelschrecken – *Phaneropteridae*

1 Plumpschrecke *Isophya pyrenea.* 16–26 mm, von Juni bis September stellenweise häufig auf Vegetation an Waldrändern, Waldwegen und auf Lichtungen. Ernährt sich von Laub. Das Weibchen ist mit einem breiten, säbelförmigen Legeapparat ausgestattet, mit dem es ca. 4 mm lange Eier, stets mehrere auf einmal, in die Erde legt. Die Plumpschrecke lebt in Niederungen und Hügellandschaften. Verbreitung: Süd- und Mitteleuropa.

Familie Schwertschrecken – *Conocephalidae*

2 Kurzflüglige Schwertschrecke *Conocephalus dorsalis.* 12–15 mm, liebt die Feuchtigkeit. Sie lebt auf nassen Wiesen und auf der Vegetation stehender sowie langsam fließender Gewässer. Ernährt sich von Pflanzen und Lebewesen (verschiedenen Insekten). Die Männchen erzeugen hohe, durchdringende Töne. Verbreitung: Europa (nach Norden bis Großbritannien und Fennoskandien, nach Osten bis Moskau). Gefährdet!

Familie Singschrecken – *Tettigoniidae*

3 Großes Heupferd *Tettigonia viridissima.* 28–42 mm, kommt von Juli bis Oktober auf Wiesen, Feldern, in Wäldern und auch in Siedlungen vor. Das Insekt ist ein guter Flieger, legt so aber nur kurze Strecken zurück. Seine Nahrung setzt sich hauptsächlich aus verschiedenen Insekten zusammen (Fliegen, Raupen, kleineren Schmetterlingen u. ä.), doch frißt es auch Pflanzen. Die Männchen sind unermüdliche Sänger, die Tag und Nacht stridulieren. Früher wurden sie in Gefangenschaft gehalten und gezüchtet. Das Weibchen legt etwa 100 Eier, die überwintern. Verbreitung: Ganz Europa (bis zum Kaukasus), Kleinasien, Sibirien, Nordafrika.

4 Warzenbeißer *Decticus verrucivorus.* 24–44 mm, in verschiedenen Farbformen bekannt. Lebt von Juni bis September auf Feldern, trockenen und feuchten Wiesen und auf Heideflächen. Als Nahrung dienen lebende und tote Insekten sowie Pflanzengewebe. Die Männchen zirpen durchdringend; die Weibchen legen Eier in die Erde. Verbreitung: Europa, Sibirien. Gefährdet!

Familie Sattelschrecken – *Ephippigeridae*

5 Steppen-Sattelschrecke *Ephippiger ephippiger.* 22–31 mm, ist wärmeliebend und lebt an Orten mit Steppencharakter (z. B. Weinbergen). Sie ist selten und wird für ein Artenrelikt aus der warmen Nacheiszeit gehalten. Beide Geschlechter können stridulieren. Verbreitung: Mitteleuropa (nur stellenweise), Süd- und Westeuropa, Südgebiete der UdSSR. Vom Aussterben bedroht.

Familie Buckelschrecken – *Rhaphidophoridae*

6 Gewächshausschrecke *Tachycines asynamorus.* 13–19 mm (Fühlerlänge beim Weibchen bis zu 80 mm, beim Männchen etwa 75 mm), beide Geschlechter sind flügellos. Es handelt sich um einen Vertreter der Unterordnung Grillenartige *(Gryllacridoidea)*. Polyphag; frißt einerseits kleinere Insekten (meist Blattläuse), andererseits auch junge Pflanzenkeime. Gelegentlich wird diese Schrecke als Schädling aufgeführt, an anderer Stelle als Nützling (wegen der Blattlausvertilgung). Das Insekt stammt vermutlich aus China; von dort aus hat es sich über die ganze Erde verbreitet und wurde in Europa zur synanthropen Art (hält sich in menschlicher Nähe auf). Die Gewächshausschrecke kommt das ganze Jahr über vor, mancherorts recht zahlreich, etwa in den Gewächshäusern botanischer Gärten und Gärtnereien. Nachtaktiv.

3
4
6
5
2
1

Familie Grillen – *Gryllidae*

1 Feldgrille *Gryllus campestris.* 20–26 mm, hält sich von Mai bis Juli in unterirdischen Kammern auf, die sie an sandigen Hängen, grasbestandenen Rainen, in Kiefernwäldern gräbt. Sie ist sehr wärmeliebend und ernährt sich von pflanzlicher und tierischer Kost. Die Männchen zeichnen sich durch ihr melodisches Zirpen aus, das von Mai bis Ende Juni zu hören ist. Auf diese Weise locken sie die Weibchen herbei. Etwa eine Woche nach der Kopulation legt das Weibchen die ersten Eier ab. Mit der Eiablage fährt es auch dann fort, wenn aus den ersten Eiern bereits Larven schlüpfen. Diese bleiben eine Zeitlang beieinander, vor Wintereintritt gräbt sich aber jede Larve einzeln ein kleines Kämmerchen zum Überwintern. Verbreitung: Mittel- und Südeuropa, Westasien, Nordafrika.

2 Modicogryllus frontalis. 16–21 mm, lebt von Mai bis August in Weinbergen, an sonnigen Hängen, Waldrändern. Meist ist sie flügellos oder nur mit kurzen Flügeln ausgestattet. Verbreitung: Mitteleuropa, Balkan, Osteuropa bis zum Kaukasus und Ural, Kleinasien. Ausgestorben oder verschollen.

3 Heimchen, Hausgrille *Acheta domestica.* 16–21 mm, gehört zu den Nachtinsekten. In den Klimaverhältnissen Mitteleuropas ist sie eine synanthrope Art, sie kommt in Häusern, Bäckereien, Krankenhäusern usw. vor, wird auch als Futter in zoologischen Gärten gezüchtet. Sie ist wärmeliebend, und obwohl sie in der warmen Jahreszeit auch im Freien lebt, übersteht sie den Winter nur in menschlichen Behausungen. Als Nahrung dienen ihr alle möglichen Überreste pflanzlichen und tierischen Ursprungs. Die Männchen lassen in den Abend- und Nachtstunden ein melodisches Zirpen hören. Verbreitung: Europa, Westasien, Nordafrika (freilebend), Nordamerika (eingeschleppt).

4 Waldgrille *Nemobius sylvestris.* 7–10 mm, erscheint von Juni bis September in Wäldern, wo sich viel abgefallenes Laub findet. Die Männchen zirpen ausgiebig. Die Waldgrille nimmt Tier- und Pflanzennahrung zu sich. Das Weibchen legt seine Eier flach in den Boden, meist überwintern die jungen Larven. Verbreitung: Europa (die Nordgrenze verläuft durch Mitteleuropa), Nordafrika.

Familie Ameisengrillen – *Myrmecophilidae*

5 Ameisengrille *Myrmecophila acervorum.* 2–3,5 mm, wurde zum ersten Mal in der Umgebung Dresdens gefunden, von dort stammt ihre erste Beschreibung aus dem Jahr 1799. Sie ist ein Mitbewohner (Synoeke) von Ameisenhaufen und vermehrt sich durch Parthenogenese. Verbreitung: Mittel- und Südeuropa (fehlt im Norden und in einigen westeuropäischen Gebieten), Nordafrika. Stark gefährdet.

Familie Blütengrillen – *Oecanthidae*

6 Weinhähnchen *Oecanthus pellucens.* 9–15 mm, lebt von Juli bis Oktober auf Blüten und an sehr warmen Stellen. Ernährt sich von Blütenteilen, die Männchen zirpen von Einbruch der Dämmerung an bis tief in die Nacht, ihr Gesang ist weithin hörbar. Das Weibchen legt seine Eier meist in die Stengel von Wein, Minze und anderen Pflanzen. Verbreitung: Mittel- und Südeuropa, West- und Mittelasien, Nordafrika. Stark gefährdet.

Familie Maulwurfsgrillen – *Gryllotalpidae*

7 Maulwurfsgrille, Werre *Gryllotalpa gryllotalpa.* 35–50 mm, hält sich von April bis Oktober in unterirdischen Gängen auf Wiesen und in Gärten auf. Sie frißt verschiedene Insekten, manchmal sogar recht große Exemplare (z. B. Maikäfer). Das Weibchen legt in einen unterirdischen Hohlraum einige hundert Eier und bewacht sie, gleichfalls die jungen Larven. Ihre Entwicklung dauert zwei Jahre. Verbreitung: Europa, Westasien, Nordafrika.

Langfühlerschrecken

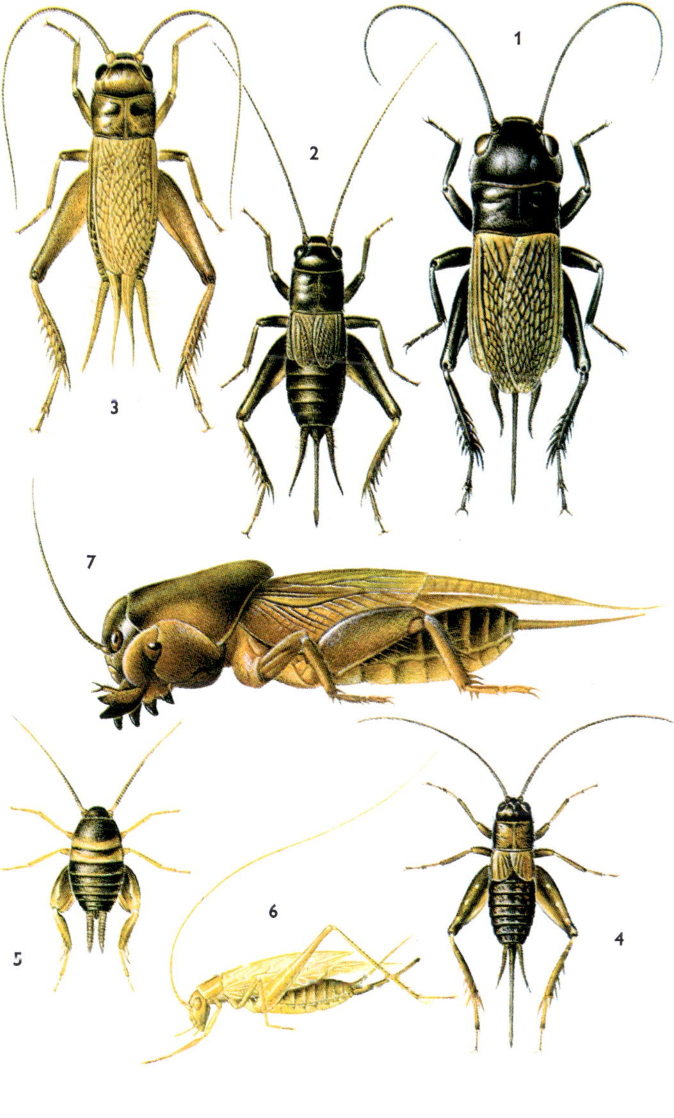

Ordnung Kurzfühlerschrecken – *Caelifera*
Familie Dornschrecken – *Tetrigidae*

1 Säbeldornschrecke *Tetrix subulata.* 7–10 mm, ist von Frühjahr bis Herbst häufig anzutreffen. Sie lebt an feuchten Orten (an Wasserläufen) wie auch in Wäldern und auf Heideflächen. Die Säbeldornschrecke ist ein Pflanzenfresser und guter Flieger, der nicht nur in Niederungen vorkommt, sondern auch in Gebirgslagen bis zu 1000 m Höhe. Verbreitung: Ganz Europa, Sibirien, Nordafrika.

Familie Knarrschrecken – *Catantopidae*

2 Gebirgsschrecke *Miramella alpina.* 14–31 mm, bildet eine Reihe Formen aus, unter denen sich auch eine kurzflügelige (brachyptere) Form befindet. Sie fliegt von Juni bis September häufig auf Bergwiesen und ist eine der Tierarten, die zu den Überresten der eiszeitlichen Fauna gehören. Verbreitung: Europa (von West- über Mitteleuropa bis in den Osten). 1000–2800 m. bei uns nur im Schwarzwald, in den Alpen und im Alpenvorland.

3 Schönschrecke *Calliptamus italicus.* 14–34 mm, hält sich von Juli bis September, manchmal auch noch bis in den Oktober auf trockenen Wiesen und Brachflächen auf. Früher sind Fälle von starker Vermehrung dieser Art verzeichnet worden, die Feldschäden zur Folge hatten. Verbreitung: Europa (hauptsächlich Mittel- und Südeuropa), Klein- und Vorderasien (Syrien), Nordafrika. Vom Aussterben bedroht.

Familie Feldheuschrecken – *Acrididae*

4 Schnarrschrecke *Psophus stridulus.* 23–32 mm, ist, wenn sie im Freien sitzt, ganz unauffällig. Die Schnarrgeräusche ertönen meist im Flug des Männchens, wobei die leuchtend roten Unterflügel sichtbar werden. Sie haben an der Spitze einen dunklen Fleck. Bei kühlem Wetter und in der Dunkelheit fliegen die Männchen geräuschlos. Die Schnarrschrecke kommt von Juni bis Oktober vor allem in gebirgigem Gelände, auf Wiesen und Lichtungen vor. Verbreitung: Europa (fehlt in Skandinavien und Großbritannien), Sibirien.

5 Europäische Wanderheuschrecke *Locusta migratoria.* 33–60 mm, bringt mehrere geographische Rassen hervor. In den europäischen Ländern, in Mittel- und Westasien lebt die ssp. *migratoria.* Innerhalb jeder dieser Rassen lassen sich zwei Phasen beobachten, die sich in Form, Färbung und Lebensweise unterscheiden: die Wanderphase *(gregaria)* und die standorttreue Phase *(sedentaria).* Unter bestimmten Bedingungen geht die letztere in die Wanderphase über und umgekehrt. Die Existenz zweier Phasen ist aber keine Besonderheit dieser Art, man kennt sie auch von einer Reihe anderer. Die Wanderheuschrekken gehörten früher auch in Mitteleuropa zu den sehr gefürchteten Schädlingen, die Geschichtsschreibung verzeichnet viele dieser Heuschreckenüberfälle, deren Folgen für den Menschen katastrophal waren, da ganze Ernten von den Tieren aufgefressen wurden. Gegenwärtig stellen Heuschrecken in Europa keine Gefahr mehr dar, im Gegensatz zu den tropischen und subtropischen Zonen, wo sie mit anderen Arten zusammen der Landwirtschaft große Schäden zufügen. Verbreitung: Europa (mit Ausnahme des Nordens), weite Teile Asiens und Afrikas, Madagaskar.

Kurzfühlerschrecken

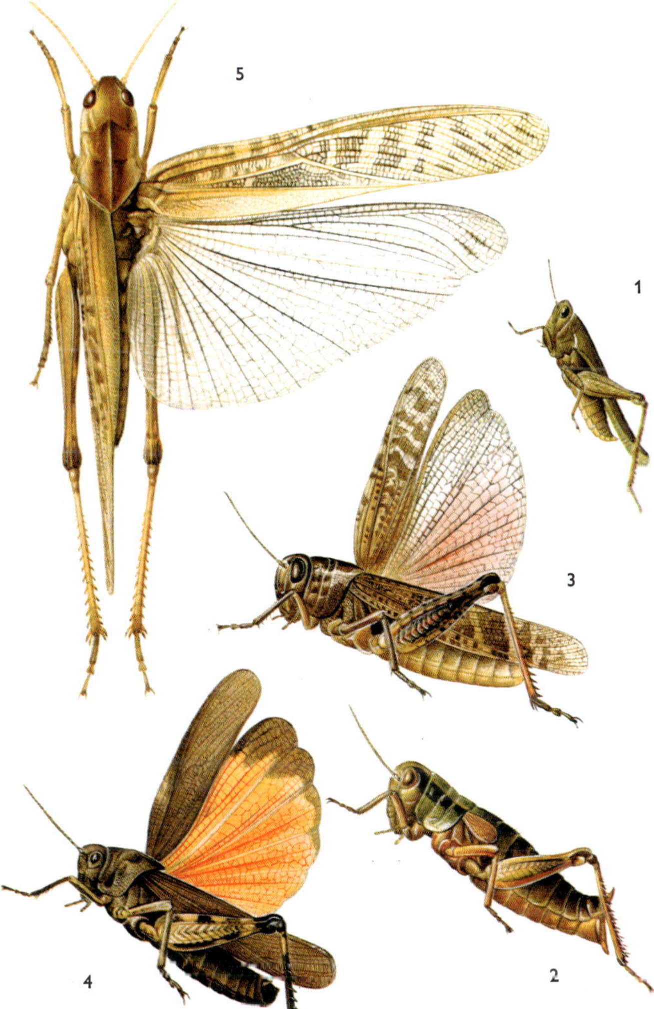

Familie Feldheuschrecken – *Acrididae*

1 Heide-Grashüpfer *Stenobothrus lineatus.* 16–25 mm, ist für seine beträchtliche Farbvariabilität bekannt, verschiedene Farbformen sind beschrieben worden. Die Imago ist von Juli bis September häufig. Sie hält sich vom Tiefland bis ins Gebirge meist auf trockenen Wiesen, Waldwegen, Heideflächen usw. auf. Das Männchen erzeugt sehr feine, nicht allzu laute Töne. Verbreitung: Europa (bis Südschweden), Westasien.

2 Rotflüglige Ödlandschrecke *Oedipoda germanica.* 17–28 mm, hat meist rote Unterflügel mit einem schwarzen Streifen, einige Exemplare haben auch blaue oder gelbe Flügel. Die Imago kommt von Juli bis September an trockenen und warmen Standorten vor, z. B. Heideflächen, sonnenbeschienenen Hängen, Steppen, auf Sandböden und an den Rändern von Weinbergen. An einigen Stellen Europas gehört sie bereits zu den seltenen Arten, anderswo ist sie noch verhältnismäßig häufig anzutreffen. Verbreitung: Europa (die Nordgrenze ihrer Verbreitung verläuft mitten durch Deutschland), Westasien.

3 Blauflüglige Ödlandschrecke *Oedipoda caerulescens.* 15–28 mm, ist in ihrer natürlichen Umgebung kaum auszumachen, da die Farbe ihres Körpers und der Flügeldecken der Gesamtfärbung des Untergrundes angepaßt ist. Im Flug werden jedoch ihre farbigen Unterflügel sichtbar. Meist sind sie hellblau mit einem dunklen Streifen. Einige Exemplare haben gelbe (**3a**) oder sogar rosafarbene Flügel. Es ist eine Art, die die Trockenheit liebt und sich von Juli bis September an den entsprechenden Stellen häufig zeigt. Sie bewohnt Steppen und Heideflächen, trockene, durchsonnte Hänge mit karger Vegetation, verlassene Steinbrüche usw., dabei zeigt sie eine gewisse Vorliebe für sandigen Untergrund. Ihre Nahrung besteht in erster Linie aus Gras. Verbreitung: Europa (berührt Südschweden, fehlt aber in Großbritannien), Klein- und Vorderasien (Syrien), Nordafrika.

4 Nachtigall-Grashüpfer *Chorthippus biguttulus.* 13–24 mm, erscheint von Juni bis Oktober in großer Zahl an trockenen Stellen, wo sich genug Nahrung findet. Zeigt sich in Niederungen, Hügelland und im Hochgebirge. Sowohl Männchen als auch Weibchen vermögen zu stridulieren, ihr eigenartiger Gesang ist vom Sommer bis in den Herbst zu hören. Verbreitung: Europa (in den südlichen Teilen seltener als in Mitteleuropa), Sibirien, Nordafrika.

5 Gefleckte Keulenschrecke *Myrmeleotettix maculatus.* 12–16 mm, kommt von Juni bis in den Spätherbst (Oktober) vor, zahlreich auf trockenen Wiesen, Sandböden, in Steppen, Heiden und auf Waldlichtungen. Bewohnt Niederungen, Hügel und Berge. Männchen und Weibchen können stridulieren. Verbreitung: Europa (im Norden bis nach Lappland, im Süden bis in den nördlichen Balkan), Kleinasien, Sibirien.

6 Bunter Grashüpfer *Omocestus viridulus.* 13–24 mm, variiert farblich sehr stark. Er kommt von Juni bis September häufig auf trockenen und feuchten Wiesen vom Tiefland bis ins Gebirge vor, am zahlreichsten im Hügelland. Verbreitung: Europa (fehlt im Süden), Sibirien.

Kurzfühlerschrecken

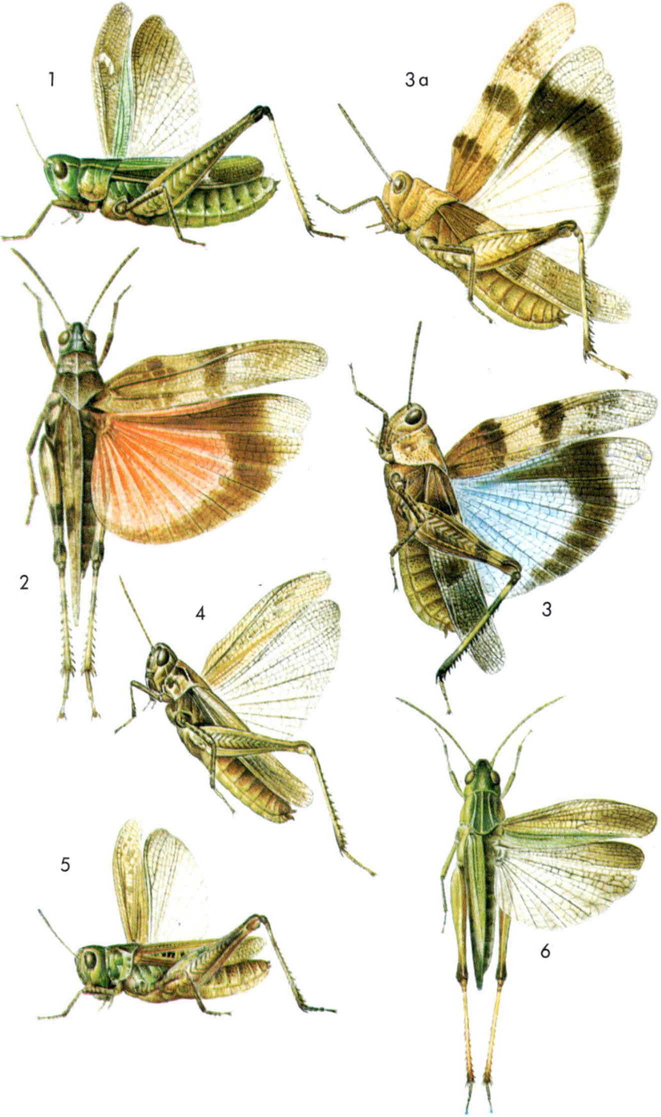

Ordnung Wanzen – *Heteroptera*
Familie Erdwanzen – *Cydnidae*

1 Thyreocons scarabaeoides. 3–4 mm, findet man in der Vegetation von trockenen Wiesen, sonnigen Hängen, Sanddünen, oft in blühendem Hahnenfuß. Die Imago überwintert, das Weibchen legt im Mai seine Eier. Beide Geschlechter können stridulieren. Verbreitung: Europa (bis Südschweden und Finnland), Kleinasien, Nordafrika.

Familie Schildwanzen – *Scutelleridae*

2 Getreidewanze *Eurygaster maura.* 8,3–11,3 mm, zeichnet sich durch reiche Farbvariationen aus, deren Abstufungen von hellgrau bis schwarz gehen. Lebt meist an trockenen Stellen, die Imago überwintert. Das Weibchen legt seine Eier meist auf wildwachsende Gräser, die Larven suchen jedoch Felder auf, wo sie Blätter und Ähren von Getreide wie auch Unkraut aussaugen. Die Imago ist polyphag und lebt sowohl auf einkeimblättrigen als auch auf zweikeimblättrigen Pflanzen. Wird gelegentlich zum Schädling. Verbreitung: Eurasien, Nordafrika.

Familie Baumwanzen – *Pentatomidae*

3 Kohlwanze *Eurydema oleraceum.* 5–7 mm, farblich ziemlich variabel. Auf metallisch grünem oder bläulichem Untergrund trägt sie rote, gelbe, orangefarbene oder weißliche Flecken. Im Frühjahr kriecht die Imago aus dem Winterversteck und ist zahlreich auf Kreuzblütlern anzutreffen. Die Eiablage der Weibchen erfolgt gegen Ende Mai. Die älteren Larven zeigen sich im Sommer besonders auf Möhrengewächsen *(Daucaceae)*. Verbreitung: Europa, Sibirien, Vorderasien.

4 Palomena viridissima. 12–14 mm, lebt auf Doldenblütlern, Sträuchern und Bäumen. In ihrem Gesamtaussehen und in der Lebensweise ähnelt diese Art der grünen Stinkwanze *(Palomena prasina)*. Die Imago taucht erst im Spätherbst auf und überwintert. Verbreitung: Europa (fehlt in Großbritannien, ist im Norden selten), Großteil Asiens einschließlich Nordindien.

5 Rotbeinige Baumwanze *Pentatoma rufipes.* 13–16 mm, lebt am häufigsten in Wäldern oder Gärten auf verschiedenen Hölzern wie Eiche, Birke, Erle. Oft saugt sie tote Insekten aus, vor allem Raupen. Die gelb gefärbten Larven sind mit dunklen Flecken besetzt. Das Weibchen legt seine Eier im August, die Larven überwintern. Verbreitung: Europa, Kleinasien, Nordasien.

6 Stollia venustissima. 5–6 mm, bewohnt vor allem feuchtere Stellen, kommt in der ganzen paläarktischen Region häufig vor.

7 Spitzling *Aelia acuminata.* 7–9,5 mm, lebt auf verschiedenen wilden Gras- und Getreidearten. Die Imago überwintert bis Ende April. Das Weibchen legt seine Eier auf Grasblätter ab, die Entwicklung dauert bis Ende August. Gelegentlicher Schädling. Verbreitung: Eurasien, Nordafrika.

8 Streifenwanze *Graphosoma lineatum.* 9–11 mm, zeigt sich oft zahlreich auf blühenden Doldengewächsen, besonders an warmen Stellen. Verbreitung: Süd- und Mitteleuropa, Klein- und Vorderasien.

9 Räuberische Schildwanze *Picromerus bidens.* 11–14 mm, bewohnt Laubwälder, in denen sie Schmetterlingsraupen und Blattkäferlarven nachstellt. Das Weibchen legt die Eier auf Blätter ab, wo sie überwintern, im Frühjahr schlüpfen die Larven. Die Imago erscheint im Juli/August. Verbreitung: Großteil der paläarktischen Region.

1
2
3
4
5
6
7
8
9

Wanzen

Familie *Acanthosomatidae*

1 Heidelbeerwanze *Elasmucha ferrugata.* 7,5–9 mm, lebt hauptsächlich in höheren Lagen auf Heidelbeerpflanzen, Brombeersträuchern und verschiedenen Laub- und Nadelbäumen. Die Imago überwintert. Das Weibchen legt ein Paket von ungefähr 35 Eiern an der Blattunterseite ab. Es hält sich in der Nähe auf, auch während des ersten Larvalstadiums, in dem die Larven beieinander bleiben. Verbreitung: Hauptsächlich West- und Mitteleuropa (fehlt in Skandinavien), Nordasien.

Familie Lederwanzen – *Coreidae*

2 Randwanze *Coreus marginatus.* 12–14 mm, kommt häufig auf Sauerampfer, Brombeeren, Greiskraut vor, besonders an Wasserrändern, auf feuchten Wiesen und Feldrainen. Die Imago überwintert, Eiablage im Mai. Verbreitung: Europa, Klein- und Mittelasien.

Familie *Rhopalidae*

3 Corizus hyoscyami. 8–10 mm, lebt hauptsächlich auf Korbblütlern, wurde aber auch auf einer Reihe anderer Pflanzen festgestellt, z. B. auf Königskerzen, Eichen, Haselsträuchern, Tabakstauden, Zuckerrüben u. a. Das Weibchen legt seine Eier Ende Juni/Anfang Juli. Die Larven entwickeln sich bis Ende August. Verbreitung: Ganz Europa, Klein- und Vorderasien, Nordafrika.

Familie Bodenwanzen – *Lygaeidae*

4 Lygaeus saxatilis. 10–11 mm, gehört zu den farblich schönen und eindrucksvollen Wanzenarten. An manchen Stellen kommt sie häufig vor, vor allem an Feldrändern und auf Wiesen in wärmeren Lagen. Saugt an vielen Pflanzenarten. Verbreitung: Großer Teil Europas (fehlt im Norden und in Großbritannien), Klein- und Vorderasien, Nordafrika.

5 Grillenwanze *Geocoris grylloides.* 4–5 mm, liebt sonnige und warme Stellen, an denen sie sich im Gras und Laub aufhält. Verbreitung: Europa (fehlt in Spanien, Großbritannien, Norwegen und auf dem Balkan), Mittel- und Nordasien.

6 Brennesselwanze *Heterogaster urticae.* 6,5–7 mm, ist an warmen Stellen verbreitet. Larve und Imago leben auf Brennesseln *(Urtica).* Die überwinternde Imago erscheint schon im März. Das Weibchen legt im Sommer seine Eier an die Basis der Wirtspflanze, manchmal auch auf die Blätter oder an den Stiel und bedeckt sie mit einem Schutzsekret. Die Imago schlüpft im September, gegen Ende Oktober verkriecht sie sich zum Überwintern. Verbreitung: Ganz Europa, Klein- und Vorderasien, Nordafrika.

7 Rhyparochromus pini. 6,5–8,5 mm, kommt in Nadelwäldern und Heideflächen häufig unter Nadeln, Moos und Steinen vor. Nach der Überwinterung erscheint sie wieder im März/April in kleinen Gruppen von nur wenigen Exemplaren. Die neue Imagogeneration tritt ab August auf. Verbreitung: Europa, paläarktischer Teil Asiens.

8 Trapezonotus arenarius. 4,5–5 mm, lebt auf Brachflächen, Sanddünen, Heideflächen und in trokkenen Wäldern. Die Imago überwintert und verläßt schon zu Beginn des Frühjahrs ihr Winterversteck. Die neue Generation wächst bis August heran. Verbreitung: Paläarktische Region.

Wanzen

Familie Feuerwanzen – *Pyrrhocoridae*

1 Feuerwanze *Pyrrhocoris apterus.* 7–12 mm, kommt schon gegen Ende des Winters am Fuß von Lindenstämmen, Roßkastanien, Akazien in Alleen und Parks vor. Stets tritt sie in Gesellschaften auf. Die Imago der neuen Generation erscheint schon ab August. Die Feuerwanze ernährt sich einerseits von alten Lindensamen und Pflanzensäften, andererseits von allerlei toten Gliederfüßern (Insekten), die sie aussaugt. Verbreitung: Ganz Europa, Klein- und Vorderasien, Sibirien, Indien, Nordafrika, Mittelamerika u. a.

Familie Meldenwanzen – *Piesmidae*

2 Rübenwanze *Piesma quadrata.* 2,5–3,5 mm, lebte ursprünglich auf Gänsefußgewächsen, ging aber seit dem Jahr 1900 allmählich auf Zuckerrübenkulturen über und wurde in einigen Gebieten zum gelegentlichen Schädling, in anderen zeigt sie sich nur sporadisch. Sie bringt ein bis zwei Generationen im Jahr hervor. Die Imago überwintert. Die Weibchen legen rund 150 Eier. Verbreitung: Hauptsächlich Mittel- und Nordeuropa.

Familie Stelzenwanzen – *Berytidae*

3 Große Stelzenwanze *Neides tipularius.* 9–11 mm, bewohnt trockene Standorte – Sandböden, Heideflächen, Wälder, trockene Wiesen. Die Imago überwintert. Das Weibchen legt im April/Mai verhältnismäßig große Eier (1,1 mm), im Juli/August erscheint schon die Imago der neuen Generation. Verbreitung: Ganz Europa (bis Mittelschweden und Südfinnland), Transkaukasien, Turkestan.

4 Berytinus minor. 5–6 mm, kommt an trockenen Stellen vor, bringt jährlich ein bis zwei Generationen hervor. Verbreitung: Großer Teil der paläarktischen Region.

Familie Rindenwanzen – *Aradidae*

5 Kiefernrindenwanze *Aradus cinnamomeus.* 3,5–5 mm, lebt auf verschiedenen Kiefernarten, meist auf zehn- bis zwanzigjährigen verkümmernden Bäumen. Kommt auch auf Fichten vor, hält sich an den Zweigen und unter der Rinde auf. Verbreitung: Ganz Europa.

Familie *Aneuridae*

6 Aneurus avenius. 4,5–6 mm, findet sich häufig unter der Rinde abgestorbener Laubbäume und -sträucher, vor allem auf Weiden, Eichen, Buchen, Birken, Holunder, Liguster. Verbreitung: Europa (mit Ausnahme der südlichen Teile und des Balkan), Vorderasien.

Familie Netzwanzen – *Tingidae*

7 Distelnetzwanze *Tingis cardui.* 3,3–3,8 mm, lebt auf Disteln (Gattungen *Carduus, Cirsium).* Die Imago überwintert in Laub. Das Weibchen legt seine Eier in Distelblätter ab. Schon ab Ende Juli erscheint die junge Imago. Verbreitung: Ganz Europa (bis nach Lappland), Kleinasien, Vorderasien, Nordafrika.

8 Birnblattwanze *Stephanitis piri.* 3–3,3 mm, lebt meist auf Obstbäumen (Birnen, Äpfel, Kirschen, Walnüssen) und saugt an den Blättern. Verbreitung: Großer Teil Europas (fehlt in Großbritannien), Vorder- und Mittelasien, Nordafrika.

3
1
7
5
6
4
8
2

Wanzen

Familie Raubwanzen – *Reduviidae*

1 Empicoris vagabunda. 6–7 mm, kommt an feuchten Orten an Nadel- und Laubbäumen vor, auch in oder bei Häusern. Die Imago überwintert. Die Weibchen legen im Mai schwarze Eier. Die neue Generation erscheint im Juli. Außer pflanzlicher Nahrung fressen sie auch kleine Lebewesen (Gliederfüßer). Verbreitung: Großer Teil Europas (bis Mittelskandinavien einschl. Finnland), Nordasien.

2 Rhinocoris iracundus. 13–18 mm, hält sich an warmen, durchsonnten Orten auf, wo er manchmal in großer Zahl erscheint. Fliegt nur selten. Verbreitung: Großteil Europas (fehlt in Großbritannien und Irland).

3 Coranus subapterus. 9–12 mm, bewohnt Sandböden, Dünen, Heideflächen, wo er kleinen Gliederfüßern nachstellt (Spinnen und Insekten). Die Art hat zwei Formen: eine kurzflügelige (brachyptere) und eine langflügelige (macroptere). Am häufigsten tritt die Imago von Juli bis Oktober auf. Die Eier überwintern. Verbreitung: Europa (bis Mittelskandinavien).

Familie Sichelwanzen – *Nabidae*

4 Nabis apterus. 8–10 mm, lebt am Rand von Laub- und Nadelwäldern, die Imago ist am zahlreichsten im August, vereinzelt zeigt sie sich auch noch bis Oktober. Im Mai/Juni schlüpfen die Larven aus den überwinternden Eiern. Sie sind räuberisch (wie die Imago), und verfolgen kleine Gliederfüßer (Blattläuse usw.). Verbreitung: Großer Teil Europas (bis Litauen).

5 Nabis rugosus. 6–7 mm, eine sehr häufige Art, die meist als kurzflügelige Form vorkommt. Die Imago überwintert unter dem Gras. Verbreitung: Paläarktische Region.

Familie Bettwanzen – *Cimicidae*

6 Gemeine Bettwanze *Cimex lectularius.* 3,5–8 mm, hält sich meist in menschlichen Behausungen und deren nächster Umgebung auf. Sie wird erst in der Nacht aktiv, tagsüber hält sie sich hinter Bildern, in Ritzen und anderen Verstecken verborgen; sie ernährt sich von Blut. Wird sie nicht gestört, saugt sie davon die doppelte Menge ihres eigenen Gewichts, wodurch sie sichtlich größer wird. Meist saugt sie am Menschen, befällt aber auch Mäuse, Hühner und andere Wirbeltiere. Das Weibchen legt im Verlauf von einigen Wochen oder Monaten etwa 100 bis 200 Eier, muß aber vorher Blut saugen. In geheizten Wohnungen geht die Entwicklung auch im Winter weiter, bleibt aber stehen, wenn die Temperatur unter 13°C sinkt. Die Bettwanzen erreichen ein Alter von einigen Monaten. Verbreitung: Kosmopolit, vom Menschen über die ganze Welt verschleppt.

Familie Blumenwanzen – *Anthocoridae*

7 Orius niger. 1,9–2,1 mm, kommt durchweg auf trockenen Stellen vor, wo er Milben und anderen kleinen Insekten (Blattläuse, Fransenflügler u. a.) nachstellt. Die Art überwintert als Imago. Verbreitung: Ganz Europa, Klein- und Vorderasien, Sibirien.

8 Anthocoris nemorum. 3–4,4 mm, gehört zu den häufigsten Wanzenarten, lebt in Laubwäldern und Gärten. Sie verfolgt kleine Gleichflügler wie z. B. Blattläuse oder Milben und saugt sie aus. Gelegentlich saugt sie auch an Blättern. In einigen Gebieten treten zwei Generationen jährlich auf, mancherorts auch noch eine dritte. Verbreitung: Fast ganz Europa, Kleinasien, Nordasien, Nordafrika.

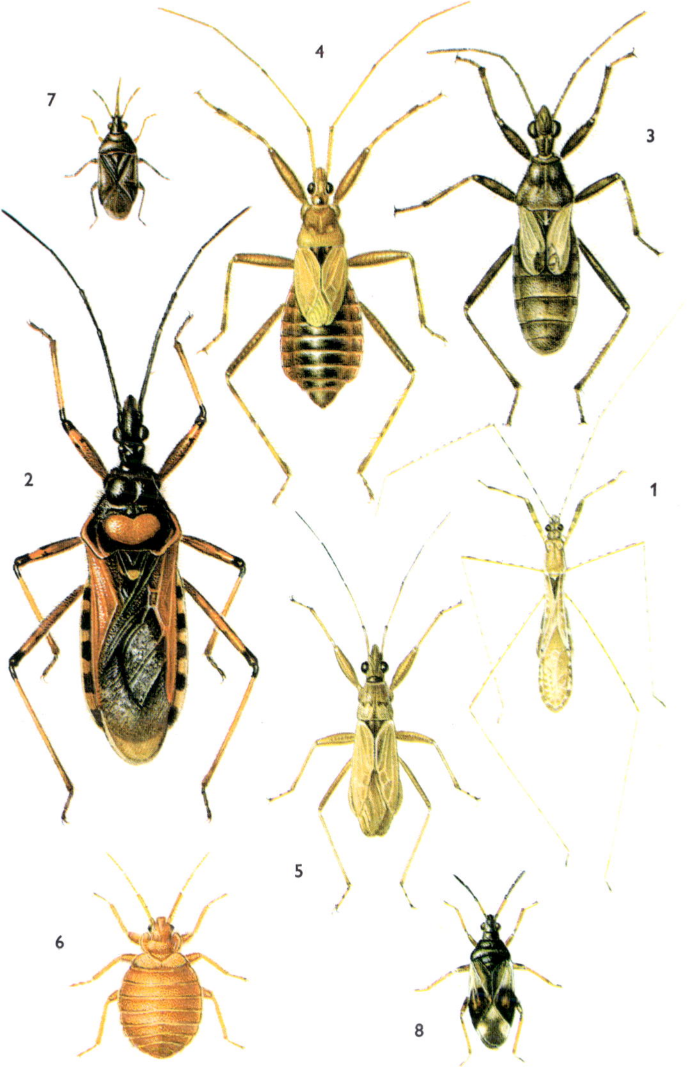
7
4
3
2
1
5
6
8

Familie Weich- oder Blindwanzen – *Miridae*

1 Sthenarus roseri. 3,7–4,3 mm, ist von Juni bis August vor allem auf Weidenbüschen häufig anzutreffen. Seine Hauptnahrung sind Blattläuse. Die Eier überwintern, die Larven schlüpfen im darauffolgenden Frühling. Verbreitung: Europa (fehlt im Süden), Kleinasien, Sibirien.

2 Deraeocoris ruber.
6,5–7,5 mm, ist ein nützliches Insekt, da Larven wie Imagines auf Blattläuse und andere kleine Insekten Jagd machen. In der Färbung ist sie sehr variabel, eine Reihe von farblichen Formen ist bereits beschrieben worden. Sie lebt auf Laubhölzern und anderen Pflanzen, vor allem auf Brennesseln. Die Imago erscheint von Juli bis September. Die Eier überwintern. Verbreitung: Ganz Europa, Nordafrika, Nordamerika.

3 Leptopterna dolobrata.
7–9,7 mm, bewohnt grasbestandene Flächen und Getreidefelder, wo sie an Blättern, Halmen und Ähren saugt. Am zahlreichsten ist die Imago im Juli/August, gelegentlich werden auch noch im Oktober Exemplare gefunden. Die Eier überwintern. Wird in einigen Ländern als Getreideschädling angesehen. Verbreitung: Paläarktische und nearktische Region.

4 Pilophorus clavatus.
3,8–5 mm, ist häufig auf Laubhölzern anzutreffen. Die Imago lebt von Juli bis September, die Eier überwintern. Verbreitung: Ganz Europa, Nordamerika.

5 Calocoris biclavatus.
5,6–7,6 mm, lebt von Juni bis September auf verschiedenen krautigen und holzigen Pflanzen, z. B. auf Heidelbeeren, Brombeersträuchern, Weidenröschen, Erlen, Haselsträuchern, Birken u. a. Ihre Eier überwintern. Verbreitung: Mittel- und Nordeuropa (fehlt in Großbritannien), Alpen.

6 Adelphocoris lineolatus.
6–8 mm, kommt häufig auf Wickengewächsen *(Viciaceae)* und Korbblütlern *(Asteraceae)* vor, sofern sie an trockenen Orten stehen. Sie saugt an jungen Blättern, Stengeln, Blüten und unreifen Früchten. Die Imago zeigt sich von Juli bis September, die Eier überwintern. In Osteuropa bringt die Art zwei Generationen hervor. Manchmal tritt sie als Schädling auf. Verbreitung: Ganze paläarktische Region.

7 Blepharidopterus angulatus.
5,1–5,9 mm, kommt in großer Anzahl hauptsächlich auf Apfelbäumen, Ulmen, Birken und Linden vor, wo er Milben nachstellt. Die Imago zeigt sich ab Ende Juni, manchmal ist sie bis in den Oktober anzutreffen. Die Weibchen legen ihre Eier in junge Zweige, die Eier überwintern. Im Mai beginnen die Larven zu schlüpfen. Verbreitung: Fast ganz Europa, Sibirien, Turkestan, Nordafrika.

8 Phytocoris tiliae. 6,1–6,9 mm, lebt auf verschiedenen Laubbäumen, meist auf Eichen, Linden, Eschen, Apfelbäumen u. ä. Am zahlreichsten tritt die Imago im Sommer (Juli, August) auf; die Eier überwintern. Räuberische Art, die kleine Raupen, Larven, anderer Insekten, Milben usw. jagt. Verbreitung: Ganz Europa (außer Polargebiet), Nordafrika.

9 Gemeine Wiesenwanze
Lygus pratensis. 5,8–6,7 mm, bringt jährlich ein bis zwei Generationen hervor. Die überwinternde Imago zeigt sich schon sehr bald im Frühjahr (März, April), sie lebt auf verschiedenen Hölzern und auf Heidekraut. Die Art kommt sehr häufig an den verschiedensten Standorten vor. Verbreitung: Paläarktische Region.

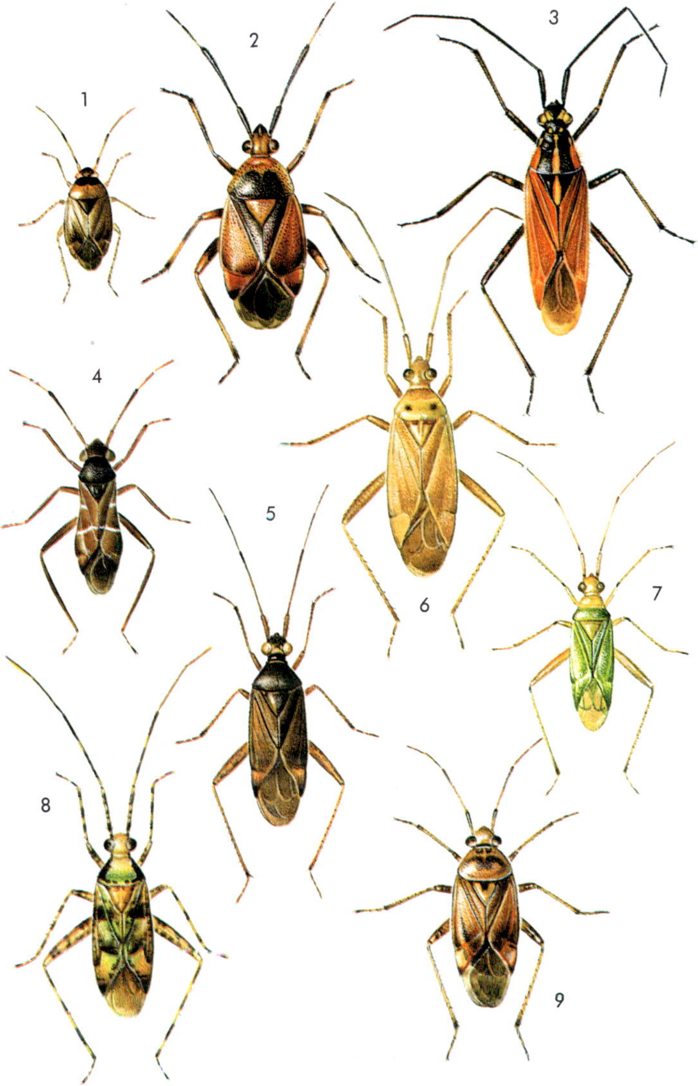
1
2
3
4
5
6
7
8
9

Familie Teichläufer – *Hydrometridae*

1 Gemeiner Teichläufer *Hydrometra stagnorum.* 9–13 mm, tritt meist in der kurzflügeligen Form (brachypter) auf. Er lebt auf der Wasseroberfläche in Ufernähe. Die Imago überwintert. Verbreitung: Großer Teil Europas (fehlt im Norden), Kaukasus, Vorderasien, Nordafrika.

Familie Wasserläufer – *Gerridae*

2 Gerris gibbifer. 10–13 mm, kommt häufig noch mit verwandten Arten auf der Oberfläche von Tümpeln, Pfützen, Mooraugen von Niederungen bis in Gebirgslagen vor. Bringt jährlich zwei Generationen hervor. Die Imago überwintert und zeigt sich manchmal schon in den ersten warmen Vorfrühlingstagen. Verbreitung: Europa (ist im Norden sehr selten), Vorderasien, Nordafrika.

Familie Ufer- oder Springwanzen– *Saldidae*

3 Saldula saltatoria. 3,5–4,5 mm, gehört zu den häufigsten Arten. Sie lebt in schlammigem Wasser, an den Rändern von Teichen und Gräben und kann springen. Jährlich entstehen zwei Generationen. Die Imago verkriecht sich zum Überwintern ins Gras oder unter Rinde. Verbreitung: Paläarktische und nearktische Region.

Familie Rückenschwimmer – *Notonectidae*

4 Gemeiner Rückenschwimmer *Notonecta glauca.* 14–16 mm, erscheint innerhalb seines Verbreitungsgebiets in mehreren geographischen Rassen. Er ist mit einem kurzen, aber ziemlich starken Stechrüssel ausgestattet, so daß sein Stich fühlbar schmerzt. Er hält sich vor allem in stehenden Gewässern auf, in Teichen, Tümpeln und Pfützen zwischen Pflanzen. Das Weibchen legt die Eier in die Stengel von Wasserpflanzen, und zwar von Ende Dezember bis Januar. Nach fünf larvalen Häutungen erscheint die Imago, meist ab Juni, wenn die alte Generation abstirbt. Verbreitung: Ganz Europa, Kaukasus, Nordafrika.

Familie Ruderwanzen – *Corixidae*

5 Corixa punctata. 13–15 mm, bewohnt Bäche, Tümpel und rote Flußarme, in deren Vegetation sie sich aufhält. Die Männchen sind in der Lage, Geräusche zu erzeugen. Die Imago überwintert. Das Weibchen legt von Ende Januar bis Ende März Eier, die neue Generation erscheint im Juli. Verbreitung: Europa, Kaukasus, Transkaukasien, Vorderasien (Iran), Mittelasien.

Familie Skorpionwanzen – *Nepidae*

6 Wasserskorpion *Nepa cinerea.* 18–22 mm, lebt im Uferschlamm stehender und langsam fließender Gewässer. Das Weibchen legt im April/Mai seine Eier in die Stengel und Blätter von Wasserpflanzen. Die Imago erscheint im August und überwintert. Sie ernährt sich von kleinen Wasserlebewesen (Mückenlarven, kleinen Fischchen u. ä.). Verbreitung: Großer Teil Europas, wird aber immer seltener.

7 Stabwanze *Ranatra linearis.* 30–35 mm, lauert unbeweglich zwischen den Wasserpflanzen auf ihre Beute. Die Imago überwintert, die Weibchen legen ihre Eier in Wasserpflanzenstengel. Die Imago erreicht ein Alter von zwei Jahren. Verbreitung: Großteil der paläarktischen Region.

Familie Schwimmwanzen – *Naucoridae*

8 Schwimmwanze *Ilyocoris cimicoides.* 15 mm, lebt in langsam fließenden Wasserläufen, Tümpeln, Sümpfen oder Pfützen. Die Imago überwintert, ihre Eier legt sie im April/Mai in Wasserpflanzen. Zwar hat sie gut entwickelte Flügel, doch ihre schwache Muskulatur erlaubt keinen Flug. Verbreitung: Großer Teil Europas, Kaukasus.

Wanzen

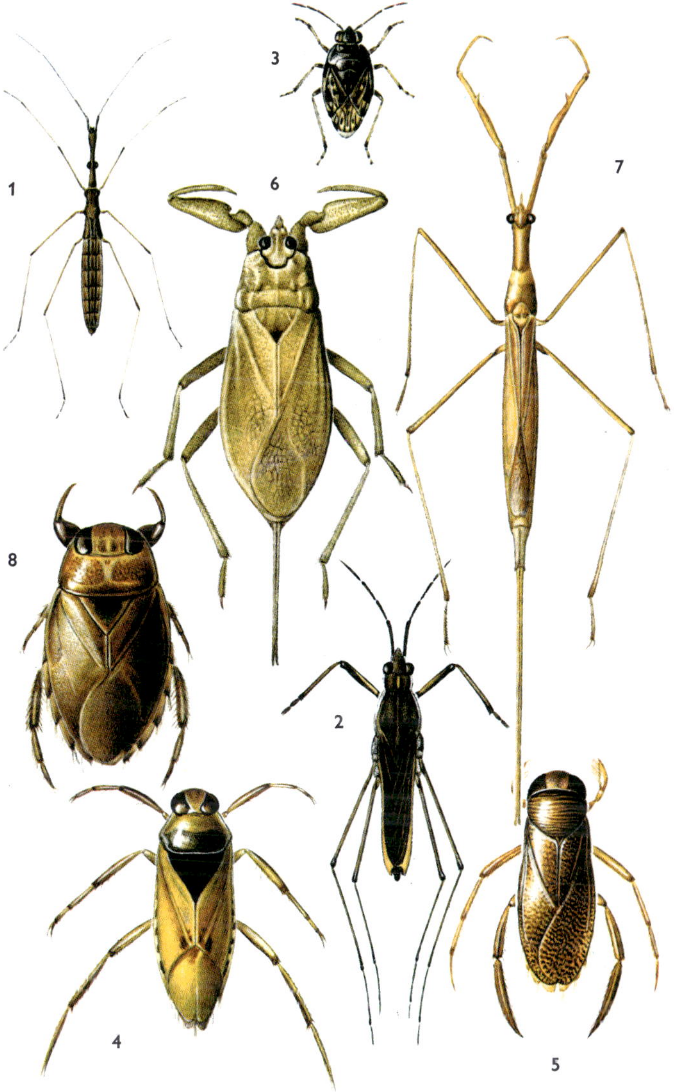

Ordnung Gleichflügler –
Homoptera
Unterordnung Zikaden – *Cicadina*
Familie *Issidae*

1 Issus coleoptratus. 6–7 mm, erscheint auf der Rinde verschiedener Bäume, vor allem auf Eichen, Buchen, Ebereschen u. a. Kommt bis ins Hochgebirge vor. Verbreitung: Fast ganz Europa, Nordafrika.

Familie Singzikaden –
Cicadidae

2 Blutrote Singzikade *Tibicen haematodes.* 26–38 mm, Spannweite 75–85 mm, unsere größte Art. Die Männchen besitzen ein besonderes Trommelorgan zur Geräuscherzeugung, das an der Unterseite der ersten beiden Hinterleibssegmente sitzt. Die erzeugten Töne sind durchdringend laut. Auch viele andere Zikadenarten geben Geräusche von sich, doch ist das menschliche Ohr manchmal nicht in der Lage, sie wahrzunehmen. Wärmeliebende Art, die sich oft in Weinbergen aufhält (Main, Neckar u. a.). Verbreitung: Süd- und Mitteleuropa, Kaukasus.

3 Bergzikade *Cicadetta montana.* 16–27 mm, Spannweite 45–52 mm, liebt Sonne und kommt daher im Sommer vielfach auf buschbestandenen Hängen und Lichtungen vor. Auch die Männchen dieser Art „singen". Ihr Gesang setzt schon bald am Morgen ein, gegen acht oder neun Uhr: ein hoher, melodischer und ununterbrochener Ton. Erst bei Sonnenuntergang hört er auf. Die Weibchen haben kein Geräuschorgan.
Die Eier werden ins Pflanzengewebe abgelegt, die jungen Larven dringen ins Erdreich ein, wo sich ihre Entwicklung an Pflanzenwurzeln vollzieht. Die erwachsene Larve kriecht aus dem Boden und verwandelt sich an der Erdoberfläche in die Imago. Verbreitung: Fast ganz Europa, fehlt in Nordskandinavien.

Familie Schaumzikaden –
Cercopidae

4 Cercopis vulnerata.
9,5–11 mm, lebt auf Gräsern und Sträuchern von Mai bis Juli vor allem in Hügellandschaften, wo sie mitunter sehr häufig auftritt. In Niederungen zeigt sich die ihr ähnliche Blutzikadenart *Cercopis sanguinolenta.* Verbreitung: Ganz Europa.

5 Erlenschaumzikade *Aphrophora alni.* 8–11 mm, gehört zu den häufigen Zikadenarten. Kommt von Mai bis Oktober an Büschen, Laubbäumen und Pflanzen vor. Verbreitung: Paläarktische Region.

Familie Buckelzikaden –
Membracidae

6 Dornzikade *Centrotus cornutus.* 8–10 mm, taucht von Mai bis August häufig auf buschbestandenen Lichtungen und an Waldrändern auf. Auffallend an ihr ist der gekrümmte Dorn, der von der Vorderbrust nach hinten wegsteht. Verbreitung: Ganz Europa (mit Ausnahme des Nordens), Kleinasien.

Familie Zwergzikaden –
Iassidae

7 Cicadella viridis. 5–9 mm, ist im Juli/August häufig in Sümpfen, Mooren und auf feuchten Wiesen zu finden. Verbreitung: Paläarktische und nearktische Region.

8 Typhlocyba jucunda.
4–4,5 mm, ist von Juli bis September überall in der Nähe von Erlen anzutreffen. Verbreitung: Fast über ganz Europa.

9 Iassus lanio. 6,5–8,3 mm, variiert farblich manchmal ins Braune. Erscheint im Sommer auf Eichen. Verbreitung: Ganz Europa.

Zikaden

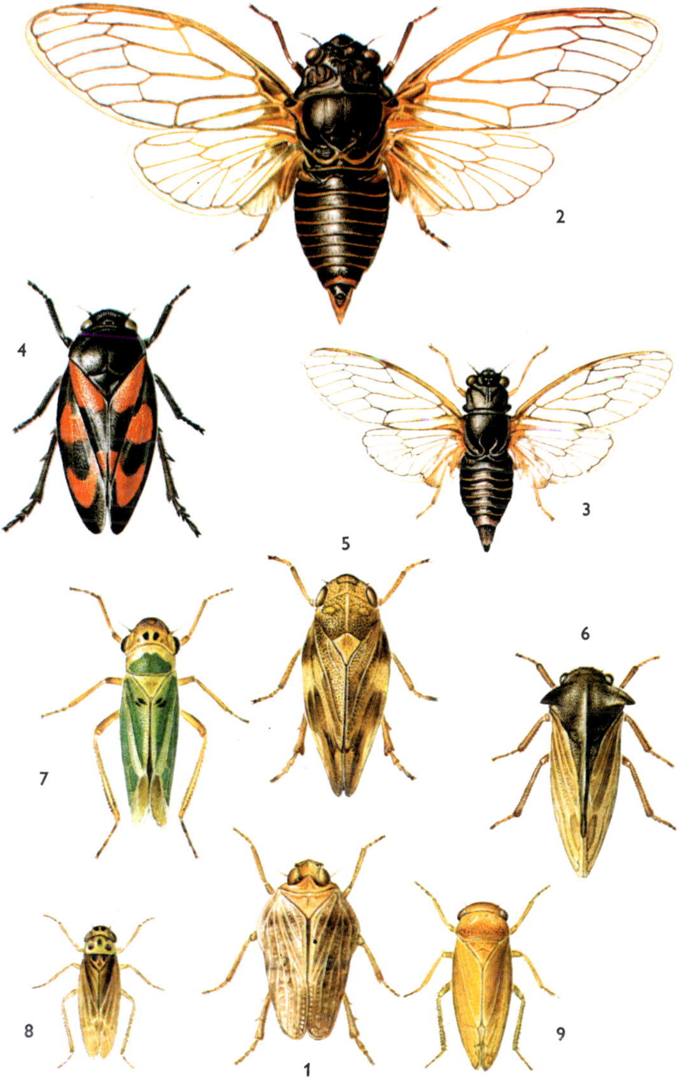

Unterordnung Blattläuse – *Aphidina*
Familie Baumläuse – *Lachnidae*

1 Lachnus roboris. 4–5 mm, zählt zu den großen Blattlausarten, lebt auf Eichen. Das Weibchen legt seine schwarzen Eier dicht nebeneinander auf dünne Eichenzweige. Verbreitung: Fast über die ganze paläarktische Region.

Familie Zierläuse – *Callaphididae*

2 Buchenzierlaus *Phyllaphis fagi.* 2–3 mm, hält sich auf der Unterseite von Buchenblättern und auf jungen Trieben auf. Sie zeichnet sich durch dichte weiße Wachsfransen aus. Verbreitung: Von Nordeuropa bis zum Kaukasus, Nordamerika, Australien, Neuseeland.

Familie Röhrenläuse – *Aphididae*

3 Mehlige Kohlblattlaus *Brevicoryne brassicae.* Ca. 2 mm. Lebt auf Kreuzblütlern *(Cruciferae: Brassica, Sinapis, Raphanus* und anderen Gattungen). Die Tiere sind von einer grauen Wachsschicht bedeckt, unter der ihre Färbung verschwindet. Schädlinge, vor allem in Rübenanbaugebieten. Verbreitung: die ganze Welt.

4 Schwarze Kirschlaus *Myzus cerasi.* Etwa 2 mm, lebt auf der Unterseite von Kirschblättern, die sie oft röhrenförmig zusammendreht. Wie viele andere Blattlausarten wechselt auch sie die Wirtspflanze. Verbreitung: Ursprünglich mediterrane Art, heute über die ganze Welt verschleppt.

Familie Blasenläuse – *Pemphigidae*

5 Blutlaus *Eriosoma lanigerum.* 1,8–2,3 mm, ist reich mit Wachsfasern bedeckt. Sie durchläuft, wie die meisten Blattläuse, eine komplizierte Entwicklung. Wärmeliebende Art, die aber auch eine gewisse Feuchtigkeit fordert. Sie lebt auf Apfelbaumästen und -stämmen, wo sich die Tiere in Kolonien zusammenfinden. Zerdrückt man solch eine Blutlauskolonie, zeigt sich eine braunrote Färbung. Verbreitung: Ursprünglich Nordamerika, heute auf der ganzen Welt.

6 Pappelblattlaus *Pemphigus bursarius.* 2–2,5 mm, bildet Gallen am Blattstiel von Pappeln *(Populus).* In diesen Gallen entwickeln sich bis Ende Juni geflügelte Blattläuse, die ausfliegen und sich auf Salat und andere Pflanzen setzen, an deren Wurzeln sie sich festsaugen. Verbreitung: Europa, Kleinasien, Nordafrika, Nordamerika, Australien.

Familie Tannenläuse – *Adelgidae*

7 Grüne Fichtengallenlaus *Sacchiphantes viridis.* 1,7–2 mm, bekannt durch die Gallen, die sie an jungen Fichtentrieben bildet. Die Galle hat die Form eines ziemlich großen Zapfens und besteht aus vielen kleinen Kämmerchen, in denen sich dann die ganze Larvenentwicklung abspielt. Die Gallen reifen bis zum Sommerende heran, verholzen dann und bleiben auf den Zweigen. Die junge Larve überwintert. Verbreitung: Europa, überall in Fichtenbeständen.

8 Strobenlaus *Pineus strobi.* 1 mm, kaum wahrnehmbar, wenn nicht die weißen Wachsausscheidungen auf dem Körper wären. Sie saugt sich zwischen den weichen Nadeln junger Triebe der Weymouthskiefern fest; bei starker Vermehrung sitzt sie auch auf Stämmen. Die Borke ist dann mit einer auffallenden weißen Wachsschicht überzogen, unter der sich die Strobenlaus verbirgt. Verbreitung: Stammt aus Nordamerika, nach Europa eingeschleppt.

Blattläuse

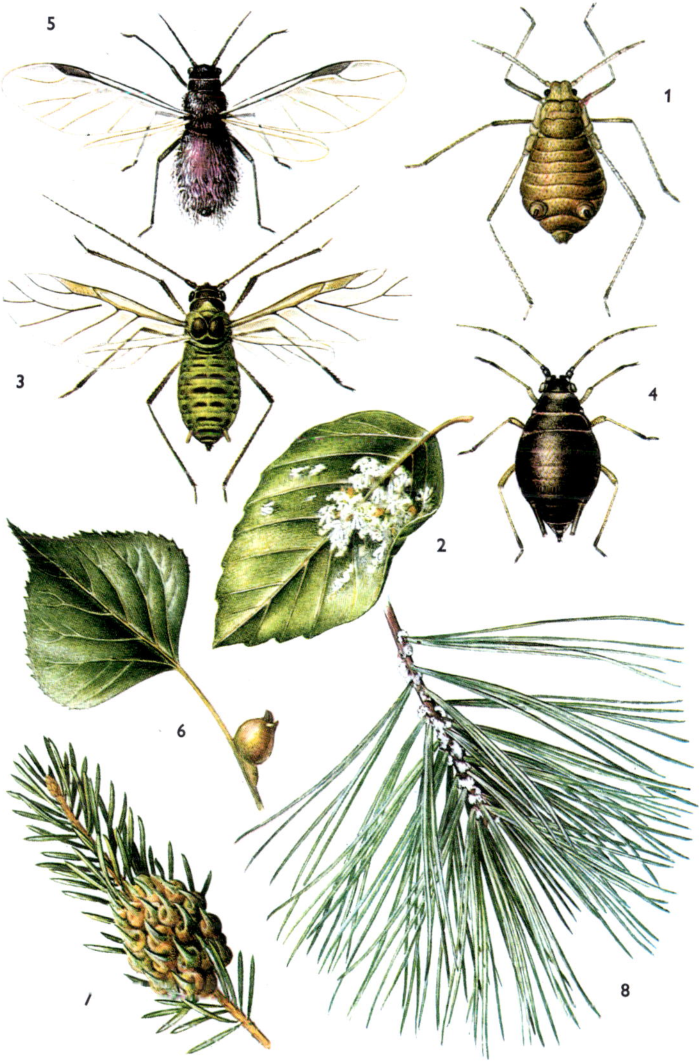

Unterordnung Schildläuse – *Coccina*
Familie Röhrenschildläuse – *Ortheziidae*

1 Nesselröhrenschildlaus *Orthezia urticae.* ♀ mit Eiersack 8–10 mm, zeichnet sich wie alle Schildläuse durch ausgeprägten Geschlechtsdimorphismus aus. Das Männchen ist mit einem Flügelpaar ausgestattet, das Weibchen ist stets flügellos. Es ist auf dem Rücken und an den Seiten mit Wachslappen behängt, zur Zeit der Eiablage bildet es aus Wachs am Hinterleibsende einen langen Eiersack, in den es die Eier ablegt. Mit Vorliebe saugt es sich an Brennesselstengeln *(Urtica)* fest, deren Saft es saugt. Verbreitung: Großer Teil des europäischen Gebiets, Klein- und Mittelasien, Sibirien, Mongolei, Nordafrika (Algerien).

Familie Schmierläuse – *Pseudococcidae*

2 Phenacoccus aceris. 3–5 mm, kommt auf verschiedenen Laubhölzern einschließlich Obstbäumen vor. Das Weibchen scheidet zur Zeit der Eiablage einen langen Eiersack ab, den es aus weißen Wachsfäden bildet. Am liebsten sitzt es in Rindenrissen an Stamm und Ästen. Die Larven überwintern. Verbreitung: Europa, Transkaukasien, Klein- und Vorderasien (Iran, Irak), Nordafrika, Nordamerika.

Familie Rindenwollschildläuse – *Cryptococcidae*

3 Buchenwollaus *Cryptococcus fagisuga.* 0,8–1 mm, kommt häufig an Buchenstämmen vor, wo sie in großen Kolonien lebt. Das Weibchen ist gelb, aber mit weißen Wachsfäden bedeckt. Der von einer größeren Lauskolonie befallene Baum ist schon aus der Entfernung an dem weißen Wachsüberzug kenntlich. Verbreitung: Von Großbritannien bis Armenien, Kleinasien, Nordamerika usw.

Familie Dornschildläuse – *Eriococcidae*

4 Eschenwollaus *Pseudochermes fraxini.* 0,7 mm lang, kommt oft auf Stämmen und Ästen von Eschen *(Fraxinus)* vor. Die roten Weibchen und Larven sind mit weißlichem Wachs bedeckt und sitzen eng beieinander. Verbreitung: Europa, Krim, Nordkaukasus.

Familie Napfschildläuse – *Coccidae*

5 Akazienschildlaus *Parthenolecanium corni.* 3–6 mm, ist polyphag und kommt auf verschiedenen Laubhölzern einschließlich Obstbäumen vor. Das Weibchen ist zuerst flach, später stark gewölbt und braun. Unter seinen Körper legt es eine große Anzahl kleiner Eier. Meist saugt sich diese Art in ganzen Kolonien auf den Holzteilen der Pflanze fest. Verbreitung: Europa, Klein- und Vorderasien, Sibirien, Korea, China, Nord- und Südamerika, Australien.

Familie Deckelschildläuse – *Diaspidiae*

6 Kommaschildlaus *Lepidosaphes ulmi.* 1,8–3,5 mm, eine der häufigsten Arten dieser Familie. Die kleinen, weißlichen, blinden und beinlosen Weibchen verbergen sich unter länglichen Schilden auf Stämmen und Ästen von Gehölzen. Verbreitung: Kosmopolit.

7 Chionaspis salicis. 1,9–2,5 mm, lebt in Gesellschaften auf Ästen und Stämmen der Wirtspflanzen. Die roten flachen Weibchen liegen unter weißlichen Schilden, unter die sie ihre karminroten, überwinternden Eier ablegen. Es handelt sich um eine sehr häufige polyphage Art, die fast regelmäßig an Stengeln und Früchten der Heidelbeere auftritt. Verbreitung: Über die ganze paläarktische Region.

Schildläuse

Mottenläuse, Blattflöhe

Unterordnung Mottenläuse – *Aleyrodina*

1 Aleurochiton aceris. Puparium 1,5–1,8 mm, fliegt in zwei Generationen. Weit bekannter als die Imago (**1a**) sind die kleinen, mit weißlichem Wachs bezogenen Winterpuparien, die meist an der Unterseite von Ahornblättern sitzen. Mit den Blättern fallen sie im Herbst zu Boden, überwintern, und im Frühling kriecht aus ihnen die Imago. Diese gründet eine neue Generation, die aber völlig andere Puparien aufweist. Im Unterschied zu den Winterpuparien befinden sie sich nur kurze Zeit an den Blättern und sind völlig unauffällig. Verbreitung: Europa.

2 Aleurolobus wunni. Puparium 1–1,3 mm, ähnelt als Imago stark den übrigen in Europa lebenden Mottenläusen. Ihre Puparien unterscheiden sich aber durch ihre schwarze Färbung und durch die starken Wachsausscheidungen, die lange Seiten- und Rückenfäden bilden. Das Puparium ist das längste Stadium dieser Art. Es erscheint im Sommer, dauert den ganzen Winter über bis in den Mai, erst dann schlüpfen die Imagines. Diese Mottenläuse leben vor allem auf der Haselwurz *(Asarum)*, auf der Waldrebe *(Clematis)* und einigen Sträuchern. Verbreitung: Fast über ganz Europa.

3 Weiße Gewächshausfliege *Trialeurodes vaporariorum.* Puparium (0,7–1,1 mm) trägt auf dem Rücken auffallende Wachsausscheidungen (**3a**). Die Tiere leben hauptsächlich auf der Blattunterseite verschiedener Pflanzen, in der gemäßigten Zone in Gewächshäusern, im Süden in freier Natur. Häufig als Kulturpflanzenschädling angeführt. Verbreitung: Über die ganze Welt.

Unterordnung Blattflöhe – *Psyllina*
Familie Springläuse – *Psyllidae*

4 Apfelblattsauger *Psylla mali.* 3,5 mm, zeigt sich von Juni bis September auf Apfelbäumen. Im Sommer (Juni/Juli) ist die Imago grünlich gefärbt, im Herbst dunkelbraun. Die beiden Endglieder der hellgelben Fühler sind rot, das Geäder auf den Flügeln hellgelb. Im Herbst legt das Weibchen etwa 100 Eier in die Ritzen junger Zweige, wobei es die unmittelbare Nähe von Knospen bevorzugt. Die Zeit der Eiablage kann sich gelegentlich auch verlängern, bis Ende November oder sogar bis in den Dezember hinein. Die Eier sind außerordentlich kältebeständig (sie ertragen bis zu 40° C Frost). Im Frühjahr schlüpfen winzige flache Larven, die sich auf Knospen, Blüten- oder Knospenstengeln oder jungen Blattstielen festsetzen. Die Larven (**4a**) scheiden große Mengen einer süßlichen Flüssigkeit aus (Honigtau), die klebrig ist und die Blätter, vor allem aber die Knospen verklebt. Diese können daher nicht aufblühen, vertrocknen und fallen ab. Auch saugen die Larven an den Früchten und beschädigen sie. Sie durchlaufen mehrere Häutungen, Ende Mai/Juni erscheint dann die Imago. Zunächst leben die Tiere auf Apfelbäumen, später fliegen sie auch auf umstehende Bäume, um mit Sommerausgang wieder zurückzukehren. In einigen Gegenden zählt diese Art zu den unangenehmen Schädlingen. Verbreitung: Ganz Europa außer dem hohen Norden, Japan. Durch Einschleppung auch auf weiteren Kontinenten (Australien).

Mottenläuse / Blattflöhe

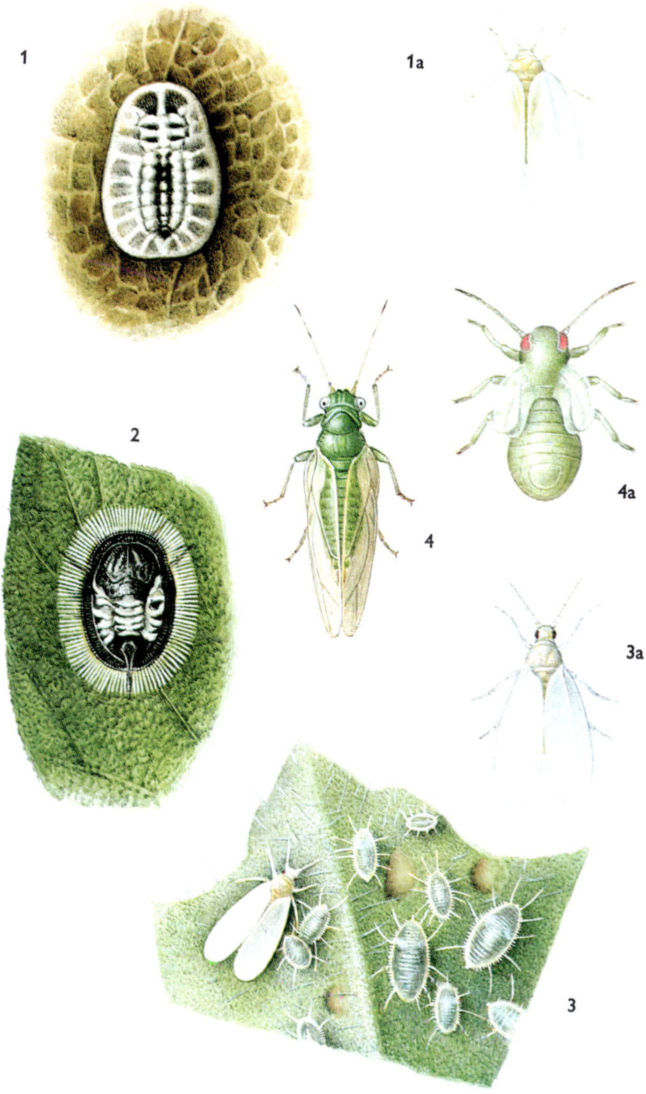

Schlammfliegen, Kamelhalsfliegen, Netzflügler

Ordnung Schlammfliegen – *Megaloptera*
Familie Wasserflorfliegen – *Sialidae*

1 Sialis lutaria. 25 mm, fliegt im Frühling um Wasserpflanzen. In Ruhestellung sind die Flügel dachförmig über dem Körper zusammengelegt. Das Weibchen legt seine Eier auf Wasserpflanzen oder Steine. Die ausgeschlüpften Larven müssen das Wasser so schnell wie möglich erreichen, weil nur darin ihre Entwicklung möglich ist. Sie sind räuberisch und ernähren sich von kleinen Wasserlebewesen. Junge Larven halten sich zwischen Wasserpflanzen auf, die alten leben im Schlamm auf dem Grund. Die ausgewachsene Larve kriecht aus dem Wasser (in diesem Augenblick setzt die Tracheenatmung ein). Die Verpuppung geht im Erdboden vor sich. Die Entwicklung dauert in der Regel zwei Jahre. Verbreitung: Europa (außer den südöstlichen Teilen), Sibirien.

Ordnung Kamelshalsfliegen – *Raphidioptera*
Familie Kamelhalsfliegen – *Raphidiidae*

2 Raphidia notata. Spannweite 25–29 mm, von Mai bis Juli in Nadel- und Laubwäldern. Oft hält sie sich in Sträuchern auf. Das Weibchen legt längliche Eier in die Ritzen der Stämme. Die Larven sind sehr flach, sie leben unter Rinde oder auf Blättern, wo sie kleinere Lebewesen jagen (Insekten und Larven). Sie können rückwärts kriechen. Imago und Larve sind nützlich für die Forstwirtschaft. Verbreitung: Nord- und Mitteleuropa, fehlt auf dem Balkan und auf der Iberischen Halbinsel.

Ordnung Echte Netzflügler – *Planipennia*
Familie Taghafte – *Hemerobiidae*

3 Hemerobius humulinus. Spannweite 13–18 mm, gehört zu den häufigsten Arten an Waldrändern und auf Lichtungen. Lebt von Mai bis September. Imago und Larven sind räuberisch, sie ernähren sich hauptsächlich von Blattläusen. Verbreitung: Eurasien, Nordamerika.

Familie Florfliegen – *Chrysopidae*

4 Chrysopa flava. 35–45 mm, gehört zu den größten Arten dieser Familie, lebt von Juni bis September in Wäldern und Gärten auf Baumblättern. Verbreitung: Ganz Europa, Nordafrika, Nordamerika.

Familie Bachhafte – *Osmylidae*

5 Osmylus chrysops. 25 mm, Spannweite 37–52 mm, fliegt in der Dunkelheit von Mai bis August an fließenden Gewässern; das Weibchen legt seine Eier auf die Blätter von Wasserpflanzen. Die Larve ist amphibisch. Imago und Larve sind Räuber, die Larve überwintert in Wassernähe. Verbreitung: Fast ganz Europa, nach Norden bis Südschweden.

Familie Ameisenjungfern – *Myrmeleonidae*

6 Gefleckttflügelige Ameisenjungfer *Myrmeleon formicarius.* Spannweite 65–75 mm, fliegt von Juni bis August, auf Sandböden. Die Larven heben im Sand eine trichterförmige Grube aus, an deren Grund sie sitzen. Umherkriechende Insekten (vor allem Ameisen) fallen in die Grube, wo sie von der mit mächtigen Kiefern ausgestatteten Larve gepackt und gefressen werden. Überwintert ein- bis zweimal, verpuppt sich im Sand in einem Kokon. Verbreitung: Großteil Europas, im Norden bis Südschweden und Norwegen. Alle europäischen Arten der Familie sind geschützt!

Familie Schmetterlingshafte – *Ascalaphidae*

7 Libellen-Schmetterlingshaft *Ascalaphus libelluloides.* Spannweite 45–53 mm, fliegt von Juni bis August an sehr warmen Standorten. Zählt gegenwärtig zu den zurückgehenden Arten. Verbreitung: Südwesteuropa (die Nordgrenze seiner Verbreitung verläuft durch Böhmen), Nordwestafrika. Alle europäischen Arten der Familie sind geschützt!

Schlammfliegen / Kamelhalsfliegen / Netzflügler

Ordnung Käfer – *Coleoptera*
Familie Sandlaufkäfer –
Cicindelidae

1 Feld-Sandlaufkäfer *Cicindela campestris.* 12–15 mm, ist der häufigste unter den europäischen Sandläufern und erscheint im zeitigen Frühjahr. Er fliegt immer nur kurze Strecken auf Feldwegen, Sandböden und Rainen, wo er alle möglichen Insektenlarven oder deren Imagines jagt. Auch seine Larven sind räuberisch; sie halten sich in Röhren verborgen, die sie in sandige Hänge graben. Die Larve sitzt in der Röhrenmündung und lauert auf Beute. Sobald sie etwas gefangen hat, kriecht sie auf den Boden ihrer Röhre, der oft mehrere Dezimeter tief liegt. Dort verpuppt sich auch die ausgewachsene Larve. Verbreitung: Ganz Europa, Sibirien, Nordafrika. Alle europäischen Arten der Gattung sind geschützt.

Familie Laufkäfer –
Carabidae

2 Großer Puppenräuber
Calosoma sycophanta. 25–35 mm, ist ein Raubkäfer und guter Flieger, der auf Stämmen und in den Baumkronen von Laubwäldern schädliche Schmetterlingsraupen und andere Insekten jagt. Er erscheint hauptsächlich im Frühling, mit Sommeranfang vergräbt er sich ziemlich tief in die Erde, um sich in einer Kammer auf die Überwinterung vorzubereiten. Seine Larven sind ebenfalls Räuber und ernähren sich von Raupen. Der Käfer lebt zwei bis drei Jahre. Wegen seiner außerordentlichen Nützlichkeit wurde der Puppenräuber genau so wie der Kleine Puppenräuber in Amerika ausgesetzt, um gegen die Überhandnahme schädlicher Schmetterlingsarten anzugehen. Verbreitung: Paläarktische Region, Nordamerika. Alle europäischen Arten der Gattung sind geschützt.

3 Kleiner Puppenräuber
Calosoma inquisitor. 16–21 mm, hält sich in Baumkronen und an Wegen auf, ernährt sich von Raupen. Er bevorzugt Eichen- und Buchenbestände sowie Obstbäume. Auch seine Larven leben räuberisch. Wie beim Großen Puppenräuber beträgt seine Lebensdauer zwei bis drei Jahre. Das Weibchen legt die Eier im Mai in die Erde, die Entwicklung vollzieht sich dort sehr schnell. Bereits im Juni schlüpfen die jungen Käfer aus, bleiben aber bis zum folgenden Frühjahr unter der Erde. Verbreitung: Europa, Kaukasus, Nordafrika.

4 Körniger Schaufelläufer
Cychrus caraboides. 15–18 mm, lebt in Bergwäldern unter vermodernden Holzstücken, unter der Rinde alter Baumstümpfe und unter Steinen. Durch die langgestreckte Form seines Vorderkörpers unterscheidet er sich im Aussehen von den übrigen Laufkäfern. Das ist eine Anpassungserscheinung, da diese Art Schnecken frißt. Die Form von Kopf und Brust ermöglicht es ihm, die Schnecken in ihrer Schale zu erreichen. Außenverdauung. Verbreitung: In den meisten europäischen Mittelgebirgen, bis in ca. 2000 m Höhe.

5 Hainlaufkäfer *Carabus nemoralis.* 20–28 mm, bewohnt Haine und Waldränder. Er erscheint auch häufig in Gärten. Lebt unter Steinen, Holz, unter der Rinde von Baumstümpfen, gefällten alten Stämmen und im Moos. Verbreitung: Hauptsächlich in Niederungen, auch in Mittelgebirgslagen, kommt stellenweise zahlreich vor. Wurde nach Nordamerika eingeführt, wo er sich im Laufe der Jahre über große Gebiete verbreitete. Alle heimischen Arten der Gattung sind geschützt.

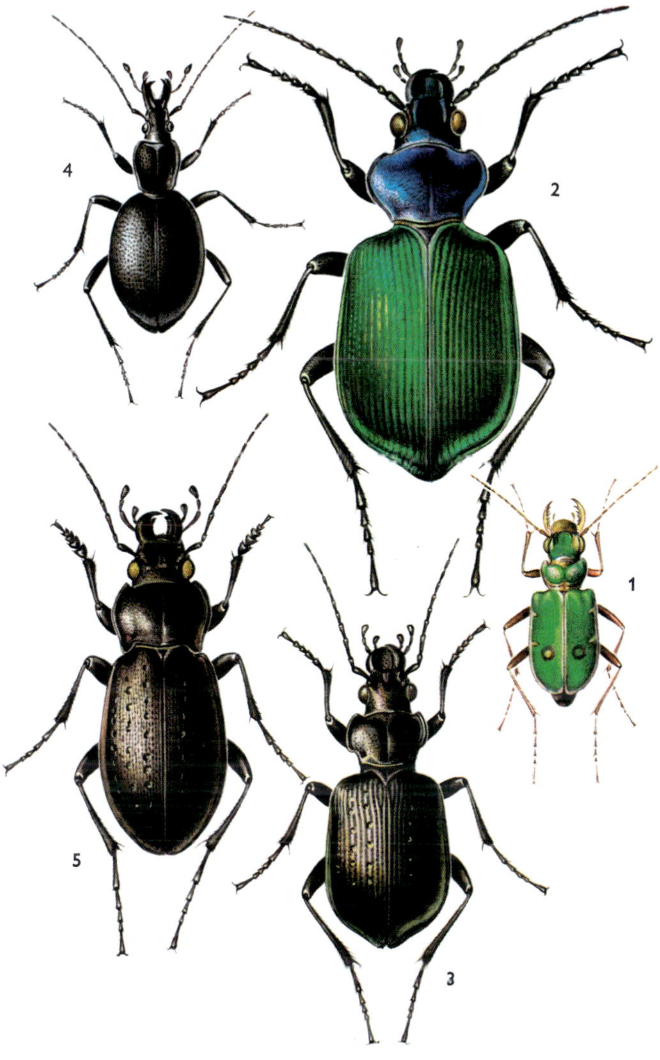
4
2
1
5
3

Familie Laufkäfer – *Carabidae*

1 Heidelaufkäfer *Carabus nitens.* 13–18 mm, kommt vor allem in Wäldern und Feldern auf Sandboden vor. Er ist über Niederungen, Hügellandschaften und Gebirge bis zu einer Höhe von 1200 m verbreitet. Er gehört nicht zu den häufigen Arten, in einigen Gegenden ist er bereits ausgestorben. Verbreitung: Europa von Nordspanien und Norditalien bis Finnland. Vom Aussterben bedroht.

2 Blauer Laufkäfer *Carabus intricatus.* 24–35 mm, lebt in feuchten Wäldern unter altem Holz, Baumrinde, Moos und Steinen vom Tiefland bis ins Gebirge. Wie die anderen großen Laufkäfer kann auch er nicht fliegen, aber sehr schnell laufen. Als Nahrung jagt er verschiedene Insektenlarven, Nackt- und andere Schnecken, verschmäht aber Aas. Gerne nascht er an Früchten und dem Saft verletzter Bäume. Innerhalb seines Verbreitungsgebietes haben sich mehrere schöne Farbvariationen entwickelt. Die Exemplare in Frankreich haben grüne, in Griechenland blaue, goldrot geränderte Flügeldekken. Verbreitung: Großteil Europas.

3 Lederlaufkäfer *Carabus coriaceus.* 26–42 mm, ist einer der größten und eindrucksvollsten europäischen Laufkäfer. Nur die Art *Procerus gigas,* die eine Länge von 60 mm erreicht, übertrifft ihn. Der Lederlaufkäfer ist ein großer Räuber, der nachts Schnecken, Larven und Regenwürmer jagt. Tagsüber hält er sich unter Holz, Steinen und unter der Rinde alter Baumstümpfe verborgen. Er fliegt nicht. Wird er gestört, nimmt er Drohstellung ein, indem er sich auf den Beinen aufrichtet. In den letzten Jahren wurde er immer seltener, mancherorts ist er völlig verschwunden. Verbreitung: Großteil Europas (fehlt in Großbritannien).

4 Goldleiste *Carabus violaceus.* 18–34 mm, hat auf Schild und Flügeldecken einen violetten bzw. grünlichen bis blaugrünen Rand. Lebt meist in Wäldern und Feldern, manchmal auch in Gärten. An manchen Orten, vor allem in feuchten Wäldern, ist er zahlreich anzutreffen. Verbreitung: Fast ganz Europa bis zum Kaukasus, Westsibirien.

5 Gartenlaufkäfer *Carabus hortensis.* 23–30 mm, lebt in feuchten Wäldern und Hainen, oft auch in ländlichen Gärten und größeren städtischen Parks. Käfer und Larve sind Nachträuber. Sie jagen Insektenlarven, Schnekken und Käfer, sogar verhältnismäßig große Lebewesen (z. B. Maikäfer). Tagsüber verstecken sie sich unter der Rinde von Baumstümpfen, unter Stämmen und Meterholz. Er gehört zu den verhältnismäßig häufigen Laufkäfern. Verbreitung: Vor allem Nord-, Mittel- und Osteuropa, erreicht im Süden Griechenland, im Osten den Ural. Fehlt in einigen deutschen Gebieten.

6 Goldglänzender Laufkäfer *Carabus auronitens.* 17–28 mm, gehört zu den schönsten Käfern in Berg- und Vorgebirgswäldern. Er geht erst abends auf Jagd, tagsüber hält er sich unter der Rinde von Baumstümpfen, unter Holz und Steinen verborgen. Die Käfer überwintern in morschen Baumstümpfen, im April kommen sie wieder hervor. Wie die anderen großen Laufkäferarten bildet der Goldglänzende Laufkäfer geographische Rassen aus, die sich nicht nur in der metallischen Färbung von Schild und Decken, sondern auch in der Farbe der Gliedmaßen, Fühler sowie in der Größe unterscheiden. Verbreitung: Von West- bis Mitteleuropa, fehlt im Norden und auf den Britischen Inseln.

1
2
3
4
5
6

Familie Laufkäfer – *Carabidae*

1 Bergwald-Laufkäfer *Carabus silvestris.* 16–25 mm, ist der Art *C. linnei* ziemlich ähnlich, mit ihr zusammen gehört er in die Untergattung *Orinocarabus.* In der Färbung ist er recht variabel, sie reicht von metallischgrün über kupfern bis zu schwärzlichen Tönen. Wie der *C. linnei* bewohnt auch er Wälder und Gebirgszonen. Verbreitung: Mitteleuropa.

2 Gruben-Laufkäfer *Carabus variolosus.* 23–33 mm, wird zur Untergattung *Hygrocarabus* gerechnet, womit gesagt ist, daß diese Art sich mit Vorliebe in feuchter Umgebung aufhält. Er bewohnt in Gebirgs- und Vorgebirgsgegenden schlammige Stellen. Seltene Art. Verbreitung: Europa (Südteil Mitteleuropas, Rumänien, Bulgarien, französisches Zentralmassiv). Vom Aussterben bedroht.

3 Goldlaufkäfer *Carabus auratus.* 20–27 mm, läßt sich bei oberflächlicher Betrachtung leicht mit dem Goldglänzenden Laufkäfer, *C. auronitens,* verwechseln. Er unterscheidet sich aber von ihm durch den größeren und breiteren Schild und durch glattere breite Rippen auf der Oberseite der Flügeldecken. Die Weibchen sterben nach der Eiablage, die im Frühling und Sommer stattfindet. Im Spätsommer erscheinen die ausgewachsenen Käfer; sie überwintern. Der Käfer lebt auf bestellten Feldern und in Gärten und ist sehr nützlich. Er frißt verschiedene Schnecken, Maikäfer und Kartoffelkäferlarven. Im Durchschnitt verbraucht er täglich eine Nahrungsmenge, die dem 1,3fachen seines Eigengewichts entspricht. Verbreitung: Europa (von Nordspanien bis Mitteleuropa; die Ostgrenze seiner Verbreitung liegt in Polen).

4 Hügel-Laufkäfer *Carabus arvensis.* 13–18 mm, ist in seiner Färbung ziemlich variabel. Bei einigen Exemplaren überwiegt die bräunliche Farbe, bei anderen grünliche, violette, kupferne und schwarze Töne. Über die leicht gewölbten Flügeldecken ziehen sich drei Kettenreihen. Er bewohnt Gebirgs- und Vorgebirgswälder. Verbreitung: Europa (von Norditalien und Westeuropa bis zum Norden), über Sibirien bis nach Japan.

5 Körnerwarze *Carabus cancellatus.* 18–27 mm, ein großer Laufkäfer mit Kettenornamenten auf den Flügeldecken. Er ist einigen weiteren Arten zum Verwechseln ähnlich. Seine Grundfärbung ist kupfern, gelegentlich mit einem Grünstich, die Gliedmaßen sind schwarzbraun oder braun. Er ist ein schneller und guter Läufer, der Felder und Wälder bewohnt. Die Imago überwintert. Das Weibchen legt im ausgehenden Frühjahr und im Sommer Eier, die etwa 4,5 mm lang sind. Seine Entwicklung vollzieht sich ähnlich wie bei den anderen großen Laufkäfern. Zum Sommerende zeigt sich die Imago der neuen Generation. Käfer und Larve sind räuberisch. Ihre Nahrung besteht aus verschiedenen Weichtieren, Regenwürmern, Insektenlarven und nicht zuletzt aus Kartoffelkäferlarven. Innerhalb seines Verbreitungsgebietes haben sich mehrere geographische Rassen ausgebildet. Verbreitung: Europa (von Norditalien bis nach Finnland und Norwegen, selten in Großbritannien), Sibirien.

6 Carabus splendens. 25–36 mm, ist zweifellos einer der schönsten großen Laufkäfer. Verbreitung: Gebirgszonen Frankreichs und Spaniens.

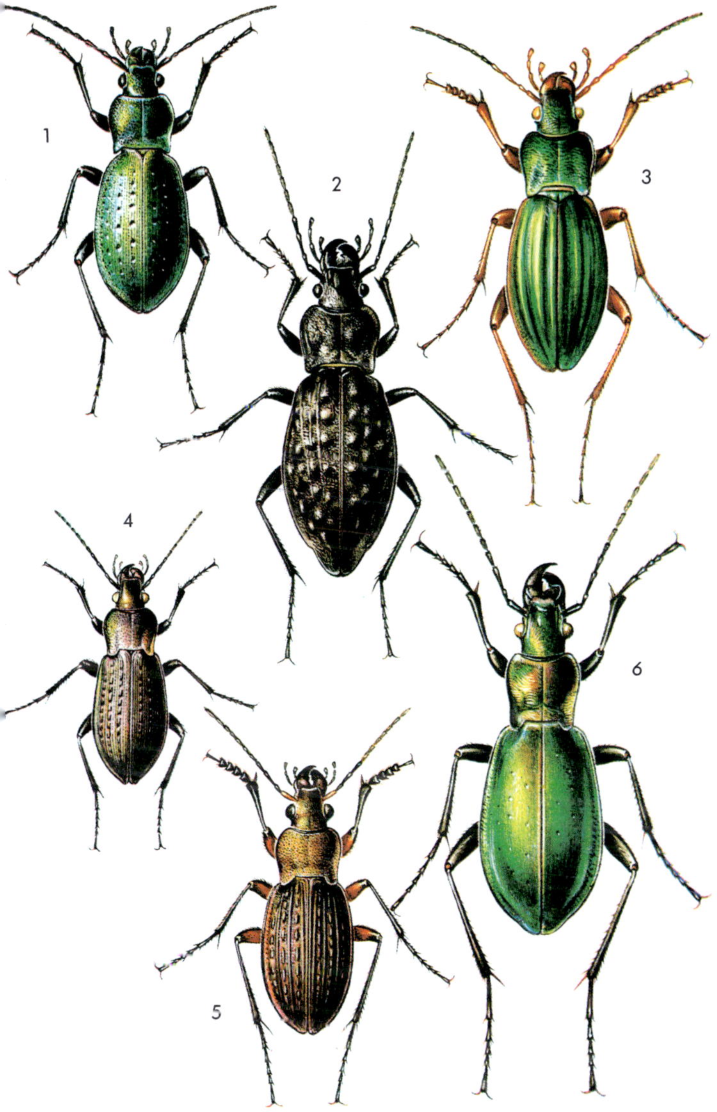
1
2
3
4
5
6

Familie Laufkäfer – *Carabidae*

1 Körniger Laufkäfer *Carabus granulatus.* 16–23 mm, ist meist bronzefarben mit einem leichten Grünstich, nur in Ausnahmefällen schwarz. Die Käfer überwintern in einer etwa 50 cm unter der Erdoberfläche liegenden Wiege. Im Frühjahr legt das Weibchen rund 40 Eier, die etwa 4 mm lang sind. Die Larve verkriecht sich vor jeder Häutung in der Erde, die ausgewachsene Larve kriecht noch tiefer und stellt sich eine Puppenwiege her. Die geschlüpfte Imago bleibt bis zum nächsten Frühjahr unter der Erde. Käfer und Larve sind nützliche Räuber, hauptsächlich jagen sie Kartoffelkäfer. Verbreitung: Große Teile der paläarktischen Region (in Europa von Nordspanien und Mittelitalien bis Mittelskandinavien und Finnland).

2 Glatter Laufkäfer *Carabus glabratus.* 22–32 mm, kommt von Niederungen bis ins Hochgebirge vor (2000 m). Er lebt in Wäldern und geht auch tagsüber auf Beute aus. Er liebt Feuchtigkeit; besonders nach Regen ist er häufig auf Waldwegen und in der Nähe von Bächen anzutreffen. Verbreitung: Europa, Ural.

3 Carabus irregularis. 19–30 mm, gehört zu den montanen großen Laufkäferarten, kommt vor allem in alten morschen Baumstümpfen vor. Er tritt von Mai bis August auf. Verbreitung: Gebirgs- und Vorgebirgszonen in Mittel- und Westeuropa, Jugoslawien, Rumänien.

4 Großkopf *Broscus cephalotes.* 17–22 mm, kommt meist in Niederungen und Hügelgebieten vor, bevorzugt Standorte mit Sanduntergrund. Er gräbt Gänge in die Erde, an deren Öffnungen er auf Beute lauert. Er ist ein Räuber und vertilgt hauptsächlich Larven. Daher ist er sehr nützlich, wie alle Laufkäfer. Verbreitung: Vor allem Mittel- und Nordeuropa, Ostfrankreich, Mittelitalien, auf der Balkanhalbinsel in Jugoslawien.

5 Eilkäfer *Notiophilus biguttatus.* 5 mm, ist die häufigste Art dieser Gattung in Europa. Die Gattungszugehörigkeit läßt sich an den auffallend großen Augen feststellen. Er läuft in abgefallenen Nadeln umher und kommt fast überall vor. Verbreitung: Paläarktische Region.

6 Ahlenläufer *Bembidion lampros.* 2,8–4 mm, gehört zu einer sehr artenreichen Gattung, zu der einige Dutzend winzige und morphologisch einander sehr ähnliche Arten zählen. Wie die anderen Laufkäfer, ist dieser kleine Käfer gleichfalls ein Räuber. Meist zeigt er sich auf Feldern und Wiesen. Verbreitung: Großteil Europas, Sibirien, Nordamerika.

7 Dammläufer *Nebria brevicollis.* 9–14 mm, gehört zur Gruppe der kleineren und dunkel gefärbten Laufkäfer. Lebt auf reichen Humusböden in Niederungen und Vorgebirgslandschaften und ist häufig. Verbreitung: Europa, Kaukasus, Kleinasien, Nordafrika (Algerien).

8 Grüngestreifter Grundkäfer *Omophron limbatum.* 6–7 mm, lebt in sandigen Flußufern, wo er im Frühjahr und Sommer zu finden ist. Verbreitung: Europa, Nordafrika.

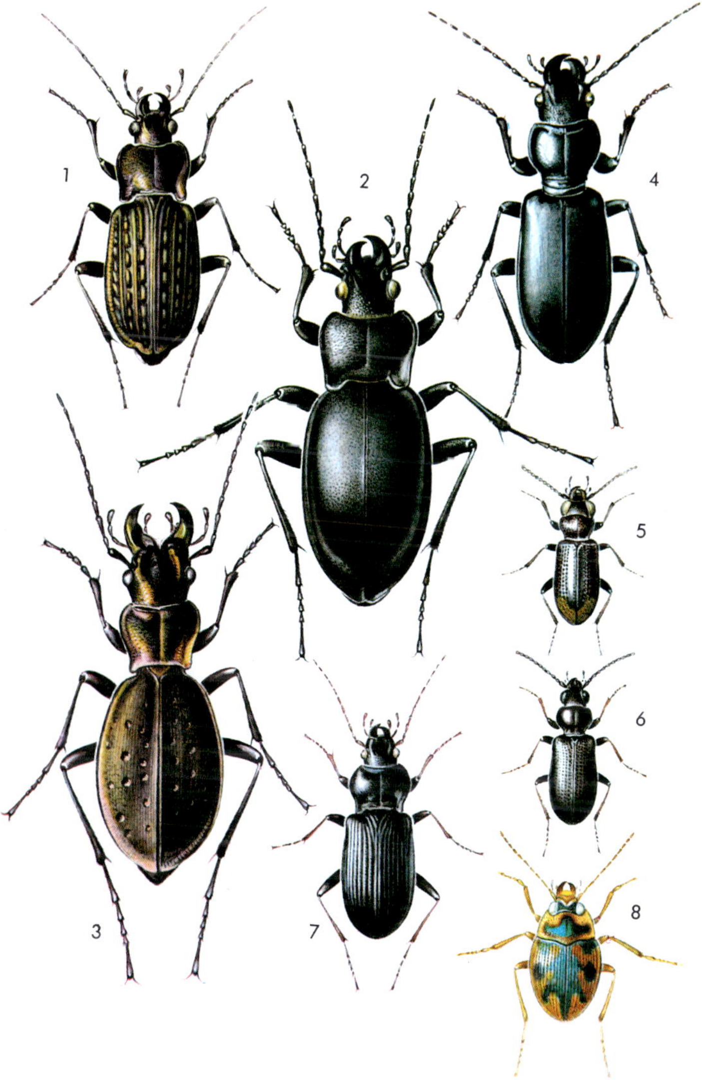
1
2
4
5
3
7
6
8

Familie Laufkäfer – *Carabidae*

1 Breithalskäfer *Calathus melanocephalus.* 6–8 mm, gehört zu den weit verbreiteten kleinen Arten; liebt feuchte Orte vom Tiefland bis ins Hochgebirge. Verbreitung: Ganz Europa, Kaukasus, Sibirien.

2 Agonum sexpunctatum. 7–9 mm, hat meist einen grünen Schild und goldrote Decken. Viele Exemplare haben auch einen blauen Schild und bronzene, bläuliche, blauviolette oder schwarze Decken. Durch eine Lupe sieht man, woher seine Artbezeichnung rührt: Auf jeder Elytre zeigt sich eine Reihe von sechs kleinen Vertiefungen. Der Käfer hält sich unter Steinen auf Rainen und Feldwegen verborgen. Hauptsächlich kommt er in Hügelgebieten und im Gebirge vor, im Flachland ist er seltener. Verbreitung: Fast ganz Europa, ein großer Teil Asiens (Sibirien).

3 Putzkäfer *Agonum dorsale.* 6–7,5 mm, ist leicht an den grünen Flecken auf den Deckenenden zu erkennen. Er ist häufig und findet sich oft mit mehreren Artgenossen unter Steinen an trockenen Feldrändern und auf Feldwegen. Verbreitung: Fast ganz Europa einschließlich Mittelmeerraum, Sibirien.

4 Grabkäfer *Pterostichus niger.* 16–21 mm, wird leicht mit einer Reihe ähnlicher Arten verwechselt. Ist in Wäldern und Feldern häufig, manchmal auch in Gärten anzutreffen. Verbreitung: Europa, Kaukasus, Sibirien.

5 Pterostichus metallicus. 12–15 mm, ist ein ziemlich auffälliger Bewohner von Standorten im Gebirge und Vorgebirge. Er hält sich unter Steinen, altem Holz usw. auf, auch zeigt er sich auf Waldwegen. Kommt in den Alpen, Karpaten und in den Bergen des Nordbalkans häufig vor.

6 Breitkäfer *Abax ater.* 18–22 mm, hat viele verwandte Arten, auf den Flügeldecken aber keine kleinen Vertiefungen, die für die anderen Arten charakteristisch sind. Er kommt in tieferen Lagen und im Gebirge vor, wo sich eine eigene, etwas kleinere Form entwickelt hat. Verbreitung: Hauptsächlich Süd- und Mitteleuropa, ist im Norden selten oder fehlt völlig.

7 Kanalkäfer *Amara aenea.* 6–8 mm, kommt bei uns sehr häufig vor. Hat einen ovalen Umriß, der Schild ist hinten genausobreit wie die Decken. Verbreitung: Über die ganze paläarktische Region.

8 Getreidelaufkäfer *Zabrus tenebrioides.* 14–16 mm, stellt unter den räuberischen Laufkäfern eine Ausnahme dar, denn er ist ein Pflanzenfresser. Der Käfer tritt ab Juni auf. Tagsüber verbirgt er sich unter Steinen, nachts klettert er an Halmen in die Ähren hinauf und frißt Körner. Von Zeit zu Zeit kommt er auch am Tag aus seinem Versteck, um in ein neues Gebiet zu fliegen. Die Weibchen sterben meist nach der Eiablage im Herbst. Manche überwintern und legen im neuen Jahr nochmals Eier. Die Larven schlüpfen schon nach kurzer Zeit und ernähren sich von den Blättern der Wintersaat. Nach der Überwinterung fährt die Larve in ihrem Reifungsfraß fort und verpuppt sich. Früher galt dieser Käfer als großer Getreideschädling, heute macht sich seine Schädlichkeit nur noch lokal bemerkbar. Verbreitung: Europa (im Norden und in Großbritannien seltener), Kleinasien. Stark gefährdet.

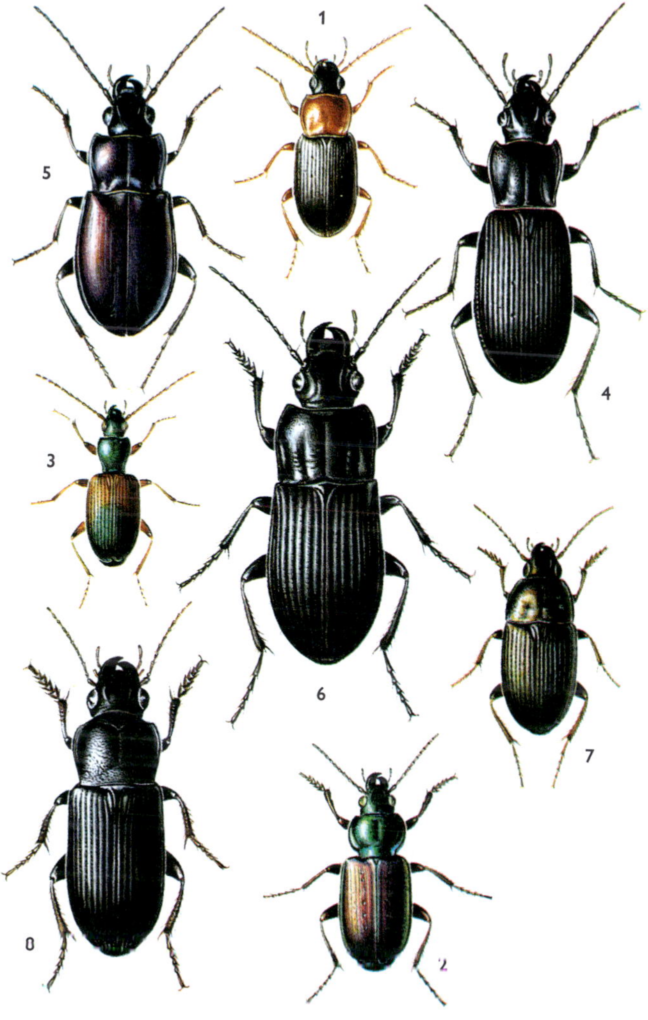
1
5
4
3
6
7
8
2

Familie Laufkäfer – *Carabidae*

1 Mondfleck *Callistus lunatus.* 6–7 mm, gehört zu den wärmeliebenden Käfern. Auf sonnenbeschienenen Hängen und in Steppen hält er sich oft in der Gesellschaft anderer kleiner Laufkäferarten unter Steinen verborgen. Verbreitung: Europa (außer dem Norden, in Süddeutschland, hier häufig, in den nördlichen Landesteilen kommt er nicht vor), Kleinasien, Vorderasien (Iran). Gefährdet!

2 Grünköpfiger Prunkläufer *Lebia chlorocephala.* 4,8–8,5 mm, hält sich am liebsten auf feuchten Wiesen und an Waldrändern auf. Ein nachtaktiver Käfer, der auch gern auf Pflanzen klettert. Von der nächstverwandten Art *L. cyanocephala* unterscheidet er sich hauptsächlich durch die Färbung der Fühlerbasis. Bei *L. chlorocephala* sind die ersten beiden und ein Teil des 3. Fühlerglieds rotgelb, bei *L. cyanocephala* nur das erste Glied. Verbreitung: Europa, Kaukasus, Westsibirien. Gegenwärtig im Rückgang begriffen.

3 Behaarter Schnelläufer *Harpalus rufipes.* 14–16 mm, hat Flügeldecken, die dicht mit vielen feinen und kurzen Härchen bestanden sind (früher lautete seine Bezeichnung *H. pubescens*). Lebt überall zahlreich, besonders auf Feldern und auf Feldwegen unter Steinen. Verbreitung: Ganze paläarktische Region.

4 Metallfarbener Schnelläufer *Harpalus aeneus.* 9–12 mm, ist zwar in den meisten Fällen metallisch grün oder kupfern, es gibt aber auch Tiere mit einem Blauschimmer oder ganz schwarze Exemplare. Fühler und Gliedmaßen sind aber stets braunorange. Bei uns ist der Käfer überall auf Feldwegen (oft unter Steinen) und Feldern anzutreffen. Verbreitung: Europa, Westasien, Nordamerika.

5 Wanderkäfer *Badister bipustulatus.* 4–6 mm, verbirgt sich an feuchten Stellen unter Steinen und Holz, ist dort meist häufig anzutreffen. Die Zeichnung auf den Decken ist variabel. Verbreitung: Europa, Kaukasus, Sibirien, Nordamerika.

6 Grünkäfer *Chlaenius nitidulus.* 10–12 mm, ist die häufigste aus einer Reihe verwandter, ebenfalls grüner Laufkäferarten. Sucht feuchte Stellen auf, am liebsten in Wassernähe. Verbreitung: Hauptsächlich Süd- und Mitteleuropa (ist in Großbritannien selten).

7 Brachynus crepitans. 6,5–10 mm, ist eine dem unten genannten Bombardierkäfer sehr ähnliche Art, die wegen ihrer Größe ins Auge fällt. Hält sich gleichfalls unter Steinen auf, mit Vorliebe auf Kalksteinboden. Auch dieser Käfer kann „schießen“, sogar sehr viel intensiver als die kleineren Verwandten. Verbreitung: Europa (im Süd- und Mittelteil häufiger, im Norden meist selten), Sibirien, Nordafrika.

8 Bombardierkäfer *Brachynus explodens.* 4–6,5 mm, lebt unter Steinen an Feldrändern. Dieser Käfer (und seine verwandten Arten) schützt sich vor seinen Feinden auf eine sehr merkwürdige Art: Er trägt in seinem Hinterleib Drüsen, die verschiedene Stoffe ausscheiden, bei deren Mischung es zu einer komplizierten chemischen Reaktion kommt. Dabei ertönt ein hörbarer kleiner Knall, und aus dem Hinterleibsende des Käfers kommt ein winziges bläuliches Rauchwölkchen. Verbreitung: Europa (fehlt im Norden, in Nordfrankreich, Holland, Großbritannien usw.), Sibirien.

1
3
4
2
5
6
7
8

Familie Wassertreter – *Haliplidae*

1 Tropfenförmiger Wassertreter *Haliplus flavicollis.* 3,5–4 mm, ähnelt in Form und Farbe einer ganzen Reihe der in Mitteleuropa verbreiteten Arten. Am einfachsten erkennbar an den Punkten, die auf dem Schildrand sitzen. Sie sind vorne kleiner als an der Basis. Ein weiteres Merkmal sind die verbreiterten Hüften des dritten Beinpaares. Er hält sich unter der Oberfläche sauberer Gewässer in Pflanzennähe auf. Verbreitung: Europa, Asien (Sibirien, Turkestan), Nordafrika.

Familie Schwimmkäfer – *Dytiscidae*

2 Glatter Kugelschwimmer *Hyphydrus ovatus.* 4,5–5 mm, weist starke Unterschiede zwischen Männchen und Weibchen auf. Die Männchen sind dicht mit Punkten übersät, die Weibchen fast glatt. Häufige Art. Verbreitung: Europa, Sibirien.

3 Graptodytes pictus. 2,3 mm, besitzt eine ähnliche Zeichnung auf den Flügeldecken wie die vorige Art, wurde deshalb früher in die Gattung *Hydroporus* einbezogen. Er bewohnt kleine Tümpel mit reicher Vegetation. Verbreitung: Europa (hauptsächlich Mittel- und Nordeuropa und die nördlichen Teile von Südeuropa).

4 Hygrotus versicolor. 3,5 mm, fällt durch schwarze Längsstreifen auf den Flügeldecken auf. Unter einer starken Lupe zeigen sich auf den Decken außerdem noch feine Punkte, zwischen denen auch einige größere sitzen. Der Käfer ist in stehenden Gewässern ziemlich häufig. Verbreitung: Europa (von Skandinavien bis in die nördlichen Teile des Balkans, Italiens und Spaniens), Iran.

5 Furchenschwimmer *Acilius sulcatus.* 16–18 mm, weist beträchtliche Unterschiede zwischen Männchen und Weibchen auf. Das Weibchen hat auf jeder Flügeldecke drei starke Längsrippen, zwischen denen feine Härchen stehen, das Männchen hat glatte Elytren und runde Saugnäpfe an den Vorderbeinen. Der Käfer lebt meist in ruhigen Flußarmen, Quellen und Teichen, sucht fliegend auch Pfützen auf und bleibt vorübergehend darin. Imago und Larve sind Räuber, sie jagen kleinere Wasserlarven, Krustentiere usw. Larve und Käfer sind Tracheenatmer, müssen also von Zeit zu Zeit an die Wasseroberfläche kommen, wo sie mit dem Hinterleib Luft holen, ähnlich wie andere Schwimmkäferarten. Verbreitung: Europa (von Mittelitalien und Nordspanien über Mitteleuropa nach Norden bis nach Lappland), Transkaukasien, Nordafrika.

6 Gemeiner Zwergschwimmer *Hydroporus palustris.* 3,5–4 mm, mit gelber Flügeldeckenzeichnung. Manchmal sind die Flügeldecken auch zum größten Teil gelb. Einer der häufigsten im Wasser lebenden Käfer, kommt vom Tiefland bis ins Gebirge vor. Verbreitung: Europa, Sibirien, Kleinasien, Transkaukasien.

7 Schlammschwimmer *Ilybius fenestratus.* 11–12 mm, taucht in toten Flußarmen, Tümpeln und kleinen Quellen im Wald auf. Verbreitung: Vor allem Mittel- und Nordeuropa bis nach Lappland, Nordteile Südeuropas, Sibirien, Nordamerika.

8 Schnellschwimmer *Platambus maculatus.* 7–8 mm, bewohnt zugewachsene Bäche und grasbestandene Gräben in Niederungen, aber auch Gebirgsbäche und Quellen. Leicht erkennbar an der gelben Flügeldeckenzeichnung. Verbreitung: Europa (bis Nordskandinavien), Kaukasus, Transkaukasien, Westsibirien.

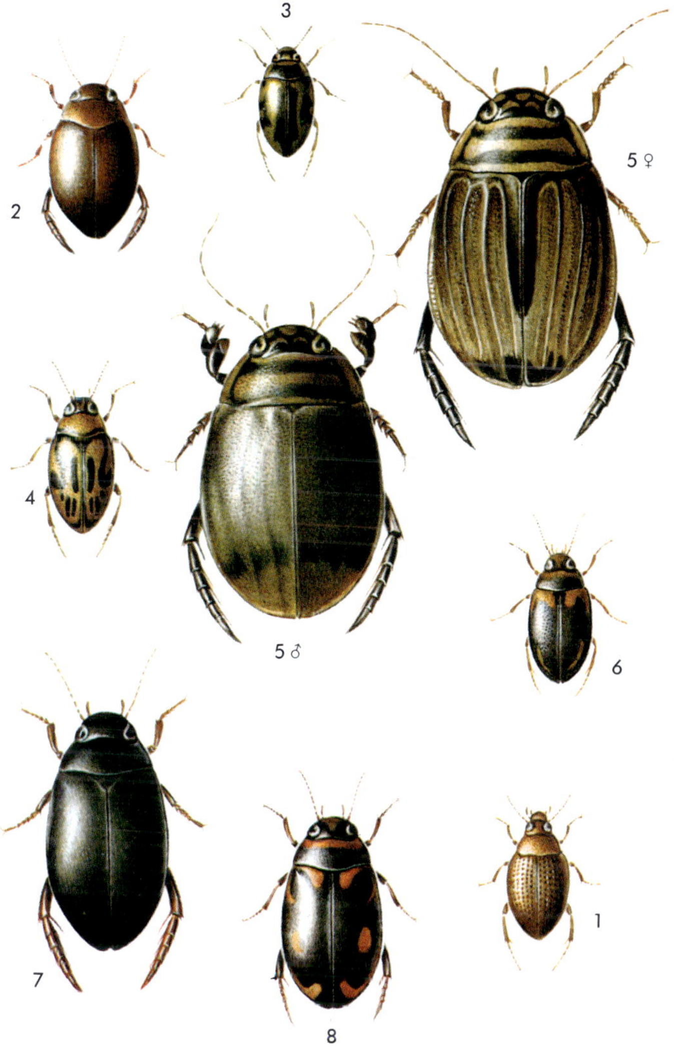
3
2
5 ♀
4
5 ♂
6
7
8
1

Familie Schwimmkäfer – *Dytiscidae*

1 Breitrand *Dytiscus latissimus.* 35–44 mm, ist die größte Art aus dieser Familie. Sehr viel seltener als der Gemeine Gelbrandkäfer, besonders im letzten Jahrzehnt ist er an vielen Fundorten völlig oder beinahe verschwunden. Verbreitung: Europa (die Westgrenze verläuft durch Frankreich, im Norden erreicht er Norwegen, Dänemark, Süd- und Mittelschweden und Finnland; fehlt in Lappland und Großbritannien, im Süden berührt er Norditalien), Westsibirien. Vom Aussterben bedroht.

2 Gemeiner Gelbrandkäfer *Dytiscus marginalis.* Bis 35 mm, hat sich mit seiner Körper- und Beinform ausgezeichnet dem Leben unter Wasser angepaßt. Etwa vier- bis siebenmal in der Stunde kommt er an die Oberfläche, von der er dann kopfabwärts hängt und Luft in seine Luftkammern pumpt. Das Männchen unterscheidet sich vom Weibchen durch die glatten Flügeldecken, doch ist dieses Merkmal nicht sehr zuverlässig, da einige Weibchen ebenfalls glatte Flügeldecken haben. Ein eindeutiges Merkmal der Männchen sind die Saugnäpfe an den Vorderbeinen. Kreisförmig um zwei größere Saugnäpfe herum sitzen etwa 150 kleinere, die denen an den Mittelfüßen ähnlich sind. Der Käfer ist ein Räuber, er jagt die verschiedensten kleinen Lebewesen und geht auch an Aas. Er kann ein bis zwei Monate hungern. Die Männchen werden ein Jahr alt, die Weibchen leben in der Regel ein halbes Jahr länger. Ihre Eier legen sie in Wasserpflanzen ab. Die Larven sind räuberisch und lauern im Wasser auf Beute, die sie durch eine Rinne in den Oberkiefern aussaugen. Die ausgewachsene Larve kriecht vor der Verpuppung ans Ufer und verpuppt sich in einem Kokon aus Erde. Diese Käfer gehören nicht zu den Schädlingen der Fischbrut, wie ständig von Fischzüchtern behauptet wird; sie erbeuten meist nur schwache oder kranke Fischchen. Verbreitung: Europa (von der Pyrenäenhalbinsel bis nach Skandinavien, fehlt meist auf dem Balkan), Kaukasus, Sibirien, Japan, Nordamerika.

3 Cybister lateralimarginalis. 30–32 mm, bewohnt stehende und fließende Gewässer, in denen sich die Imago vom Frühjahr bis in den Hochsommer zeigt. Verbreitung: Europa (vom Süden und Westen bis nach Dänemark und Südschweden), Kaukasus, Kleinasien, Irak, Iran, Südsibirien u. a.

Familie Taumelkäfer – *Gyrinidae*

4 Gyrinus natator. 5–7 mm, kommt häufig vor. Die Käfer kurven auf der Wasseroberfläche umher. Diesem Lebensraum hat sich der Käfer vollendet angepaßt. Sein Körper ist flach, die Fühler sind kurz und dick. Von den Gliedmaßen ist das Vorderpaar am besten entwickelt, die anderen beiden sind nur kurz. Beachtenswert ist der Bau des Auges, das durch eine Trennwand zweigeteilt ist. Mit der Oberhälfte nimmt der Käfer das Leben über der Wasseroberfläche wahr, mit der unteren sieht er unter Wasser. Verbreitung: Großer Teil Europas, Sibirien, Mongolei, Nordafrika. Stark gefährdet.

5 Gyrinus minutus. 3,5–4,5 mm, ist eine der kleineren, aber selteneren Arten. Verbreitung: Ganz Europa (vor allem im Norden, bis nach Lappland), Sibirien, Nordchina, Nordamerika.

1
4
5
3
2 ♂
2 ♀

Familie Kurzflügler – *Staphylinidae*

1 Stenus biguttatus. 4,5–5 mm, ist an feuchten Standorten sehr häufig (Fluß- und Bachufer usw.). Er zeichnet sich durch seine Körperform, ungewöhnlich große Augen und zwei orangegelbe Punkte auf den Flügeldecken aus (diese Punkte kommen aber auch bei anderen Arten vor). Die Imago überwintert. Verbreitung: Europa, Sibirien, Nordchina.

2 Eusphalerum florale. 2,7–3 mm, stellt zusammen mit anderen verwandten Arten eine Kurzflüglergruppe dar, die sich in Blüten aufhält. Für einen Kurzflügler hat er verhältnismäßig lange Flügeldecken. Kommt meist zahlreich vor. Verbreitung: Mitteleuropa (außer dem Nordosten).

3 Anthophagus caraboides. 4,4–5,5 mm, lebt auf Blüten, oft zusammen mit anderen Kurzflüglerarten. Im Gebirge und Gebirgsvorland sehr häufig, im Flachland kommt er nicht vor. Verbreitung: Mitteleuropa.

4 Oxyporus rufus. 7–12 mm, fällt nicht nur durch seine relativ großen Kiefer, sondern auch durch seine bunte Färbung auf. Im Sommer ist er oft in alten Waldpilzen (Täublingen, Fliegenpilzen u. a.) zu finden, wo auch seine Larven leben. Der eng verwandte *O. maxillosus* lebt gleichfalls in Pilzen, bevorzugt aber Steinpilze u. ä. Auch er hat große Kiefer, sein Schild jedoch ist schwarz und die Decken gelblich mit einem dunklen Fleck an der äußeren Ekke. Verbreitung: Große Teile der paläarktischen Region.

5 Philonthus politus. 10,5–13 mm, stellt eine von mehreren Dutzend verwandten und einander ähnlichen Arten dar, die in Mitteleuropa leben. Ihre Bestimmung ist sehr schwierig, bei Kurzflüglern ist das meist nur durch einen Fachmann möglich. Diese Art bewohnt die verschiedensten Biotope, es müssen nur genug verwesende Stoffe tierischen oder pflanzlichen Ursprungs vorhanden sein. In ihnen sucht der Käfer nach Insektenlarven. Meist findet man ihn auf kleineren Tierkadavern, auf verfaulendem Laub, in alten Pilzen, auf Säugetierexkrementen usw. Gern sucht er verletzte Bäume auf, aus denen Saft quillt. Verbreitung: Großteil der paläarktischen Region, nearktische Region (Nordamerika), australische Region (Tasmanien, Neuseeland).

6 Othius punctulatus. 10–14 mm, ähnelt im Gesamtaussehen vielen anderen Arten. Er hat braune Flügeldecken und ein braunes Hinterleibsende. Der Schild ist meist schwarz mit einem hellbräunlichen Rand. Gehört zu den sehr häufigen Waldkäferarten. Wie viele andere Kurzflügler hält auch er sich in Humus, abgefallenem Laub, Moos usw. auf. Kommt vom Tiefland bis ins Hochgebirge vor. Verbreitung: Großteil Europas, Sibirien, Nordafrika.

7 Xantholinus tricolor. 7,5–11 mm, ist in unserer Fauna die häufigste aus einer Reihe eng miteinander verwandter Arten. Der Schild ist ungleichmäßig gefärbt, stets ist der hintere Teil dunkler. Er zeigt sich meist in Wäldern in abgefallenem Laub, im Moos, er versteckt sich gern unter Steinen, altem Holz und Baumstümpfen. Kommt vom Tiefland bis ins Hochgebirge vor. Verbreitung: Großteil Europas, Kaukasus, Sibirien.

1
2
3
4
5
6
7

Familie Kurzflügler – *Staphylinidae*

1 Ocypus tenebricosus. 20–32 mm, gehört zu den größten Kurzflüglern. Er hält sich unter Holz und Steinen von Niederungen bis ins Gebirge hinein auf, ist dabei im Tiefland weniger zahlreich als in höheren Lagen. Verbreitung: Mitteleuropa, Balkan, Italien.

2 Aleochara curtula. 5,5–8 mm, eine der großen Arten aus dieser Gattung, zu der etwa vierzig kleine und schwer zu bestimmende Arten zählen. Findet sich häufig auf toten Tieren, in Pilzen, in Abfall, auf alten Häuten usw. Verbreitung: Großteil Europas.

3 Tachyporus obtusus. 3,3–4 mm, fällt durch seinen hellen Schild auf, lebt am liebsten im Moos und in der Bodenstreu. Verbreitung: Großer Teil Europas.

4 Creophilus maxillosus. 15–25 mm, ist ein Räuber, der seiner Beute auf Mist- und Abfallhaufen sowie auf Aas nachstellt. Stellenweise zahlreich. Verbreitung: Paläarktische Region, Nordamerika, orientalische Region.

5 Ontholestes tessellatus. 14–19 mm, ist häufig auf faulenden Stoffen und Exkrementen anzutreffen, aber auch auf verwundeten Bäumen, aus denen Saft tritt. Verbreitung: Mittel- und Nordeuropa, Sibirien.

6 Bolitobius lunulatus. 5–7 mm, jagt in Waldpilzen nach verschiedenen Insektenlarven. In Pilzen verläuft auch seine Entwicklung. Verbreitung: Großteil Europas (hauptsächlich Mittel- und Nordeuropa), Kaukasus, Nordasien.

7 Quedius cinctus. 7,5–8,5 mm, sucht verfaulende Stoffe auf, lebt im Erdreich und Moos. Häufige Art. Verbreitung: Europa, Nordafrika.

8 Staphylinus caesareus. 17–25 mm, ähnelt in Körperform und Färbung einigen verwandten großen Kurzflüglerarten. Hält sich unter Steinen und in anderen Verstecken auf, schon in den Frühjahrsmonaten kann man ihn Wege entlanglaufen sehen. Er sucht tote Tiere und verwesende pflanzliche Stoffe auf, um in ihnen Larven nachzustellen. In Hügellandschaften ist er häufig anzutreffen, im Flachland ist er selten oder fehlt ganz. Verbreitung: Ganz Europa, Nordamerika.

Familie Palpen- oder Zwergkäfer – *Pselaphidae*

9 Pselaphus heisei. 1,6–1,8 mm, zeigt sich an feuchten Stellen unter Steinen, im Moos und vermoderndem Laub, ist stellenweise zahlreich. Verbreitung: Großteil Europas.

Familie Keulenkäfer – *Clavigeridae*

10 Rotbrauner Keulenkäfer *Claviger testaceus.* 2–2,5 mm, lebt zusammen mit der Ameisenart *Lasius flavus.* Er scheidet für die Ameisen aus besonderen Drüsen eine süße Flüssigkeit aus und ist von ihnen in hohem Maß abhängig, da er blind ist und sich seine Nahrung nicht selbst suchen kann. Die Ameisen füttern ihn, und bei Gefahr tragen sie ihn mit ihren Kieferzangen in Sicherheit. Er lebt vor allem auf warmen, sonnenbeschienenen Hängen in Niederungen, geht aber bis zu 1000 m hoch. Verbreitung: Stellenweise in verschiedenen Teilen Europas.

1
2
3
4
5
6
7
8
9
10

Familie Aaskäfer – *Silphidae*

1 Gemeiner Totengräber *Necrophorus vespilloides.* 10–18 mm, gehört zu den Totengräbern, die auf dunklen Flügeldecken orangegelbe Flecken haben. Er kommt häufig in Wäldern vor. Ähnlich wie die verwandten Totengräberarten sucht auch er kleine Tierkadaver auf, um sie zu begraben. Zu einem Kadaver kommen in der Regel mehrere Pärchen geflogen, sie bekämpfen sich gegenseitig, bis ein Paar am Kadaver übrigbleibt. Bei dieser Art begraben Männchen und Weibchen das Aas gemeinsam, bei anderen Arten verjagt das Weibchen das Männchen. Der Kadaver wird von den Käfern begraben und gleichzeitig zu einer „Nahrungskugel" geformt. Das Weibchen treibt hochentwickelte Brutpflege. Es legt in einen besonderen Gang in unmittelbarer Nähe der Kugel seine Eier ab. Die Larven schlüpfen nach kurzer Zeit und kriechen zur Aaskugel. Das Weibchen, manchmal auch das Männchen, füttern die Larven während der ersten Stunden ihres Lebens und wiederholen diese Fütterungen auch später nach jeder Häutung. Die ausgewachsene Larve verpuppt sich in der Nahrungskugel. Verbreitung: Paläarktische Region.

2 Schwarzer Totengräber *Necrophorus humator.* 18–28 mm, hat völlig schwarze Flügeldecken genauso wie die folgende Art *N. germanicus.* Er unterscheidet sich von ihm nicht nur durch seine Größe, sondern auch durch die roten Keulenenden an den Fühlern. Verbreitung: Ganz Europa, Kaukasus, Vorderasien (Syrien), Nordafrika.

3 Necrophorus germanicus. 20–30 mm, unser größter Totengräber. Seine Fühler enden in einer schwarzen Keule. Nachts fliegt der Käfer auf tote Tiere, wurde aber auch in Exkrementen gefunden, wo er Mist- und Dungkäfern nachstellt. Verbreitung: Europa (fehlt in Großbritannien, im Norden und auf der Iberischen Halbinsel), Kaukasus, Vorderasien (Syrien).

4 Rübenaaskäfer *Blitophaga opaca.* 9–12 mm, ernährt sich von verschiedenen, wirtschaftlich meist bedeutungslosen Pflanzen (Gräsern, Unkraut, verschiedenen Kreuzblütlern). Manchmal befällt er aber auch Zuckerrüben, weswegen er in einigen Gegenden Europas zu den Schädlingen zählt. In Mitteleuropa gehört er aber schon eher zu den selteneren Käfern. Er überwintert an Waldrändern unter Steinen und Streu, im zeitigen Frühjahr kommt er aus seinem Winterversteck. Verbreitung: Ganz Europa, Nord- und Mittelasien, Nordamerika.

5 Vierpunkt-Raupenjäger *Xylodrepa quadripunctata.* 12–14 mm, unterscheidet sich von den verwandten Arten vor allem durch die Färbung und in der Lebensweise. Im Gegensatz zu den übrigen Aaskäfern, die meist auf Aas oder vermodernde Pflanzen fliegen, jagt der Vierpunkt lebende Beute. Er lebt vor allem in Eichenbeständen, aber auch in anderen Laubwäldern, wo er den Raupen verschiedener schädlicher Schmetterlinge nachstellt. Er ist daher als nützliche Art von Bedeutung. Verbreitung: Europa (fehlt auf der Iberischen Halbinsel und in Griechenland).

6 Gerippter Totenfreund *Thanatophilus sinuatus.* 9–12 mm, eine zahlreich und häufig vorkommende schwarz gefärbte Art, die sich auf toten Tieren aufhält. Verbreitung: Ganz Europa, Vorderasien (Iran), Nordafrika.

7 Rothalsige Silphe *Oeceoptoma thoracica.* 12–16 mm, lebt in abgestorbenen Organismen, Exkrementen und alten Pilzen, kommt oft auf Stinkmorcheln *(Phallus impudicus)* vor. Überall häufig anzutreffen. Verbreitung: Europa, Sibirien, Japan.

1
2
3
4
5
6
7

Familie Kolonistenkäfer – *Colonidae*

1 Colon brunneum. 1,4–2,7 mm, gehört unter den zwei Dutzend mitteleuropäischen Arten dieser kleinen und in biologischer Hinsicht noch wenig erforschten Familie zu den häufigsten. Verbreitung: Fast ganz Europa, Kaukasus.

Familie Nestkäfer – *Catopidae*

2 Catops chrysomeloides. 3,5–5,5 mm, zeigt sich mit Vorliebe auf verfaulenden Stoffen (oft auf Tierkadavern) und in Höhlen von Säugetieren. Stellenweise zahlreich. Der Käfer ist manchmal noch im Dezember anzutreffen, da die Imago überwintert. Verbreitung: Von den nördlichen Gebieten Südeuropas bis nach Südskandinavien, Kaukasus.

Familie Kahnkäfer – *Scaphidiidae*

3 Scaphidium quadrimaculatum. 5,5–6,5 mm, verbirgt sich unter der Rinde von Baumstümpfen oder gefällten Stämmen, wo sich Schimmel bildet, gelegentlich kriecht er auch in Baumpilze. Wird er gestört, läuft er sehr schnell davon. Man findet ihn vor allem im Gebirge und im Gebirgsvorland. Verbreitung: Großteil Europas (nach Norden bis Mittelschweden und Karelien, nach Süden bis Italien und auf dem Balkan), Kleinasien.

Familie Stutzkäfer – *Histeridae*

4 Viergefleckter Stutzkäfer *Hister quadrimaculatus.* 7–11 mm lang, gehört zu den größten europäischen Stutzkäferarten. Die roten Flekken auf seinen Flügeldecken sind recht veränderlich, sie können reduziert sein oder sogar ganz verschwinden, so daß der Käfer dann völlig schwarz ist. Wärmeliebende Art, die am liebsten an sandigen Stellen im Pferde- und Rinderdung sowie unter faulenden Pflanzenresten lebt. Verbreitung: Mittel- und Südeuropa, Kaukasus, Kleinasien.

5 Hister impressus. 4–7 mm, gehört zu den sehr häufig vorkommenden Käfern. Er hält sich meist auf kleinen Kadavern, aber auch auf verwesenden Pflanzen, in faulenden Pilzen und an Saftstellen der Bäume auf. Verbreitung: Ganz Europa, Sibirien, Japan.

Familie Rotdeckenkäfer – *Lycidae*

6 Pyropterus nigroruber. 7,5–10 mm, sitzt auf weißen Dolden, von denen er sich in seiner rotschwarzen Färbung auffällig abhebt. Auch in morschen Baumstümpfen ist er zu finden, dort entwickeln sich seine Larven. Der Käfer kommt vor allem im Gebirge und im Gebirgsvorland vor, ist aber nicht allzu häufig. Verbreitung: Eurasien.

Familie Leuchtkäfer – *Lampyridae*

7 Kleiner Leuchtkäfer *Phausis splendidula.* 8–10 mm, fällt durch sehr bedeutende Unterschiede zwischen Männchen und Weibchen auf. Das Männchen hat normale Flügel und fliegt, das Weibchen besitzt nur Flügelstummel und ist flugunfähig. Beide Geschlechter (auch die Larven) geben ein gut sichtbares Licht. Es wird in besonderen Organen an der Körperunterseite hergestellt, die Leuchtorgane von Männchen und Weibchen sind unterschiedlich gebaut. Die Lichterzeugung an sich ist ein sehr komplizierter chemischer Prozeß, der Käfer ist in der Lage, sämtliche Energie in Licht umzusetzen. Die Männchen fliegen nachts auf Wiesen und in Wassernähe. Die Art kommt stellenweise zahlreich vor. Die Imago nimmt keine Nahrung auf, sondern lebt von Körpervorräten; die Larven sind Fleischfresser. Verbreitung: Europa (fehlt in Großbritannien und im Norden), Kaukasus.

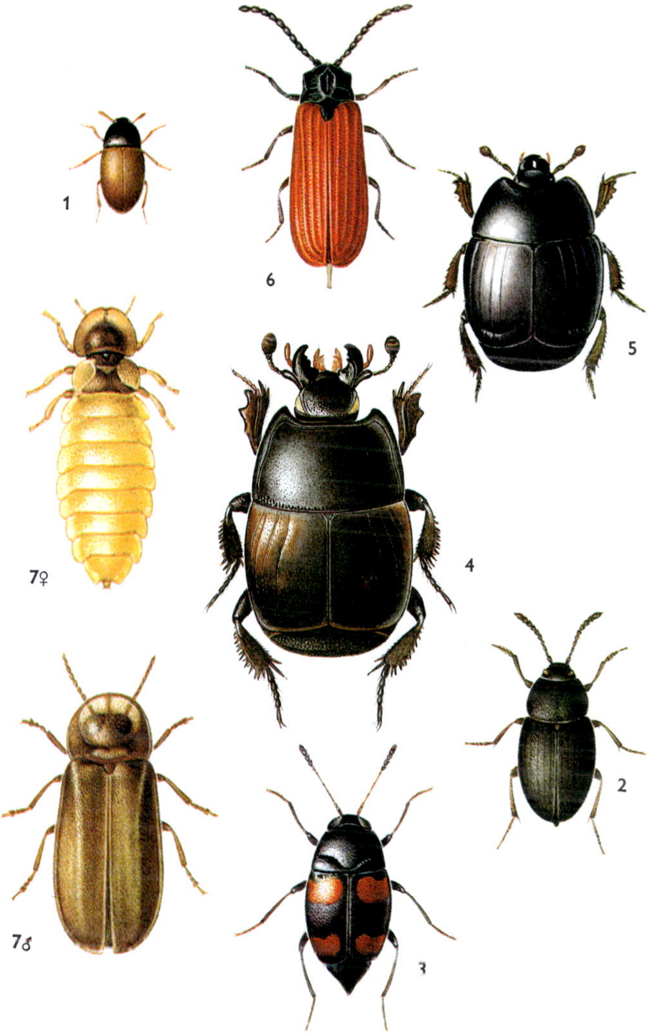
1
6
5
7♀
4
2
7♂
3

Familie Weichkäfer – *Cantharidae*

1 Gemeiner Weichkäfer *Cantharis fusca.* 11–15 mm, hält sich auf Blüten auf, wo er vor allem Blattläuse jagt. Der Käfer und seine schwarze Larve gehören zu den Nützlingen. Die Larven sieht man manchmal auf dem Schnee, wenn sie aus ihren Winterverstecken gespült oder vom Wind herausgeweht werden. Häufige Art. Sie findet sich vom Tiefland bis zu 1000 m Höhe. Verbreitung: Europa (von Italien und Nordspanien bis Südskandinavien).

2 Rhagonycha fulva. 7–10 mm, gehört zu den häufigsten Weichkäfern. Im Spätsommer ist er ein regelmäßiger Gast auf Doldenblüten von Niederungen bis ins Gebirge (bis rund 1000 m). Verbreitung: Europa (vom Süden bis Südskandinavien), Kaukasus, Vorderasien.

Familie Zipfelkäfer – *Malachiidae*

3 Zweifleckiger Zipfelkäfer *Malachius bipustulatus.* 6–7 mm, ist häufig auf Blüten und Gräsern anzutreffen. Bei Gefahr schiebt er rötlich gefärbte Beutel längs des Körpers hervor, die den Verfolger abschrecken sollen. Von Niederungen bis in eine Höhe von 1000 m. Verbreitung: Großteil Europas, Sibirien.

4 Anthocomus bipunctatus. 3 mm, fliegt oft in der Nähe menschlicher Wohnungen, sitzt an Mauern und an Fensterscheiben. Verbreitung: Europa (fehlt im Norden und in Spanien), Kaukasus.

Familie Buntkäfer – *Cleridae*

5 Bienenwolf *Trichodes apiarius.* 10–16 mm, ist an manchen Stellen zahlreich auf den erblühten Dolden von Möhrengewächsen anzutreffen, wo er kleineren Insekten nachstellt und Pollen nascht. Die fleischfressende Larve entwickelt sich in den Nestern wilder Bienen, manchmal auch in Stöcken der Honigbiene, in der Regel aber nur in vernachlässigten. Es ist überflüssig, diese heute schon zurückgehende Art in den Verzeichnissen der Bienenschädlinge aufzuführen. Verbreitung: Europa (hauptsächlich Süd- und Mitteleuropa), Kleinasien, Nordafrika.

6 Ameisenbuntkäfer *Thanasimus formicarius.* 7–10 mm, gehört zu den sehr nützlichen Käfern. Vom Frühjahr bis Herbst läuft er auf gefällten Stämmen und Meterholz umher und verfolgt Borkenkäfer. Auch seine rosafarbenen Larven, die unter der Rinde leben, sind räuberisch. Verbreitung: Europa, Asien, Nordafrika. Wurde nach Nordamerika eingeführt.

7 Korynetes coeruleus. 3,5–6,5 mm, entwickelt sich im Holz, Käfer und Larven jagen Nage- und Borkenkäfer. Die Käfer findet man auch auf Blüten in der Nähe menschlicher Behausungen, oft kriechen sie aus Balken und Bohlen von Dachböden. Verbreitung: Fast über die ganze Erdkugel, in Europa vor allem in den zentralen und südlichen Gebieten.

Familie Werftkäfer – *Lymexylidae*

8 Bohrkäfer *Hylecoetus dermestoides.* 6–18 mm, fliegt bereits im April. Sein Leben ist sehr kurz, es dauert nur zwei bis vier Tage. Die Larven entwickeln sich in Eichen- und Buchenholz, vor allem in Baumstümpfen und kranken Bäumen. Sie bohren lange und enge Gänge, doch ernähren sie sich nicht von Holz, sondern von Ambrosiapilzen. Das Weibchen bestreut die Eier mit Pilzsporen, die Larven nehmen sie mit sich ins Holz, wo die Sporen keimen und ein Myzel bilden. Stellenweise ist der Käfer häufig anzutreffen. Verbreitung: Europa (Mittel- und Nord-), Sibirien.

Familie Sumpffieberkäfer – *Helodidae*

9 Helodes minuta. 4,5–6 mm, kommt häufig auf Blüten in Wassernähe vor, seine Larven entwickeln sich im Wasser. Verbreitung: Fast ganz Europa.

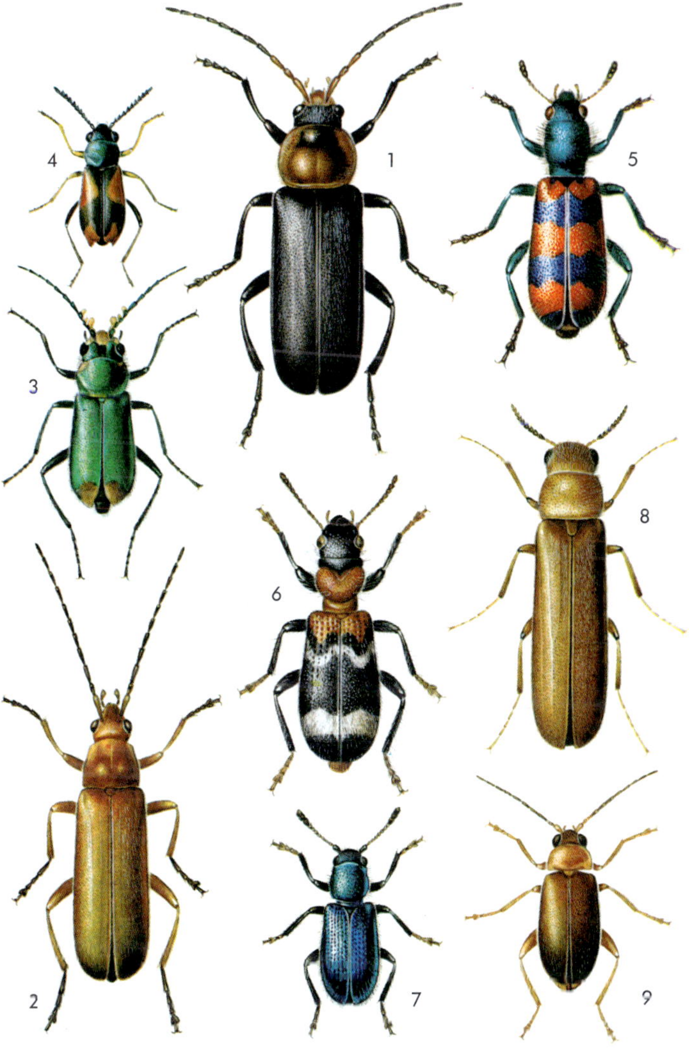
4
1
5
3
8
6
2
7
9

Familie Schnellkäfer – *Elateridae*

1 Anostirus purpureus. 8–14 mm, erscheint schon sehr bald im Frühling auf den jungen Blättchen von Bäumen und Sträuchern, vor allem im Hügel- und Gebirgsvorland. Eine stellenweise häufige Art. Verbreitung: Mittel- und Südeuropa, Asien (Iran, Himalaja u. a.).

2 Corymbites cupreus. 11–16 mm, eine montane und farblich ziemlich variable Art. Sie erscheint grünlich, violett, grünbronzen und auch blau. Männchen und Weibchen unterscheiden sich durch die Fühler, die bei den Männchen gekämmt, bei den Weibchen aber nur gesägt sind. Der Käfer sitzt auf Blüten und Gräsern und kommt stellenweise häufig vor. Das Weibchen legt die Eier gruppenweise in den Boden. Die ausgewachsene Larve erreicht eine Länge von 25 mm. Verbreitung: Europa, Kaukasus.

3 Corymbites aeneus. 10–17 mm, gehört zu den häufigen Käferarten. Er glänzt immer metallisch, aber der Farbton variiert stark. Meist ist er grün, es kommen aber auch viele blauviolette, kupferne, blaue und schwarze Exemplare vor. Die Käfer sitzen auf Blüten und Sträuchern in Wiesen und an Wegrändern vom Tiefland bis ins Hochgebirge hinein. Schon mit den ersten Frühlingstagen erscheinen sie und verschwinden erst im Spätherbst. Das Weibchen legt rund 300 Eier in den Boden. Die Larven leben im Erdreich, sind langgestreckt und haben eine harte Cuticula. Deshalb werden sie „Drahtwürmer" genannt, diese Bezeichnung wird auch für die Larven anderer Arten verwendet, die Schnellkäferlarven sind einander nämlich sehr ähnlich. Drahtwürmer können zu Kulturpflanzenschädlingen werden. Verbreitung: Europa, Sibirien.

4 Mausgrauer Schnellkäfer *Lacon murinus.* 11–17 mm, kommt häufig vom Tiefland bis ins Hochgebirge hinauf vor, hauptsächlich in Wäldern, Feldern und Gärten. Auf den Flügeldecken sitzen kleine weißliche Schuppen. Die Larve ernährt sich von den Wurzeln verschiedener Pflanzen, gelegentlich kann sie in Baumschulen usw. zum Schädling werden. Verbreitung: Ganz Europa, Kaukasus, Sibirien, Nordamerika.

5 Blutroter Schnellkäfer *Elater sanguineus.* 13–18 mm, eine der Schnellkäferarten mit roten Flügeldecken und einem schwarzen Schild. Er kommt vor allem in Hügellandschaften vor, gelegentlich zahlreich. Verbreitung: Europa, Sibirien.

6 Athous niger. 10–14 mm, hält sich auf Bäumen und Büschen in Laubwäldern und an deren Rändern auf. Fliegt in Niederungen im Vorgebirge. Die bräunlichen oder rostgelben Larven leben an Gras- und anderen Wurzeln. Verbreitung: Hauptsächlich Mittel- und Nordeuropa, Kaukasus, Ostasien.

7 Athous vittatus. 8–10 mm, eine farblich variable Art, deren Band auf den Flügeldecken gelegentlich ganz verschwinden kann, so daß die Decken in einer einheitlichen Färbung von Gelbbraun bis dunkelbraun erscheinen. Die Art ist häufig und in Laubwäldern zwischen Niederungen und Gebirgsvorland, manchmal auch im Gebirge zu finden. Verbreitung: Ganz Europa, Kaukasus, Kleinasien.

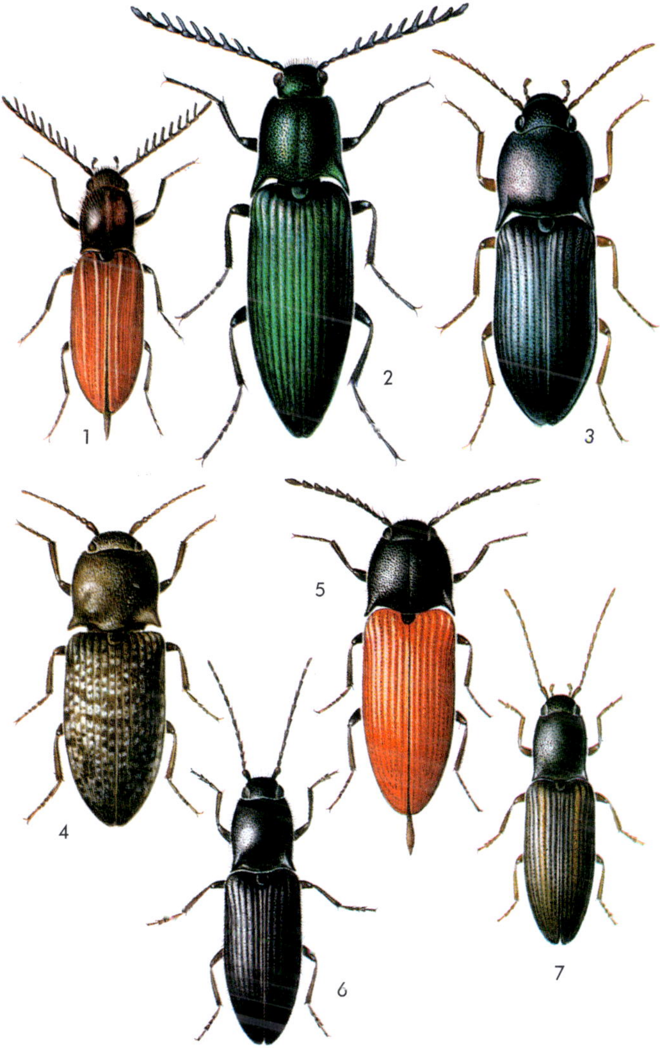
1
2
3
4
5
6
7

Familie Prachtkäfer – *Buprestidae*

Bis auf einige Ausnahmen sind die Buprestiden-Arten geschützt!

1 Lindenprachtkäfer
Lampra rutilans. 12–15 mm, fliegt von Mai bis Juli an Linden, in denen er sich entwickelt. Das Weibchen legt seine Eier in Rindenspalten an Stämmen und stärkeren Ästen. Die Larven nagen sich Gänge unter der Rinde. Die Entwicklung des Käfers dauert in Südeuropa ein Jahr, in Mitteleuropa zwei bis drei Jahre. Verbreitungsschwerpunkte: Süd- und Mitteleuropa, Kaukasus und Transkaukasien.

2 Gemeiner Zwergprachtkäfer
Trachys minutus. 3–3,5 mm, zeigt sich häufig von Frühjahrsbeginn an mit Vorliebe auf Weidenlaub und Blüten. Das Weibchen klebt seine Eier mit einer dunklen kittartigen Masse auf die Blattoberseite verschiedener Bäume. Die Larven kriechen in die Blätter und minieren darin. Verbreitung: Fast ganz Europa (reicht nicht sehr weit in den Norden), Kaukasus, Kleinasien, Sibirien.

3 Capnodis tenebrionis.
22–25 mm, kommt im Frühjahr auf Gehölzen vor. Das Weibchen legt seine Eier in die Erde. Die Larve dringt aktiv in die Wurzeln der Wirtspflanze ein. Die Entwicklung dauert zwei Jahre. Die ausgewachsene Larve erreicht eine Länge von rund 7 cm, dann verpuppt sie sich. In Europa gehört dieser Käfer zu den großen Seltenheiten, vielerorts ist er bereits völlig verschwunden. Im Osten aber, im Kaukasus und in Transkaukasien, gilt er als Obstbaumschädling. Verbreitung: Europa (Süd- und Mitteleuropa), Kaukasus, Transkaukasien, Klein- und Vorderasien (Syrien, Israel, Irak, Iran), Nordafrika.

4 Zweifleckiger Eichenprachtkäfer *Agrilus biguttatus.* 10 mm, fliegt von Mai bis Juli und läßt sich auf gefällten Eichenstämmen, Baumstümpfen und jungem Gebüsch nieder. Die Larven entwickeln sich unter der Rinde absterbender starker Äste oder Stämme. Verbreitung: Europa (weniger im Norden), Kaukasus, Kleinasien, Iran, Nordafrika.

5 Achtfleckiger Prachtkäfer
Buprestis octoguttata. 9–15 mm, erscheint in mehreren Farbvarianten. Er fliegt an sonnenbeschienenen Plätzen in Kiefernwäldern, sitzt gern auf Steinen, Baumstümpfen und freiliegenden Wurzeln. Die Larven entwickeln sich nicht nur in Baumstümpfen, sondern auch in Wurzeln und am Fuß von Kiefern. Verbreitung: Großteil Europas, Transkaukasien, Westsibirien, Vorderasien (Syrien).

6 Anthaxia fulgurans. 5–5,5 mm, gehört zu den kleineren *Buprestidae*-Arten, die durch auffälligen Sexualdichroismus bekannt sind. Das Männchen ist metallisch-grün, bei dem Weibchen sind die Elytren rot, mit Ausnahme eines grünen Bandes in der Mitte. Ähnlich wie die verwandten Arten kommen die Imagines an sonnigen Tagen vom Frühling bis Spätsommer auf Blüten von Möhrengewächsen *(Daucaceae)* u. a. vor. Verbreitung: Mittel- und Südeuropa, Kaukasus, Syrien, Nordafrika.

7 Goldgruben-Eichenprachtkäfer
Chrysobothris affinis. 12–14 mm, sitzt im Juni/Juli mit Vorliebe auf gefällten Stämmen, meist Eichen und Buchen. Seine Larven entwickeln sich in kranken, bereits befallenen oder gefällten Laubbäumen, auch Obstbäumen. Sie nagen Gänge unter der Rinde. Verbreitung: Europa (vom Süden bis Südskandinavien), Sibirien, Kleinasien, Transkaukasien, Iran, Nordafrika.

1
2
3
4
5
6
7

Familie Hakenkäfer – *Dryopidae*

1 Dyrops auriculatus. 4,5–5,2 mm, bewohnt stehende Gewässer, in denen er herumkriecht. Verbreitung: Großteil Europas (vom Westbalkan bis nach Skandinavien im Norden; fehlt in Griechenland und Irland).

Familie Sägekäfer – *Heteroceridae*

2 Heterocerus parallelus. 5–7,5 mm, die größte Art der Familie. In Form und Färbung ähnelt er einigen anderen Arten, es ist schwierig, die Käfer richtig zu bestimmen. Sie leben in feuchten Bach- und Flußufern. Verbreitung: Mittel- und Südeuropa, Sibirien.

Familie Kolbenwasserkäfer – *Hydrophilidae*

3 Furchenwasserkäfer *Helophorus minutus.* 2,5–3,8 mm, lebt in stehenden Gewässern, in Teichen, Brunnen und Pfützen, dort meist recht zahlreich. Verbreitung: Großer Teil Europas, Sibirien, Nordafrika.

4 Großer Kolbenwasserkäfer *Hydrous piceus.* 34–47 mm, ist der größte Angehörige der Familie Hydrophilidae. Auf der Körperunterseite ist die Hinterbrust zu einem nadelartigen spitzen Kiel ausgezogen. Aus diesem Grunde wurde er früher irrtümlich für einen Schädling gehalten, da behauptet wurde, daß der Käfer mit diesem Kiel junge Fische töte. Er ist aber harmlos. Sein Biotop sind stehende Gewässer, Teiche, Tümpel im Wald und tote Flußarme, wo er genügend Wasserpflanzen vorfindet, die ihm als Nahrung dienen. Wie andere im Wasser lebende Käfer atmet auch der Kolbenwasserkäfer durch Tracheen, ist also auf den Luftsauerstoff angewiesen. Er holt aber auf ganz andere Art Luft als die Schwimmkäfer: durch seine kurzen gekeulten Fühler. Das Weibchen zeichnet sich durch besondere Fürsorge für die Eier aus: Zunächst sucht es sich ein frei auf der Oberfläche treibendes Blatt. Dann umwickelt es den eigenen Hinterleib in verschiedenen Lagen so lange mit feinen Fasern, bis ein geräumiges Körbchen entsteht. Dort hinein legt es etwa 50 Eier, verschließt das Gebilde und versieht es mit einem nach oben ragenden Kamin oder Schnorchel. Gleich einem Schiffchen schwimmen diese Eibehälter auf dem Wasser. Die Larven leben im Wasser und sind im Gegensatz zum Käfer Räuber. Sie ernähren sich vorwiegend von kleinen Weichtieren und Muscheln. Sind sie herangewachsen, kriechen sie aus dem Wasser ans Ufer und graben sich ins Erdreich, um sich zu verpuppen. Der Kolbenwasserkäfer war noch vor einigen Jahrzehnten eine recht häufige Art, wurde aber als vermeintlicher Schädling sinnlos verfolgt und ausgerottet, so daß er heute in vielen Gebieten selten oder völlig verschwunden ist. In einigen Ländern, so auch bei uns, steht er unter Naturschutz. Verbreitung: Fast die ganze paläarktische Region, Nordindien und Pakistan. Auch die kleinere Art *H. aterrimus* ist geschützt!

5 Kleiner Kolbenwasserkäfer *Hydrophilus caraboides.* 14–16 mm, ist eine Miniaturausgabe des Großen Kolbenwasserkäfers. In stehenden Gewässern und Fischteichen mit reicher Vegetation kommt er häufig vor. Verbreitung: In der ganzen paläarktischen Region.

6 Gemeiner Dungkugelkäfer *Sphaeridium scarabaeoides.* 5,7 mm, lebt nicht im Wasser. Er sucht frische Kuhfladen auf, manchmal findet er sich in großer Zahl im Dung. Man erkennt ihn leicht an den rotgelben Flecken auf den Flügeldecken. Verbreitung: Ganze paläarktische Region, nearktische Region.

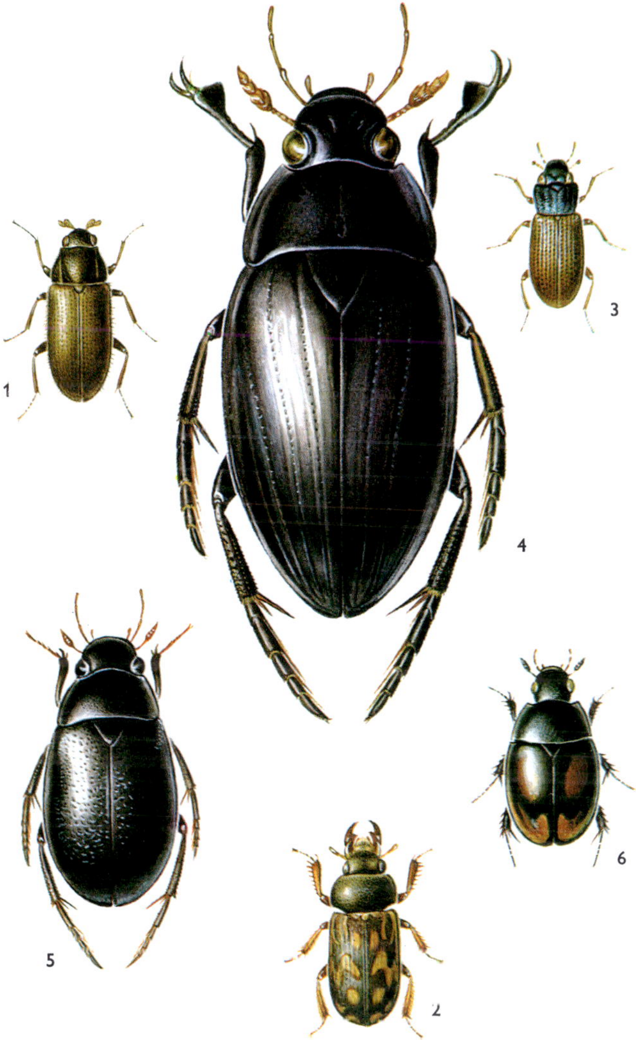
1
3
4
5
6
2

Familie Speck- und Pelzkäfer – *Dermestidae*

1 Speckkäfer *Dermestes lardarius.* 7–9,5 mm, lebt hauptsächlich in menschlichen Wohnungen und Museen. Die Larven vernichten alle möglichen Dinge, von Textilien bis zu Schaustücken in zoologischen und entomologischen Sammlungen. Nicht selten findet man ihn auch in Taubenschlägen, Vogelnestern und Bienenstöcken, sonst kommt er im Freien eher selten vor. Verbreitung: Kosmopolit. Vom Menschen eingeschleppt in Gebiete, in denen er ursprünglich nicht vorkam.

2 Dermestes murinus. 7–9 mm, hat einen von feinen schwarzen oder graublauen Härchen überzogenen Körper. Kommt überall zahlreich vor. Verbreitung: Paläarktische Region.

3 Pelzkäfer *Attagenus pellio.* 4–4,5 mm, ist gleichfalls auf den Menschen angewiesen und lebt in Wohnungen. Die Larven, die am Körperende einen langen Schwanz haben, vernichten Pelzwaren, Textilien und naturwissenschaftliche Sammlungen. In den Wohnungen erscheinen die Käfer oft schon im Februar/März, später auf blühenden Schlehen, Weißdorn, Obstbäumen usw. – Verbreitung: Fast über die ganze Welt.

4 Teppichkäfer *Anthrenus scrophulariae.* 3–4,5 mm, ist als Käfer unschädlich. Dafür vernichtet seine behaarte Larve Stoffe, Pelze, Teppiche, Federn, nicht zuletzt auch naturwissenschaftliche Sammlungen. In der Wohnung ist dieser Käfer fast das ganze Jahr über anzutreffen. Verbreitung: Großteil Europas, Vorderasien, Nordamerika.

5 Wollkrautblütenkäfer *Anthrenus verbasci.* 1,8–3,2 mm, gehört zu den gefürchteten Schädlingen in naturwissenschaftlichen Sammlungen. Seine Larven hausen derart in Schmetterlings- und Käfersammlungen, daß darin oft nicht mehr als ein Häufchen Staub und Nadeln mit den Fundortetiketten übrigbleibt. Verbreitung: Wurde mit Insektensammlungen fast über die ganze Welt verschleppt.

Familie Saftkäfer – *Nosodendridae*

6 Saftkäfer *Nosodendron fasciculare.* 4–4,5 mm, der einzige Vertreter dieser Familie. Er lebt an Wunden von Laubbäumen, aus denen Saft quillt, vorzugsweise auf Eichen und Ulmen. Verbreitung: Mitteleuropa.

Familie Pillenkäfer – *Byrrhidae*

7 Pillenkäfer *Byrrhus pilula.* 7,5–11 mm, ist eine häufige und auffällige Art, die oft auf Wald- und Feldwegen umherkriecht. Sobald er eine Gefahr verspürt, zieht er Beine und Fühler ein und stellt sich tot. Verbreitung: Paläarktische Region.

Familie Blütenfresser – *Byturidae*

8 Himbeerkäfer *Byturus tomentosus.* 3,2–4 mm, lebt auf den Blüten von Rosengewächsen, vor allem auf Himbeer- und Brombeersträuchern. Weit bekannter als der ziemlich unauffällige Käfer ist seine Larve, die in Himbeeren, seltener in Brombeeren lebt und als „Himbeerwurm" bekannt ist. Verbreitung: Großer Teil der paläarktischen Region, außer dem Norden.

4
7
8
2
3
1
6
5

Familie Glanzkäfer – *Nitidulidae*

1 Rapsglanzkäfer *Meligethes aeneus.* 1,5–2,7 mm, kriecht schon bald im Frühjahr aus seinem Winterversteck und sucht verschiedene Frühlingsblüten (Buschwindröschen, Fingerkraut, Huflattich) auf. Später fliegt er auf Rapsfelder und frißt junge Blätter und Knospen. Das Weibchen legt seine Eier in größere Knospen ab, die Larven ernähren sich vom Blütenstaub in Knospen und in offenen Blüten. Sind sie herangewachsen, fallen sie zu Boden und verpuppen sich in geringer Tiefe unter der Erdoberfläche. In manchen Gegenden richtet die Art Schäden an, sie kommt vom Tiefland bis zum Gebirge häufig vor. Verbreitung: Ganze paläarktische Region, Nordamerika.

2 Pocadius ferrugineus. 2,8–4,5 mm, lebt meist auf Stäublingspilzen (Gattungen *Lycoperdon, Bovista* u. a.), in denen sich auch seine Larven entwickeln. Manchmal bewohnen sie auch Täublinge *(Russula),* Löcherpilze *(Polyporus)* und andere. Oft kommen sie in Gesellschaft verwandter Arten vor. Verbreitung: Europa (bis hoch in den Norden), Kaukasus.

3 Vierfleckiger Kiefernglanzkäfer *Glischrochilus quadripunctatus.* 3–6,5 mm, lebt unter der Rinde von Nadelbäumen und jagt Borkenkäfer, ist daher für die Forstwirtschaft von Nutzen. Verbreitung: Europa (hauptsächlich in Mitteleuropa und den nördlichen Teilen, in Südeuropa nur auf dem Nordbalkan, in Nordspanien und Italien), Kaukasus.

4 Rostroter Kiefernglanzkäfer *Pityophagus ferrugineus,* 4–6,5 mm, lebt unter der Rinde von Nadelbäumen und jagt Borkenkäfer, ist daher für die Forstwirtschaft von Nutzen. Verbreitung: Europa (hauptsächlich in Mitteleuropa und den nördlichen Teilen, in Südeuropa nur auf dem Nordbalkan, in Nordspanien und Italien), Kaukasus.

Familie Rinden- oder Wurzelkäfer – *Rhizophagidae*

5 Flacher Rindenkäfer *Rhizophagus bipustulatus.* 2,3–3,5 mm, lebt in großer Zahl unter der Rinde von Buchen, Eichen, Pappeln und anderen Laubbäumen, gelegentlich auch auf Nadelbäumen, meist an schimmelüberzogenen Stellen. Jagt unter der Rinde lebende Insekten (Borkenkäfer usw.). Verbreitung: Ganz Europa (mit Ausnahme der nördlichsten Gebiete), Kaukasus, Kleinasien, Nordafrika.

Familie *Silvanidae*

6 Erdnußplattkäfer *Oryzaephilus mercator.* 2,2–3,1 mm, hat sich mit verschiedenen Pflanzenprodukten nahezu über die ganze Welt verbreitet. Der Käfer kommt in Lagerräumen, gelegentlich auch in Wohnungen vor. Carnivore Art, die sich vorwiegend von den Larven der Lagerhausschädlinge ernährt.

Familie Plattkäfer – *Cucujidae*

7 Uleiota planata. 4,5–5,5 mm, zeichnet sich innerhalb dieser Familie durch die außerordentlich langen Fadenfühler und die sehr feine Skulpturierung von Schild und Flügeldecken aus. Bei Gefahr stellt er sich tot und hält die Fühler parallel zueinander nach vorn gerichtet. Er lebt hauptsächlich unter der Rinde von Laubbäumen (Eichen, Buchen, Ulmen und vielen anderen), manchmal auch auf Kiefern. Verbreitung: Vorwiegend im Südteil der paläarktischen Region.

8 Scharlachkäfer *Cucujus cinnaberinus.* 11–15 mm, stellt mit seiner leuchtenden Färbung und Größe eine Ausnahme in dieser Familie dar. Er lebt unter der morschen Rinde von Laubbäumen, vor allem von Ulmen, Eichen, Buchen usw., manchmal auch auf Nadelbäumen. Gehört zu den seltenen Käfern, die vorwiegend in Nordeuropa und nur hier und da in Mitteleuropa anzutreffen sind (Bayern, Slowakei usw.).

7
8
1
4
3
6
5
2

Familie Pilzkäfer – *Erotylidae*

1 Triplax aenea. 3,2–4,1 mm, lebt auf Baumpilzen, in ihnen entwickeln sich auch seine Larven. Oft tritt er in größerer Anzahl auf, auch unter alter, schimmeldurchzogener Rinde an Stämmen und Baumstümpfen. Die Imago zeigt sich im Juni/Juli, danach verkriecht sie sich zum Überwintern. Verbreitung: Europa (im Mittelmeerraum vorwiegend in den Bergen), Kaukasus, Sibirien, Japan.

Familie Glattkäfer – *Phalacridae*

2 Olibrus aeneus. 2,5–2,8 mm, vor allem im Spätsommer auf blühender Kamille *(Matricaria chamomilla),* in der sich auch seine Larven entwickeln; die Verpuppung erfolgt meist unterirdisch. An manchen Stellen tritt der Käfer zahlreich auf. Verbreitung: Europa (vorwiegend Mittel- und Nordeuropa, bis nach Lappland), Sibirien.

Familie Moderkäfer – *Lathridiidae*

3 Cartodere filum. 1,3–1,4 mm, tritt in schimmelnden Stoffen pflanzlichen Ursprungs auf, in alten Herbarien, in Ställen auf fauligem Stroh und Heu, in getrockneten Heilkräutern und auch in Insektensammlungen. Er ist aber harmlos, seine Anwesenheit in Insektenkästen signalisiert vor allem, daß sich dort Schimmelpilze ausbreiten. Verbreitung: Europa, Nordafrika, Nord- und Mittelamerika.

Familie Baumschwammkäfer, Myzelfresser – *Mycetophagidae*

4 Mycetophagus atomarius. 4–4,5 mm, hat eine besondere Vorliebe für Baumpilze, lebt aber auch in verwesenden pflanzlichen Stoffen, wenn sie reichlich mit Schimmel durchsetzt sind. Verbreitung: Europa (vom Norden bis zum Süden, dort geht er bis in Gebirgslagen hoch).

5 Typhaea stercorea. 2,5–3 mm, kommt das ganze Jahr über auf schimmelnden pflanzlichen Stoffen vor, z. B. auf Stroh, Holz, Laub, und in Vorratsräumen, wo er sich von Schimmelpilzen ernährt. Er wird nicht zu den Schädlingen gerechnet, gehört aber zu den synanthropen Arten. Verbreitung: In der ganzen paläarktischen Region.

Familie Rindenkäfer – *Colydiidae*

6 Ditoma crenata. 2,6–3,5 mm, lebt unter der Rinde alter Baumstümpfe und jagt dort Milben und Larven kleiner Insekten, vor allem Borkenkäferlarven. Verbreitung: Ganze paläarktische Region, in Mitteleuropa von den Niederungen bis ins Gebirge.

7 Colydium filiforme. 5–6 mm, kommt unter morscher Rinde vor, verfolgt dort Borkenkäfer, ist nicht häufig. Verbreitung: Fast über ganz Europa (fehlt im Norden), Kaukasus, Kleinasien, Nordafrika.

Familie Stäublingskäfer – *Endomychidae*

8 Endomychus coccineus. 4–6 mm, lebt vom Frühjahr bis in den Herbst meist gesellig unter schimmeldurchzogener Rinde und in Baumpilzen. Häufigstes Vorkommen auf Buchen. Verbreitung: Ganz Europa (in den südlichen Teilen nur in höheren Lagen).

9 Mycetina cruciata. 3,8–4,5 mm, liebt Feuchtigkeit unter der schimmelnden Rinde alter Baumstümpfe, oft lebt er in Baumpilzen. Verbreitung: Europa (hauptsächlich in den mittel- und südeuropäischen Gebieten, im Norden erreicht er nur das südliche Fennoskandien), Kaukasus.

9
8
6
7
1
4
3
2
5

Familie Marienkäfer – *Coccinellidae*

1 Zweipunkt *Adalia bipunctata.* 3,5–5,5 mm, weist auffällige Farbvariationen auf. Die typischen Exemplare haben orangerote Flügeldecken mit je einem runden schwarzen „Punkt“. Bei manchen Exemplaren überwiegt aber die schwarze Farbe (**1a**) mit roten Flekken. Die Imago überwintert meist unter Baumrinde, im Moos, unter Steinen und nicht selten in menschlichen Behausungen. Die neue Generation erscheint im Juli. Da diese Käfer im Freien sehr häufig vorkommen und Blattläuse fressen, ist ihre Nützlichkeit beträchtlich. Verbreitung: Großteil der paläarktischen Region, nach Nordamerika eingeführt.

2 Dreizehnpunkt-Marienkäfer *Hippodamia tredecimpunctata.* 4,5–7 mm, lebt vor allem in Niederungen und Hügelland an Wasserläufen und auf Sumpfpflanzen. Die Käfer überwintern. Sie tauchen schon im Frühjahr auf, am zahlreichsten sind sie im Spätsommer. Sie fressen Blattläuse auf Wasser- und Sumpfpflanzen. Verbreitung: Großteil der paläarktischen Region.

3 Siebenpunkt *Coccinella septempunctata.* 5,5–8 mm, erscheint meist in der typischen Form mit sieben schwarzen Flecken auf den orangeroten Flügeldecken. Größe und Form dieser Flecken sind jedoch variabel, sie verbinden sich oft zu Streifen oder fehlen ganz. Die Imago überwintert oft gesellig unter Steinen, Rinde, in Grasbüscheln und im Moos. Schon bald im Frühjahr erscheinen sie an warmen Rainen vom Tiefland bis ins Hochgebirge hinauf. Aus den gelben Eiern schlüpft die langgestreckte graublaue, schwarzgelb gefleckte Larve (**3b**). Sie ist noch räuberischer als die Imago und frißt bis zur Verpuppung bis zu 3000 Pflanzenläuse. Die ausgewachsene Larve hängt sich mit dem Hinterleib an die Blattunterseite und verwandelt sich in eine Puppe (**3a**). Die Puppe ist orangefarben mit schwarzen Flecken und Streifen, nach etwa einer Woche schlüpft aus ihr der Käfer. Der Siebenpunkt bringt nur eine Generation jährlich hervor. Die Käfer der Vorjahresgeneration sind heller und gelblicher als die der neuen Generation, deren Flügeldecken leuchtend rot sind. Der Siebenpunkt gehört zu den wichtigsten Nützlingen unter den Käfern, er ist von großer Bedeutung als Blatt- und Schildlausvertilger in Wäldern, Feldern und Gärten. Verbreitung: Ganz Europa (bis in den hohen Norden), Asien, Nordafrika.

4 Coccinella quatuordecimpustulata. 3–4 mm, variiert in der Färbung so stark, daß die schwarzen Punkte manchmal ganz verschwinden und die Flügeldecken gelb sind. Auch gehen die Flecken oft ineinander über. Der Käfer lebt an Waldrändern, auf Heideflächen, Feldern und Wiesen. Verbreitung: Fast ganz Europa (mit Ausnahme des hohen Nordens), Kleinasien, Sibirien, Japan.

5 Hyperaspis campestris. 2–3,5 mm, ist wärmeliebend und hält sich meist auf Gebüschen an Waldrändern und im Unterwuchs auf. Er ernährt sich von Blatt- und Schildläusen und ihren Eiern. In den subtropischen Gebieten der Sowjetunion (Grusinien usw.) wird er bei der biologischen Bekämpfung der auf Teesträuchern lebenden Schildlausart *Chloropulvinaria floccifera* eingesetzt. Verbreitung: Europa (außer dem Norden), Kaukasus, Kleinasien.

1a
2
1
3
4
5
3b
3a

Familie Marienkäfer – *Coccinellidae*

1 Augenmarienkäfer
Anatis ocellata. 8–9 mm, gehört zu den größten Marienkäferarten. Die Punktgröße und -anzahl variiert bei ihm genauso wie bei den anderen Arten, die Punkte gehen manchmal ineinander über. Dieser sehr nützliche Marienkäfer bewohnt hauptsächlich Nadelwälder und kommt schon zeitig im Frühjahr hervor. Auf Fichten, Kiefern und Lärchen stellt er verschiedenen Blattlausarten nach. Er ist im Tiefland bis ins Hochgebirge hinein verbreitet. Seine grau gefärbte, schwarzgelb gefleckte Larve ist gleichfalls räuberisch. Verbreitung: Ganz Europa, Kaukasus, Sibirien, bis nach Japan. Wurde wegen seiner großen Nützlichkeit nach Nordamerika eingeführt.

2 Zweiundzwanzigpunkt-Marienkäfer *Thea vigintiduopunctata.* 3–4,5 mm, eine sehr häufige Art, besonders an sonnigen Stellen, tritt von den Niederungen bis ins Gebirge hinein auf (bis etwa 1000 m). Verbreitung: Südteil der paläarktischen Region.

3 Calvia decemguttata.
5–6,5 mm, bewohnt vor allem feuchte Standorte. Das Vorkommen dieses Käfers hat lokalen Charakter, gelegentlich tritt er häufig auf, an anderen Orten ist er selten. Verbreitung: Mittel- und Südeuropa, Südsibirien, Japan.

4 Vierzehnpunkt-Marienkäfer
Calvia quatuordecimguttata.
4,5–6 mm, kommt häufig auf jungen Büschen an Waldrändern vor. Verbreitung: Europa (im Süden lebt er nur im Gebirge), Sibirien, Nordamerika.

5 Propylaea quatuordecimpunctata. 3,5–4,5 mm, kommt zahlreich auf Feldern, Wiesen und Gärten vor, wo er von Frühjahr bis Herbst Blattläuse jagt. Die Käfer überwintern in ähnlichen Verstecken wie die anderen Arten. Verbreitung: Paläarktische Region; in Europa erstreckt sich seine Verbreitung vom Süden bis in den hohen Norden (Lappland, Norwegen).

6 Kugeliger Marienkäfer
Synharmonia conglobata. 3,5–5 mm, variiert stark in Körperform und Punktezahl auf den Flügeldecken. Käfer und Larven stellen Blattläusen auf Pappeln, Obstbäumen und einigen Nadelbäumen nach. Kommt in Niederungen und hügeligen Gebieten vor. Verbreitung: Großteil der paläarktischen Region; bewohnt in Europa mehr die wärmeren Gebiete, nimmt nach Norden hin ab und fehlt mancherorts ganz (Großbritannien, Norwegen).

7 Vierfleckiger Kugelmarienkäfer
Exochomus quadripustulatus.
3–5 mm, verläßt seine Winterverstecke schon zeitig im Frühjahr. Er lebt auf Bäumen, die von verschiedenen Schildläusen befallen sind. Besonders tritt er in den Frühlingskolonien der Schildlausart *Pseudochermes fraxini* auf, die auf Stämmen und Ästen von Eschen lebt. Jeder Käfer frißt täglich etwa 30 Schildläuse, die Larve sogar noch mehr. Verbreitung: Fast ganz Europa, in Nordeuropa kommt er nur in den südlicheren Teilen vor.

8 Chilocorus renipustulatus.
4–5 mm, ist wie der nahe Verwandte *Ch. bipustulatus* durch zwei rote Makeln an den schwarzen Flügeldecken charakterisiert. Im Unterschied zu dem *Ch. bipustulatus* (der die Makeln eng und verlängert hat) sind sie bei dieser Art rundlich. Sie gehört zu den Nützlingen, da sie viele Schildläuse vernichtet. Verbreitung: Fast die ganze paläarktische Region.

1
3
2
5
4
6
8
7

Familie Schwammfresser – *Cisidae*

1 Cis boleti. 2,8–3,5 mm, gehört zu den Arten, die häufig in Röhrenpilzen (vor allem der Gattung *Trametes*) vorkommen. Verbreitung: Ganze paläarktische Region; reicht in Europa bis hoch in den Norden.

Familie Holzbohrkäfer – *Bostrychidae*

2 Kapuzinerkäfer *Bostrychus capucinus.* 8–14 mm, wurde früher oft als Hartholzschädling aufgeführt, ist heute aber selten geworden. Die Larven entwickeln sich unter der Rinde an Stämmen oder Baumstümpfen von Eichen, Buchen und in Südeuropa noch an einer Reihe weiterer Laubbäume. Verbreitung: Europa (vorwiegend im Süd- und Mittelteil des Kontinents, im Norden nur in den Südteilen Skandinaviens), Kaukasus, Klein- und Vorderasien, Sibirien, China.

Familie Nagekäfer – *Anobiidae*

3 Hellfarbener Nagekäfer *Hedobia imperialis.* 3,5–5,5 mm, zeichnet sich unter den Pochkäfern durch seine auffälligere Färbung aus. Die Larven entwickeln sich in schwächeren Buchenstämmen und -ästen, Eichen, Hainbuchen und Efeu, wo sie Gänge zwischen Rinde und Holz nagen. Sie verpuppen sich im Herbst, der bereits geschlüpfte Käfer überwintert, zeitig im Frühjahr fliegt er aus. Verbreitung: Fast ganz Europa (außer dem Norden).

4 Gemeiner Holzwurm *Anobium punctatum.* 3–5 mm, ist eine synanthrope Art. Er befällt hauptsächlich Bauholz und Möbel, Balken, antike Holzgegenstände usw. Seine Larven nagen im Holz Gänge. Die Käfer, die ebenfalls im Holz aus den Puppen schlüpfen, werfen dabei kleine Holzmehlhäufchen aus. Die Entwicklung dauert ein Jahr, manchmal auch länger. Die Art gehört zu den bedeutenden Schädlingen. Verbreitung: Ganz Europa (bis in den hohen Norden), Kaukasus, Nordamerika, Australien.

Familie Diebskäfer – *Ptinidae*

5 Kräuterdieb *Ptinus fur.* 2–4,3 mm, ist in seiner Färbung ziemlich variabel. Außerdem weist er beträchtliche Unterschiede zwischen Männchen und Weibchen auf. Kommt meist in menschlichen Behausungen vor, am häufigsten auf Landklosetts, in Wohnungen und Ställen, man findet ihn auch in Vogelnestern. Kommt es zu stärkerer Vermehrung in Vorratsräumen, kann er zum Schädling werden. Verbreitung: Ganze paläarktische Region, Nordamerika.

Familie Scheinbockkäfer – *Oedemeridae*

6 Oedemera podagrariae. 10 mm, hat nach hinten auseinanderklaffende Decken, so daß die darunter liegenden Hautflügel zu sehen sind. Die Männchen haben sehr starke Schenkel. Die Imago sitzt im Juni/Juli auf Blüten. Verbreitung: Große Teile Europas, Kleinasien, Sibirien.

Familie Feuerkäfer – *Pyrochroidae*

7 Scharlachroter Feuerkäfer *Pyrochroa coccinea.* 14–15 mm, einer der häufigsten Vertreter dieser nicht sehr artenreichen Familie, fällt vor allem wegen seiner herrlichen Färbung auf. Er lebt ab Mai auf den Stämmen gefällter Bäume und auf Blüten. Seine lange und sehr flache Larve entwickelt sich unter der Rinde von Baumstümpfen. Verbreitung: Mitteleuropa (berührt die Nordgebiete Südeuropas und Südskandinavien).

Familie Blütenmulmkäfer – *Anthicidae*

8 Anthicus flavipes. 1,7–2,2 mm, lebt unter verwesenden Pflanzenstoffen, ist aber nicht häufig. Verbreitung: Vorwiegend Mittel- und Nordeuropa.

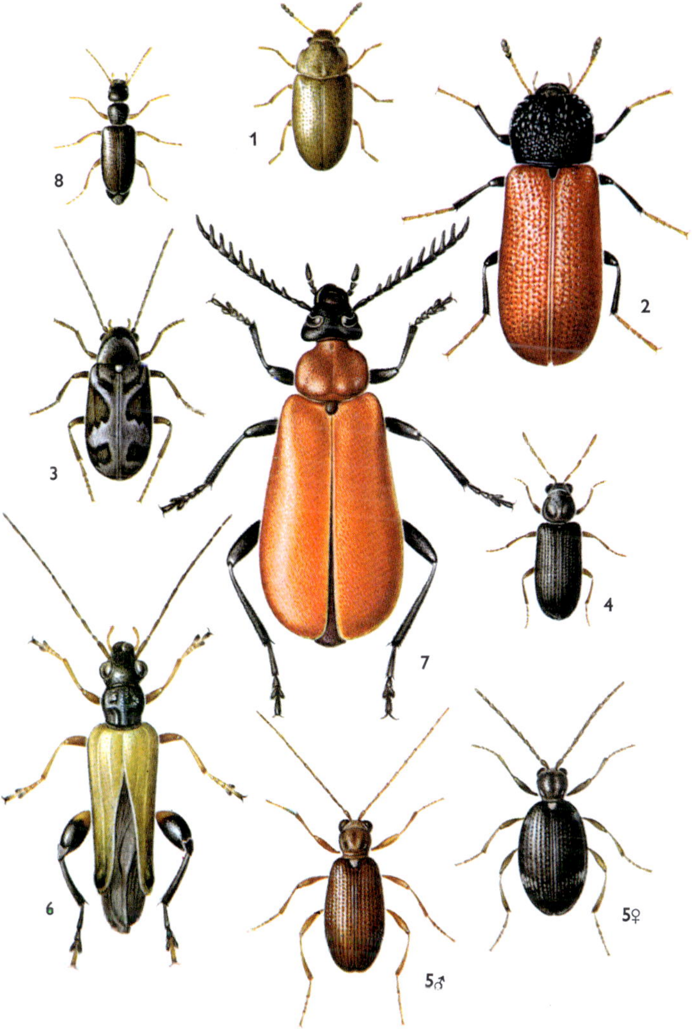
1
2
3
4
5♂
5♀
6
7
8

Familie Öl- oder Blasenkäfer – *Meloidae*

1 Ölkäfer, Maiwurm *Meloë violaceus.* 10–32 mm, macht wie seine verwandten Arten eine komplizierte Entwicklung durch. Aus den Eiern, die die Weibchen in großer Zahl ablegen, schlüpfen kleine Larven, Triungulinus genannt. Sie klettern auf Blüten und warten dort auf den Besuch einer Erdbiene. Gelangen sie mit ihr in deren Nest, so entwickeln sie sich weiter, andernfalls gehen sie zugrunde. In der Entwicklungsreihe erscheinen zwischen Larve und Puppe noch weitere Stadien, vor allem die Scheinpuppe, aus der ein weiteres Larvenstadium hervorgeht. Erst daraus entwickelt sich die Puppe. Deshalb wird die Entwicklung der Ölkäfer als „Überverwandlung" (Hypermetamorphose) bezeichnet. Verbreitung: Kommt in Europa stellenweise vor, hauptsächlich im Gebirge und im Vorgebirge, Sibirien. Alle heimischen Arten der Gattung sind geschützt!

2 Spanische Fliege *Lytta vesicatoria.* 12–21 mm, zeigt sich meist im Juni/Juli auf Eschen, Flieder, Liguster und anderen Pflanzen, von deren Laub sie sich ernährt. Der Käfer verbreitet einen durchdringenden Geruch. Die Weibchen legen ihre Eier in der Nähe von Erdbienennestern ab, und die junge Larve (ebenfalls Triungulinus genannt wie beim Ölkäfer) dringt in diese Nester ein, wo sie eine komplizierte Entwicklung durchmacht. Von allen Ölkäferarten enthält die Spanische Fliege die größte Cantharidinmenge, einen giftigen Stoff, dessen Verwendung als Gift und Heilmittel schon in der antiken Medizin und später in der Renaissancezeit bekannt war. Schon 0,03 g Cantharidin wirken beim Menschen tödlich. Verbreitung: Europa (hauptsächlich im Süden und in Mitteleuropa), Sibirien, Nordamerika (eingeführt).

Familie Fächerkäfer – *Rhipiphoridae*

3 Wespenfächerkäfer *Metoecus paradoxus.* 8–12 mm, entwickelt sich in den Nestern der gemeinen Erdwespe *(Vespa vulgaris).* Die Imago schlüpft im August/September und ist selten. Verbreitung: Mittel- und Westeuropa.

Familie Stachelkäfer – *Mordellidae*

4 Variimorda fasciata. 6–9 mm, lebt auf Blüten, wo er durch schwänzelnde Bewegungen seines langgestreckten Hinterleibes auffällt. Verbreitung: Europa, Kaukasus, Kleinasien, Iran.

Familie Wollkäfer – *Lagriidae*

5 Wollkäfer *Lagria hirta.* 7–10 mm, zeigt sich von Juni bis September in großer Zahl auf Blüten auf feuchten Wiesen, an Wasserrändern und anderen feuchten Standorten zwischen Tiefland und Gebirge. Die Larven leben unter faulendem Laub. Verbreitung: Europa, Sibirien.

Familie Schwarzkäfer – *Tenebrionidae*

6 Totenkäfer *Blaps mortisaga.* 20–31 mm, hält sich in der Nähe des Menschen auf, in Kellern, Schuppen und Ställen. Er ernährt sich von pflanzlichen Stoffen. Verbreitung: Europa, Kaukasus, Transkaukasien, Klein- und Vorderasien (Irak, Iran).

7 Gelbbindiger Schwarzkäfer *Diaperis boleti.* 6–8 mm, lebt in weicheren Baumpilzarten. Verbreitung: Europa, Kaukasus, Vorderasien, Sibirien, Nordafrika.

8 Mehlkäfer *Tenebrio molitor.* 15 mm, entwickelt sich im Mehl. Seine Larven, die sog. „Mehlwürmer", sind allgemein bekannt und werden als Tierfutter gezüchtet. Verbreitung: Kosmopolit.

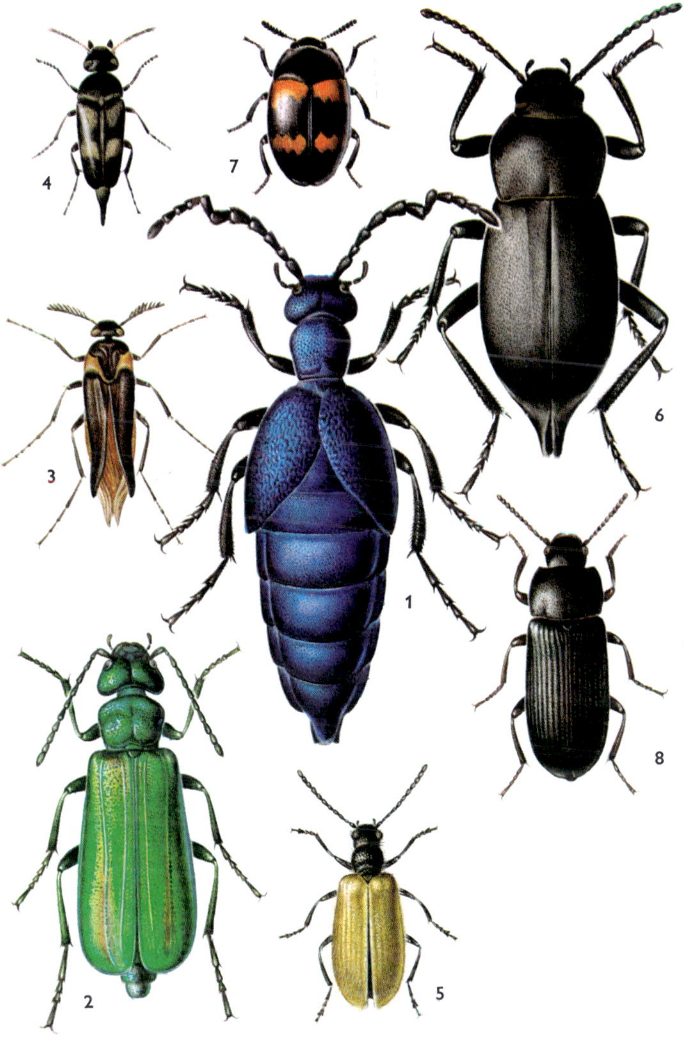
4
7
3
1
6
8
2
5

Familie Hirschkäfer – *Lucanidae*

Alle europäischen Arten sind geschützt.

1 Rehschröter *Platycerus caraboides.* 10–14 mm, stellt unter unseren Hirschkäferarten eine farbliche Ausnahme dar. Im Gegensatz zu den anderen Arten, bei deren Färbung die Töne Braun und Schwarz vorherrschen, leuchtet der Körper des Rehschröters grün, blau, manchmal auch blaugrün, blauviolett und blauschwarz. Die Beine sind in der Regel schwarz, doch sind auch Exemplare mit rostbraunen Beinen beschrieben. Die Käfer erscheinen zeitig im Frühjahr und fliegen an sonnigen Tagen. Sie bewohnen Laubwälder von Niederungen bis ins Gebirge und kommen in manchen Gegenden zahlreich vor. Sie ernähren sich von jungem Laub und Knospen. Die Larven entwickeln sich vorwiegend in Eichen und Buchen, gelegentlich auch in anderen Laubbäumen. Verbreitung: West- und Mitteleuropa.

2 Balkenschröter *Dorcus parallelopipedus.* 18–32 mm, sucht Laubhölzer auf, vor allem Eichen und Buchen. Seine Larven entwickeln sich in morschen Baumstümpfen, Holzplatten und in alten, erkrankten Stämmen von Eichen, Buchen, Eschen, Ulmen, Weiden, Linden, manchmal auch in Obstbäumen, Kiefern oder Lärchen. In ausgewachsenem Zustand messen sie etwa 20 mm und glänzen gelblich. Die Käfer fliegen in den Abendstunden. Ihr Hauptvorkommen fällt auf Ende Mai und Juni. In seinem Verbreitungsgebiet haben sich einige geographische Rassen gebildet. Stellenweise kommt er häufig vor, anderswo ist er bereits ausgestorben. Verbreitung: Großteil Europas, Klein- und Vorderasien.

3 Hirschkäfer *Lucanus cervus.* Zeichnet sich durch den auffallenden Unterschied zwischen Männchen und Weibchen aus. Das Männchen, das mit den Oberkiefern eine Länge von 75 mm erreichen kann, ist der größte Käfer Europas. Die Oberkiefer dienen als Waffen beim Kampf um die Weibchen. Bei kleinen Exemplaren sind sie nicht so stark entwickelt (Form *„capreolus“).* Als Nahrung dienen ihnen süße, gärende Eichensäfte. Die Hirschkäfer fliegen erst am Spätnachmittag und am Abend. Das Weibchen ist kleiner, 30 bis 45 mm lang. Die Entwicklung des Käfers nimmt mindestens fünf Jahre in Anspruch. Aus den Eiern, die in alte Stümpfe und Stämme von Eichen, gegebenenfalls von Buchen, Ulmen und anderen Bäumen gelegt werden, schlüpfen Larven, die mit mächtigen Kiefern ausgestattet sind. Sie wachsen bis zu einer Länge von 10 cm heran und stellen sich schließlich eine harte Wiege her, in der sie sich verpuppen. Die Imago schlüpft schon im Herbst aus, doch überwintert sie im Versteck. Erst im Juni bzw. in den ersten Julitagen des nächsten Jahres zeigt sie sich im Freien. Verbreitung: Großteil Europas. Der Hirschkäfer benötigt größere Eichenbestände mit anbrüchigen Bäumen. Gefährdung hauptsächlich durch „Baumsanierungsmaßnahmen“.

4 Kopfhornschröter *Sinodendron cylindricum.* 12–16 mm, fällt ebenfalls durch seinen starken Sexualdimorphismus auf. Das Männchen trägt auf dem Kopf ein deutlich sichtbares, nach hinten gebogenes Horn, das Weibchen hat an dieser Stelle nur einen kleinen Buckel. Der ganze Körper ist walzenförmig. Der Kopfhornschröter lebt in Berg- und Vorgebirgswäldern. Die Larven entwickeln sich meist in vermodernden Buchenstümpfen und -holzstücken, manchmal auch in anderen Holzarten. Die Imago erscheint im Sommer (Juni/Juli), sie hält sich unter Rinde und Holzstücken auf. Verbreitung: Von Westeuropa bis nach Sibirien.

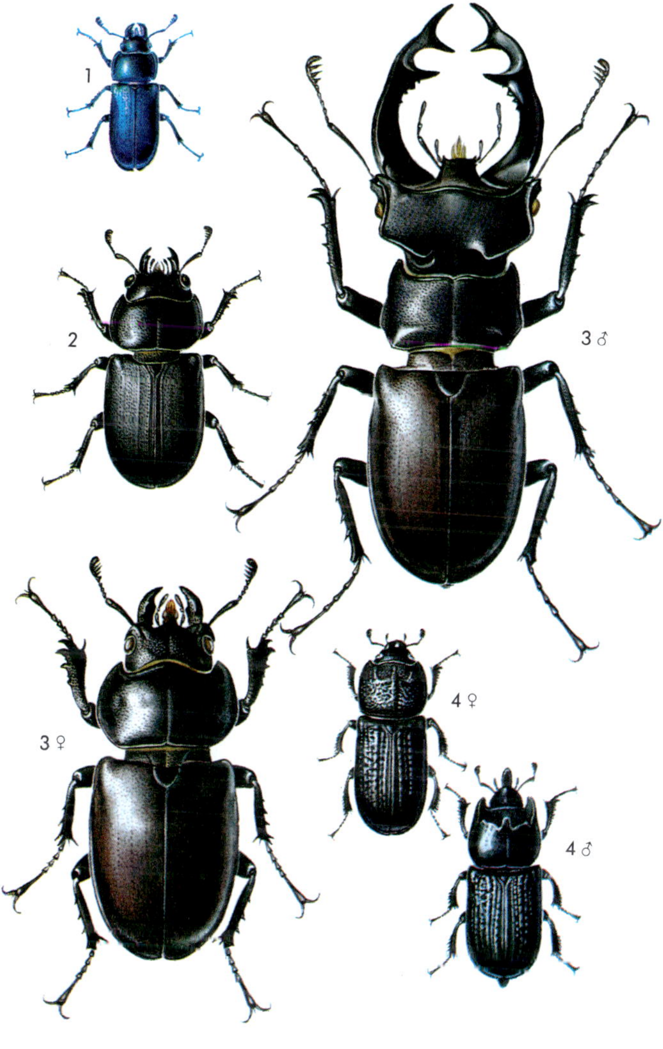
1
2
3 ♂
3 ♀
4 ♀
4 ♂

Familie Blatthornkäfer – *Scarabaeidae*

1 Nashornkäfer *Oryctes nasicornis.* 25–40 mm, weist starken Geschlechtsdimorphismus auf. Das Männchen trägt auf dem Kopf ein nach hinten gebogenes Horn, auf dem Schild eine Vertiefung mit einem hohen Kamm, das Weibchen hat an der Stelle des Horns nur ein kleines, dreieckiges Plättchen. Der Käfer bewohnte ursprünglich alte Eichenwälder, doch heute entwickeln sich seine Larven meist in Komposthaufen und Mistbeeten, nur wenige sind in alten Laubbaumstümpfen (Buchen, Eichen usw.) zu finden. Seine Entwicklung dauert zwei bis drei Jahre, die ausgewachsene Larve mißt bis zu 120 mm, sie verpuppt sich in einer ovalen Kammer. Die Käfer fliegen an Frühlings- und Sommerabenden, tagsüber verkriechen sie sich in verschiedenen Verstecken. Verbreitung: Fast ganz Europa, Klein- und Vorderasien, Teile Mittelasiens, Nordafrika.

2 Feld-Maikäfer *Melolontha melolontha.* 25–30 mm, ist die häufigste europäische Maikäferart, die manchmal zum Schädling werden kann. Das Männchen läßt sich am leichtesten an den Fühlern vom Weibchen unterscheiden. Es hat große siebenblättrige Fächerfühler, das Weibchen nur kleinere sechsblättrige. Die Larve (Engerling) entwickelt sich im Erdreich und ernährt sich von Würzelchen. In Trockenzeiten und vor Wintereintritt kriecht sie tiefer in den Boden. Die Entwicklung des Käfers dauert drei bis vier Jahre, je nach den klimatischen Bedingungen. Die Imago schlüpft schon im Herbst aus, doch kommt sie nicht an die Oberfläche, sondern überwintert im Boden. Verbreitung: Großteil Europas (fehlt in Spanien, Süditalien u. a.).

3 Zottiger Rosenkäfer *Tropinota hirta.* 8–11 mm, besucht schon ab April Frühlingsblumen, kommt häufig auf den Blüten von Margeriten und Habichtskraut vor. Seine Larven leben in der Erde und ernähren sich von alten Würzelchen. Verbreitung: Europa, Klein- und Vorderasien, Nordamerika (eingeschleppt). Gefährdet.

4 Walker *Polyphylla fullo.* 25–36 mm, die größte und farblich interessanteste Maikäferart bei uns. Der Fächerfühler des Männchens besteht aus sieben länglichen Blättchen, der des Weibchens nur aus fünf kürzeren. Die Käfer fliegen im Juli von Einbruch der Dämmerung bis in die späten Nachtstunden in Kiefernwäldern und deren Umgebung. Das Weibchen legt seine Eier in Sandböden an Waldrändern und in Weinberge. Die Larven fressen die Wurzeln verschiedener Gräser, manchmal aber auch die Wurzeln der Weinstöcke. Die Entwicklungsdauer des Käfers beträgt vier, gelegentlich auch fünf Jahre. Der Käfer ist in Europa noch manchmal häufig. Verbreitung: Fast ganz Europa, erreicht im Osten den Unterlauf der Wolga.

5 Rosenkäfer *Cetonia aurata.* 14–20 mm, erscheint an sonnigen Tagen ab Mitte Mai auf blühenden Rosen, Weißdorn, auf Schwarzem Holunder und Zwergholunder. Er fliegt mit geschlossenen Deckflügeln. Die Larven entwickeln sich mit Vorliebe im Mulm von Buchenstümpfen und im Gartenkompost, vereinzelt auch in Ameisenhaufen, wo sich die Larven der verwandten Art *Potosia cuprea* in der Regel aufhalten. Die Entwicklung ist einjährig. Verbreitung: Europa, Klein- und Vorderasien, Sibirien.

6 Pinselkäfer *Trichius fasciatus.* 9–12 mm, hat eine stark variierende Zeichnung auf den Flügeldecken. Er bewohnt Gebirgsgegenden, wo er auf den Blüten von Rosen, Weißdorn, Margeriten und anderen, meist weiß blühenden Pflanzen sitzt. Die Larven entwickeln sich im Mulm alter Laubbaumstümpfe, Entwicklungsdauer: Zwei Jahre. Verbreitung: Fast ganz Europa (geht in den südlichen Gebieten auch in höhere Lagen), Kaukasus.

Käfer

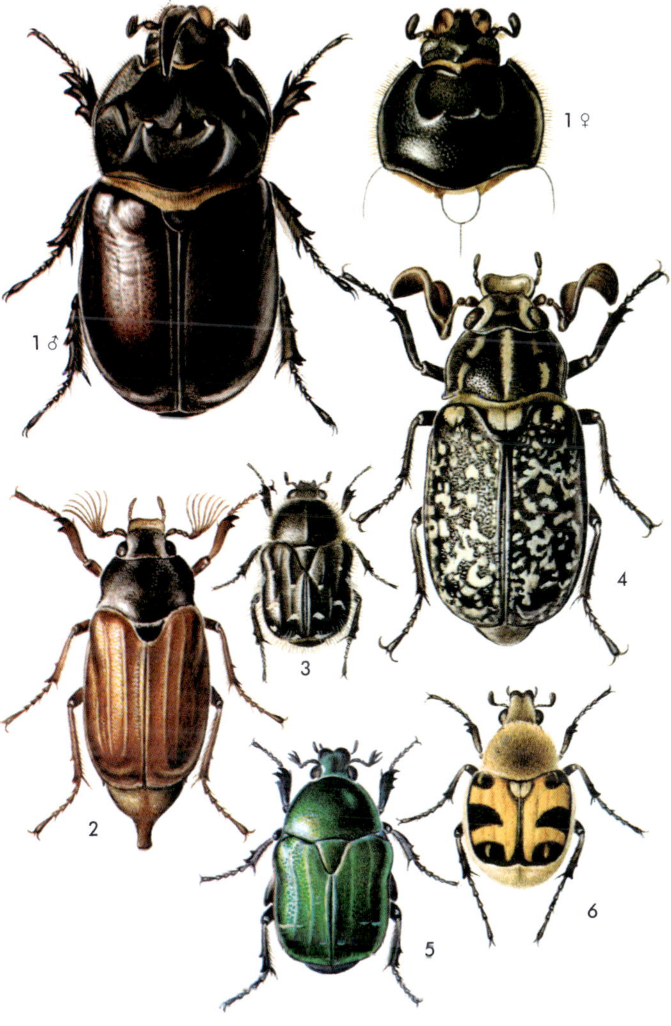

Familie Blatthornkäfer – *Scarabaeidae*

1 Kotfresser *Onthophagus fracticornis.* 5–9 mm, lebt in allen Arten von Exkrementen. Auch er sorgt für seine Nachkommen. In der Tiefe von 15–20 cm legt er mehrere, sich verästelnde Gänge an, an deren Ende die Eikammern liegen. Das Weibchen füllt jede Kammer dann mit Dung und legt ein Ei hinein, aus dem nach etwa einer Woche eine weiße Larve schlüpft. Verbreitung: Ganz Europa, Nordafrika.

2 Waldmistkäfer, Großer Roßkäfer *Geotrupes stercorarius.* 16–25 mm, zeichnet sich wie die verwandten Arten durch Brutfürsorge aus. Im Herbst baut das Elternpaar in der Erde ein Nest. Zunächst entsteht ein senkrechter, etwa einen halben Meter tiefer Schacht, zu dem das Weibchen noch seitliche Stollen erstellt. Diese sind etwa 20 cm lang und enden in einer verbreiterten Kammer. Die Seitengänge werden ganz mit Dung angefüllt, nur am Ende bleibt Platz für das Ei. Anschließend werden die Gänge und der Schacht mit Erde verschlossen. Die Larve ist auf diese Weise mit genügend Nahrung versorgt. Von der Eiablage bis zum Ausschlüpfen des Käfers vergehen zwei Vegetationsperioden, doch der bereits im Juli ausgeschlüpfte Käfer bleibt noch in seiner unterirdischen Kammer. Erst im Frühjahr des folgenden Jahres kommt er hervor. Verbreitung: Ganz Europa, Sibirien, Japan.

3 Frühlingsmistkäfer *Geotrupes vernalis.* 12–20 mm, baut gleichfalls Brutstollen zum Schutz seiner Nachkommenschaft, aber von einem anderen Typ als die vorstehende Art. Zuerst wird eine etwa 5 cm tiefe, trichterförmige Vertiefung ausgehoben, von deren Ende mehrere etwa 20 cm lange waagerechte Gänge vorgetrieben und allmählich mit Dung gefüllt werden. Das sind die Vorratsgänge. Nach ihrer Fertigstellung kommt es zur Kopulation und dem Bau der eigentlichen Kammer für das Ei, die etwa einen halben Meter unter der Oberkante des Trichters liegt. In diese Kammer legt das Weibchen nur ein einziges Ei. Zum Schluß wird der Zugang völlig mit Kot ausgefüllt. Verbreitung: Europa, Kleinasien.

4 Junikäfer *Amphimallon solstitiale.* 14–18 mm, schwärmt an Juniabenden oft in großer Anzahl. Er fliegt in Baumkronen, auf Wiesen, an Waldrändern und in Parks vom Tiefland bis ins Gebirge hinein. Die Weibchen legen ihre Eier in die Erde. Die Entwicklung des Käfers dauert drei Jahre. Verbreitung: Paläarktische Region.

5 Gartenlaubkäfer *Phyllopertha horticola.* 5–8 mm, kommt am häufigsten im Juni vor, besucht Rosenblüten, sitzt auf Blättern und fliegt um Heuhaufen auf Wiesen und in Gärten. Seine Larven entwickeln sich in der Erde, die Entwicklung dauert zwei bis drei Jahre. Verbreitung: Von Europa bis in die Mongolei.

6 Aphodius rufipes. 10–13 mm, gehört zu den größten Arten der Dungkäfer. Er ist in Gebirgsgegenden auf dem Kot verschiedener Pflanzenfresser zu finden und normalerweise von Frühjahr bis Herbst anzutreffen. Verbreitung: Europa, Ostasien, Südafrika, Nord- und Südamerika.

7 Gemeiner Dungkäfer *Aphodius fimetarius.* 5–8 mm, kommt schon ab März häufig vor. Im April legen die Weibchen etwa 30 Eier in halbvertrockneten Pferde- oder Kuhmist. Die ausgewachsene Larve kriecht in die Erde, um sich dort zu verpuppen. Verbreitung: Eurasien, Nordafrika, Nordamerika.

1
2
3
4
5
6
7

Familie Bockkäfer – *Cerambycidae*

1 Körnerbock *Megopis scabricornis.* 29–50 mm, zeichnet sich durch sein auffallend langes und skulpturiertes drittes Fühlerglied aus. Bei den Männchen erreichen die Fühler knapp Körperlänge, bei den Weibchen sind sie nur halb so lang. Typisch sind auch die drei bis vier Rippen auf den Flügeldecken. Die Käfer fliegen abends, tagsüber verstecken sie sich unter Rinde. Sie erscheinen im Juli/August, je nach Biotop auch noch im September. Die Larven entwickeln sich in Laubbäumen, vorwiegend in Eichen und Buchen, Pappeln, Maulbeerbäumen, Linden, Nußbäumen, Weiden usw. Verbreitung: Mittel- und Südeuropa, Kaukasus, Klein- und Vorderasien, Iran. In einigen Gebieten ist diese Art häufig, anderswo gehört sie zu den Seltenheiten. Vom Aussterben bedroht!

2 Mulmbock *Ergates faber.* Bis 60 mm lang, zählt zu den größten Bockkäfern in unserer Fauna. Männchen und Weibchen unterscheiden sich in einigen Merkmalen: in der Fühlerlänge, die beim Männchen die Körperlänge übertrifft, in der unterschiedlichen Färbung, Form und Skulpturierung des Schildes. Der Schild ist beim Männchen am Rand fein gekerbt, auf der Oberseite mit zwei spärlich punktierten Schwielen versehen. Die Käfer fliegen hauptsächlich an den Abenden im Spätsommer und Frühherbst. Sie leben in Wäldern, auch ihre Larvenentwicklung verläuft dort. Das Weibchen legt ungefähr 150–300 Eier in Kiefern- und andere Nadelholzstümpfe, in morsches oder frisches Holz. Die Larven halten sich im Splint, der oberen Holzschicht zwischen Rinde und Kern auf, und nagen dort breite, unregelmäßig gewundene Gänge. Die Larvenentwicklung dauert rund vier Jahre. Die ausgewachsene Larve ist platt und mißt fast 80 mm. Vor der Verpuppung bohrt sie sich nicht sehr tief ins Holz ein und verpuppt sich dort. Heutzutage ist die Larve schon nicht mehr als Forstschädling anzusprechen, da die Art immer seltener wird. Es gibt nämlich kaum noch Standorte, an denen sie ungestört ihren mehrjährigen Entwicklungsgang vollenden kann. Verbreitung: Europa, Klein- und Vorderasien, Nordafrika.

3 Zottenbock *Tragosoma depsarium.* 15–31 mm, wurde zum ersten Mal von dem berühmten schwedischen Naturforscher Carl v. Linné anhand von in Schweden gefangenen Exemplaren beschrieben. Die Fühler des Männchens erreichen bis zu zwei Drittel der Flügeldecken, die des Weibchens bis zur Hälfte. Die Käfer fliegen im Juli/August während der Abenddämmerung in Gebirgs-Nadelwäldern. Am Tag halten sie sich unter Rinde, liegenden Stämmen und Meterholz verborgen. Das Weibchen legt seine Eier in gebrochene, gefällte oder kranke Fichten-, Kiefern- und Tannenstämme. Dieser Bockkäfer wird auch in der älteren Literatur nirgends als häufig auftretende Art geführt. Heutzutage gehört er zu den wirklichen Raritäten. Hier soll er als Beispiel stehen für Käfer, die in Mitteleuropa vom Aussterben bedroht sind und die man fast nur noch in den Sammlungen großer Museen findet. Verbreitung: Nord-, Mittel- und Südeuropa, europäische Gebiete der UdSSR, Sibirien, Nordamerika.

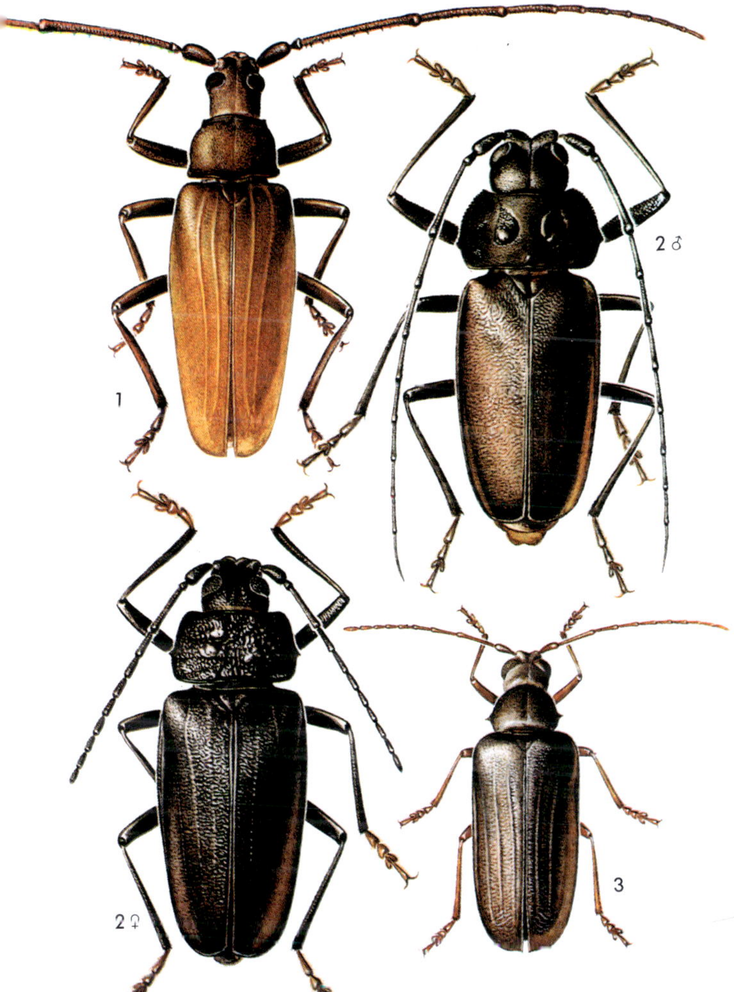
1
2 ♂
2 ♀
3

Familie Bockkäfer – *Cerambycidae*

1 Sägebock *Prionus coriarius.* 18–45 mm, weist einen auffallend unterschiedlichen Fühlerbau bei Männchen und Weibchen auf. Die Fühler des Weibchens sind verhältnismäßig dünn, elfgliedrig und leicht gesägt, die des Männchens sind kräftiger, stärker gesägt und haben 12 Glieder. Die Imago fliegt im August während der Dunkelheit in alten Laub- und Nadelwäldern, tagsüber hält sie sich unter der Rinde von Baumstümpfen versteckt. Die Imago ist in der Lage, einen durchdringenden Knarrton von sich zu geben, tut das aber auf andere Weise als die meisten übrigen Bockkäferarten: Sie reibt die Flügeldeckenränder an einer Leiste, die an den Schenkeln des hinteren Beinpaares sitzt. Das Weibchen legt seine Eier in alte Baumstümpfe von Laub- und Nadelhölzern, dort entwickeln sich auch die Larven. Ausgewachsen sind sie rund 50 mm lang. Verbreitung: Fast ganz Europa, Kaukasus, Syrien, Iran, Westsibirien, Nordafrika.

2 Rothalsbock *Leptura rubra.* 10–19 mm, zeichnet sich durch augenfällige Unterschiede zwischen den beiden Geschlechtern aus. Das Männchen ist schlanker, kleiner und hellgelb, das Weibchen größer, gedrungen und orange. Auch in der Fühlerform unterscheiden sie sich. Die Imago fliegt im Hochsommer, sie läßt sich auf Blüten, verletzten Stämmen und Meterholz nieder. Das Weibchen legt seine Eier in die Stümpfe von Nadelholz, die Larven nagen dort gewundene Gänge und fördern die Zersetzung des Holzes. Ihre Entwicklung dauert vermutlich zwei Jahre. Verbreitung: Von Westeuropa bis Sibirien, Nordafrika.

3 Waldbock *Spondylis buprestoides.* 12–24 mm, ist in seinem Aussehen den übrigen Bockkäfern nicht sehr ähnlich. Er hat nämlich nicht nur einen walzenförmig gedrungenen Körper, sondern auch kurze Fühler. Die Imago fliegt von Juli bis September abends in Kiefernwäldern, tagsüber versteckt sie sich unter Holzklötzen und Rinde. Die Larven entwickeln sich in den Wurzeln von alten Kiefernstümpfen. Sie tragen so zur Zersetzung des Holzes bei und können zu den nützlichen Tieren gezählt werden. Verbreitung: Europa, Kleinasien, Sibirien, China, Japan.

4 Schmalbock *Strangalia maculata.* 14–22 mm, hat auf den gelben Flügeldecken schwarze Flecken und Streifen, die stark variieren. Die Käfer sind von Mai bis August auf allen möglichen Blüten anzutreffen. Die Larven entwickeln sich vorwiegend in Laubbäumen, aber auch in Nadelhölzern. Verbreitung: Von Europa bis Transkaukasien und Vorderasien (Iran).

5 Zangenbock *Rhagium inquisitor.* 10–21 mm, ist eine der vier Arten aus dieser in Mitteleuropa sehr häufig vorkommenden Gattung. Er bewohnt Nadelwälder von den Niederungen bis ins Gebirge, zeigt sich meist von April bis Juli auf Blüten und Holzstücken. Die Imago kann man schon vom Herbst an in einer länglichen Wiege unter der Rinde finden, wo sie nach dem Schlüpfen den Winter verbringt. Verbreitung: Europa, Westsibirien, Nordamerika.

6 Blaubock *Gaurotes virginea.* 9–12,5 mm, existiert in mehreren farblichen Varianten. Meist hat er einen schwarzen Schild und grüne bzw. blaue Flügeldecken. Andere Exemplare haben violette oder schwarze Decken und einen roten Schild, daneben gibt es aber noch weitere Farbformen. Die Imago erscheint vom Tiefland bis ins Gebirge hinein mit Vorliebe auf den Blütenständen von Doldenblütlern, in höheren Lagen ist die Art häufiger. Verbreitung: Von Westeuropa über Sibirien bis Korea.

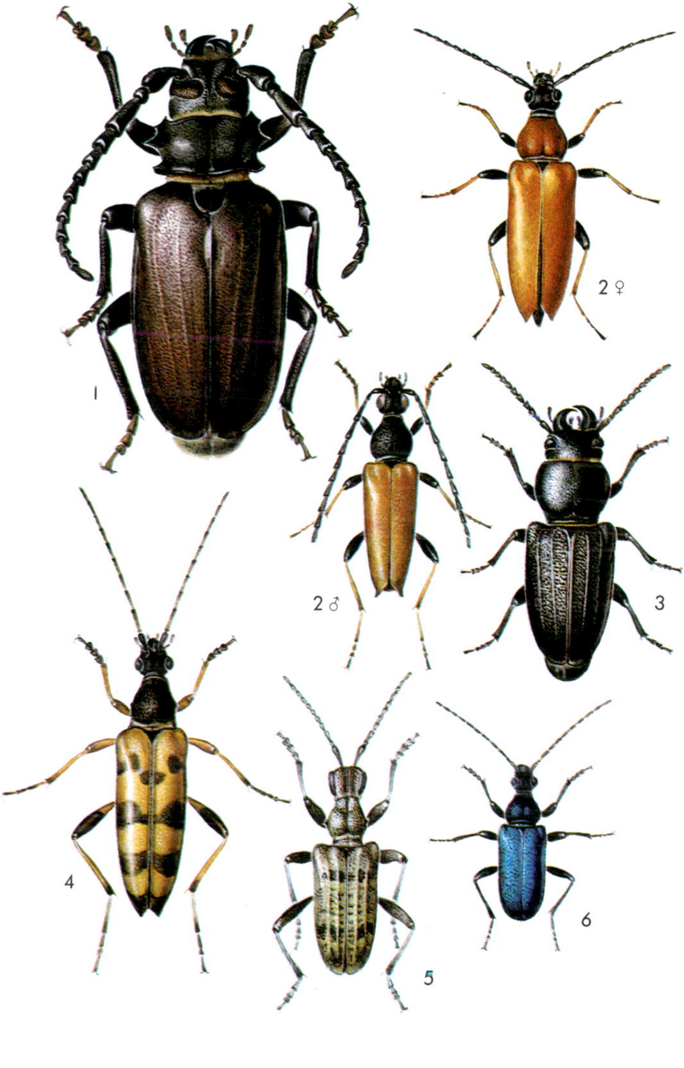

1
2 ♀
2 ♂
3
4
5
6

Familie Bockkäfer – *Cerambycidae*

1 Alpenbock *Rosalia alpina.* 15–38 mm, zeigt auf seinen blaugrauen Flügeldecken eine stark variierende dunkle Zeichnung. Er lebt in Buchenwäldern in Gebirgen und im Gebirgsvorland, fliegt an sonnigen Tagen von Juni bis August, manchmal auch noch im September. Seine Larve entwickelt sich in weißfaulem Buchenholz. Verbreitung: In der Hauptsache Mitteleuropa, Südskandinavien und Südeuropa, Transkaukasien, Vorderasien. Stark gefährdet! Hilfsmaßnahme: Buchenklafter über mehrere Jahre stehen lassen.

2 Großer Eichenbock, Heldbock *Cerambyx cerdo.* 24–53 mm, gehört zu den fünf größten Käfern der mitteleuropäischen Fauna. Er lebt in alten Eichenwäldern, in denen er in der Dämmerung und nachts umherfliegt. Die Käfer suchen gern die Stellen auf, an denen Saft aus verletzten Bäumen tritt. Seine Larven leben anfangs in der Rinde, dann im Splint und Bast und später im Holz des Baumes. Sie nagen dort fingerbreite Gänge mit ovalem Querschnitt. In ausgewachsenem Zustand ist die Larve 70–90 mm lang. Sie verpuppt sich im Holz in einem hakenförmig gekrümmten, etwa 8 cm langen Gang. Der Käfer kriecht schon im Herbst aus der Puppe, überwintert aber in seinem Versteck und fliegt erst im Juni/Juli aus. Seine Entwicklung dauert drei bis fünf Jahre. Verbreitung: Ganz Europa. Mit der fortschreitenden Abnahme der ursprünglichen Biotope geht auch der Käfer rasch zurück. Vom Aussterben bedroht!

3 Grubenhalsbock *Criocephalus rusticus.* 10–30 mm, lebt in Nadelwäldern, vorwiegend in Kiefernbeständen, wo die Imago im Juli/August, in Ausnahmefällen auch schon früher, abends und nachts fliegt. Die Larve lebt zuerst unter der Rinde, später bohrt sie sich tiefer ins Holz. Verbreitung: Ganz Europa, Transkaukasien, Sibirien bis Japan.

4 Moschusbock *Aromia moschata.* 13–34 mm, zeichnet sich durch den starken Moschusgeruch aus, den er verströmt. Seine Färbung ist variabel. Flügeldecken und Schild sind meist grün mit einem leichten Blauschimmer, bei einigen Exemplaren überwiegt der Blauton, auch kennt man Tiere mit purpurrotem Schild und Flügeldecken. Die Käfer fliegen von Juni bis August und lassen sich auf Blüten und gefälltem Holz nieder, stellenweise treten sie zahlreich auf. Die Larve frißt mit Vorliebe in lebendem Weidenholz, manchmal auch in anderen Laubbäumen (Salweiden, Pappeln, Erlen usw.). Verbreitung: Fast ganz Europa, Sibirien, Japan.

5 Hausbock *Hylotrupes bajulus.* 7–21 mm, tritt von Mitte Juni bis September auf. Die Larven entwickeln sich in Nadelholz, oft in Balken, Bohlen, Möbeln usw. Der Käfer kommt häufig in Holzbauten und auf Dachböden vor. Im Freien ist er selten. Seine Entwicklung dauert im Schnitt drei bis fünf Jahre, sie kann sich aber bedeutend verlängern. Verbreitung: Fast über die ganze Welt.

6 Fichtensplintbock *Tetropium castaneum.* 9–18,5 mm, am häufigsten in Fichtenwäldern. Die Imago ist von Mai bis in den Juli anzutreffen. Das Weibchen legt seine Eier unter Rindenschuppen, die Larven leben zunächst in der Borke, später dringen sie ins Holz ein. Die ausgewachsene Larve nagt sich in einer Tiefe von 2–4 cm eine Kammer, in der sie sich verpuppt. Der Fichtensplintbock befällt meist bereits kranke Bäume, die auch von Spechten aufgesucht werden, die seine Larven fressen. Verbreitung: ganz Europa, Sibirien, Japan.

7 Düsterbock *Asemum striatum.* 8–23 mm, bewohnt vorwiegend Kiefernwälder. Die Imago fliegt von Mai bis August. Die Larven entwickeln sich in alten Kiefernstubben, gelegentlich auch in den Stümpfen von Tannen oder Lärchen. Die ausgeschlüpfte Imago nagt sich durch eine ovale Öffnung ins Freie. Verbreitung: Europa, Kaukasien, Sibirien, Japan.

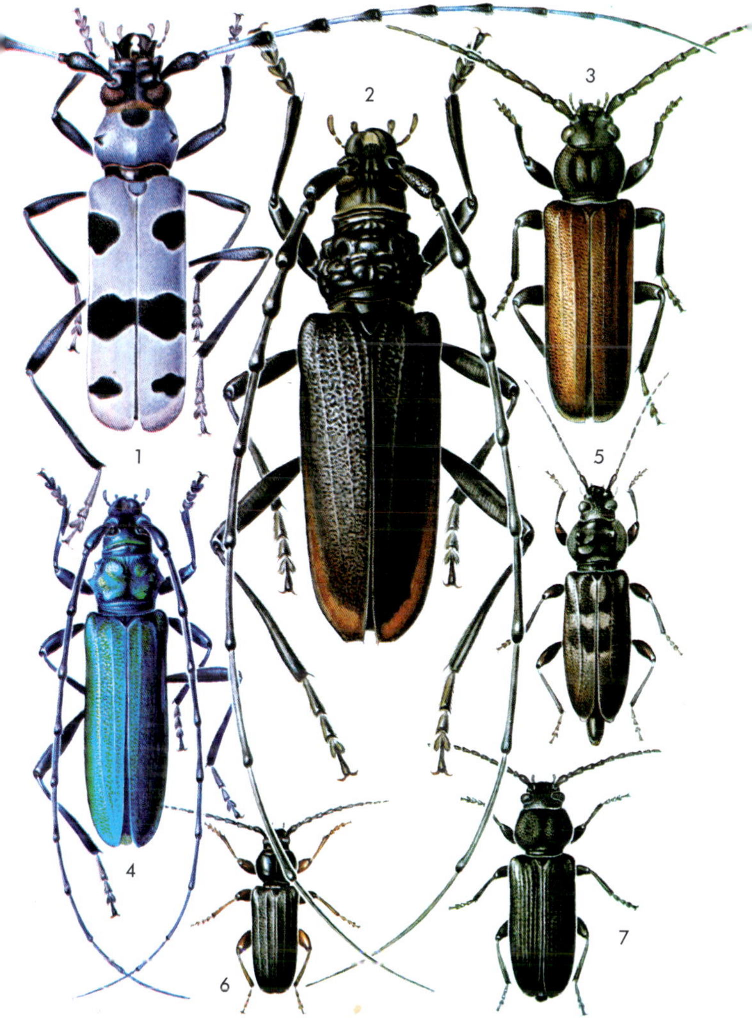
1
2
3
4
5
6
7

Familie Bockkäfer – *Cerambycidae*

1 Erdbock *Dorcadion pedestre.* 11–17 mm, unterscheidet sich in seiner Körperform von den meisten europäischen Bockkäfern. Auch seine Entwicklung verläuft anders, da seine Larven nicht im Holz leben, sondern an Graswurzeln. In manchen Gegenden taucht dieser Käfer recht zahlreich auf, vor allem im April/Mai. Er gehört zu den östlicheren Faunenelementen. Verbreitung: Osten Mitteleuropas, Balkan.

2 Eichenwidderbock *Plagionotus arcuatus.* 6–20 mm, fällt durch seine schwarzgelbe, ziemlich variable Färbung auf. An sonnigen Mai- und Junitagen fliegt der Käfer durch Eichenwälder. Das Weibchen legt seine Eier in gefällte, noch nicht entrindete Eichenstämme und in Meterholz. Als Wirtspflanzen können aber auch andere Laubbäume dienen. Die Larven nagen breite Gänge in den Bast, später treiben sie ihren Gang ins Holz vor und verpuppen sich dort im Frühjahr. Verbreitung: Europa, Transkaukasien, Kleinasien, Nordafrika.

3 Zierbock *Anaglyptus mysticus.* 6–13 mm, trägt wie viele andere Bockkäferarten auch eine variable Zeichnung auf den Flügeldecken. Er lebt von Mai bis Juli in Laubwäldern auf Blütenpflanzen, oft auf Weißdorn. Verbreitung: Mittel- und Südeuropa.

4 Purpurbock *Purpuricenus kaehleri.* 9–21 mm, zeigt sich nur sehr selten an warmen und geschützten Stellen, wo er im Juni und Juli fliegt. Seine Larven entwickeln sich in Laubbäumen, vor allem in Eichen, aber auch in Obsthölzern. Der Käfer wird immer seltener und ist daher geschützt. Verbreitung: Südeuropa, Südteil Mitteleuropas, Transkaukaisen, Iran. „Südliche Art“, bei uns am Rande ihres Verbreitungsgebietes.

5 Schönbock *Phymatodes testaceus.* 6–17 mm, ist ein farblich sehr variabler Käfer. Einmal sind seine Flügel gelblich, ein anderes Mal sind sie gelblich mit violetten oder blauen Feldern bzw. ganz blau, violett, oder sie haben einen Grünschimmer. Ähnlich variiert auch die Färbung des Schildes. Die Art ist häufig in Eichenwäldern, wo der Käfer im Juni/Juli während der Abendstunden fliegt. Seine Entwicklung dauert nur ein Jahr und verläuft in Laubbäumen (Eichen), manchmal aber auch in Nadelbäumen. Die Käfer schlüpfen auch oft in Holzlagern aus. Häufige Art. Verbreitung: Mittel- und Südeuropa, Kaukasus, Klein- und Vorderasien (Syrien, Iran), Nordafrika.

6 Rothaarbock *Pyrrhidium sanguineum.* 8–12 mm, hat samtige rote Härchen auf der Ober- und Unterseite seines Körpers. Er gehört zu den Frühjahrskäfern, die Imago zeigt sich von April bis Juni auf gefällten Stämmen, Meterholz, in Holzlagern und Sägewerken. Die Larve entwickelt sich im Holz von Laubbäumen, hauptsächlich von Eichen, Buchen und Hainbuchen, sie verpuppt sich im Holz. Häufige Art. Verbreitung: Mittel- und Südeuropa, Kaukasus, Klein- und Vorderasien (Syrien, Iran), Nordafrika.

7 Scheibenbock *Callidium aeneum.* 9–15 mm, ist in den meisten Fällen bronzegrün, einige Exemplare haben einen grünen Kopf und Schild mit rotgelben Decken, andere einen braunroten Kopf und Schild mit schwarzen Flügeldecken. Er lebt von Mai bis Juli in Laub- und Nadelwäldern, am zahlreichsten kommt er in Gebirgslagen vor. Die Larven entwickeln sich in trokkenem Laub- und Nadelholz. Erst halten sie sich unter der Rinde auf, zur Verpuppung dringen sie ins Holz ein. Verbreitung: Großteil Europas, Transkaukasien, Klein- und Vorderasien, Sibirien.

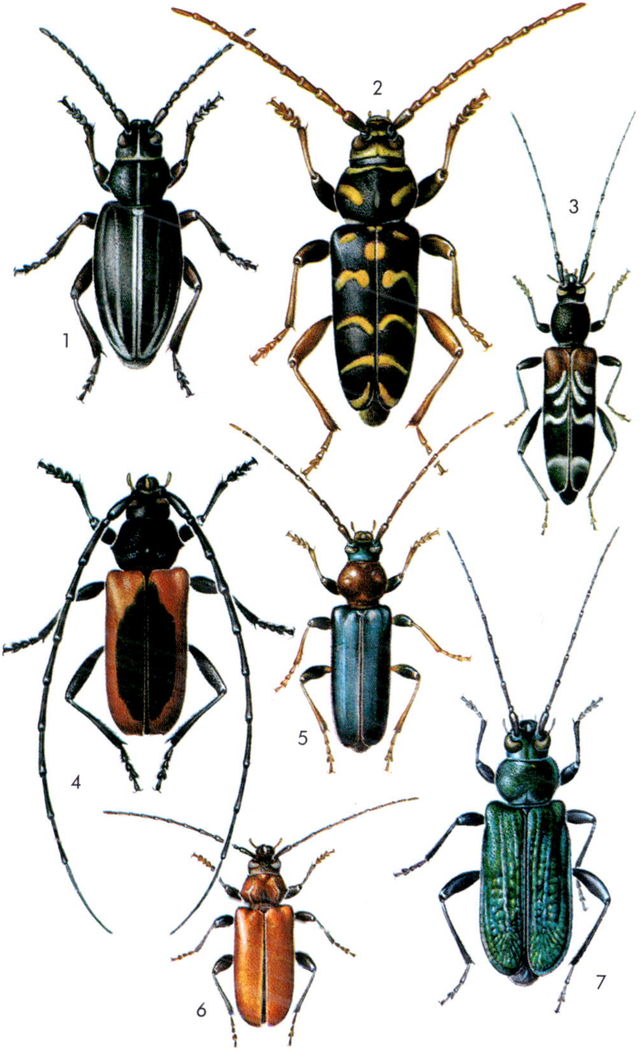
1
2
3
4
5
6
7

Familie Bockkäfer – *Cerambycidae*

1 Splintbock *Leiopus nebulosus.* 6–10 mm, kommt schon ab April häufig in Laubwäldern vor. Die Larven entwickeln sich in dünnen, trockenen Stämmen und Ästen von Eichen, Buchen, Hainbuchen und anderen Laubhölzern. Sie bilden unter der Rinde gewundene Gänge, die sie wieder mit Holzmehl auffüllen. Sie verpuppen sich unter der Rinde, die Käfer schlüpfen im Frühjahr aus. Verbreitung: Hauptsächlich Mittel- und Nordeuropa.

2 Weberbock *Lamia textor.* 15–30 mm, fliegt in der Dämmerung, tagsüber sitzt er auf Ästen und Wurzeln. Die Larven entwickeln sich vor allem in Weiden und Espen, wo sie Gänge von bedeutender Breite nagen. Verbreitung: Stellenweise über ganz Europa hinweg zu finden, über Sibirien bis nach Japan.

3 Zimmermannsbock *Acanthocinus aedilis.* 12–20 mm, ein schöner Bockkäfer unserer Fauna. Das Männchen besitzt Fühler von der fünffachen Länge seines Körpers. Das Weibchen hat wesentlich kürzere Fühler, die etwa die anderthalbfache Körperlänge ausmachen, und ist mit einer flachen Legeröhre ausgestattet, mit der es seine Eier tief in die Borke von Kiefern- oder Fichtenstümpfen oder in gefällte Stämme legt. Die Larven nagen unter der Rinde breite gewundene Gänge und verpuppen sich entweder im Holz oder in der Rinde. Die Käfer schlüpfen im Herbst und überwintern in der Wiege. Sie fliegen bereits Ende März/April aus. Verbreitung: Europa, Sibirien, Ostasien (Korea, Mongolei usw.).

4 Langhornbock *Monochamus sartor.* 21–35 mm, bewohnt Fichtenwälder, in denen er von Juli bis Mitte August fliegt. Seine Larven leben vor allem auf gefällten Fichtenstämmen; zunächst nagen sie unter der Rinde, später dringen sie ins Holz ein und verpuppen sich ca. 10 cm tief. Die Imago kriecht durch eine runde Öffnung ins Freie. Der Entwicklungszyklus dauert ein Jahr. Verbreitung: Europa, in einigen Gegenden im Aussterben begriffen.

5 Leiterbock *Saperda scalaris.* 12–18 mm, zeigt auf den Flügeldekken Flecken und Streifen, die recht variabel sind. Die Käfer erscheinen schon an warmen Apriltagen und sitzen am liebsten in Laubwäldern auf gefällten Stämmen und Meterholz. Das Weibchen legt die Eier einzeln in Spalten, die es in die Rinde trockener bzw. gefällter Stämme von Eichen, Buchen, Ulmen, Salweiden, Obstbäumen und einigen weiteren Laubhölzern beißt. Verbreitung: Von Südwesteuropa über Mitteleuropa bis Sibirien, Transkaukasien, Iran, Nordafrika.

6 Kleiner Pappelbock *Saperda populnea.* 9–15 mm, zeigt sich im Mai und Juni in der Nähe von Espen, Pappeln und auch Weiden, die die Wirtspflanzen seiner Larven sind. Das Weibchen legt die Eier einzeln in kleine Vertiefungen, die es in die Rinde junger Zweige beißt. Die Larve ernährt sich von Pflanzengewebe. Sie dringt im Verlauf des ersten oder während des zweiten Entwicklungsjahres in das Zweiginnere ein. An den Stellen, wo sich Larven im Zweig aufhalten, entstehen längliche Geschwülste. Im Zweig erfolgt auch die Verpuppung, die Imago kriecht durch eine runde Öffnung ins Freie. Verbreitung: Fast ganz Europa, Transkaukasien, Kleinasien, Sibirien, Korea, Nordafrika, Nordamerika.

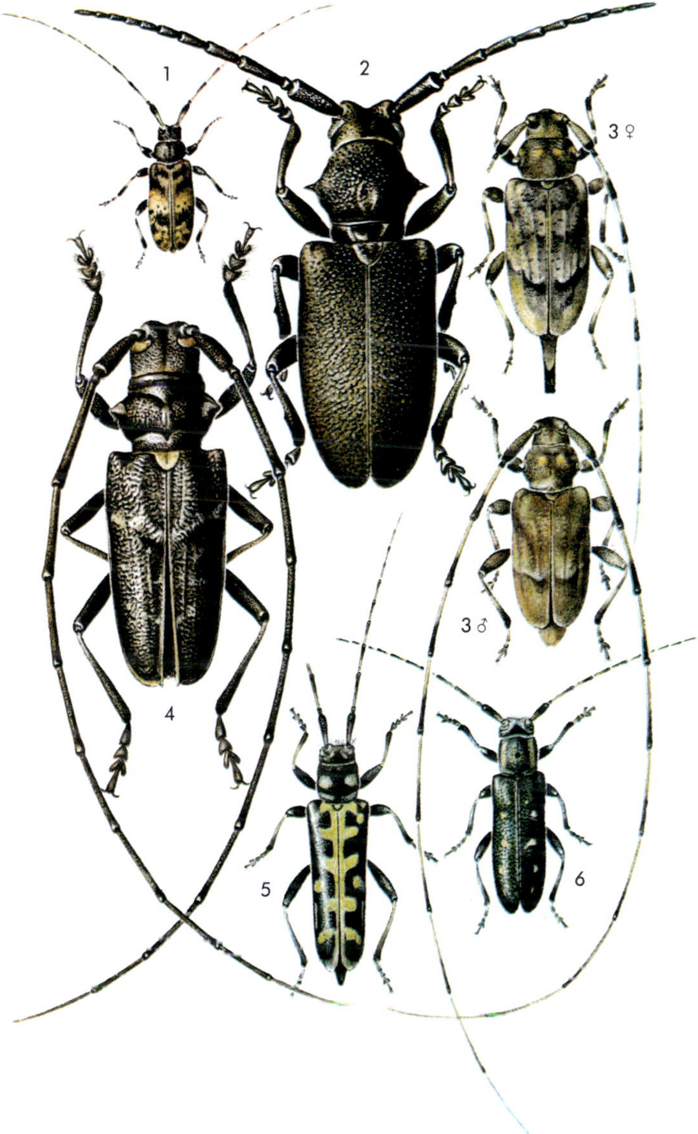
1
2
3 ♀
3 ♂
4
5
6

Familie Bockkäfer – *Cerambycidae*

1 Linienbock *Oberea oculata.* 15–21 mm, kommt von Juni bis September in Weiden- oder Salweidenbeständen von Niederungen bis in Gebirgslagen vor. Das Weibchen legt seine Eier einzeln auf junge Zweige ab, nachdem es darin eine Vertiefung ausgenagt hat. Die Larve frißt im Zweig einen engen, ca. 3 cm langen Gang. Die Entwicklung des Käfers dauert nur ein Jahr. Verbreitung: Europa, Sibirien.

2 Walzenhalsbock *Phytoecia coerulescens.* 8–14 mm, auf Weiden an warmen Standorten wie Brachflächen, Halbsteppen und an Bahndämmen häufig. Hier fliegen die Käfer im Sommer und lassen sich gern auf Borretschgewächsen wie Gemeinem Natterkopf *(Echium vulgare),* Steinsamen *(Lithospermum),* Hundszunge *(Cynoglossum)* u. a. nieder. Diese Gewächse dienen ihren Larven als Wirtspflanzen, sie entwickeln sich in den Wurzeln. Verbreitung: Hauptsächlich Mittel- und Südeuropa, Kaukasus, Klein- und Vorderasien, Nordafrika. Alle europäischen Arten der Gattung sind geschützt!

3 Pflaumenbock *Tetrops praeusta.* 3–5 mm, gehört zu unseren kleinsten Bockkäfern. Er zeigt sich von April bis Juli auf verschiedenen Blüten, häufig in Gärten. Seine Larve entwickelt sich in den Zweigen von Rosen, Weißdorn, Haselsträuchern und Obstbäumen. Ein befallener Baum ist leicht an den vertrocknenden Zweigen, die von Larvengängen durchzogen sind, zu erkennen. Verbreitung: Europa, Transkaukasien, Kleinasien, Nordafrika.

Familie Blattkäfer – *Chrysomelidae*

4 Schilfkäfer *Donacia semicuprea.* 5–9 mm, eine der häufigsten Arten dieser Gattung. Mit seinem langgestreckten Körper ähnelt er eher einem Bockkäfer als den Blattkäfern. Er lebt auf Wasserschwaden an Wasserrändern. Verbreitung: Europa (mit Ausnahme Nordskandinaviens und Islands).

5 Rothalsiges Getreidehähnchen *Oulema melanopus.* 4–4,8 mm, erscheint schon im zeitigen Frühjahr auf Getreidefeldern, besonders auf Hafer und Gerste, von deren Blättern sich die Käfer und die Larven ernähren. Das Weibchen legt seine Eier entweder einzeln auf die Blätter ab oder in Gruppen von zwei bis sieben Stück entlang der Hauptblattader. In einigen Gegenden wird der Käfer zum Getreideschädling. Verbreitung: Ganz Europa, Sibirien, Nordafrika, Nordamerika (eingeschleppt).

6 Lilienhähnchen *Lilioceris lilii.* 6–8 mm, verläßt bei günstiger Witterung schon im März sein Winterversteck. Es lebt auf Liliengewächsen, aus diesem Grund ist es häufig in Gärten anzutreffen, in denen die weiße Lilie zu seinen bevorzugten Nährpflanzen gehört. Meist bringt es zwei Generationen im Jahr hervor. Verbreitung: Europa, Asien, Nordafrika.

7 Ameisen-Sackkäfer *Clytra laeviuscula.* 7–11 mm, lebt von Mai bis August auf Weiden. Die großen dunklen Flecken auf seinen Flügeldecken verbinden sich manchmal zu einem Querband, seltener teilen sich die einzelnen Flecken in zwei kleinere, selbständige Teile. Verbreitung: Mittel- und Südeuropa.

8 Fallkäfer *Cryptocephalus sericeus.* 7–8 mm, zeigt sich in den Sommermonaten zahlreich auf gelbblühenden Kompositen an Hängen, Rainen und auf Wiesen. Verbreitung: Europa (von Norditalien bis Skandinavien), Sibirien, Kleinasien.

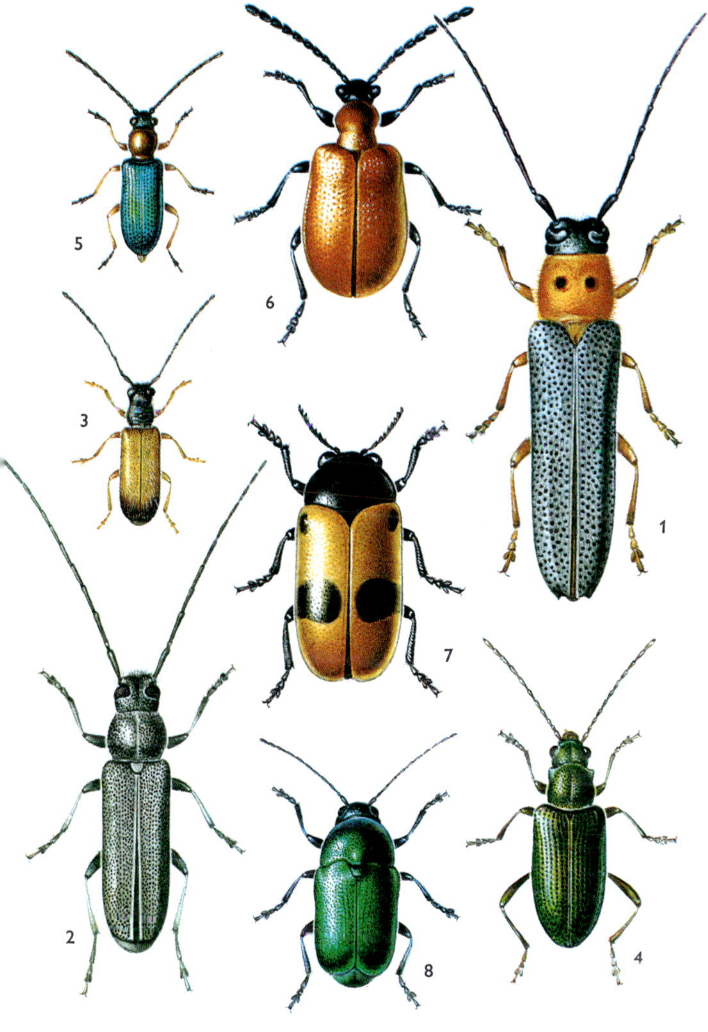
5
6
1
3
7
2
8
4

Familie Blattkäfer – *Chrysomelidae*

1 Weinlaub-Fallkäfer *Adoxus obscurus.* 5–6 mm, bildet zwei Unterarten aus. Die erste – *A. obscurus obscurus* – kommt auf verschiedenen Waldpflanzen vor (Weidenröschen, Habichtskraut), die zweite – *A. obscurus villosus* – auf Weinreben. Die Käfer, die von Mai bis Oktober leben, beißen aus Blättern und Früchten feine Gewebestreifen von 1 bis 1 1/2 cm Länge heraus. Das Weibchen legt seine Eier auf die Blattunterseite ab. Bereits nach ein paar Tagen schlüpfen die Larven aus und graben sich in die Erde ein. Anfangs ernähren sie sich von feinen Würzelchen, später beißen sie auch aus stärkeren Wurzeln Gewebestreifen heraus. Nach der Überwinterung verpuppen sie sich im Frühjahr, die Käfer schlüpfen im Mai. Verbreitung: Ganz Europa, Nordafrika, Nord- und Mittelamerika.

2 Breiter Weidenblattkäfer *Plagiodera versicolora.* 2,5–4,5 mm, meist blau gefärbt, oft auch blaugrün, seltener kupfern. Die ganze Vegetationszeit über häufig auf Weiden und Pappeln. Dort leben auch seine Larven, die die Blätter skelettieren. Wirtschaftlich ist diese Art jedoch indifferent. Verbreitung: Großteil der paläarktischen Region, Nordamerika, Teile der orientalischen Region.

3 Ovaläugiger Blattkäfer *Dlochrysa fastuosa.* 5–6,5 mm, erscheint von April bis August oft in großer Anzahl auf der Großen Brennessel *(Urtica dioica),* auf Taubnesseln *(Lamium),* Hohlzahn *(Galeopsis)* usw. Der Käfer ernährt sich von ihren Blättern. Verbreitung: Ganz Europa, Sibirien, Japan.

4 Getreideblattkäfer *Chrysomela cerealis.* 6–10 mm, fällt durch den Metallglanz von Flügeldecken und Halsschild auf. Die Käfer und ihre Larven leben auf Lippenblütlern, vor allem aus den Gattungen *Mentha, Thymus, Sideritis* u. a., auf warmen Hängen mit sandigem oder steinigem Untergrund. Die Imago erscheint von Juni bis September. Nach Nordeuropa hin wird die Art seltener. Verbreitung: Mittel- und Südeuropa.

5 Geglätteter Blattkäfer *Chrysomela polita.* 6,5–8,5 mm, kommt vom Vorfrühling bis zum Spätherbst auf feuchten Wiesen und an Gewässern vor. Imago und Larve leben auf Lippenblütlern *(Mentha, Melissa, Salvia, Origanum, Glechoma* u. a.). Auch heute noch eine recht häufige und weitverbreitete Art. Verbreitung: Großteil Europas, Kleinasien, Zentralasien, Sibirien.

6 Chrysomela sanguinolenta. 6–9 mm, fällt durch einen schmalen roten Saum seitlich an den Flügeldekken auf. Lebt von März bis Oktober in sandigen Gebieten, wo der Käfer Leinkraut *(Linaria)* aufsucht. Gelegentlich ist er zahlreich, obwohl er im allgemeinen nicht zu den häufigen Arten zählt. Verbreitung: Europa (fehlt im Mittelmeerraum), Asien (bis weit nach Osten).

7 Chrysomela staphylea. 6,5–9 mm, zeigt sich die ganze Vegetationszeit hindurch, meist auf Lippenblütlern *(Labiatae)* an Wasserrändern, Rainen usw., oft kriecht der Käfer auch auf Feldwegen umher. Verbreitung: Fast über die ganze paläarktische Region, Nordamerika.

8 Chrysomela coerulans. 6,5–9 mm, lebt auf der Wasserminze *(Mentha aquatica)* an Bächen oder auf feuchten Wiesen in Vorgebirgs- und Gebirgslagen. In Niederungen ist die Art seltener. Sie bildet mehrere geographische Rassen aus. Verbreitung: Süd- und Mitteleuropa, Klein- und Mittelasien, Südchina.

1
2
3
4
5
6
7
8

Familie Blattkäfer – *Chrysomelidae*

1 Gefleckter Weidenblattkäfer *Melasoma vigintipunctata.* 6,5–8,5 mm, bekam seinen Namen von den zwanzig schwarzen Punkten auf den gelben Flügeldecken. Beachtenswert ist, daß diese Zeichnung im Vergleich zu anderen Arten nur wenig variiert. Er lebt von April bis Juli auf Weidenblättern. Verbreitung: Großteil Europas, Sibirien, Nordchina, Japan.

2 Melasoma aenea. 6,5–8,5 mm, meist grün, manchmal auch blau oder rotgolden. Kommt häufig auf Erlen *(Alnus)* vor. Verbreitung: Europa (außer dem Mittelmeerraum), Sibirien, Mongolei, Nordchina, Japan.

3 Pappelblattkäfer *Melasoma populi.* 10–12 mm, kommt schon vom zeitigen Frühjahr an auf verschiedenen Pappelarten vor, die Imago überwintert. Das Weibchen legt auf die Blattunterseiten Gruppen von 20–30 Eiern ab. Die Larve ernährt sich von Blättern. Weder die Larvenentwicklung noch die Puppenruhe dauern lange, so daß zwei oder noch mehr Generationen im Jahr auftreten. Verbreitung: Paläarktische Region, Nordteil der orientalischen Region (Indien).

4 Blauer Weidenblattkäfer *Phyllodecta vulgatissima.* 4–5 mm, kommt schon zeitig im Frühjahr aus dem Winterversteck, bis zum Herbst findet man den Käfer häufig auf Weidenlaub. Dort entwickelt sich auch die Larve. Verbreitung: Vorwiegend Mittel- und Nordeuropa, Sibirien, Korea, Nordamerika.

5 Kartoffelkäfer, Coloradokäfer *Leptinotarsa decemlineata.* 6–11 mm, läßt sich mit keiner Art verwechseln. Sein Winterversteck verläßt er schon im Frühjahr. Er lebt vor allem auf Kartoffelpflanzen, man findet ihn aber auch auf anderen Nachtschattengewächsen *(Solanaceae)*, z. B. Tollkirsche *(Atropa belladonna)*, Weißem Stechapfel *(Datura stramonium)* und Tabak *(Nicotiana tabacum)* u. a. Das Weibchen legt gelbliche Eier, die es in Grüppchen auf die Kartoffelblätter klebt. Aus ihnen schlüpfen Larven (**5a**), die sehr schnell heranwachsen, leuchtend rot sind und seitlich zwei schwarze Punktreihen haben. Dreimal häuten sie sich und nehmen schließlich eine orangerote Farbe an. Die ausgewachsenen Larven kriechen zur Verpuppung in die Erde, nach zwei Wochen kriechen die Käfer aus der Puppe. In Mitteleuropa bringt der Kartoffelkäfer zwei Generationen im Jahr hervor. Urheimat des Käfers ist die nearktische Region, wo er sich von den Blättern wilder Nachtschattengewächse ernährte. Heute ist er über die ganze Welt verbreitet, teils durch eigene Aktivität, teils durch den Menschen.

6 Erlenblattkäfer *Agelastica alni.* 6–7 mm, kommt oft in großer Anzahl auf Erlenblättern vor, wo sich auch seine Larven entwickeln. Er skelettiert Blätter. Der Käfer überwintert und erscheint im zeitigen Frühling. Verbreitung: Ganze paläarktische Region, Nordamerika (im vorigen Jahrhundert eingeschleppt).

7 Veränderlicher Weidenblattkäfer *Phytodecta viminalis.* 5,5–7 mm, kommt in den Sommermonaten häufig auf Weiden (*Salix*-Arten), vor allem Salweide *(Salix caprea)* vor. Außer der gelbroten Gesamtfärbung hat die Art stark variierende schwarze Flecken. Verbreitung: Paläarktische Region, Nordamerika.

8 Rainfarn-Blattkäfer *Galeruca tanaceti.* 6,5–11 mm, kommt vom Frühjahr bis Herbst häufig auf Feldern, Feld- und Waldwegen vor. Verbreitung: Westteil der paläarktischen Region, Kleinasien, Nordafrika.

1
2
3
4
5
6
5 a
7
8

Familie Blattkäfer – *Chrysomelidae*

1 Gewelltstreifiger Kohlerdfloh *Phyllotreta undulata.* 1,8–2,5 mm, gehört nicht nur zu den häufigsten, sondern auch zu den schädlichsten Erdflöhen. Er lebt auf verschiedensten kultivierten und wilden Kreuzblütlern *(Cruciferae),* vor allem auf Raps, Rettich, Kohlpflanzen usw. Im Frühjahr tritt der Käfer oft in großer Zahl auf und kann dann Felder kahlfressen. Die Weibchen legen ihre Eier auf den Boden, die Larven graben sich ins Erdreich ein und fressen an den feinen Wurzeln. Ausgewachsene Larven verpuppen sich unterirdisch in einer Wiege. Die neue Generation erscheint im Juli/August. Die Imago überwintert. Verbreitung: Ganz Europa, Sibirien, Kleinasien, Nordamerika (eingeschleppt).

2 Longitarsus exoletus. 2,3–3,2 mm, lebt ab Juni häufig auf Natternkopf *(Echium vulgare)* und anderen Borretschgewächsen *(Borraginaceae).* Verbreitung: Paläarktische Region.

3 Unechter Kohlerdfloh *Haltica oleracea.* 3–4 mm, hat, wie andere Erdflöhe auch, das Hinterbeinpaar zu Sprungbeinen ausgebildet. Lebt meist gesellig auf verschiedenen Sträuchern, auf Weidenröschen *(Epilobium),* Nachtkerzen *(Oenothera),* auf Wiesen und an Waldrändern. Oft wird er fälschlicherweise als Gemüseschädling aufgeführt. Verbreitung: Ganz Europa.

4 Chalcoides aurea. 2,5–3,5 mm, lebt hauptsächlich auf Weiden an Ufern und in Wäldern. Die Imago überwintert, der Käfer tritt vom Frühjahr bis in den Herbst hinein auf. Verbreitung: Europa, Sibirien.

5 Rübenerdfloh *Chaetocnema concinna.* 1,8–2,4 mm, fliegt bereits im zeitigen Frühjahr auf verschiedene Ampfer- *(Rumex)* und Knötericharten *(Polygonum).* Gelegentlich sucht er auch Zuckerrüben auf. Das Weibchen legt die Eier flach in die Erde. Die neue Käfergeneration erscheint ab August. Verbreitung: Europa, Sibirien.

6 Stachelkäfer *Hispella atra.* 3–4 mm, ahmt mit seinen zahlreichen, über den ganzen Körper verteilten dornartigen Fortsätzen kleine Früchte von Gewächsen nach. Er bewohnt trockene, grasbestandene Stellen. Seine Larven minieren in Gräsern. Verbreitung: Europa, Klein- und Vorderasien, Nordafrika.

7 Grüner Schildkäfer *Cassida viridis.* 7–10 mm, ist lebend leuchtend grün, bei getöteten Exemplaren verschwindet die frische grüne Farbe aber mit der Zeit. Der Käfer kommt häufig vor. Nach dem Überwintern kriecht die Imago im April/Mai hervor und erscheint auf Lippenblütlern *(Lamiaceae)* und Korbblütlern *(Asteraceae),* in deren Blätter er Löcher frißt. Das Weibchen legt die Eier gruppenweise auf die Pflanzen ab. Die Larven sind breit-oval, haben am Körperrand dornartige Fortsätze und am Körperende eine Gabel. Sie verpuppen sich auf den Blättern. Verbreitung: Ganze paläarktische Region.

Familie Samenkäfer – *Bruchidae*

8 Erbsenkäfer *Bruchus pisorum.* 4–5 mm, kommt häufig in Erbsen vor. Die Imago überwintert in den Samen, oft in Haushalten und Vorratsräumen, seltener auf Feldern. Das Weibchen legt seine Eier auf junge Schoten ab, die Larven dringen in die Schoten und dann in die Samen ein. Verbreitung: Kosmopolit.

Familie Breitrüßler – *Anthribidae*

9 Schildlausbreitrüßler *Brachytarsus nebulosus.* 2–4 mm, ist wichtig für die Forstwirtschaft, da seine Larven die Eier der Fichtenschildlausart *Physokermes piceae* fressen. Verbreitung: Europa.

5
8
9
2
6
3
1
4
7

Familie Rüsselkäfer – *Curculionidae*

1 Schwarzer Fichten-Dickmaulrüßler *Otiorhynchus niger.* 6,5–10 mm, bewohnt Fichtenwälder vor allem in Mittelgebirgen und Hügellandschaften (in Mitteleuropa wird das stärkste Vorkommen in Höhenlagen um 800 m verzeichnet). Das Weibchen legt im Frühjahr seine Eier in die Erde, wo die Larven kleine Würzelchen fressen. Die Käfer ernähren sich von Fichtennadeln oder auch von Birken- und Erlenlaub. Sein Verbrauch an Pflanzengewebe ist verschwindend gering; während seines ganzen Lebens verzehrt er etwa 1–2 Gramm. Verbreitung: Mittel- und Südeuropa.

2 Glanzrüßler *Polydrosus sericeus.* 6–8 mm, sein Körper ist mit schönen metallglänzenden Schuppen bedeckt. Im Mai/Juni ist er meist zahlreich auf vielerlei Laubbäumen anzutreffen, sehr oft auf Birken. Verbreitung: Von Südeuropa bis Südskandinavien, Sibirien.

3 Polydrosus mollis. 6–8,5 mm, trägt auf seinem Körper kupferfarbene Schuppen. Vor allem auf Eichen, Buchen und Pappeln kommt er häufig vor. In Mitteleuropa vermehrt er sich durch Jungfernzeugung, Männchen sind hier nicht bekannt. Verbreitung: Europa (vom Balkan über Mitteleuropa nach Norden), Sibirien.

4 Polydrosus picus. 2,7–4,4 mm, hat auf den Flügeldecken nur einige wenige Schuppen. Vor allem auf Birken, Buchen und Eichen kommt er häufig vor. Verbreitung: Mittel- und Südosteuropa.

5 Rübenderbrüßler *Bothynoderes punctiventris.* 11,5–13,5 mm, stammt wahrscheinlich ursprünglich aus den mittelasiatischen Steppen. In Europa hat er sich auf die Zuckerrübe spezialisiert und tritt in einigen Gebieten als Schädling auf. Er ernährt sich von den Blättern der jungen Pflanze und bevorzugt leichte, sandige und warme Böden. Das Weibchen legt seine Eier in der Nähe junger Rübenpflanzen flach in den Boden, die Larven befressen die Rübenwürzelchen. In der Erde geht auch die Verpuppung vor sich. Der Käfer schlüpft im Herbst und bleibt bis zum darauffolgenden Frühjahr in der Erde. In Westeuropa kommt er vereinzelt vor, häufiger ist er im Osten (Balkan), im Kaukasus und in Transkaukasien.

6 Sumpfrüßler *Lixus paraplecticus.* 10,5–18 mm, fällt durch seinen schmalen, langgestreckten Körper auf. Seine Larven leben in den Stengeln von Möhrengewächsen *(Daucaceae),* in Wasserfenchel *(Oenanthe aquatica),* Hohler Pferdesaat *(O. fistulosa),* Berle *(Berula)* u.a. Verbreitung: Europa, Klein- und Westasien.

7 Großer Brauner Rüsselkäfer *Hylobius abietis.* 7,3–13,5 mm, sucht im Frühjahr auf Waldlichtungen junge Kiefern auf, deren Rinde er ringförmig benagt. Im Sommer siedelt er auf alte Kiefern über und benagt auf die gleiche Weise die Rinde junger Zweige. Die Weibchen legen ihre Eier in die Wurzeln frischer Baumstümpfe. Nach zwei bis drei Wochen schlüpfen aus ihnen gelbweiße Larven mit braunen Köpfen. Sie nagen ihre Gänge im Bast und gehen später in den Splint. Sie überwintern und verpuppen sich während des folgenden Jahres in einer Wiege im Holz. Die Imagines überwintern unter gefällten Bäumen, im Laub usw. Sie erreichen ein Alter von drei Jahren. Verbreitung: Europa, Sibirien, Japan.

8 Hylobius piceus. 12–16,5 mm, gehört zu unseren größten Rüsselkäfern, lebt meist auf Lärchen. Verbreitung: Mittel- und Nordeuropa, Sibirien, Nordamerika.

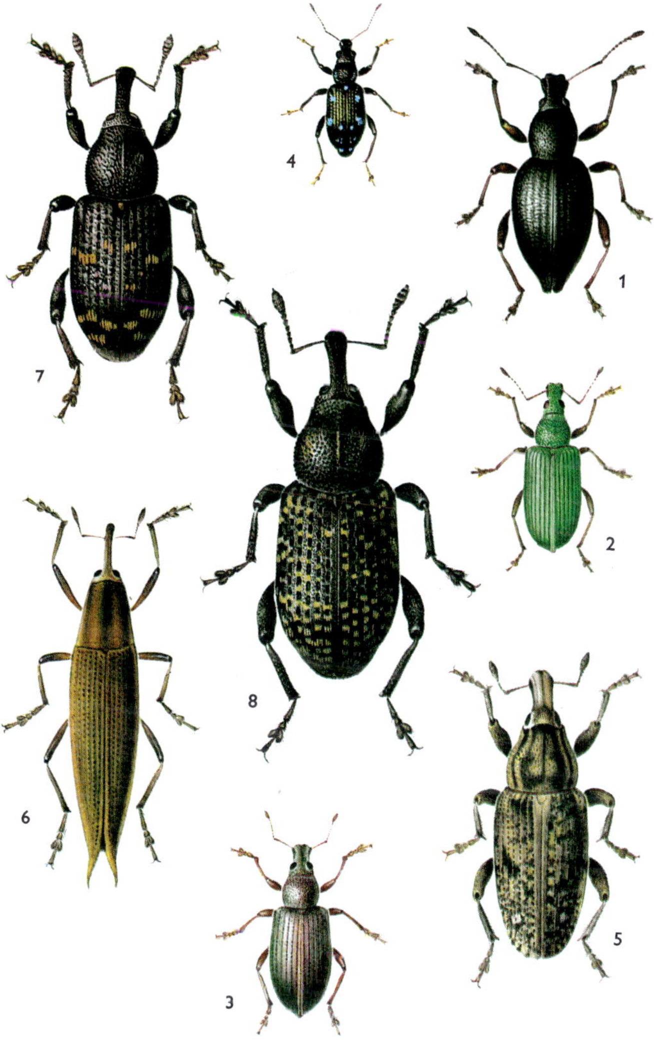
4
1
7
2
8
6
5
3

Familie Rüsselkäfer – *Curculionidae*

1 Eremotes elongatus. 3,7–4,1 mm, zeichnet sich durch eine sehr feine und reiche Skulpturierung aus, die bei starker Vergrößerung sichtbar wird. Sein Gesamtaussehen ähnelt den Borkenkäferarten mit rüsselartig gestreckten Köpfen. Er lebt unter der Rinde von Nadelbäumen. Verbreitung: Europa (Süd- und Mitteleuropa, Südskandinavien), Kaukasus, Nordafrika (Algerien, Marokko).

2 Großer Trägrüßler *Liparus glabrirostris.* 14–21 mm, unterscheidet sich von dem verwandten und ziemlich ähnlichen *L. germanus* durch die feine Skulpturierung des Schildes und die abgerundete Flügeldeckenbasis. Er lebt im Gebirge und Gebirgsvorland, mit Vorliebe auf den Blättern verschiedener Pestwurzarten *(Petasites officinalis, P. albus).* Stellenweise tritt er zahlreich auf. Verbreitung: Mittel- und Südwesteuropa, Norditalien.

3 Curculio venosus. 5–7,5 mm, ähnelt in seiner Körperform und im Farbton einigen Arten. Sein Rüssel ist in Höhe der Fühler etwas breiter. Kommt auf verschiedenen Eichenarten vor *(Quercus).* Verbreitung: Europa (von Südschweden bis in den Mittelmeerraum), Kaukasus, Kleinasien.

4 Kornkäfer *Sitophilus granarius.* 3–4 mm, ist einer der bedeutendsten Schädlinge in Getreidevorräten. Da seine Entwicklung von den jeweiligen Temperaturverhältnissen abhängig ist, differiert die Zahl der jährlich entstehenden Generationen. Alle Entwicklungsstadien haben die Fähigkeit zu überwintern. Verbreitung: Kosmopolit.

5 Apfelblütenstecher *Anthonomus pomorum.* 3,4–4,3 mm, verrät seine Anwesenheit durch braun verfärbte Apfelknospen, die sich nicht mehr zu Blüten öffnen. Solche Knospen sind der Aufenthaltsort der Larven, später auch der Puppen und schließlich der jungen Käfer. Die Imago lebt im Laub des Baumes und skelettiert Blätter. Die Käfer überwintern meist unter Baumrinde, im Moos, im Laub usw. Verbreitung: Großer Teil Europas, Asien, Nordafrika (Algerien), Nordamerika (eingeschleppt).

6 Weißschildiger Braunwurzschaber *Cionus scrophulariae.* 4–5 mm, unterscheidet sich von allen verwandten Arten auf den ersten Blick durch den hellgefärbten Schild und den dunklen Fleck mitten auf den Flügeldecken. Ist im Sommer oft auf Braunwurz zu finden. Verbreitung: Europa, Kaukasus, Klein- und Vorderasien (Syrien), Turkestan.

7 Kiefernbestandsrüßler *Pissodes pini.* 5,1–8,7 mm, lebt auf verschiedenen Kiefernarten *(Pinus).* Das Weibchen legt seine Eier in Gruppen zu etwa zwanzig Stück unter die Rinde toter oder absterbender Stämme. Verbreitung: Europa (von Spanien und Norditalien bis Skandinavien).

8 Spitzmausrüßler *Apion pomonae.* 2–2,4 mm, eine von mehreren Dutzend *Apion*-Arten. Erst ein Blick durch eine starke Lupe zeigt die sehr feine und beachtenswert komplizierte Skulpturierung auf dem ganzen Körper. Hält sich gern auf Viciaceen auf. Verbreitung: Paläarktische Region.

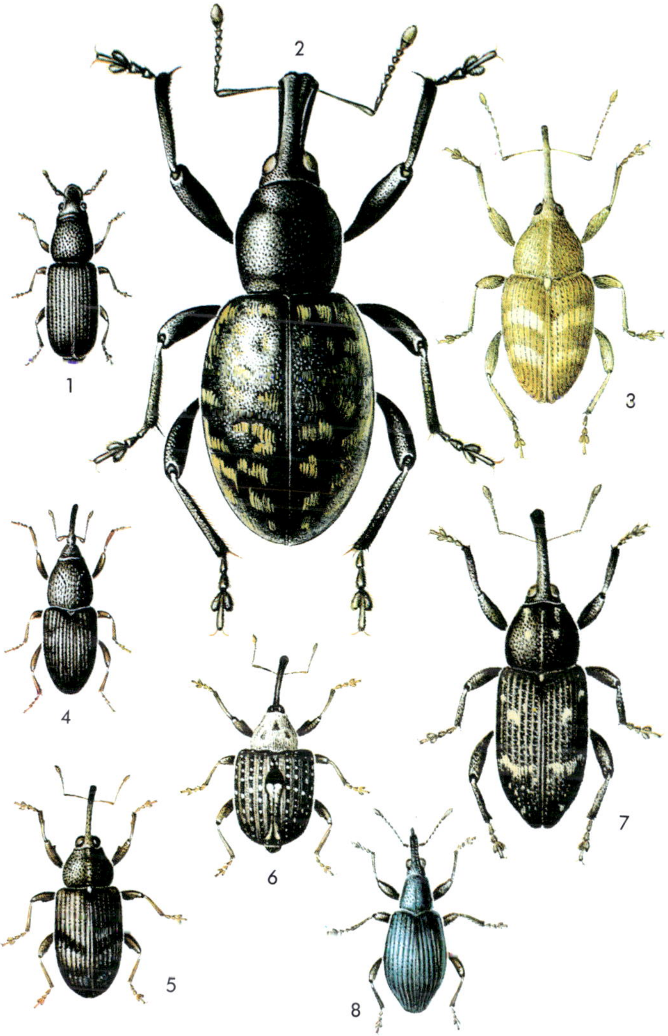
1
2
3
4
5
6
7
8

Familie Dickkopfrüßler – *Attelabidae*

1 Rhynchites auratus. 5–10 mm, gehört zu den größten mitteleuropäischen Blattrollern. Das Männchen unterscheidet sich vom Weibchen durch einen spitzen Dorn auf dem Schild. Die Imago lebt auf Kirschen, Schlehen, Traubenkirschen, Pflaumen. Die Larven entwickeln sich in den Früchten, die in der Regel im Wachstum verkümmern und zu Boden fallen. Die Art ist nicht häufig. Verbreitung: Großteil Europas, Mittelasien, Kleinasien, Sibirien.

2 Haselblattroller *Apoderus coryli.* 6–8 mm, lebt auf verschiedenen Laubbäumen, vor allem auf Erlen und Haselsträuchern, seltener auf Birken, Eichen, Buchen. Das Weibchen legt in seine Blattröllchen 1–4 Eier. Verbreitung: Europa, Sibirien, Japan.

3 Birkenblattroller, Trichterwickler *Deporaus betulae.* 2,5–4 mm, lebt vor allem auf Birken, manchmal auch auf Erlen, Buchen und Haselsträuchern. Die Männchen haben auffallend starke Hinterbeinschenkel. Das Weibchen legt seine Eier in eine Blattrolle (**3a**). Bei deren Herstellung durchschneidet das Weibchen die Blattspreite von den Rändern zu einem Punkt der Mittelrippe hin. Die eine Blatthälfte wird dann zum Innentrichter aufgerollt, die andere zum Außentrichter darübergewickelt. Während dieser Arbeit sticht das Weibchen 2–5 Löcher in die Oberhaut des Blattes; in jede dieser Eitaschen wird ein Ei gelegt. Die Larven ernähren sich vom Blattgewebe. Nach einer gewissen Zeit fallen die Röllchen ab, und die Larve verkriecht sich zur Verpuppung in die Erde. Verbreitung: Großteil Europas, Sibirien, Mongolei, Nordafrika.

4 Rebenstecher, Zigarrenwickler *Bytiscus betulae.* 4,6–6 mm, fällt durch eine stark veränderliche Färbung auf. Manchmal ist er metallisch grün, aber auch blau, blaugrün oder violett. Der Käfer lebt von April bis September auf verschiedenen Laubholzarten (Birke, Buche, Erle, Weide, Pappel, Linde, Hasel, Obstbäumen, Weinreben, Weißdorn u. a.). Je nach Typ der Wirtspflanze näht das Weibchen den Wickel für die Eier aus einem bzw. mehreren kleineren Blättern zusammen. In einem Wickel befinden sich rund 5 Eier. Verbreitung: Europa, gemäßigte Zone Asiens.

5 Pappelblattroller *Byctiscus populi.* 3,8–6 mm, ist meist metallisch grün gefärbt, es gibt aber auch blaue, hin und wieder sogar schwarze Exemplare. Das Männchen trägt auf dem Schild zwei scharfe, nach vorn gebogene Dornen. Der Käfer lebt meist auf Espen und Pappeln, seltener auf Salweiden und Birken. Das Weibchen macht aus Espenblättern ein festes Röhrchen, das stets aus einem jungen Blatt „zusammengenäht" wird und im Durchmesser nur 1,5–3 mm mißt. Beim Zusammenrollen des Blattes (mit der Oberseite nach innen) klebt das Weibchen ein Ei auf das Blattgewebe, das im Röhrchen geschützt sitzt. Die geschlüpfte Larve ernährt sich vom Blattgewebe ihrer Behausung. Auf jungen Zweigen finden sich oft mehrere Röhrchen beieinander. Sie welken bald und fallen zu Boden, die Larve verpuppt sich in der Erde. Verbreitung: Europa, Mittelasien, Sibirien, Nordchina.

6 Roter Eichenkugelrüßler *Attelabus nitens.* 4–6 mm, lebt vor allem auf Eichen. Auch sein Weibchen fertigt Behälter für die Eier an. Es durchschneidet ein Blatt von den beiden Rändern zur Mittelrippe hin, nagt die Rippen an, damit das Blatt geschmeidig wird, klappt dann die beiden Blatthälften aufeinander und rollt sie von der Spitze her auf. Die feste Rolle hat die Gestalt einer rundlichen Dose. In die Falten werden einzeln 1–7 Eier gelegt. Die Larven überwintern in den abgefallenen Röllchen und kriechen im Frühjahr zum Verpuppen in die Erde. Verbreitung: Europa, Klein- und Mittelasien.

7 Rotbrauner Fruchtstecher *Coenorrhinus aequatus.* 2,5–5 mm, erscheint auf Knospen, Blüten und Blättern von Apfel-, Birn- und Kirschbäumen, Vogelbeerbäumen und anderen Gehölzen. Die Larve entwickelt sich in den Früchten. Sie verpuppt sich im Boden. Verbreitung: Europa bis zum Kaukasus, Kleinasien, Turkestan.

1
3a
2
3
4
6
5
7

Familie Borkenkäfer – *Scolytidae*

1 Ulmensplintkäfer *Scolytus scolytus.* 3–6 mm, bringt im Laufe eines Jahres zwei Generationen hervor (Mai, Juli/August). Er entwickelt sich unter der dicken Rinde alter Ulmenstämme. Stellenweise tritt er recht zahlreich auf und wird dann zum Schädling. Das Weibchen nagt einen 4–6 cm langen Muttergang und legt zu beiden Seiten seine Eier ab. Die Larven nagen in seitlicher Richtung ihrerseits neue Gänge, die Larvengänge, und verpuppen sich an den Enden in einer Kammer (**1a**). Der Käfer beißt sich durch die Rinde ins Freie. Die befallenen Ulmen gehen in der Regel ein, nicht allein durch die Nagetätigkeit der Käfer, sondern auch durch den Pilz *Ophiostoma ulmi,* dessen Sporen die Käfer übertragen. Die ausgewachsenen Larven überwintern. Verbreitung: Vor allem Mitteleuropa, Transkaukasien, Nordamerika (eingeschleppt).

2 Großer Waldgärtner *Blastophagus piniperda.* 3,5–4,8 mm, ist unter Kiefernrinde häufig anzutreffen, wo seine Weibchen ca. 10–12 cm lange Muttergänge anlegen. Da die Käfer überwintern, erscheinen sie bereits im zeitigen Frühjahr, bei milder Witterung schon Anfang März. Verbreitung: Paläarktische Region.

3 Buchdrucker *Ips typographus.* 4,2–5,5 mm, der bekannteste unserer Borkenkäfer. Normalerweise befällt er nur Fichten mit stärkeren Stämmen, die mindestens 60 Jahre alt sind, auf jüngere geht er nur bei starker Vermehrung über. Sein Fraßbild hat ein charakteristisches Aussehen, meist ist es zwei- oder dreiarmig, je nach der Anzahl der Weibchen, die in die Rammelkammer des Männchens geflogen kamen. In den meisten Fällen sind es zwei, eins baut seinen Muttergang nach oben, das andere nach unten. Von den Muttergängen zweigen die Larvengänge ab, zu Anfang sind sie eng, an den Enden weiter. Am Gangende verpuppen sich die Larven. Der geschlüpfte Käfer fliegt nicht direkt aus, sondern macht noch erst einen sog. Reifungsfraß durch, bei dem er im Bast nagt. Meistens überwintert die Imago. Verbreitung: Europa, Kleinasien, Sibirien, Korea, Nordchina.

4 Kupferstecher *Pityogenes chalcographus.* 1,6–2,5 mm, entwickelt sich vor allem in schwachen Stämmen und in Ästen stärkerer Fichten. Die Larven fressen unter der Rinde ein Gewirr von Gängen. Jedes Fraßbild weist eine Rammelkammer auf, von der mehrere (3–6) Muttergänge, 2–6 cm lang, ausgehen; von ihnen verlaufen nach beiden Seiten Larvengänge, die 2–4 cm lang sind, die Larven verpuppen sich an den Enden. Jährlich entstehen für gewöhnlich zwei Generationen, manchmal noch eine dritte. Meist überwintert die Imago, aber auch andere Stadien sind dazu in der Lage. In einigen Gebieten ist dieser Borkenkäfer ein ernsthafter Schädling. Verbreitung: Ganz Europa, Sibirien, Korea, Japan.

5 Nutzholzbohrer *Xyloterus lineatus.* 2,8–3,8 mm, befällt Nadelbäume, vor allem Fichten und Tannen. Vor der Eiablage nagt das Weibchen einen 1–3 cm langen Gang, der ins Holzinnere führt. An seinem Ende treibt es nach rechts und links entlang den Jahresringen die Muttergänge vor (**5a**). Oben und unten nagt es in die Wände unmerkliche Vertiefungen, in die es seine Eier legt. Die Larven selbst nagen sich sehr kurze Gänge. Sie ernähren sich nicht von Zellulose, sondern von Ambrosiapilzen, die das Muttertier in die Gänge einbringt. Die Larven verpuppen sich an den Gangenden, die fertigen Käfer schlüpfen durch den Muttergang ins Freie. Dieser Holzbohrer befällt vorzugsweise kränkelnde Bäume oder gestürzte und nicht entrindete Stämme bzw. Baumstümpfe. Verbreitung: Von Westeuropa bis Sibirien und zur Mongolei, Nordamerika.

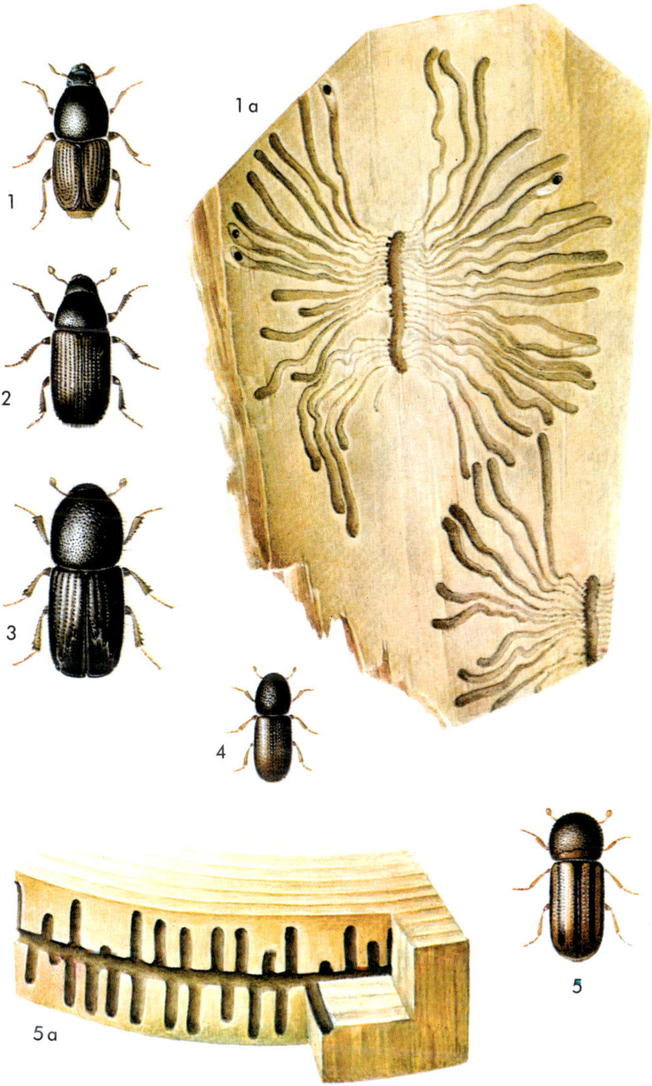
1
1a
2
3
4
5
5a

Ordnung Hautflügler –
Hymenoptera
Familie Gespinstblattwespen –
Pamphiliidae

1 Kiefernschonungs-Gespinstblattwespe *Acantholyda erythrocephala.* 10–12 mm, fliegt Ende April und im Mai. Das Weibchen legt seine Eier auf einjährige Nadeln verschiedener Kiefernarten. Die Larven bleiben in einem Gespinst zusammen, in dem jedes Tier ein eigenes Röhrchen hat. Im Juni sind sie ausgewachsen und verkriechen sich unweit des Stammes in die Erde, um sich zu verpuppen. In manchen Gebieten werden die Larven zu Schädlingen. Verbreitung: Vorwiegend Mittel-, West- und Nordeuropa, Nordamerika (in die USA eingeschleppt).

2 Fichten-Gespinstblattwespe *Cephalcia abietis.* 11–16 mm, fliegt von April bis Juni vor allem in älteren und alten Fichtenbeständen im Gebirge und in Vorgebirgen. Das Weibchen legt ungefähr hundert Eier in Gruppen von 4 bis 12 Stück auf die Nadeln. Die Larven leben gemeinsam in einem Gespinst auf den Zweigen, im August kriechen sie etwa 30 cm tief in den Boden und warten in einer Kammer zwei bis drei Jahre ab, ehe sie sich verpuppen. Imago, Larven und Puppen haben sehr viele Feinde unter den Insekten, Vögeln und Säugetieren. Verbreitung: In der Hauptsache Mittel- und Nordeuropa, Belgien, Italien, Sibirien.

Familie Bürstenhorn-Blattwespen – *Argidae*

3 Rosen-Bürstenhornwespe *Arge rosae.* 7–10 mm, kommt normalerweise in zwei Generationen vor (April–Mai, Juli–August). Das Weibchen legt seine Eier auf das obere Ende junger Rosenzweige, immer in einer Reihe von 16–18 Stück. Der befallene Zweig ist an den Narben kenntlich. Die jungen Larven fressen zunächst die Oberhaut, dann befallen sie die Blättchen. Dabei nehmen sie eine merkwürdige Haltung ein: Entweder halten sie den Hinterleib nach unten zusammengerollt oder S-förmig nach oben gerichtet. Die ausgewachsene Larve kriecht in die Erde, um sich dort in einem kugelförmigen Kokon zu verpuppen. Bei häufigerem Auftreten ein Rosenschädling. Verbreitung: Ganz Europa, Klein- und Vorderasien, Sibirien.

4 Arge ustulata. 7–10 mm, fliegt von Mai bis Juli. Ihre Larven zeigen sich von Juli bis September zahlreich auf Weiden und Birken. Verbreitung: Europa, Sibirien.

Familie Keulhorn-Blattwespen –
Cimbicidae

5 Cimbex lutea. 16–25 mm, gehört zu den großen Pflanzenwespenarten *(Symphyta).* Ihre Larven leben vor allem auf Weiden und Pappeln. Sie sind dick, in Ruhestellung zusammengerollt. Verbreitung: Ganz Europa, Sibirien, Japan. Alle heimischen Arten der Gattung sind geschützt!

Familie Buschhorn-Blattwespen–
Diprionidae

6 Kiefernbuschhorn-Blattwespe *Diprion pini.* 7–10 mm, zeichnet sich durch sehr auffällige Unterschiede zwischen den Geschlechtern aus. Das Männchen ist schwarz und hat gekämmte Fühler, das Weibchen ist gedrungener, bunter gefärbt und hat kurz gesägte Fühlerglieder. Die Tiere leben in Kiefernwäldern mit kranken Bäumen. Im Laufe eines Jahres bilden sich ein bis zwei Generationen. Die Männchen fliegen, die Weibchen halten sich meist auf Ästen auf. Ein Weibchen legt rund 150 Eier. Mit seiner Legeröhre ritzt es eine Nadel auf und legt ca. 20 Eier in einer Reihe hinein, dann bedeckt es sie mit einer Schutzschicht. Die jungen Larven leben gesellig und befressen die Kiefernnadeln. Die erste Generation verpuppt sich in einem festen Kokon zwischen Zweigen, in Rindenspalten usw.; die Larven der zweiten Generation kriechen meist in die Erde, überwintern ein- bis zweimal und verpuppen sich. Verbreitung: Mittel- und Nordeuropa, Spanien, Nordafrika.

Hautflügler

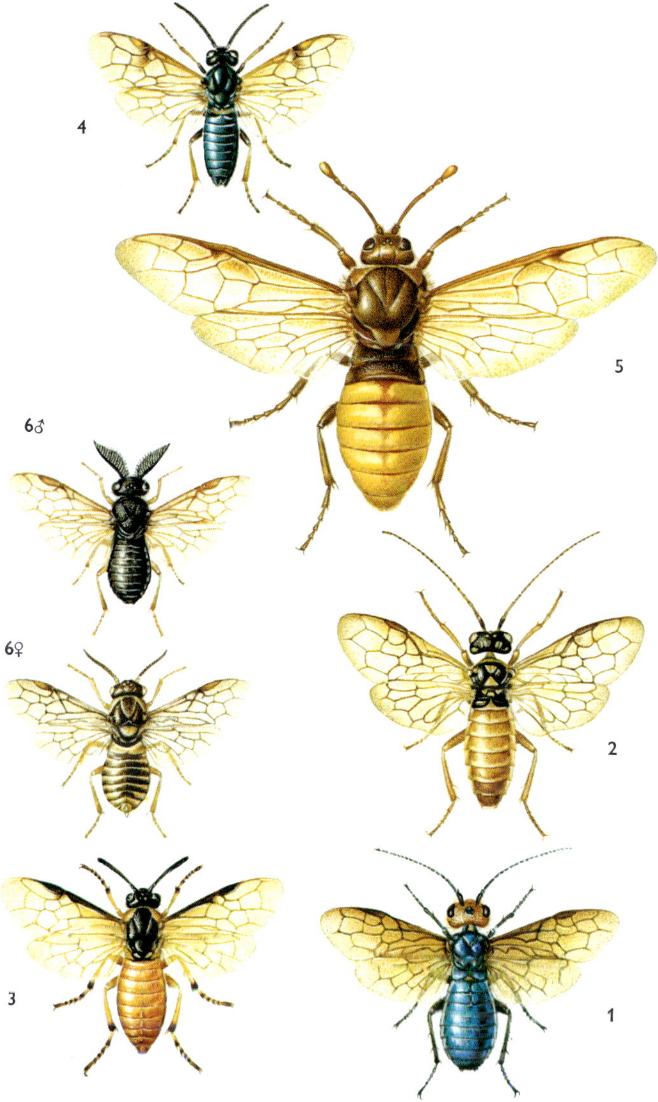

Familie Blattwespen – *Tenthredinidae*

1 Rübsenblattwespe *Athalia rosae.* 6–8 mm, bringt während eines Jahres zwei bis drei Generationen hervor. Die Imago ist ab Mai auf Blüten von Korbblütlern, Doldenblütlern und Kreuzblütlern anzutreffen, auf denen sie Pollen und Nektar sammelt. Das Weibchen legt seine Eier einzeln zwischen die Hautschichten an den Rändern von Kreuzblütlerblättern. Die nach etwa einer Woche ausschlüpfende Larve nagt erst einen Gang ins Blatt, dann kriecht sie heraus und hält sich an der Blattunterseite auf, an der sie „Fensterchen" nagt. Sie verpuppt sich im Boden. In einigen Gebieten zählen die Larven zu den Schädlingen. Verbreitung: Ganz Europa, Kleinasien, Sibirien, Japan, Nord- und Südafrika, Südamerika.

2 Grüne Blattwespe *Rhogogaster viridis.* 10–13 mm, hat einen auffallend grünen Hinterleib, über dessen Mitte sich meist ein schwarzer Streifen zieht. Die Imago ist ein Fleischfresser, sie stellt den Larven des Kartoffelkäfers nach. Die Larve ernährt sich von den Blättern verschiedener Pflanzen, von Erlen, Weiden, Pappeln und vielen kleineren Pflanzen, z. B. Hahnenfuß. Verbreitung: Ganz Europa, die gemäßigten Zonen Asiens, bis Japan.

3 Macrophya rustica. 10–14 mm, findet sich oft auf blühenden Dolden. Verbreitung: Ganz Europa, Kleinasien, Nordafrika.

4 Kirschblattwespe *Caliroa cerasi.* 5 mm, bringt gleichfalls zwei Generationen im Jahr hervor. Das Weibchen legt seine Eier unter die Haut der Unterseite von Kirschblättern. Die Larven skelettieren dann die Blatthaut auf der Oberseite. Sie sind schwarz und riechen nach Tinte. Die Verpuppung erfolgt in der Erde. Verbreitung: Ganz Europa, Vorder- und Mittelasien, Sibirien, Japan, Nord- und Südafrika, Australien, Nordamerika (eingeschleppt).

5 Tenthredo campestris. 12–14 mm, fliegt vom Frühjahr bis August. Die Larve, die eine Länge von 24 mm erreicht, lebt auf Giersch *(Aegopodium podagraria).* Verbreitung: Über ganz Europa.

6 Weißgürtlige Rosensägewespe *Emphytus cinctus.* 7–10 mm, fliegt in zwei Generationen. Das Weibchen legt seine Eier meist auf Rosenblätter, seltener auf Erdbeerpflanzen. Die Larven wachsen bis zu einer Länge von 15 mm heran, sie befressen Blätter und durchlöchern sie. Sie verpuppen sich im Laub, in Zweigen usw. Verbreitung: Ganz Europa, Sibirien, Nordamerika.

7 Pflaumensägewespe *Hoplocampa minuta.* 3–4 mm, erscheint im April/Mai auf den Blüten von Obstbäumen. Das Weibchen, das nur etwa zwei Wochen lebt, legt nach der Kopulation seine Eier in die Kelchblätter aufblühender Pflaumen- und Zwetschgenblüten, manchmal auch auf Kirschen oder Aprikosen. Die Larve beißt sich erst bis auf die Oberfläche des Fruchtknotens durch, später dringt sie in ihn ein. Sie frißt die junge Frucht leer, um danach in die nächste gesunde Frucht einzudringen. Die ausgewachsene Larve fällt mit der Frucht zu Boden, bohrt sich ins Erdreich ein, überwintert und verpuppt sich im Frühjahr. Schädling. Verbreitung: Ganz Europa, bis Turkestan.

8 Gelbe Pappelblattwespe *Trichiocampus viminalis.* 7–9 mm, legt ihre Eier meist auf Pappelblätter ab. Die Larven halten sich in Gruppen von drei bis fünf Exemplaren auf der Blattunterseite auf. Sie fressen das Blattgewebe ab. Verbreitung: Mittel- und Nordeuropa.

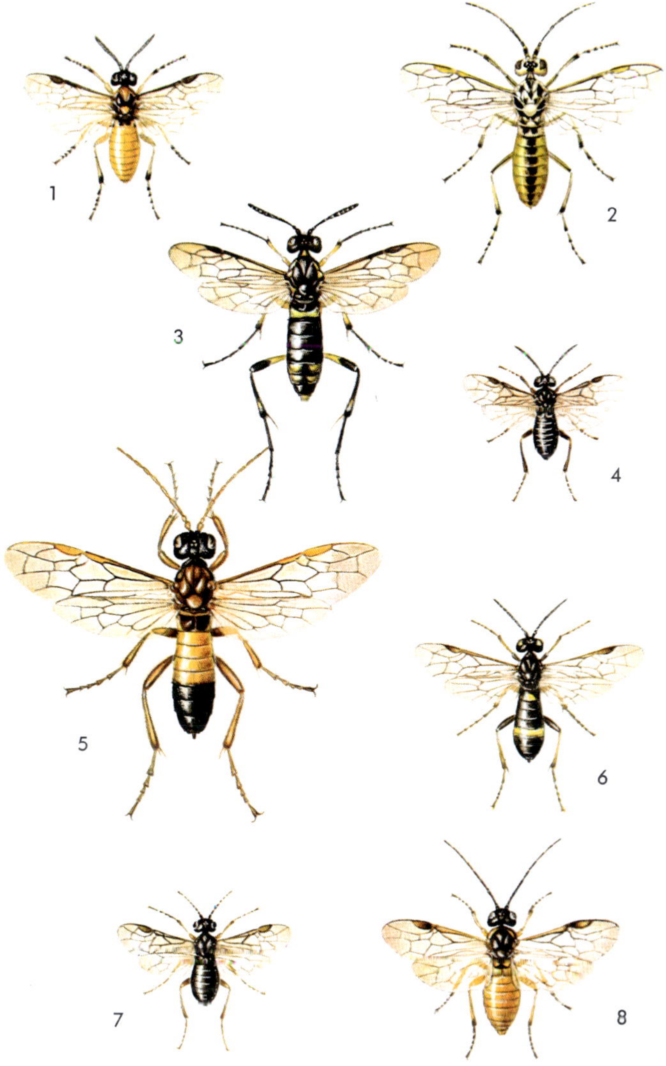
1
2
3
4
5
6
7
8

Familie Schwertwespen – *Xiphydriidae*

1 Xiphydria camelus. 10–21 mm, hat eine zu einem langen Ausläufer umgebildete Vorderbrust, auf der der Kopf sitzt. Die Larve entwickelt sich in Erlen *(Alnus glutinosa, A. incana),* manchmal auch in Birken. Sie nagt Gänge im Holz. Verbreitung: Europa (einschließlich der allersüdlichsten Gebiete), Sibirien. Vom Aussterben bedroht!

Familie Holzwespen – *Siricidae*

2 Schwarze Kiefernholzwespe *Xeris spectrum.* 15–30 mm (ohne Legeröhre), kommt in Nadelwäldern häufig vor. Die Legeröhre des Weibchens ist genauso lang wie der Körper, mit ihr legt es seine Eier in Kiefern, Fichten und Tannen, in denen sich dann ihre Larven entwickeln. Verbreitung: Europa, Sibirien, China, Japan, Nordafrika (Algerien), Nordamerika.

3 Riesenholzwespe *Urocerus gigas.* 10–40 mm, gehört durch ihre Größe und Färbung zu den sehr auffälligen Arten. Die Geschlechter unterscheiden sich deutlich voneinander, die Männchen sind kleiner. Die Wespen fliegen im Sommer in Wäldern und an sonnigen Plätzen, sie sind jedoch ungefährlich, da sie keinen Stachel besitzen. Bei der Eiablage schiebt das Weibchen seinen Legebohrer etwa einen Zentimeter tief ins Holz. Die Larve entwickelt sich vor allem in Nadelhölzern (Kiefern, Fichten, Tannen, Lärchen), seltener in Laubhölzern. Sie nagt bis zu 40 cm lange Gänge und verpuppt sich in einer Wiege im Holz. Die Imago nagt sich durch eine rundliche Öffnung ins Freie. In den Larven schmarotzen oft die Larven der großen Schlupfwespenart *Rhyssa persuasoria,* die normalerweise zu den Parasiten dieser und anderer Holzwespen gehören. Verbreitung: Ganz Europa, gemäßigte Zone Asiens, Nordafrika.

4 Kiefernholzwespe *Sirex juvencus.* 14–30 mm, unterscheidet sich von der verwandten Art *S. noctilio* durch orangefarbene Fühler. Die Larve entwickelt sich meist in Kiefern und Fichten, manchmal auch in Tannen. Nicht selten kommt es vor, daß Larven oder Puppen mit dem Holz in die Stadt gebracht werden, wo dann Holzwespen ausschlüpfen. Verbreitung: Ganz Europa, Japan, Nordafrika (Algerien), nearktische und australische Region.

Familie Halmwespen – *Cephidae*

5 Hartigia nigra. 11–15 mm, gehört zu den häufig vorkommenden Arten. Die Larve entwickelt sich in den Ranken von Himbeeren und Brombeeren. Verbreitung: Hauptsächlich Mittel-, West- und Südeuropa.

6 Getreidehalmwespe *Cephus pygmaeus.* 5–10 mm, fliegt am zahlreichsten im Juni, hält sich in Blüten auf. Das Weibchen legt seine Eier in verschiedene Getreidearten, meist in Weizen, Roggen oder Gerste. Mit der Legeröhre wird der Halm dicht unter der Ähre angeritzt. Die Eier werden einzeln abgelegt, insgesamt 35–50 Stück. Nach ungefähr einer Woche schlüpft die Larve aus. Sie ernährt sich von Zellen in der Höhlung des Halms, beim Fraß wandert sie langsam abwärts. Der Halm füllt sich dabei mit weißem Fraßmehl an. Ehe die Larve sich verpuppt, nagt sie dicht über dem Boden von innen einen Ring in die Halmwand. Im unteren Halmteil überwintert sie in einem Kokon und verpuppt sich erst im Frühjahr. Die Imago schlüpft Ende Mai. In den Getreideanbaugebieten einiger Länder können die Larven zu Schädlingen werden. Verbreitung: Ganz Europa, Kleinasien, Vorderasien (Iran), Nordafrika, Nordamerika.

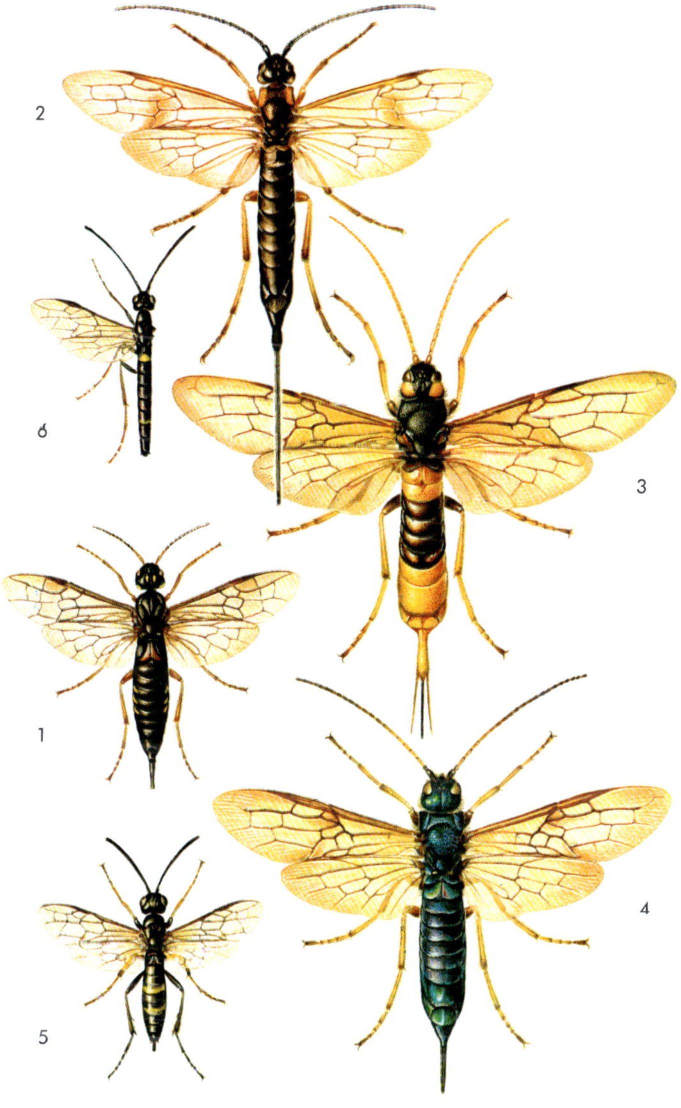
2
6
3
1
4
5

Familie Schlupfwespen – *Ichneumonidae*

1 Ophion luteus. 15–20 mm, ist in der europäischen Fauna eine von vielen ähnlichen rostbraunen Arten. Diese Schlupfwespe mit einem schlanken und seitlich zusammengedrückten Hinterleib kommt im Sommer oft zahlreich vor. Sie fliegt Lichtquellen an und erscheint abends nicht selten an beleuchteten Fensterscheiben. Das Weibchen ist mit einer nur kurzen Legeröhre ausgestattet. Die Larven dieser Schlupfwespenart parasitieren genauso wie die verwandten Larven aus der gleichen Gattung bei Raupen, unter anderen bei den Raupen der Nonne *(Lymantria monacha).* Verbreitung: Paläarktische Region.

2 Protichneumon pisorius. 22–28 mm, fliegt ab Mai auf erblühten Dolden der Gattungen *Heracleum, Daucus* u. a. Die Larve schmarotzt bei Schmetterlingsraupen, in der Regel bei Eulen *(Noctuidae)*, aber nicht selten auch auf Schwärmern *(Sphingidae,* z. B. *Sphinx pinastri, Smerinthus ocellatus* u. a.). Verbreitung: Über ganz Europa.

3 Schwarze Schlupfwespe *Pimpla instigator.* 10–24 mm, ist eine überaus häufig vorkommende Art aus der Schlupfwespenfamilie, deren Anzahl in Mitteleuropa bisher nur annähernd bekannt ist und auf über 3000 Arten geschätzt wird. Die Legeröhre des Weibchens erreicht etwa die halbe Hinterleibslänge. Die Larven entwickeln sich in den Raupen der verschiedensten Schmetterlingsarten. Verbreitung: Europa, Nordamerika.

4 Riesenschlupfwespe *Rhyssa persuasoria.* 18–35 mm (mit dem Legebohrer erreicht das Weibchen eine Länge von 80 mm), gehört zu den größten europäischen Schlupfwespen. Ihr dunkel gefärbter Körper ist weißlich gefleckt, auf den Fühlern sitzen keine weißen Ringe. Darin unterscheidet sie sich von der ebenfalls großen ähnlichen Art *Rhyssa amoena.* Sie ist ein Waldbewohner und fliegt meist auf Lichtungen, Wegen und an Waldrändern. Wirte für die Larven dieser Schlupfwespe sind hauptsächlich die Larven der großen Holzwespen aus den Gattungen *Sirex, Urocerus* und *Xeris.* Das Schlupfwespenweibchen stellt mit seinen hochempfindlichen Sinnen den Wirt im Holz fest und macht sich an die Eiablage. Dabei hebt es den Hinterleib in die Höhe und richtet den Legebohrer auf die im Holz verborgene Holzwespenlarve. Es ist einfach unglaublich, mit welcher Sicherheit und Elastizität der Legebohrer langsam durch das Holz bis zum Larvenkörper vordringt. Der ganze Vorgang dauert dabei nur rund eine halbe Stunde. Das Schlupfwespenweibchen legt sein Ei auf die Larve. Dann zieht es den Bohrer aus dem Holz und macht sich auf die Suche nach der nächsten Larve. Begreiflicherweise ist der Vorgang des Eierlegens für das Weibchen eine kritische Zeit, dabei kann es nämlich besonders leicht von einem Räuber angegriffen werden und ihm zum Opfer fallen. Die Schlupfwespenlarve ernährt sich von den Körpergeweben der Afterraupe, nach der Überwinterung verpuppt sie sich im Frühjahr. Die Männchen schlüpfen etwas eher als die Weibchen. Verbreitung: Großteil der paläarktischen und nearktischen Region.

5 Amblyteles armatorius. 12–16 mm, fliegt oft auf Dolden von Möhrengewächsen (Gattungen *Daucus, Heracleum, Chaerophyllum* u. a.). Die Larven schmarotzen bei den Raupen größerer und großer Schmetterlingsarten aus verschiedenen Familien, z. B. Eulen, *Noctuidae: Tryphaena pronuba, Agrotis segetum, Mamestra brassicae,* Glucken, *Lasiocampidae: Macrotylatia rubi;* Augenspinnern, *Saturnidae: Eudia pavonia* und vielen anderen. Verbreitung: Ganz Europa, Transkaukasien, Sibirien, Sachalin, Japan, Nordafrika (Algerien).

6 Ichneumon suspiciosus. 14–18 mm, zeigt sich, wie viele andere Schlupfwespen, gleichfalls auf blühenden Dolden von Möhrengewächsen *(Daucaceae).* Die Larven parasitieren bei den Raupen des schädlichen großen Frostspanners *(Erannis defoliaria).* Verbreitung: Ganz Europa, Sibirien, Sachalin.

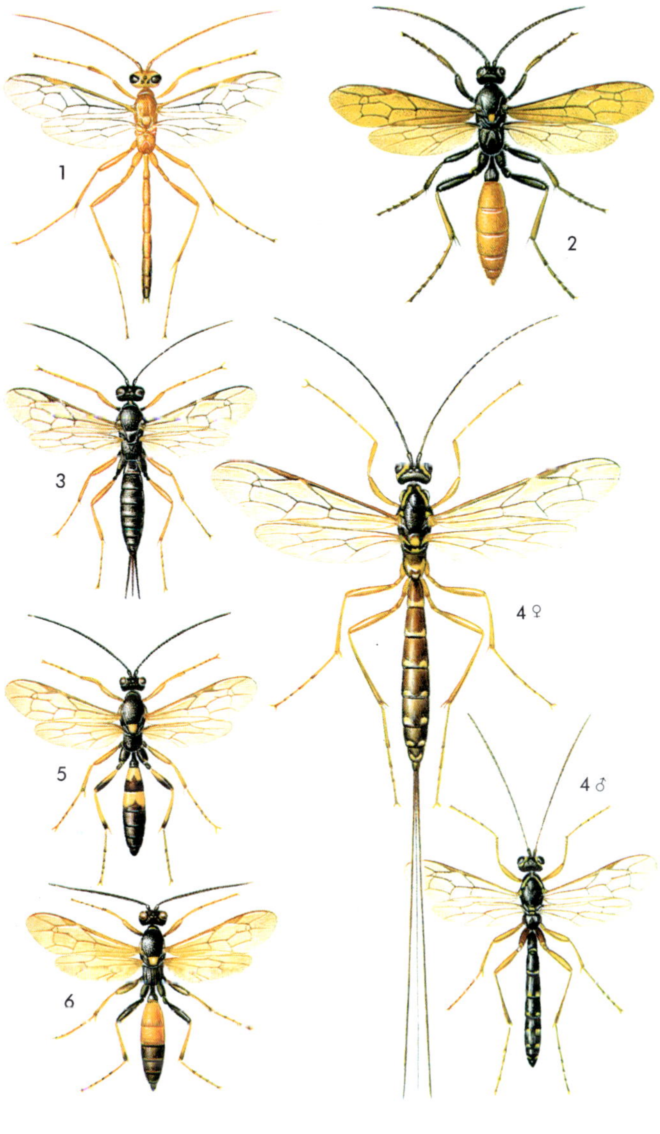
1
2
3
4 ♀
5
4 ♂
6

Familie Brackwespen – *Braconidae*

1 Spathius exarator. 4,5–5 mm, eine sehr nützliche Art. Das mit einem langen Legebohrer ausgestattete Weibchen (die Länge des Bohrers entspricht der Körperlänge) legt seine Eier in die Larven von Pochkäfern oder anderen im Holz lebenden Käfern. Die Imago fliegt in Wohnungen oft an den Fensterscheiben umher. Verbreitung: Europa.

2 Weißlingstöter *Apanteles glomeratus.* 4 mm, entwickelt sich in den Larven des Kohlweißlings *(Pieris brassicae)* und verwandter Arten. Sie reduziert den Bestand dieser Raupen, die in Gemüseanbaugebieten oftmals Schaden anrichten. Das Wespenweibchen legt etwa 2000 Eier, jeweils rund 30 in eine Raupe. Die Larven ernähren sich von deren Körper. Sobald sie herangewachsen sind, kommen sie hervor und verpuppen sich in kleinen, länglichen gelben Kokons rings um den Körper der verendeten Raupe. Im Volksmund werden diese Kokons als „Raupeneier" bezeichnet und aus Unkenntnis oft vernichtet. Die Puppen der Schlupfwespe werden ihrerseits nicht selten von kleinen schmarotzenden Wespen befallen, so daß anstelle der Schlupfwespe eine völlig andere Art aus ihr schlüpft. Hier handelt es sich um einen doppelten Parasitismus (Parasit bei einem Parasiten), die Erscheinung wird als Hyperparasitismus bezeichnet. Verbreitung: Europa, Nordamerika (eingeschleppt).

Familie Gallwespen – *Cynipidae*

3 Schwammgallwespe *Biorhiza pallida.* Geschlechtliche Generation 1,7–2,8 mm, ungeschlechtliche Generation 3,5–6 mm, zeichnet sich nicht nur durch morphologische Vielfalt, sondern auch durch eine komplizierte Entwicklung aus. Sie bildet zwei Arten von Gallen: an den Wurzeln und an den Zweigen von Eichen. Im Winter erscheinen die ungeflügelten Weibchen, die aus den Gallen an dünnen Eichenwurzeln geschlüpft sind. Sie klettern zu den Knospen an den Zweigenden hinauf und legen ihre Eier dort hinein. An diesen Stellen entsteht eine kartoffelförmige, vielfach gekammerte Galle von etwa 4 cm Durchmesser, in der die geschlechtliche Generation entsteht. Aus dieser fliegen im Juni Männchen und Weibchen. Die Männchen haben Flügel, die Weibchen kennt man als geflügelte und ungeflügelte Formen, zwischen denen es noch einige Übergangstypen gibt. Nach der Befruchtung kriecht das Weibchen in die Erde, wo es seine Eier an feinen Eichenwurzeln ablegt. Daran entstehen Gallen, aus denen im folgenden Winter wieder Weibchen schlüpfen. Der gesamte Entwicklungszyklus dauert zwei Jahre. Verbreitung: Europa, Kleinasien, Nordafrika.

4 Cynips longiventris. Geschlechtsgeneration 2–2,7 mm, ungeschlechtliche Generation 2,9–3,6 mm, lebt auf Eichen. Auffällig sind ihre rotgestreiften Gallen an den Blattunterseiten, aus denen die agame (ungeschlechtliche) Weibchengeneration entsteht. Sie erscheint von November bis März. Diese Weibchen legen ihre Eier in die Knospen ab, wo dann eine bloß 2 mm lange Galle entsteht, in der sich die Entwicklung von Männchen und Weibchen abspielt. Verbreitung: Großteil Europas, Vorderasien. (Am Eichenblatt ist die Galle abgebildet.)

5 Eichengallwespe *Cynips quercusfolii.* Geschlechtsgeneration 2,3–2,5 mm, ungeschlechtliche Generation 3,4–4 mm, lebt auf Eichen. Sie macht sich durch ihre meist kugelrunden Galläpfel auf den Eichenblättern bemerkbar. In der Winterzeit kriechen aus ihnen die Weibchen. Sie legen ihre Eier in Knospen, die sich dadurch in unauffällige, kleine Gallen verwandeln. Sie sind nicht größer als 3 mm. Aus ihnen schlüpfen im Mai bzw. im Juni Männchen und Weibchen. Die Weibchen legen ihre Eier an die Unterseite von Eichenblättern, wo aufs neue Galläpfel entstehen. Verbreitung: Europa, Kleinasien.

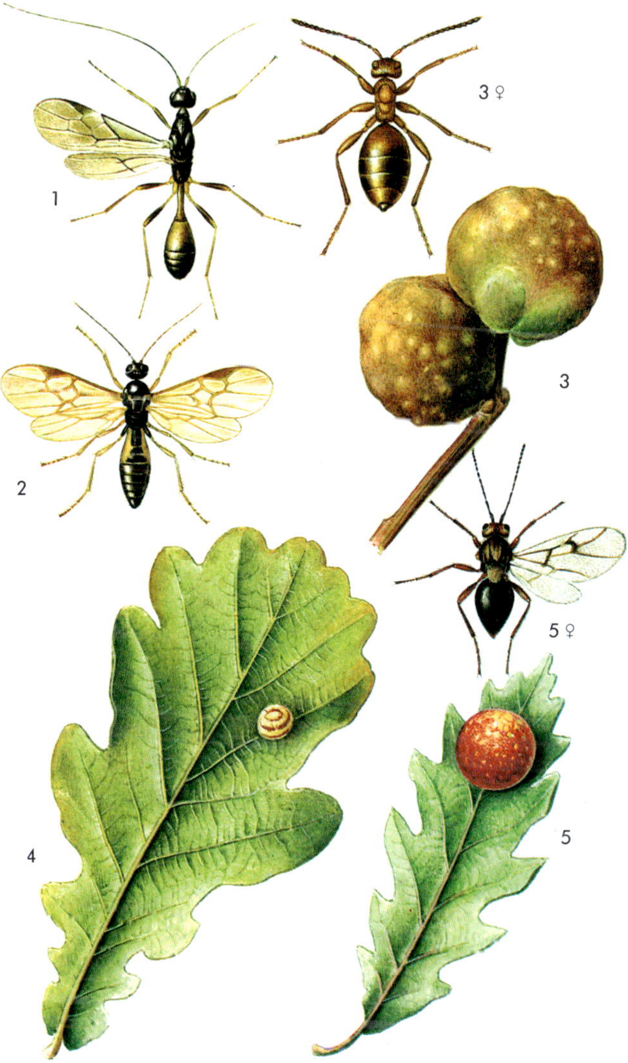
1
3 ♀
3
2
5 ♀
4
5

Familie Gallwespen – *Cynipidae*

1 Andricus kollari. Geschlechtsgeneration 1,7–2 mm, ungeschlechtliche Generation 4,8–6 mm, lebt auf Eichen. Die Gallen, in denen sich die agamen Weibchen entwickeln, sind kugelförmig und haben einen Durchmesser von 1–2 cm oder mehr. Sie sitzen an der Spitze oder an den Seiten junger Zweige, sind hart und glatt und reifen im September/Oktober heran. Sie fallen nicht ab. Die Weibchen schlüpfen im September/Oktober aus und legen ihre Eier in die Knospen der jungen Zweige. In jeder Knospe entstehen mehrere Gallen (nur 2–3 mm lang), die im Frühjahr reif werden. Männchen und Weibchen der geschlechtlichen Generation zeigen sich im April/Mai. Verbreitung: Großteil Europas (einschließlich Großbritanniens), Kleinasien, Nordafrika.

2 Andricus lignicola. Ungeschlechtliche Generation 4–4,5 mm, lebt auf Eichen. Die agamen Weibchen entstehen in harten, 5–10 mm großen Gallen. Die Imago schlüpft im Frühling des folgenden Jahres aus. Verbreitung: Ganz Europa, Kleinasien.

3 Andricus fecundatrix. Geschlechtsgeneration 1,5–1,9 mm, ungeschlechtliche Generation 4,3–4,8 mm, bildet Gallen auf verschiedenen Eichenarten. Die Gallen, aus denen die agamen Weibchen schlüpfen, sind zapfenförmig, sie erreichen eine Länge von rund 2 cm. In den Blättern dieses Zapfens sitzt die braune, runde, ca. 6–10 mm lange innere Galle, in der sich die Entwicklung abspielt. Die Weibchen treten im Spätherbst und sehr bald im Frühjahr auf (März) und legen ihre Eier in die Knospen männlicher Blüten. Die hier entstehenden Gallen sind sehr unscheinbar, sie sind nur 2 mm lang. Sie reifen im Laufe des Mai heran, Männchen und Weibchen schlüpfen im Juni aus. Verbreitung: Großteil Europas, Vorderasien.

4 Neuroterus quercusbaccarum. Geschlechtsgeneration 2,5–2,9 mm, ungeschlechtliche Generation 2,5–2,8 mm, bringt ebenfalls zwei Gallentypen an Eichen hervor. Aus den flachen Gallen an der Blattunterseite schlüpfen schon im März Weibchen, die männliche Blüten aufsuchen, um ihre Eier hineinzulegen. Nach kurzer Zeit entstehen hier kugelrunde Gallen mit einem Durchmesser von 5 mm, aus denen im Juni Männchen und Weibchen schlüpfen. Die Weibchen dieser Generation legen ihre Eier auf die Blattunterseite, wo dann scheibenförmige Gallen entstehen. Die Entwicklung dauert ein Jahr. Verbreitung: Europa, Kleinasien, Nordafrika.

5 Gemeine Rosengallwespe *Diplolepis rosae.* 3,4–6,5 mm, läßt an Rosenzweigen und Blättern die sog. Schlafäpfel entstehen, die nicht aus einer, sondern aus mehreren Gallen bestehen. Aus den Gallen schlüpfen meist nur Weibchen (Männchen sind selten), die ihre Eier in die Knospen legen. In der Regel fliegen aus diesen Gallen auch viele kleine Hautflügler aus, die auf der Rosengallwespe parasitieren, z. B. Brackwespen *(Braconidae)* und *Proctotrupidae* u. a. Verbreitung: Großteil Europas.
(Von 1, 3, 4, 5 sind nur die Gallen abgebildet.)

Familie Erzwespen – *Chalcididae*

6 Blutlauszehrwespe *Aphelinus mali.* 2 mm, eine sehr nützliche Art, da sie den wichtigsten Parasiten der Blutlaus *(Eriosoma lanigerum)* darstellt. Das Weibchen legt sein Ei in den Blattlauskörper, in dem sich dann die Larve entwickelt und verpuppt. Von der Blutlaus bleibt nur die Körperhülle übrig, aus der sich die fertige Wespe ins Freie nagt. Jährlich entstehen 5–8 Generationen. In Nordamerika gehörte sie zu den wichtigsten Faktoren bei der Eindämmung der Blutlaus. Aus diesem Grund wurde sie über die ganze Welt verbreitet, in einigen Gebieten hat sie sich akklimatisiert. Sie wird in Insektarien gezüchtet und zur biologischen Blutlausbekämpfung eingesetzt.

1
2
4
5
3
6
2 ♀

Familie Dolchwespen – *Scoliidae*

1 Scolia maculata. 20–40 mm, ist eine der größten Hautflüglerarten in Mitteleuropa. Von warmen Maitagen an fliegt sie auf Blüten. Sie sticht den Menschen nicht. Die Weibchen suchen nach Nashornkäferlarven *(Oryctes nasicornis)*, dringen mit Hilfe ihrer Grabfüße zu ihnen vor, betäuben sie und legen auf die Körperoberfläche einer Larve ein einziges Ei. Ihre fleischfressende Larve ernährt sich bis zur Verpuppung von der Käferlarve. Da der Nashornkäfer immer seltener wird, gehen auch diese schönen Dolchwespen zurück. Verbreitung: West- und Südeuropa, Mitteleuropa, Klein- und Vorderasien (Syrien, Israel, Iran).

2 Vierfleck-Dolchwespe *Scolia quadripunctata.* 10–18 mm, hat am Hinterleib in der Regel 4 gelbe Flecken, einige Exemplare haben nur zwei, andere 6, 8 oder sogar 10. Sie fliegt von Ende Juni bis August auf Blüten und ernährt sich von Nektar. Ihre Larven entwickeln sich an den Larven von Blatthornkäfern (Gattungen *Epicometis, Cetonia, Anisoplia* u. a.). Verbreitung: Europa (fehlt im Norden), Kaukasus, Transkaukasien, Vorderasien, Iran, Nordafrika (Ägypten, Algerien).

Familie Spinnenameisen – *Mutillidae*

3 Mutilla europaea. 10–15 mm, gehört zu den größten mitteleuropäischen Spinnenameisenarten. Man erkennt sie an den bläulichen Vordergliedern des Hinterleibs, auf denen keine Flecken sitzen. Die Larven entwickeln sich in Hummelnestern. Verbreitung: Großteil der paläarktischen Region.

4 Smicromyrne rufipes. 4–6 mm, zeichnet sich (wie ihre verwandten Arten auch) durch starken Geschlechtsdimorphismus aus. Das Weibchen ist stets flügellos und läuft in sandigem Gelände über den Boden. Das Männchen ist mit zwei Hautflügelpaaren ausgestattet und hält sich in Blüten auf. Es handelt sich um eine häufige Art, deren Larven sich in Grabwespen- *(Sphecidae)* und Wegwespenlarven *(Pompilidae)* entwickeln. Verbreitung: Paläarktische Region.

Familie Goldwespen – *Chrysididae*

5 Chrysis cyanea. 3,5–8 mm, gehört zu den sehr häufigen Arten. Sie fliegt ab Mai in zwei Generationen. Sie läßt sich an Gebäudewänden, Zäunen usw. nieder. Ihre Larven entwickeln sich in den Larven von Erdbienen, Grabwespen *(Sphecidae)*, Pillenwespen *(Eumenidae)* u. a. Verbreitung: Großteil Europas, bis in den Norden (Finnland), Kaukasus, Kleinasien, Sibirien.

6 Chrysis nitidula. 7–13 mm, fliegt von Juni bis August vom Tiefland bis ins Gebirge hinein. Oft sitzt sie an den sonnenbeschienenen Wänden von Ställen, Schuppen o. ä. Ihre Larven entwickeln sich in den Larven großer Wespen- (Gattung *Odynerus*) und Bienenarten (Gattung *Osmia*). Verbreitung: Europa (Mitteleuropa, Südteil Skandinaviens, Westeuropa), Mittelasien, Sibirien.

7 Feuergoldwespe *Chrysis ignita.* 7–10 mm, zeichnet sich durch große Variabilität von Körperform und Färbung aus. Der Vorderkörper ist blaugrün bis blau, der Hinterleib golden, rotgolden oder purpurn. Fliegt in den Sommermonaten und läßt sich gern auf den weißen Dolden von Möhrengewächsen nieder, auch an den Hauswänden. Ihre Larven entwickeln sich in einer ganzen Reihe von Wespen und Bienen (Familie *Eumenidae, Vespidae, Sphecidae, Apidae*). Verbreitung: Großteil der paläarktischen Region, kommt in Mitteleuropa stellenweise häufig vor.

1
3 ♂
3 ♀
2
4
6
5
7

Familie Ameisen – *Formicidae*

1 Roßameise *Camponotus ligniperda.* 7–14 mm, nistet in alten Baumstümpfen und in lebendem Nadelholz, vor allem in Fichten. Sie nagt ihre Kammern entlang den Jahresringen heraus. Die Königin (♀) legt das Nest ohne Hilfe einer anderen Ameisenart an. Diese Art kommt hauptsächlich in Niederungen vor. Verbreitung: Nord- und Mitteleuropa.

2 Amazonenameise *Polyergus rufescens.* 6–10 mm, ist für die Überfälle ihrer Arbeiterinnen auf andere Ameisenvölker bekannt. Die Arbeiterinnen – „Amazonen" – überfallen die Nester verschiedener anderer Ameisen, z. B. der Art *Formica fusca,* und rauben dort Larven und Puppen, die sie in ihr Nest schleppen und aus ihnen „Sklaven" machen. Im Nest der Amazonenameisen sind diese Sklaven in einer mehrfachen Überzahl vorhanden. Die Königinnen sind selbst nicht in der Lage, ein Nest zu gründen, sie dringen daher in den Bau einer anderen Ameise ein, töten dort die Königin und beherrschen nun das betreffende Volk. Die Amazonenameisen sind derartig auf den Kampf spezialisiert, daß sie sich nicht einmal allein ernähren können und sich von den Sklaven füttern lassen müssen. Sie leben auf trockenen, sonnigen Plätzen. Verbreitung: Mittel- und Südeuropa, Südskandinavien. Vom Aussterben bedroht!

3 Rote Waldameise *Formica rufa.* 6–11 mm, lebt in Wäldern, wo sie über ihrem unterirdischen Nest große Ameisenhaufen aus Nadeln, Zweigen und Moos errichtet. Wie bei den meisten Ameisen lassen sich auch hier drei Kasten feststellen: Arbeiterinnen, Männchen und Weibchen (Königinnen). Ein befruchtetes Weibchen gründet nie allein ein neues Nest. Es dringt entweder zu Tieren der eigenen Art ein oder in ein Nest einer verwandten, versklavten Ameisenart *(Formica fusca).* Ist ein Nest ohne Weibchen, wird die ankommende Königin aufgenommen. Findet sich im Nest bereits eine Königin vor, so tötet sie diese in der Regel und nimmt ihre Stelle ein. Im Nest der Art *Formica fusca* entsteht so nach und nach eine doppelte Bevölkerung: die ursprünglichen Tiere, die keine eigene Königin haben und sich also nicht vermehren können, sowie die Tiere der Roten Waldameise, die hier zur Welt gekommen sind und langsam die ursprünglichen Bewohner verdrängen. Diese Art ist für die Forstwirtschaft bei der Liquidierung vieler Schädlingslarven von großer Bedeutung. Verbreitung: Europa (mit Ausnahme des Südens), Kaukasus, Sibirien, Nordamerika. Zwölf Arten der Gattung *Formica* sind geschützt.

4 Glänzendschwarze Holzameise *Lasius fuliginosus.* 3–5 mm, baut in hohlen Bäumen (meist in Birken, Linden, Pappeln, Eichen) sog. Kartonnester, deren Form mit einem Badeschwamm verglichen werden kann. Darin züchtet sie sogar Pilze. Von diesem Nest gehen in der Regel gut unterhaltene Straßen aus. Verbreitung: Nord-, Mittel- und Südeuropa, Asien (Indien), Nordamerika.

5 Wegameise *Lasius niger.* 4–10 mm, gehört zu unseren häufigsten Ameisen. Sie nistet unter Steinen; findet sie nicht genügend, so baut sie über dem unterirdischen Nest ein kleines Lehmhügelchen, das von vielen Gängen durchzogen ist. Verbreitung: Ganz Europa, Indien.

6 Gelbe Wiesenameise *Lasius flavus.* 2–9 mm, baut hügelartige Lehmnester von etwa 30 cm Höhe, siedelt aber auch unter Steinen und nicht selten in der Gesellschaft anderer Arten. Sie liebt feuchtere Biotope, oft kommt sie auf Wiesen vor. Verbreitung: Ganz Europa.

Familie Ameisen – *Myrmicidae*

7 Myrmica rubida 5–9 mm (Arbeiterin), gehört zu den größten Arten dieser Familie. Sie bewohnt Vorgebirgs- und Gebirgslandschaften, wo sie in der Erde, häufig unter Steinen siedelt. Die Imago erscheint von Mai bis August. Ein Stich dieser Ameise ist recht schmerzhaft. Verbreitung: Paläarktische Region.

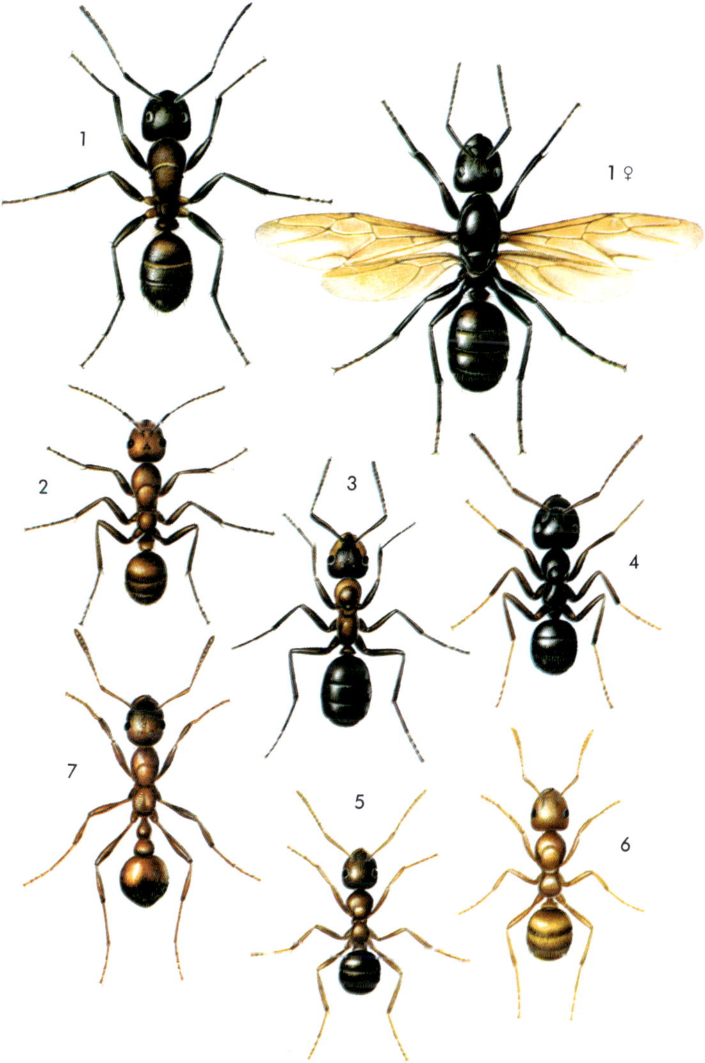
1
1 ♀
2
3
4
7
5
6

Familie Wegwespen – *Pompilidae*

1 Auplopus carbonarius. 5,5–10 mm, sitzt im Juni/Juli auf dem Laub von Brombeeren, Wein, Hainbuchen und auf Dolden. Das Weibchen baut zum Schutz seiner Nachkommen einzelne Zellen aus Lehm, von denen es fünf bis sechs nebeneinander klebt. Manchmal befestigt es sie auf Steinen, auch unter Rinde oder in anderen Verstecken. Ihre Larven versorgt es mit Spinnen, die es betäubt und denen es die Beine abbeißt. Verbreitung: Europa, Nordafrika.

2 Anoplius fuscus. 7–20 mm, kommt vor allem im Frühjahr häufig auf weißen Dolden vor. Die Wegwespe sucht dort Spinnen der Gattung *Lycosa,* die sie betäubt ins Nest einbringt. Verbreitung: Ganz Europa.

3 Cryptochilus affinis. 9–15 mm, kommt im Juni/Juli ziemlich häufig auf den Blütenständen verschiedener Doldenpflanzen vor. Die Weibchen jagen dort als Nahrung für ihre Larven verschiedene Spinnen der Familie *Lycosidae.* Verbreitung: Europa.

Familie Schmarotzerwespen – *Sapygidae*

4 Keulenwespe *Sapyga clavicornis.* 8–10 mm, hält sich im Mai/Juni auf alten Balken und Lattenzäunen auf, wo Einsiedlerbienen nisten. In deren Nester legt das Weibchen seine Eier. Die geschlüpfte Larve frißt die Bienenlarve und den für diese vorgesehenen Honig. Verbreitung: Europa, Kleinasien, Nordafrika.

Familie Pillenwespen – *Eumenidae*

5 Ancistrocerus antilope. 12–15 mm, ist einigen verwandten Arten sehr ähnlich. Die Art kommt im Mai/Juni vor. Das Weibchen baut seine Nester in alten Bauten von Hautflüglern und anderen Insekten. Für seine Larven stellt es den Kleinschmetterlingsraupen nach. Auch in seinem Nest schmarotzt die Feuergoldwespe *(Chrysis ignita).* Verbreitung: Paläarktische und Nearktische Region.

6 Eumenes pomiformis. 10–16 mm, fällt durch ihren langgestielten Hinterleib und die kurze, kugelige Brust auf. Die gelbe Zeichnung auf dem schwarzen Hinterleib variiert stark. Da diese Art mehrere Generationen im Jahr hervorbringt, sieht man die Imagines vom Frühjahr bis zum September. Das Weibchen mauert für die Entwicklung seiner Larven Lehmtöpfchen mit engem Hals (**6a**) an Steinen, unter Rinde, an Mauern und Strauchpflanzen. Dorthinein trägt es einen Vorrat kleinerer Raupen, die später der Larve als Nahrung dienen. Diese Art wird von vielerlei Parasiten heimgesucht, deshalb kommt es nicht selten vor, daß aus dem Lehmtöpfchen später eine Goldwespe *(Chrysis)* oder ein anderer Hautflügler anstelle einer Pillenwespe schlüpft. Verbreitung: Großteil der paläarktischen Region, Nordamerika.

7 Oplomerus spinipes. 9–12 mm, sitzt im Mai/Juni oft an Lehmwänden, in denen das Weibchen auch sein Nest baut. In geringer Tiefe höhlt es eine Kammer aus; die Lehmteilchen befördert es hinaus und klebt sie aneinander, bis rings um die Öffnung ein röhrenförmiger Eingang entsteht. Das Ei hängt das Weibchen mit einer Faser an der Nestdecke auf. Für die zukünftige Larve bringt es mehrere Rüsselkäferlarven (Gattung *Phytonomus*) ein. Wie andere Arten auch, wird diese Wespe parasitiert, vor allem von Goldwespen *(Chrysididae).* Verbreitung: Ganz Europa, Kleinasien, Sibirien, Nordafrika.

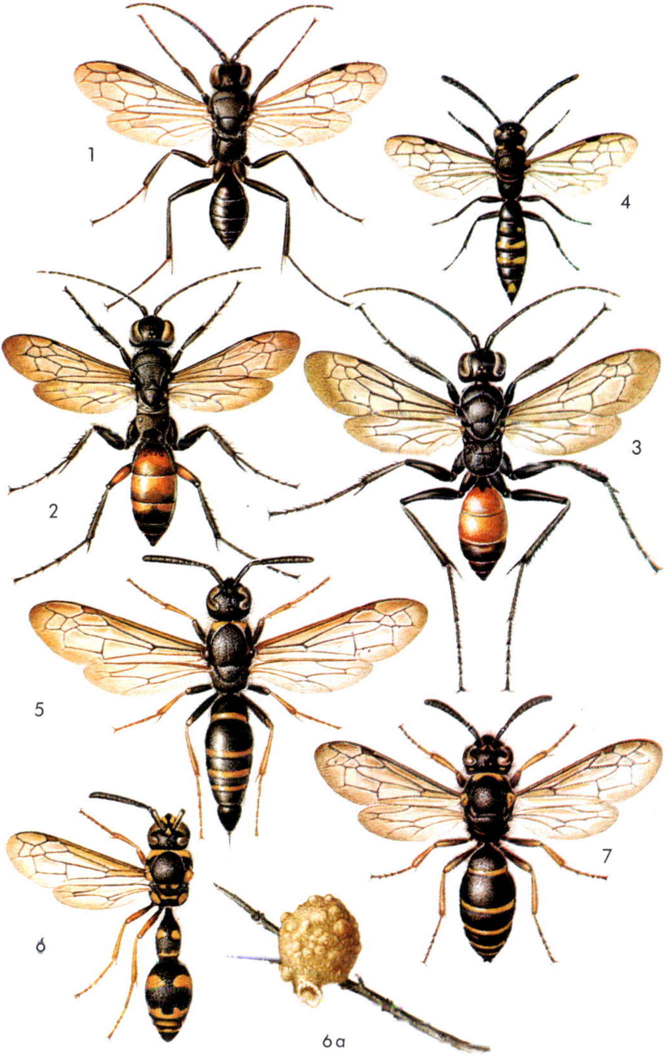
1
4
2
3
5
7
6
6a

Familie Soziale Faltenwespen – *Vespidae*

1 Hornisse *Vespa crabro.* 19–35 mm, ist die größte Art dieser Familie und siedelt in großen Nestern, die sie sich meist in hohlen Bäumen, manchmal auch im Boden anlegt. Eine überwinternde Königin beginnt im Frühjahr mit dem Nestbau. Aus papierartiger Masse stellt sie die ersten Zellen her, legt ihre Eier ab und erstellt auch gleichzeitig die Grundlagen für die Nesthülle aus Papier. Innerhalb von fünf bis sieben Wochen nach der ersten Eiablage haben sich im Nest die ersten jungen Arbeiterinnen entwickelt, die außer dem Eierlegen alle Pflichten des Muttertieres übernehmen. Sie bauen weitere Papierwaben, füttern die Larven und halten das Nest sauber. In einem Nest befinden sich meist fünf bis acht solcher Waben, in großen Nestern können es bis zu zwölf sein. Sie sind stets nach unten gerichtet, die einzelnen Waben sind durch Papierverbindungen miteinander verbunden. Ein mittelgroßes Hornissennest besteht aus rund 5000 Zellen. Hornissen sind Räuber, die auch große Insekten angreifen (Bienen, Wespen u. a.). Im Spätsommer erscheinen junge Männchen und Weibchen im Nest, sie beteiligen sich nicht am Bau. Im Herbst sterben die alten Königin, die Arbeiterinnen und die Männchen. Den Winter überstehen nur junge befruchtete Weibchen, die nach der Überwinterung ihrerseits neue Nester gründen. Verbreitung: Ganz Europa, paläarktischer Teil Asiens, Nordafrika, Nordamerika.

2 Sächsische Wespe *Dolichovespula saxonica.* 11–17 mm, baut ihre kugelförmigen, grauen Nester manchmal auf Ästen im Wald, häufiger jedoch in menschlichen Behausungen, auf Dachböden und unter Holzdächern. Das Nest mißt 10–15 cm im Durchmesser und besteht aus zwei bis vier Waben. Die Wespe ist nicht angriffslustig. Verbreitung: Paläarktische und nearktische Region.

3 Waldwespe *Dolichovespula sylvestris.* 11–18 mm, baut ihr Nest im Halbdunkel: in Hohlräumen, unter Wurzeln, so daß es nur teilweise sichtbar ist. Es mißt knapp 10 cm im Durchmesser und enthält zwei bis vier Waben. Verbreitung: Europa (außer den südlichsten Teilen), paläarktischer Teil Asiens, Nordamerika.

4 Rote Wespe *Paravespula rufa.* 10–20 mm, baut unterirdische Nester von der Größe eines kleinen Balles. Es hat drei bis fünf Waben und einige hundert Zellen. Verbreitung: Großer Teil Europas, Westsibirien, Nordamerika.

5 Deutsche Wespe *Paravespula germanica.* 10–19 mm, gehört zu den Arten, die ein typisches Erdnest anlegen. Die Begründerin des Staates benutzt zum Eindringen in die Erde meist den Bau eines Säugers (Maulwurf, Maus u. a.) und legt eine kleine Höhlung mit den ersten Zellen an. Den Bau des Nestes führen dann die Arbeiterinnen aus, die die vorhandene Höhle erweitern, dabei tragen sie Erdbröckchen und Steinchen mit ihren Kiefern hinaus. Ein fertiges Nest hat einen Durchmesser von 20–30 cm, im Herbst beherbergt es rund 3000 Tiere. Die Wespen sind (wie die verwandten Arten) Räuber, die Fliegen, Raupen usw. jagen und damit ihre Jungen füttern. Sie selbst fliegen gern auf süße Stoffe, sammeln Nektar und suchen im Herbst süße Früchte auf. Verbreitung: Paläarktische und nearktische Region.

6 Gemeine Wespe *Paravespula vulgaris.* 11–20 mm, ähnelt der Deutschen Wespe, hat aber auf dem Clypeus anstelle von drei schwarzen Flekken nur einen Längsstreifen (**6a**). Sie baut gleichfalls Erdnester, doch von kleineren Abmessungen als die vorige Art. Verbreitung: Großteil der paläarktischen Region (mehr in den kühleren Teilen), Nordamerika.

7 Feldwespe *Polistes nimpha.* 12–12,5 mm, baut nur einfache Nester aus einer Wabe mit wenigen Zellen, die sie mit einem Stiel an Pflanzen befestigt. Es hat keinen Papierschutz. Südlich der Alpen ist sie in Häusern zu finden. Verbreitung: Europa (fehlt im Norden), paläarktischer Teil Asiens, Nordafrika.

4
1
2
3
5
5a
7
6a
6

Familie Grabwespen – *Sphecidae*

1 Ectemnius dives. 7–11,5 mm, gehört zu den häufigen Gästen aufgeblühter Dolden von Möhrengewächsen, um die sie im Juni/Juli fliegt. Auch auf dem Laub junger Eichen zeigt sie sich; sie nistet in alten Balken. Das Weibchen versorgt das Nest mit kleineren Fliegen, die es vorher lähmt und die den Larven als Nahrung dienen. Verbreitung: Großer Teil der paläarktischen Region, Nordamerika.

2 Larra anathema. 10–25 mm, eine seltene, wärmeliebende Art, fliegt im Juli/August. Das Weibchen baut ein Nest in der Erde, in das es als Nahrung für die Larven vor allem Maulwurfsgrillen- und andere Geradflüglerlarven trägt. Verbreitung: Südeuropa (bis zur Slowakei), Kleinasien, Nordafrika. Vom Aussterben bedroht!

3 Kreiselwespe *Bembix rostrata.* 17–24 mm, zeichnet sich durch ihren besonders robusten Körper aus. Sie fliegt im Juli und August vor allem an sandigen Standorten mit vielen Blüten. In der Regel findet man immer mehrere Exemplare beieinander. Das Weibchen gräbt im Sandboden ein Nest flach unter der Erdoberfläche. Für seine Larven erlegt es zweiflügelige Insekten *(Diptera)*, sehr oft Schwebfliegen *(Syrphidae)*. Die Larven sind sehr gefräßig und verbrauchen große Nahrungsmengen, bis zu mehrere Dutzend Beuteinsekten in der Woche. Verbreitung: Europa (reicht im Norden bis Südskandinavien), Kleinasien, Westteil Mittelasiens, Nordafrika. Alle heimischen Arten sind geschützt!

4 Crabro cribrarius. 11–17 mm, zeigt sich im Juli/August häufig auf blühenden Doldengewächsen. Das Weibchen baut ein Nest in morschem Holz und in der Erde. Wie die vorhergehende Art jagt es für die künftigen Larven verschiedene Fliegen. Verbreitung: Großteil der paläarktischen Region.

5 Gorytes laevis. 7–9,5 mm, hält sich im Sommer auf blühenden Doldenpflanzen auf, kommt stellenweise zahlreich vor. Das Weibchen baut sein Nest in Sandboden. Der Larve dienen Imago und Larven von vielen Zikadenarten *(Cicadina)* als Nahrung. Verbreitung: Europa, Asien (bis Turkestan).

6 Bembicinus tridens. 7–11 mm, gehört zu den besonders wärmeliebenden Arten und kommt stellenweise häufig vor. Sie bewohnt trockene und sandige Standorte mit karger Vegetation. Das Weibchen baut ein Nest in der Erde und versorgt seine Larven ständig mit frischer Nahrung, die aus verschiedenen Gleichflüglerarten *(Homoptera)* besteht. Verbreitung: Süd- und Mitteleuropa, Klein- und Mittelasien, Nordafrika. Stark gefährdet!

7 Töpferwespe *Trypoxylon figulus.* 5,5–12,5 mm, fliegt von Mai bis Juli. Sie nistet in den Dächern von Bauernhäusern oder in Brombeerranken. Das Nest besteht aus mehreren Kämmerchen, die untereinander durch Trennwände aus Lehm abgeteilt sind. Als Nahrung für die künftigen Larven fängt das Weibchen verschiedene Spinnenarten, die es paralysiert. Bis zum Herbst wachsen die Larven heran und verpuppen sich in einem zarten Kokon. Verbreitung: Großteil Europas, gemäßigtes Asien, Nordafrika.

1
2
3
4
5
6
7

Familie Grabwespen – *Sphecidae*

1 Mauerspinnentöter *Sceliphron destillatorium.* 15–30 mm, lebt im Juli und August und baut ein Nest aus Mörtel, dessen Kammern mit gelähmten Spinnen gefüllt werden. In jedem Kämmerchen entwickelt sich eine Larve. Verbreitung: Europa (hauptsächlich im Süden), Mittelasien, Iran u. a.

2 Podalonia hirsuta. 12–22 mm, lebt im Juni/Juli an sandigen Standorten. Ins Nest bringt sie gelähmte Raupen ein, auf die sie ihre Eier legt. Verbreitung: Großteil der paläarktischen Region, stellenweise häufig. Gefährdet!

3 Ammophila sabulosa. 16–28 mm, kommt von Juni bis Oktober an sandigen Stellen vor und sitzt auf verschiedenen Blüten. Das Weibchen legt ein Sandnest für die kommende Generation an, das es zunächst aushebt, dann dessen Schlupfloch sorgfältig verdeckt, um auf Raupenjagd zu gehen. Es lähmt ein Tier, schleppt es ins Nest und legt ein Ei darauf, anschließend wird das Nest gewöhnlich mit einem Steinchen oder einem anderen Gegenstand verschlossen, den es mit den Kiefern aufnimmt, um damit den Eingang zu verstopfen. Verbreitung: Großteil der paläarktischen Region.

4 Sphex rafocinctus. 16–27 mm, hält sich gern auf den Blüten von Feldthymian *(Thymus)* auf. Sie nistet an sandigen Waldrändern, dort hebt das Weibchen ein Nest in geringer Tiefe aus. Als Nahrung für die Larven jagt es verschiedene Geradflüglerarten *(Orthoptera).* Verbreitung: Süd- und Mitteleuropa, Klein- und Vorderasien (Iran), Afghanistan, Nordafrika. Vom Aussterben bedroht!

5 Sandknotenwespe *Cerceris arenaria.* 8–17 mm, gehört zu den größten der rund dreißig mitteleuropäischen Arten. Sie hält sich in den Sommermonaten auf Sandböden auf. Als Nahrung für die Larven jagt das Weibchen Rüsselkäfer *(Curculionidae).* Verbreitung: Großteil Europas.

6 Bienenwolf *Philanthus triangulum.* 12–18 mm, fällt durch den großen Kopf mit den kurzen, in der Mitte verdickten Fühlern auf. Er liebt die Wärme und hält sich vorwiegend an Standorten mit Steppencharakter auf, an denen das Weibchen ein Nest baut. Dabei bedient es sich seiner Vorderbeine und Oberkiefer, in denen es ziemlich große Sandkörner wegträgt. Es höhlt einen 20–100 cm langen Gang aus, von dem Seitengänge abzweigen, die in einer „Zelle" enden. Im Durchschnitt hat ein Nest 5–7 solcher Zellen, in denen sich die Larven entwickeln (**6a**). Die Nahrung der Larven besteht ausschließlich aus Honigbienen *(Apis mellifera).* Der Bienenwolf überfällt sie auf Blüten, lähmt sie und umschlingt seine Beute mit allen Beinpaaren, um sie ins Nest davonzuschleppen. Aus den erlegten Bienen saugt er den Honig, und wenn er nicht nistet, läßt er die toten Körper an Ort und Stelle zurück. Zur Entwicklung einer männlichen Larve genügen zwei Bienen, die weiblichen Larven brauchen eine mehr. Um die Nachkommenschaft eines Weibchens aufzuziehen, sind rund zwanzig Bienen nötig. Die ausgewachsene Larve umspinnt sich in ihrer Zelle, so daß ein flaschenförmiges Gebilde mit engem Hals zustande kommt. Mit diesem Hals ist es waagerecht an der Zellenwand befestigt, so daß es nirgends den Boden berührt. Diese Vorkehrung dient zum Schutz gegen Feuchtigkeit und Schimmelbildung. Einem 10–11monatigen Ruhestadium folgt eine nur kurze Puppenzeit. Verbreitung: Großer Teil der paläarktischen Region (außer dem Norden).

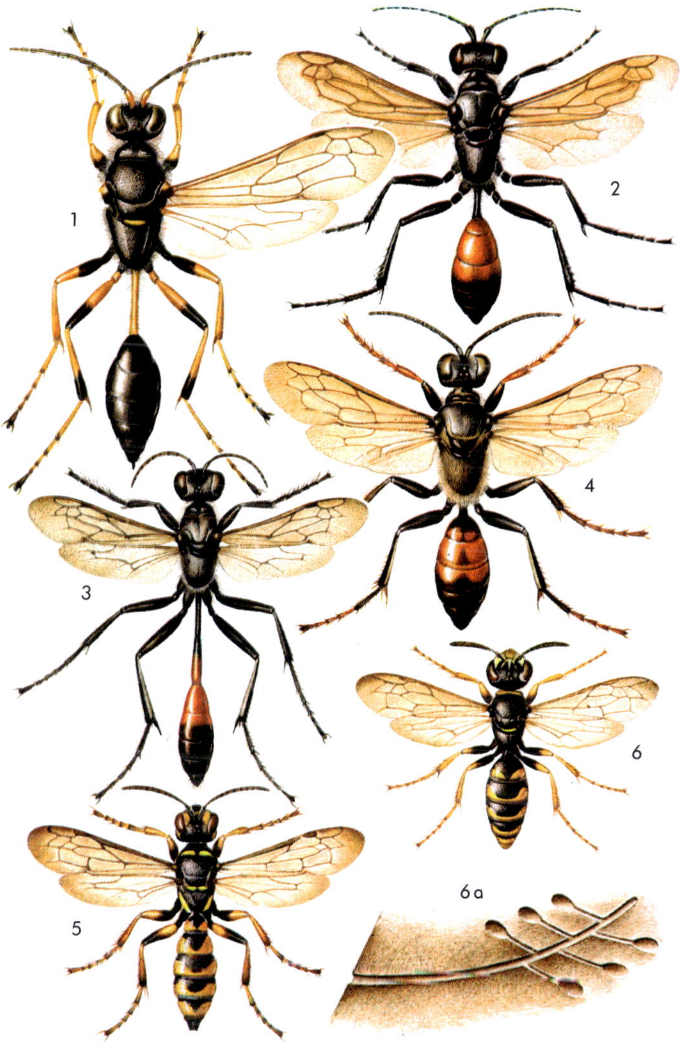
1
2
3
4
5
6
6a

Überfamilie Bienen – *Apoidea*

Alle heimischen Arten sind geschützt!

1 Kuckucksbiene *Sphecodes gibbus.* 7–13 mm, gleicht in ihrer Form und in der roten Färbung des Hinterleibs etwa 50 weiteren verwandten Arten in Europa. Die Imago schlüpft im Herbst. Die Männchen sterben nach der Kopulation vor Wintereintritt, die befruchteten Weibchen überwintern. Im April/Mai suchen sie die Blütenstände des Löwenzahns und Weidenkätzchen auf. Ähnlich wie ihre verwandten Arten schmarotzen sie in den Nestern von Schmalbienen (Gattung *Halictus*). Verbreitung: Europa.

2 Schmalbiene *Halictus quadricinctus.* 15–16 mm, ist die größte Vertreterin dieser Gattung in unserer Fauna. Die Imago schlüpft im Herbst und erscheint gesellig auf den Blüten. Nach der Kopulation sterben die Männchen, nur die Weibchen überwintern in verschiedenen Verstecken. Im Frühjahr kehren sie wieder auf die Blüten zurück. In Lehmwänden legen sie verhältnismäßig weitläufige Nester an, die aus einem Gang bestehen, um den herum Zellen angeordnet sind. Das Nest ähnelt einer Wabe. Verbreitung: Europa. Vom Aussterben bedroht!

3 Trugbiene *Panurgus calcaratus.* 8–9 mm, kommt im Juli/August oft sehr zahlreich auf verschiedenen Korbblütlerarten vor, vor allem auf Habichtskraut, Löwenzahn u. a. Sie durchkriecht die einzelnen Blütenstände derart, daß sie ganz mit gelbem Blütenstaub bedeckt ist. Oft nistet sie gesellig. Verbreitung: Ganz Europa.

4 Sandbiene, Erdbiene *Andrena tibialis.* 13–15 mm, gehört in eine Gattung, von der allein in Europa 150 Arten vertreten sind, die einander sehr gleichen. Im Jahr entstehen in der Regel zwei Generationen. Die erste fliegt im April/Mai vor allem auf den Blüten von Stachelbeergewächsen *(Ribes),* Weidenkätzchen *(Salix)* oder Löwenzahnblüten *(Taraxacum).* Die zweite Generation, die etwas kleiner ist, kommt häufig auf Himbeersträuchern *(Rubus)* und Kreuzblütlern *(Cruciferae)* vor. Das Weibchen baut ein traubenförmiges Erdnest. Anstelle der eigenen Nachkommenschaft schlüpfen in ihm gelegentlich parasitierende Wespenbienen der Gattung *Nomada* aus, die keine eigenen Nester haben. Verbreitung: Ganz Europa.

5 Maskenbiene *Prosopis annulata.* 6–7 mm, besitzt in der mitteleuropäischen Fauna noch eine ganze Reihe verwandter und sehr ähnlicher Arten, die sehr schwer zu bestimmen sind. Die Imago fliegt im Juni/Juli und zeigt sich häufig auf erblühten Dolden von Möhrengewächsen, auf Schafgarbe u. a. Sie nistet in alten Balken. Verbreitung: Mittel- und Nordeuropa.

6 Seidenbiene *Colletes daviesanus.* 8–11 mm, zeigt sich im Juli/August auf den Blütenständen von Korbblütlern, kommt auch oft auf Schafgarbe und Rainfarn vor. Das Weibchen baut sein Nest an lehmigen Hängen, die Innenwände überzieht es mit einer besonderen Masse, die es aus seinen Mandibulardrüsen ausscheidet. Das Material erhärtet schnell, und die Wände erhalten einen seidigen Schimmer. Mit demselben Stoff wird auch der Nesteingang verschlossen. Verbreitung: Europa, Sibirien.

1
2 ♀
2 ♂
4
3
6
5

Überfamilie Bienen – *Apoidea*

1 Mauerbiene *Osmia rufa.* 8–12 mm, schlüpft schon im Herbst, kommt aber erst im Frühjahr aus ihrem Versteck. Im März/April sitzt sie auf Weidenkätzchen, Veilchen, Lungenkraut und anderen Frühlingsblüten. Ihr Nest legt sie in verschiedenen Ritzen an, auch in Dächern. Als Baumaterial dient speichelgetränkter Lehm. Verbreitung: Süd- und Mitteleuropa, Transkaukasien.

2 Blattschneiderbiene *Megachile centuncularis.* 9–12 mm, kommt von Juni bis August vor. Zum Nestbau benutzt sie Hohlräume im Boden oder in Pflanzenstengeln. Die Zellen polstert sie mit Rosenblattstückchen aus, die sie mit ihren Kiefern abschneidet und in die Höhle trägt. Die Larve ernährt sich von den Honigvorräten, die das Weibchen eingetragen hat. Verbreitung: Mittel- und Nordeuropa.

3 Holzbiene *Xylocopa violacea.* 21–24 mm, gehört zu unseren größten Bienen. Die Imago schlüpft im Herbst und überwintert; im Frühjahr legen die Weibchen in alten Stämmen und Ästen ein interessantes Nest für ihre Nachkommen an. Durch einen kurzen Gang dringen sie ins Holzinnere vor, dann nagen sie einen 15–30 cm langen vertikalen Gang, in dem etwa 15 Kammern angelegt werden. Jede Kammer wird mit einem Pollenvorrat versehen, dann wird ein Ei hineingelegt und die Kammer durch eine aus Holzspänen zusammengeklebte Trennwand abgeteilt. Die Larven verzehren die Vorräte in ihrer Kammer und verpuppen sich anschließend. Die Imago, die zuerst schlüpft, nagt sich durch die Seitenwand ins Freie. Ist die Wand zu dick, wartet sie ab, bis sich die anderen Imagines in den vor ihr liegenden Kammern entwickelt haben, dann kriechen die Tiere hintereinander durch den Gang ins Freie, den das Muttertier angelegt hat. Es ist bemerkenswert, daß die Weibchen auch aus einer Entfernung von mehreren Kilometern zu ihrem Nest zurückkehren. Verbreitung: Südeuropa, Südgebiete Mitteleuropas (Rhein- und Lahntal u. a., Südslowakei). Gefährdet!

4 Ceratina cyanea. 6–7 mm, fliegt Blüten an. Die Imago überwintert in Brombeerranken *(Rubus).* Im Frühling des folgenden Jahres nagt das Weibchen in einer trockenen Ranke einen Gang mit mehreren Kammern, die mit Pollen versorgt werden, und legt seine Eier hinein. Verbreitung: Fast ganz Europa mit Ausnahme des hohen Nordens.

5 Langhornbiene *Euçera longicornis.* 14–16 mm, fliegt im Mai auf Ochsenzunge und Wicke, nistet im Boden. Verbreitung: Ganz Europa.

6 Anthophora plagiata. 13–15 mm, nistet gern gesellig in lehmigen Hängen. Zum Nest führt eine abwärts geneigte Schlupfröhre, die aus Lehm gebaut ist. Zur Zeit nimmt die Art rapide ab. Verbreitung: Mitteleuropa. Gefährdet!

7 Sägehornbiene *Melitta leporina.* 11–13 mm, gehört zu den häufigsten Arten der Gattung. Sie fliegt im Juli/August am liebsten auf Klee- und Luzerneblüten. Ihr Nest besteht aus einer geringen Anzahl unterirdischen Zellen, die mit zusammengepreßten Pollen angefüllt sind. Darauf liegt das Ei. Die ausgewachsene Larve spinnt einen Kokon. Verbreitung: Mittel- und Nordeuropa.

8 Hosenbiene *Dasypoda hirtipes.* 13–15 mm, fliegt im Juli/August auf Habichtskraut, Knautie usw. Das Weibchen legt sein unterirdisches Nest in einer Tiefe bis zu 60 cm an. In jeder Zelle macht es eine Pollenkugel, die drei Stützen hat, damit sie nicht von Schimmel befallen wird. Auf dieser Pollenkugel liegt das Ei. Die Larve überwintert. Verbreitung: Fast die ganze paläarktische Region.

9 Wollbiene *Anthidium punctatum.* 8–9 mm, fliegt im Juni/Juli. Nistet im Boden. Verbreitung: Mitteleuropa, Südskandinavien, Sibirien.

1
2
3
4
5
6
7
8
9

Überfamilie Bienen – *Apoidea*

1 Honigbiene *Apis mellifera.* Gehört zu den bekanntesten Insekten. Sie lebt in Staaten, an deren Spitze die eierlegende Königin steht. Den zahlenmäßig größten Teil stellen die Arbeiterinnen, im Verlauf ihres verhältnismäßig kurzen Lebens übernehmen sie verschiedene Funktionen (Pollen- und Nektarsammeln, Fütterung, Reinigung des Stocks usw.). Von Mai bis August treten im Stock die Männchen (Drohnen) auf, die aus unbefruchteten Eiern schlüpfen. Der ganze Schwarm überwintert. Die Honigbiene wird als Haustier angesehen, obwohl sie nie gezähmt wurde (Schwärmen, Verlassen des Stockes). Sie produziert Honig und Wachs. Verbreitung: Über die ganze Welt.

2 Schmarotzerhummel *Psithyrus rupestris.* Bis zu 25 mm, den großen Hummeln sehr ähnlich, hat aber wesentlich dunklere Flügel und am dritten Beinpaar keine Sammeleinrichtung. Auch kommen bei ihr keine Arbeiterinnen vor. Die Imago erscheint im Spätsommer, die Männchen sterben nach der Kopulation, die Weibchen überwintern. Ihre Eier legt sie in die Nester von Stein- und Waldhummeln, wo auch die Entwicklung verläuft. Verbreitung: Europa, paläarktischer Teil Asiens.

3 Waldhummel *Bombus silvarum.* ♀ 18–20 mm, fliegt meist in niederen und mittleren Lagen. Die Weibchen zeigen sich im Mai auf Taubnesseln, die Männchen im Herbst auf Doldenblütern, auch auf Knautie. Das Weibchen legt sein Nest über der Erde an, oft in Vogelnestern oder in Säugetierbehausungen. Verbreitung: Ganz Europa, fehlt in Nordskandinavien.

4 Erdhummel *Bombus terrestris.* 24–28 mm, hat um Brust und Hinterleib braungelbe Streifen. Die Weibchen fliegen im April aus ihren Winterverstekken und besuchen Weidenkätzchen. Sie legen ihr Nest tief im Boden an, meist benutzen sie dazu verlassene Mauselöcher. Ihr Nest ist ziemlich groß (200–300 Exemplare). Verbreitung: Europa, Klein- und Nordasien, Nordafrika.

5 Steinhummel *Bombus lapidarius.* ♀ 20–25 mm, die häufigste und bekannteste unserer Hummeln. Die Weibchen fliegen schon ab April und suchen eine geeignete Stelle zur Nestgründung. Sie bauen unterirdisch, oft im Gestein, auch in Mauerrissen von Gebäuden und zwischen Ziegeln. In einem Staat leben etwa 100–300 Exemplare. In ihrem Nest entwickelt sich auch die Schmarotzerhummel *(Psithyrus rupestris).* Verbreitung: Eurasien.

6 Bombus lucorum. ♀ 20–24 mm, der vorhergehenden Art sehr ähnlich, früher wurden beide für eine einzige Art gehalten. Gehört zu den häufigen Arten. Die Weibchen fliegen im April aus. Verbreitung: Europa, Nordasien.

7 Bombus pomorum. ♀ 20–24 mm, nistet in der Erde. Die überwinternde Königin fliegt im Mai auf Schlüsselblumen, Taubnesseln, Ziest usw., die Männchen zeigen sich im Herbst besonders häufig auf Kleefeldern. Diese Art kommt bis zu einer Höhe von 1900 m vor. Ihr Nest ist zahlenmäßig nicht groß (nur einige Dutzend Exemplare). Verbreitung: Mitteleuropa, Sibirien. Gefährdet!

8 Mooshummel *Bombus muscorum.* ♀ 20–25 mm, gehört zu den seltenen Arten. Die Weibchen fliegen im Mai auf Taubnesseln und Günsel, die Männchen im Herbst auf Kleefeldern. Sie baut zahlenmäßig schwache überirdische Nester. Verbreitung: Europa, Nordasien. Gefährdet!

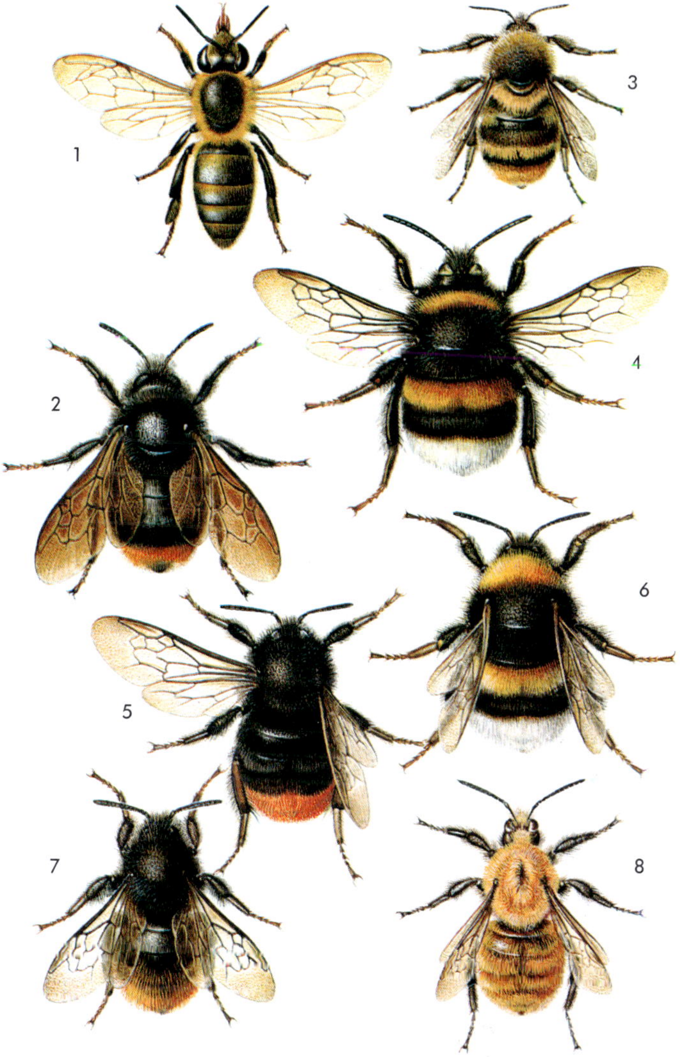
1
3
4
2
6
5
7
8

Ordnung Köcherfliegen – *Trichoptera*
Familie *Rhyacophilidae*

1 Rhyacophila vulgaris. 7–9 mm, Spannweite 24–32 mm, eine häufige Art, die im Spätsommer und Herbst auftritt (August–Oktober). Die Larven leben in schnell fließenden Gewässern. Sie kriechen auf Steinen umher, wobei sie sich mit den Fußkrallen festhalten. Um nicht von der Strömung mitgerissen zu werden, scheiden sie eine Schutzfaser aus. Nur zur Verpuppung klebt sich die ausgewachsene Larve aus feinen Steinchen einen Köcher zusammen, in dem sie sich unter Wasser verpuppt. Verbreitung: Ganz Europa mit Ausnahme des hohen Nordens.

Familie *Philopotamidae*

2 Philopotamus variegatus. 7–9 mm, Spannweite 21–29 mm, fliegt von Juni bis August in Gebirgs- und Vorgebirgslandschaften zwischen 600 und 1500 m Höhe. Die Larven leben oft zu mehreren Tieren in Röhrchen zusammen. Die ausgewachsene Larve ist etwa 20 mm lang. Verbreitung: Ganz Europa.

Familie *Polycentropidae*

3 Polycentropus flavomaculatus. 3,5–6 mm, Spannweite 13–21 mm, kommt im Juli/August an den Ufern von stehenden Gewässern und Bächen vor, oft sitzt sie auf Baumstämmen. Die Larven bewohnen Gebirgsbäche, in Niederungen nur schnell fließende Gewässer. Sie sitzen auf Steinen und Pflanzen, wobei sie sich ca. 12 mm lange Köcher bauen. Verbreitung: Europa, Sibirien.

Familie Wassermotten – *Hydropsychidae*

4 Hydropsyche angustipennis. 6–10 mm, Spannweite 18–21 mm, fliegt von Mai bis August, läßt sich nur sehr schwer von einigen ähnlichen Arten unterscheiden. Die Larven leben in Bächen mit starker Strömung. Zwischen den Steinen spannen sie trichterförmige Netze, in denen sie ihre Beute, meist kleinere Insektenlarven, fangen. Verbreitung: Fast ganz Europa, Kleinasien.

Familie *Leptoceridae*

5 Leptocerus cinereus. 7–7,5 mm, Spannweite 20–24 mm, fliegt von Mai bis Mitte Oktober an langsam fließenden und stehenden Gewässern. Sie kommt am häufigsten in Niederungen vor. Die Larven leben in langsam fließenden Gewässern und stellen Köcher her. Verbreitung: Paläarktische und nearktische Region.

Familie Frühlingsfliegen – *Phryganeidae*

6 Große Köcherfliege *Phryganea grandis.* 15–21 mm, Spannweite 40–60 mm, gehört zu den großen Vertretern dieser Familie. Sie lebt vom Tiefland bis ins Hochgebirge, kommt aber in den tieferen Lagen häufiger vor. Die Imago erscheint von Mai bis August an stehenden Gewässern. Tagsüber sitzt sie auf Baumrinde, nachts fliegt sie. Die Larven leben in stehenden Gewässern und stellen sich Köcher aus Pflanzenteilchen her, die sie spiralförmig aneinanderkleben. Der Köcher erreicht eine Länge von 40 mm. Die Larve hält sich auf Wasserpflanzen auf, wo sie Insektenlarven nachstellt. Verbreitung: Paläarktische Region.

Familie Köcherjungfern – *Limnephilidae*

7 Limnephilus griseus. 6,5–12 mm, Spannweite 19–30 mm, kommt von Mai bis November, sogar noch bis in den Dezember hinein an fließenden Gewässern vor. Die Larven leben in Teichen und stellen sich Köcher aus Pflanzenteilchen her. Verbreitung: Europa (Mittel-, Nord- und Osteuropa, Grönland, Island), Kaukasus, Kleinasien, Sibirien.

Köcherfliegen

Schmetterlinge

Ordnung Schmetterlinge* – *Lepidoptera*
Familie Urmotten – *Micropterygidae*

1 Micropteryx calthella. 4–4,5 mm, gehört zu den häufigsten Arten dieser seltsamen Schmetterlingsfamilie, die den Köcherfliegen *(Trichoptera)* am nächsten stehen. Die kleinen mottenähnlichen Falter haben kauende Mundwerkzeuge und sammeln als Nahrung Blütenstaub. Sie fliegen im Juni tagsüber und kommen häufig auf Hahnenfußgewächsen vor *(Ranunculaceae).* Verbreitung: Europa (außer im Norden).

Familie Wurzelbohrer – *Hepialidae*

2 Hopfenspinner *Hepialus humuli.* 20–35 mm, erscheint von Juni bis August auf feuchten Wiesen, in Wäldern und Parks. Männchen und Weibchen unterscheiden sich in Größe und Flügelfärbung. Tagsüber verbergen sich die Schmetterlinge in Pflanzen, meist fliegen sie an warmen Juniabenden. Die Weibchen legen ihre Eier im Flug. Die Raupe durchläuft zwölf Entwicklungsstadien. Sie ernährt sich von Wurzeln (Löwenzahn, Huflattich, Sauerampfer, Hopfen u. a.), überwintert (oft zweimal) und verpuppt sich erst dann in der Erde. Verbreitung: Großer Teil der paläarktischen Region (nach Norden bis zum Polarkreis), Mittlerer Osten.

3 Heidekraut-Wurzelbohrer *Hepialus hecta.* 10–15 mm, fliegt meist im Juni und Juli, manchmal auch noch Anfang August auf feuchten Wiesen, an Waldrändern und in Heidegebieten. Die Raupe ernäht sich von Adlerfarn-, Primel-, Heidekraut- und Sauerampferwurzeln. Verbreitung: Eurasien.

* Die Größenangaben in dieser Ordnung geben die Länge eines Vorderflügels an.

Familie Langhornmotten – *Adelidae*

4 Nemophora degeerella. 7–8 mm, bemerkenswert wegen ihrer Fühlerlänge, die beim Männchen besonders auffällig ist. Sie fliegt im Frühling um Pflanzen und im Unterholz, der Flug ist langsam und ruckartig, er wird oft mit dem Tanz von Eintagsfliegen verglichen. Verbreitung: Europa, Transkaukasien (Armenien), Kleinasien.

Familie Holzbohrer – *Cossidae*

5 Blausieb *Zeuzera pyrina.* 18–35 mm, erscheint von Juni bis August an Waldrändern, in Obstgärten, Alleen und Parks. Das Männchen ist im ganzen kleiner (Flügelspannweite etwa 40–50 mm) als das Weibchen (60–70 mm), seine Fühler sind zur Hälfte gefiedert, die des Weibchens fadenförmig. Das Weibchen legt einige hundert Eier in Rindenspalten ab. Die Raupen dringen allmählich in die jungen und alten Zweige sowie in den Stamm der Wirtspflanze ein. Meist sind das Apfel- und Birnbäume, Eschen, Birken, Ulmen, Ahorn und andere Laubbäume. Die Larven überwintern ein- bis zweimal. Verbreitung: Süd- und Mitteleuropa, gemäßigte Zonen in Asien (China, Japan), Nordafrika, Nordamerika.

6 Weidenbohrer *Cossus cossus.* 30–41 mm, erscheint von Mai bis September von Niederungen bis ins Gebirge hinein (1500 m). Er fliegt nur in der Nacht, tagsüber schmiegt er sich an die Baumrinde. Das Weibchen legt einige hundert Eier in Gruppen von 10–50 Stück in Rindenspalten absterbender Bäume. Als Wirtspflanzen dienen hauptsächlich Obstbäume und Waldlaubhölzer. Die Raupen kriechen zunächst in den Bast, später dringen sie tief ins Holz vor. Sie sind rot und ausgewachsen fast 10 cm lang (**6a**). Einen vom Weidenbohrer befallenen Baum erkennt man an dem rötlichen Mulm und an dem spezifischen Geruch dieser Raupen. Sie überwintern zweimal. Verbreitung: Großteil der paläarktischen Region.

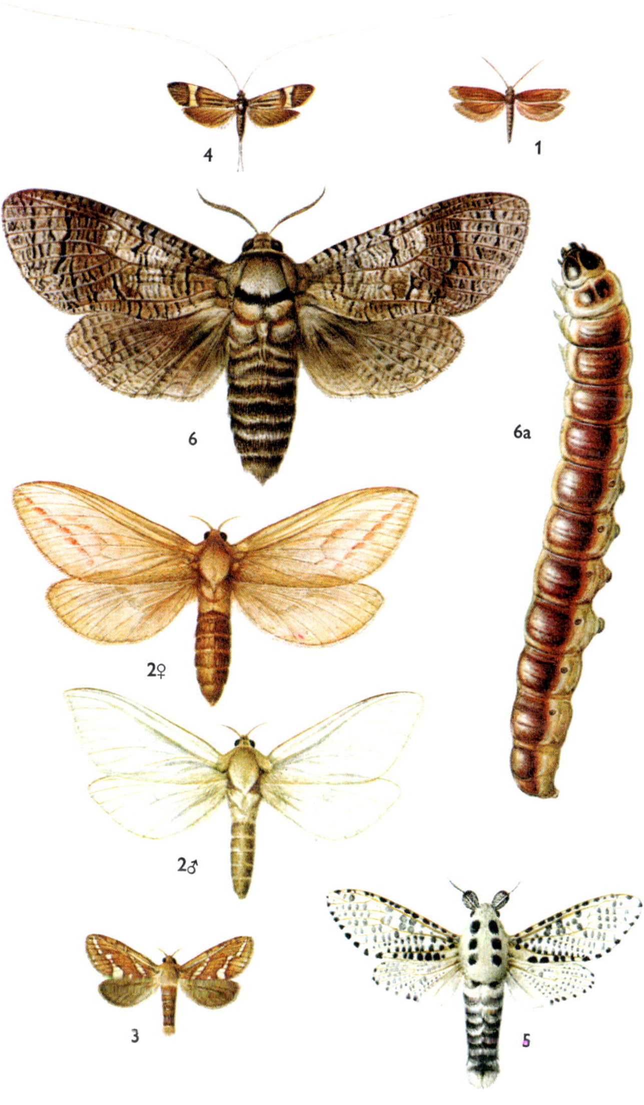
4
1
6
6a
2♀
2♂
3
5

Schmetterlinge

Familie Widderchen – *Zygaenidae*

Alle europäischen Arten sind geschützt!

1 Erdeichel-Widderchen *Zygaena filipendulae.* 14–18 mm, tritt im Sommer (Juli/August) sehr zahlreich auf durchsonnten Hängen, Lichtungen, Wiesen und an Rainen auf, wo es gern auf Blüten sitzt. Es kommt vom Tiefland bis in Gebirgslagen vor. Seine gelben, schwarzgefleckten Raupen leben auf Schmetterlingsblütlern, sie überwintern und verpuppen sich im Juni. In seinem recht ausgedehnten Verbreitungsgebiet (fast ganz Europa, Transkaukasien, Kanarische Inseln) hat sich eine Reihe von Farbformen und geographischen Rassen (Subspecies) herausgebildet, z. B. in Deutschland die ssp. *germanica,* die im Gebirge lebt.

2 Veränderliches Widderchen *Zygaena ephialtes.* 14–16 mm, fliegt im Juli und August an Waldrändern, auf Lichtungen und anderen sonnigen Stellen. Es weist große Neigung zu farblichen Variationen auf, deshalb konnten viele Farbformen beschrieben werden, die nach ihrer Färbung und der Fleckenzahl auf den Vorderflügeln benannt sind. Rotweiße und gelbweiße Fleckenkombinationen wechseln miteinander ab. Als Nährpflanzen dienen meist Kronenwicke, Klee oder Feldthymian. Verbreitung: Von West- und Mitteleuropa nach Osten bis Sibirien.

3 Esparsetten-Widderchen *Zygaena carniolica.* 12–15 mm, fliegt von Juni bis August an sonnigen Stellen, am liebsten da, wo das Gelände eine Kalksteinunterlage aufweist. Seine Färbung und auch die Anzahl der Flekken auf den Vorderflügeln schwankt; diese Art bildet eine Reihe Farbformen aus. Die Raupen zeigen sich ab August auf dem Gemeinen Hornklee *(Lotus corniculatus)* und auf der Esparsette *(Onobrychis sativa).* Sie überwintern und verpuppen sich auf der Erdoberfläche in einem Kokon. Verbreitung: Europa (im Nordosten bis nach Litauen, kommt nicht in Großbritannien vor), Transkaukasien (Armenien), Kleinasien, Iran.

4 Grünwidderchen *Procris statices.* 11–14 mm, kommt von Mai bis August häufig auf feuchten Wiesen, an Waldrändern und in Steppen zwischen Niederungen und Gebirgen (1000 m) vor. Seine Raupen ernähren sich von Sauerampfer. Verbreitung: Nordteil Südeuropas bis Südskandinavien.

Familie Sackspinner – *Psychidae*

5 Apterona crenulella. Eine sehr interessante Art, die zwei Formen hervorbringt: Eine ist zweigeschlechtlich und lebt im Süden (Italien), die andere, *helix,* ist eine parthenogenetische Form und über den Großteil Europas und Westasien verbreitet. Die Raupen dieses Schmetterlings ernähren sich von allerlei Pflanzen und stellen gedrehte Behälter her, die an Schneckenhäuser erinnern. Sie sitzen auf Gräsern und Baumstämmen.

6 Pachythelia unicolor. 12–14 mm, gehört zu den an Waldrändern und auf Wiesen nicht mehr häufigen Arten. Seine Raupe stellt einen verhältnismäßig großen, etwa 3–4 cm langen Sack her. Verbreitung: Großteil der paläarktischen Region.

Familie Echte Motten – *Tineidae*

7 Tapetenmotte *Trichophaga tapetzella.* 6–8 mm, ist ein unangenehmer Schädling. Ihre Raupen leben in Textilien und zerfressen sie. Verbreitung: Über die ganze Welt.

8 Kleidermotte *Tineola bisselliella.* 4–8 mm, ist der bekannteste in Wohnungen vorkommende Schmetterling. Er fliegt im Frühjahr aus. Das Weibchen legt seine Eier in Wollstoffe, Pelze, Kleidungsstücke ab. Verbreitung: Kosmopolit.

1
2
3
4
5
6
7
8

Schmetterlinge

Familie Langhornminiermotten – *Lyonetiidae*

1 Schlangenminiermotte *Lyonetia clerkella.* 3–4 mm, fliegt im Tiefland und Gebirge (in den Alpen bis zu 2000 m hoch) in jährlich drei Generationen. Die Schmetterlinge der dritten Generation überwintern in Rindenspalten, im Moos usw. Die Weibchen legen ihre Eier einzeln ins weiche Pflanzengewebe. Die Raupe schlüpft nach ein bis zwei Wochen, sie stellt im Blatt schlangenartig gewundene Gänge her, in deren Mitte ihre schwarzen Exkremente liegen. Die ausgewachsene Raupe verläßt ihren Gang und verpuppt sich auf dem Blatt. In manchen Gegenden werden sie zu Schädlingen. Ihre Nährpflanzen sind vor allem Obstbäume, aber auch Schlehen, Birken u. a. Verbreitung: Großteil der paläarktischen Region.

Familie Blatt-Tütenmotten – *Gracillariidae*

2 Lithocolletis blancardella. 2–5 mm, aus der Gattung Miniermotten, bringt in Mittel- und Westeuropa zwei Generationen hervor, im Mittelmeerraum sogar drei bis vier. Die Weibchen legen ihre Eier einzeln auf die Blattunterseite verschiedener Laubhölzer, wie z. B. Eberesche, Weißdorn, Apfel, Birne u. a. Die junge Raupe bohrt sich in das Gewebe und bildet dort eine flache Mine. Die Raupe der zweiten Generation überwintert. Verbreitung: Europa, Sibirien, Japan, Nordamerika (eingeschleppt).

Familie Glasflügler – *Sesiidae*

3 Hornissenschwärmer *Aegeria apiformis.* 15–20 mm, ähnelt mit seinen gelbschwarzen Streifen einer Wespe, fliegt in der prallen Sonne von Mai bis Juli vor allem in Pappelalleen oder an pappelbestandenen Bachufern. Die jungen Raupen nähren sich von Pappeln. Das erste Jahr verbringen sie unter der Rinde, das zweite im Stamm dicht über dem Boden und in den Wurzeln. Sie verpuppen sich in einem Kokon in der Rinde. Verbreitung: Von Westeuropa bis Sibirien, Kleinasien, Nordamerika (eingeschleppt).

4 Synanthedon myopaeformis. 8–9 mm, fliegt von Mai bis Juli in Obstgärten. Die Raupen leben in alten, kranken Bäumen (in Äpfeln, Eberesche, Birnen usw.) und verpuppen sich unter der Rinde. Verbreitung: West- und Mitteleuropa, Balkan, Kleinasien.

Familie Gespinstmotten – *Yponomeutidae*

5 Apfelbaumgespinstmotte *Yponomeuta padellus.* 9–10 mm, fliegt im Juni und Juli. Im Juli legen die Weibchen ihre Eier in kleinen Gruppen auf Apfel-, Weißdorn- und Pflaumenzweige und bedecken sie anschließend mit einer Schutzschicht. Die Raupen schlüpfen im Herbst und überwintern gesellig unter einer Art Schutzschild. Im Frühjahr fressen sie die Knospen leer und ziehen dann weiter auf die Blätter, die sie umspinnen. Sie leben in Nestern, wo sie sich auch verpuppen. Verbreitung: Über die ganze paläarktische Region.

Familie Sackträgermotten – *Coleophoridae*

6 Lärchenminiermotte *Coleophora laricella.* 4–5 mm, zeigt sich im Mai/Juni in Lärchenbeständen. Verbreitung: Mittel- und Nordeuropa.

Familie Palpenmotten – *Gelechiidae*

7 Rübenmotte *Scrobipalpa ocellatellum.* 5–6 mm, fliegt schon im April. Ihre Raupen leben auf der wilden Rübe *(Beta maritima)* und auf kultivierten Arten wie Mangold *(Beta vulgaris),* wo sie Schaden anrichten. Verbreitung: Großteil Europas, Klein- und Vorderasien, Nordafrika.

Familie Wickler – *Cochylidae*

8 Einbindiger Traubenwickler *Eupoecilia ambiguella.* 7–8 mm, besitzt stark polyphage Raupen, die sich u. a. auch von Weinreben ernähren. Verbreitung: Großteil Europas, Asien (China, Japan usw.).

4
1
3
2
6
8
5
7

Familie Wickler – *Tortricidae*

1 Obstwickler *Pandemis heparana.* 8–11 mm, tritt jährlich in zwei Generationen auf. Die erste erscheint im Juni/Juli, die zweite Ende August/September. Sie fliegen in der Dämmerung aus. Das Weibchen legt die Eier gruppenweise auf Blätter ab. Die ausgewachsene Raupe ist grün, etwa 2,5 cm lang. Sie lebt auf Laubbäumen und auf Wald- und Gartensträuchern, die Raupe der 2. Generation überwintert. Verbreitung: Ganz Europa, Mittlerer Osten, Sibirien, China, Japan.

2 Weißdornwickler *Archips crataegana.* 8–11 mm, fliegt von Juni bis August. Bekannter als der Schmetterling sind seine gelben Eihäufchen; die Weibchen kleben bis zu dreißig Eier in die Spalten verschiedener Bäume. Sie sind mit einer weißlichen Schutzschicht überzogen. Die Eier überwintern. Im Frühjahr schlüpfen die Raupen, sie ernähren sich zunächst von Knospen, später auch von Blättern, die sie zigarettenartig zusammenrollen. Verbreitung: Großteil Europas, Kleinasien, Sibirien, Japan.

3 Eichenwickler *Tortrix viridana.* 9–11 mm, fliegt von Juni bis August, die Lebensdauer eines einzelnen Tieres beträgt aber nur eine Woche. Er hält sich in Eichenkronen auf. Das Weibchen legt die Eiern in Zweiergruppen auf dünne Zweige ab. Die Eier überwintern, und zu Frühlingsanfang schlüpfen die Raupen, die zuerst die halbgeöffneten Knospen aufsuchen und sich später auch von Laub ernähren. Sie suchen Eichen und andere Pflanzen heim (Holunder – *Sambucus,* Geißblatt – *Lonicera*). Die älteren Raupen biegen Blätter zusammen und verspinnen die Ränder. Bei stärkerer Vermehrung, vor allem in ungünstigeren Jahren, können sie zu unliebsamen Schädlingen werden. Verbreitung: Großteil Europas, Kleinasien.

4 Apfelwickler *Laspeyresia pomonella.* 7–9 mm, bringt für gewöhnlich ein bis zwei Generationen hervor, manchmal auch noch mehr. Die Raupen fressen Früchte (Äpfel, Birnen). Sie sind rosafarben und etwa 2 cm lang. Sind sie ausgewachsen, verlassen sie die Frucht und überwintern meist in Rissen und anderen Verstecken. In Apfelanbaugebieten können sie Schäden verursachen. Verbreitung: Über die ganze Welt.

5 Fichtennestwickler *Epiblema tedella.* 5–6 mm, fliegt von Mai bis Juli in Fichtenwäldern. Die Weibchen legen ihre Eier auf die Nadeln, in denen die Raupen minieren. Sie leben gesellig und bauen aus den Fichtennadeln eine Art Nest, in das sie auch Exkremente einbringen. Vor Wintereintritt verlassen die Raupen das Nest, überwintern und verpuppen sich mit beginnendem Frühling im Nadellaub. Verbreitung: Europa (außer dem Süden).

Familie Geistchen – *Alucitidae*

6 Orneodes desmodactyla. Läßt sich leicht in diese artenarme Familie einordnen, man erkennt die Art an den 24 „Federchen", zu denen die beiden Flügelpaare umgebildet sind. Der Schmetterling fliegt von Juni bis August. Die Raupen ernähren sich von Ziestblüten *(Stachys recta, S. silvatica* u. a.). Verbreitung: Von Südeuropa bis in die Südgebiete Mitteleuropas.

Familie Zünsler – *Pyralidae*

7 Mehlmotte *Ephestia kuehniella.* 10–12 mm, kommt in Lagerräumen und Haushalten vor, da sich ihre Raupen im Mehl entwickeln. Der Schmetterling stammt wahrscheinlich aus Indien, heute ist er über die ganze Welt verbreitet.

8 Mehlzünsler *Pyralis farinalis.* 8–12 mm, gehört zu den Mehlschädlingen, seine Raupen leben im Mehl. Er ist überall zahlreich vertreten. Verbreitung: Fast die ganze Welt.

2

1

3

4

5

7

8

6

Familie Wiesenzünsler – *Crambidae*

1 Crambus myellus.
11–12 mm. Der Schmetterling fliegt im Juni/Juli vor allem in höheren Lagen. Seine Raupen halten sich unter Moos auf. Verbreitung: Mittel- und Nordeuropa (Alpen, Karpaten).

Familie Federmotten – *Pterophoridae*

2 Cnaemidophorus rhododactylus.
9–11 mm, ist eine häufige Art, die während der Dämmerung im Juni und Juli, manchmal auch noch im August fliegt. Tagsüber sitzt sie auf der Vegetation. Das Insekt bewohnt Waldränder, Weiden, Wiesen und kommt nicht selten auch in Gärten geflogen. Die Larve lebt von Herbst bis Frühjahr auf den Blütenknospen von Heckenrosen und Gartenrosensorten. Verbreitung: Europa, gemäßigte Zone Asiens (bis Fernost), Nordamerika.

3 Schlehengeistchen *Pterophorus pentadactylus.* 12–16 mm, ist nicht mit einer anderen Art zu verwechseln. Seine weißen Flügel ziert keinerlei Zeichnung. Es fliegt von Mai bis September an gras- und buschbestandenen Orten umher und fehlt auch in den Gärten nicht. Die Raupe ernährt sich von Zaunwinde *(Calystegia),* Ackerwinde *(Convolvulus),* Klee, Kreuzdorn *(Rhamnus),* aber auch von Schlehen, Weiden, Rosen u. a. Nach der Überwinterung verpuppt sie sich entweder auf der Wirtspflanze oder in deren Nähe. Verbreitung: Großteil Europas (fehlt in Spanien), gemäßigte Zone Asiens.

Familie Dickkopffalter – *Hesperiidae*

4 Rostfarbiger Dickkopffalter
Ochlodes venata. 14–17 mm, ist dem Kommafleck *(Hesperia comma)* sehr ähnlich. Die Geschlechter unterscheiden sich farblich. Die Schmetterlinge fliegen vom Juni bis August, in Südeuropa in zwei Generationen. Die Raupen entwickeln sich ab dem Sommer, und nach dem Überwintern verwandeln sie sich in Puppen. Die häufigsten Wirtspflanzen der Raupen sind Wiesenhafer *(Avena pratensis),* Rispengras *(Poa),* Schwingel *(Festuca)* u. a. Verbreitung: Eurasien. In Nordeuropa reicht die Art bis zu 64° der nördlichen Breite.

5 Brauner Laubwiesendickkopf
Carterocephalus palaemon.
3–14 mm, erscheint im Mai/Juni mit Vorliebe an feuchten Waldrändern, auf feuchten Wiesen und an Wegen, wo genug Blüten vorhanden sind, auf denen er sich niederlassen kann. Die Raupen zeigen sich ab Juli und nach der Überwinterung bis Mai auf verschiedenen Pflanzen, am liebsten aber auf Spitzwegerich *(Plantago lanceolatum),* auf der Gemeinen Quecke *(Agropyrum repens),* Trespe *(Bromus)* u. a. Verbreitung: In einigen europäischen Gebieten häufig, in anderen seltener (in Nord- und Nordwesteuropa), Asien (bis zum Amur), Nordamerika.

6 Kleiner Malvendickkopf
Pyrgus malvae. 10–11 mm, fliegt in zwei Generationen, in der Zeit von April bis August. Am häufigsten zeigt sich der Schmetterling auf Lichtungen an Waldrändern und Feldwegen von den Niederungen bis ins Gebirge. Die Raupen befressen Himbeersträucher, Erdbeerpflanzen, Kriechendes Fingerkraut *(Potentilla reptans)* u. a. Sie halten sich in zusammengerollten Blättern verborgen. Verbreitung: Europa (vom Balkan bis Südskandinavien), Asien. Alle europäischen Arten der Gattung sind geschützt.

7 Grauer Dickkopf *Erynnis tages.* 13–14 mm, bringt in einem Jahr zwei Generationen hervor: die erste von April bis Juni, die zweite im Juli/August. Auf durchsonnten Wegen, Lichtungen und in Gärten ist er zahlreich anzutreffen. Seine Raupen leben auf Gemeinem Hornklee *(Lotus corniculatus),* Bunter Kornwicke *(Coronilla varia),* Feld-Mannstreu *(Eryngium campestre)* und anderen Pflanzen. Sie überwintern. Verbreitung: Europa, Nordasien.

4
5
7
6
3
1
2

Schmetterlinge

Familie Ritterfalter – *Papilionidae*

1 Segelfalter *Iphiclides podalirius.* 35–45 mm, fliegt von Mai bis Anfang Juli manchmal auch noch in einer zweiten Generation im Juli/August. Am häufigsten ist er auf sonnigen, warmen Hängen in Kalksteinhügelgebieten. Die Raupen entwickeln sich auf Schlehen, Weißdorn, Obstbäumen usw. Sie verpuppen sich bis zum Winter, die Puppe überwintert. Verbreitung: Europa, Transkaukasien, Kleinasien, Iran, Westchina. Die Nordgrenze seiner Verbreitung liegt in Europa etwa auf dem 51. Breitengrad.

2 Osterluzeifalter *Zerynthia polyxena.* 22–30 mm, kommt nur stellenweise von Ende April bis Mai vor. Er fliegt sehr schwerfällig und nur dicht über dem Boden. Schon ab Mai leben seine Raupen auf verschiedenen Osterluzeigewächsen *(Aristolochia rotunda, A. pistolochia, A. clematidis, A. sicula);* ihre Entwicklung dauert ungefähr vier bis fünf Wochen. Anschließend verpuppen sie sich und überwintern in diesem Stadium. Der Osterluzeifalter gehört zu den wärmeliebenden Arten mit einem nicht besonders großen Verbreitungsgebiet. In Südosteuropa ist er allgemein bekannt, die Nordgrenze seiner Verbreitung verläuft durch Österreich und den Südteil der Tschechoslowakei. Er lebt auf dem Balkan (einschl. Griechenland) und in einigen Gebieten Kleinasiens.

3 Schwarzer Apollo *Parnassius mnemosyne.* 27–32 mm, fliegt von Mai bis Juni dicht über dem Boden; er sitzt auf Pflanzen an Gebirgsbächen, auf Wiesen und an Waldwegen. Er hält sich sowohl in den Niederungen als auch in den Bergen bis zu 1500 m Höhe auf. Die Raupen entwickeln sich auf dem Lerchensporn (Gattung *Corydalis*). Innerhalb seines Verbreitungsgebiets hat sich eine Reihe von geographischen Rassen ausgebildet. So ist aus den Bayerischen Alpen die dunkle Rasse *Parnassius mnemosyne hartmanni* bekannt. Verbreitung: Von den Pyrenäen über Mitteleuropa nach Norden bis Norwegen, nach Osten bis in den Kaukasus und Mittelasien. Der Schmetterling wird heute immer seltener.

4 Apollo *Parnassius apollo.* 34–50 mm, ein langsamer und schwerfälliger Flieger, der Berghänge, Wiesen und Täler bewohnt; meist sitzt er auf Disteln. Er fliegt von Juni bis August. Die Raupe befrißt Weiße Fetthenne, sie überwintert und verpuppt sich erst im Frühjahr. Aus seinem ganzen Verbreitungsgebiet sind einige hundert Formen beschrieben worden. Mancherorts, wie z. B. in Böhmen, ist er heute ausgestorben. Verbreitung: von den Pyrenäen über Alpen, Karpaten, Kaukasus bis zum Altai.

5 Schwalbenschwanz *Papilio machaon.* 34–45 mm, fliegt in zwei Generationen (April–Mai, Juli–August), im Süden sogar noch in einer dritten (September–Oktober). Er kommt vor bis ins Hochgebirge (Alpen 2000 m). In Hügellandschaften fliegen die Schmetterlinge mit Vorliebe auf Doldenblütlern, die Raupen leben auf Fenchel, Kümmel, Wilder Möhre u. a., im Nahen Osten auf Citruspflanzen. Verbreitung: Fast über ganz Europa mit Ausnahme des Nordens, in der gemäßigten Zone Asiens, Nordamerika. In einigen europäischen Ländern ist er selten (Großbritannien), in den letzten zwei Jahrzehnten verschwand er langsam auch von solchen Stellen, an denen er zu den zahlreichen Arten zählte.

1
2
3
4
5

Schmetterlinge

Familie Weißlinge – *Pieridae*

1 Baumweißling *Aporia crataegi.* 32–35 mm, fliegt von Mai bis Juli. Gehörte früher zu den Obstbaumschädlingen, wird aber heute überall immer seltener. In einigen Ländern ist er in den letzten Jahren ausgestorben (Großbritannien). Die Raupen entwickeln sich auf Obstbäumen. Verbreitung: Großteil Europas, in der gemäßigten Zone Asiens bis nach Korea und Japan, Nordafrika.

2 Aurorafalter *Anthocharis cardamines.* 21–25 mm, erscheint zwischen April und Juni von Niederungen bis ins Gebirge an Waldrändern, auf Lichtungen, Wiesen, an Feldwegen und in Gärten. Das Männchen zeichnet sich durch einen großen orangefarbenen Fleck auf den Vorderflügeln aus. Das Weibchen legt seine Eier meist auf die Unterseite von Kreuzblütlerblättern, die den Raupen als Nahrung dienen. Meist sind es Wiesenschaumkraut, Brillenschötchen *(Biscutella),* Rauke *(Sisymbrium),* Turmkraut *(Turittis),* Knocblauchsrauke *(Alliaria)* u. a. Verbreitung: Europa, gemäßigte Zone in Asien, Japan.

3 Wandergelbling *Colias croceus.* 22–28 mm. Die Grenze seiner Verbreitung in Europa wird vom Alpenbogen bestimmt, nördlich davon kommt er nur auf seinen Wanderzügen vor. Die Schmetterlinge fliegen im April/Mai nach Mitteleuropa und suchen mit Vorliebe Wicken- und Kleefelder auf, die neben anderen Schmetterlingsblütlern die Hauptnahrung der Raupen darstellen. Im Sommer folgen zwei bis drei Generationen aufeinander. Im Herbst kehrt ein Teil der Schmetterlinge nach dem Süden zurück. In Mitteleuropa verbleibende Exemplare, auch Raupen, gehen im Winter zugrunde. Verbreitung: Europa, Klein- und Vorderasien (Iran), Nordafrika, Kanarische Inseln, Madeira. Alle europäischen Arten der Gattung sind geschützt!

4 Zitronenfalter *Gonepteryx rhamni.* 27–30 mm, gehört zu den ersten Schmetterlingen, die im Frühjahr aus ihren Winterverstecken hervorkommen. Das Männchen ist leuchtend gelb, das Weibchen weißlich mit einem Stich ins Grüne: Die Raupen entwickeln sich auf dem Faulbaum *(Rhamnus frangula)* im Juni/Juli. Noch im Sommer schlüpfen die Schmetterlinge aus der Puppe, nach ein paar Tagen Flug fallen sie in den Sommerschlaf. Danach fliegen sie erst wieder im Herbst aus und überwintern dann. Verbreitung: Europa, Klein- und Vorderasien, Ostsibirien, Nordafrika.

5 Großer Kohlweißling *Pieris brassicae.* 29–34 mm, bringt in Mitteleuropa zwei bis drei, im Süden sogar bis zu fünf Generationen hervor. Der Schmetterling tritt oft gesellig auf. Das Weibchen legt seine Eier auf Kreuzblütlerblätter ab – auf Kohl, Blumenkohl, Weißkohl, Rettich usw. Vor der Verpuppung verlassen die Raupen die Pflanze und suchen einen Unterschlupf auf. In größerer Anzahl werden sie zu Schädlingen. Die Puppe überwintert. Verbreitung: Fast über die ganze paläarktische Region.

6 Rapsweißling *Pieris napi.* 20–25 mm, fliegt in zwei Generationen auf Feldern, in Gärten, an Waldrändern usw. Verbreitung: Europa, gemäßigte Zone Asiens, Nordafrika, Nordamerika.

7 Kleiner Kohlweißling *Pieris rapae.* 20–26 mm, bringt zwei bis drei aufeinanderfolgende Generationen hervor, so daß er von Frühlingsbeginn bis in den Herbst anzutreffen ist. Seine Raupen leben in erster Linie auf Kreuzblütlern und werden bei stärkerem Auftreten schädlich. Die Puppe überwintert. Einer der häufigsten Schmetterlinge. Verbreitung: Von Westeuropa bis Japan, Nordafrika, Nordamerika (eingeschleppt), Australien (eingeschleppt).

1
2
3
5 ♀
4 ♂
5 ♂
4 ♀
6 ♂
7 ♀

Familie Bläulinge – *Lycaenidae*

Alle europäischen Arten sind geschützt!

1 Blauer Eichenzipfelfalter *Quercusia quercus.* 17–18 mm, fliegt im Juli/August in Eichenkronen. Aus den überwinternden Eiern schlüpfen im späten Frühjahr Raupen, die am zahlreichsten im Juni auf Eichenlaub zu finden sind. Verbreitung: In zwei geographischen Rassen von Nordafrika (Marokko, Algerien) bis Südskandinavien.

2 Ulmenzipfelfalter, Weißes W *Strymonidia w-album.* 16–18 mm. Die Bezeichnung dieses Schmetterlings stammt von der Zeichnung auf der Hinterflügelunterseite, die wie ein weißes W aussieht. Der Schmetterling hält sich von Juni bis August in Hügelgebieten an steinigen oder felsigen Stellen auf, doch ist sein Vorkommen nicht häufig. Die Eier überwintern, im Mai/Juni erscheinen die Raupen, die sich vorwiegend von Ulmenlaub ernähren. Verbreitung: Europa (von den Pyrenäen und Italien bis zu den Südteilen Skandinaviens).

3 Brombeerzipfelfalter *Callophrys rubi.* 15–17 mm, Oberseite farblich unauffällig. Flügelunterseite grün (**3a**). Er bewohnt trockene Stellen – Heide, trockene Kiefernwälder usw. Dort fliegt er schon ab März/April, nachdem er aus der überwinternden Puppe geschlüpft ist. In wärmeren Gebieten (Nordafrika) erscheint noch eine zweite, gewöhnlich unvollständige Generation in den Monaten Juli/August. Der Schmetterling kommt im Gebirge bis zu 1800 m Höhe vor. Seine Raupen treten von Mai bis zum Spätsommer auf und sind polyphag. Verbreitung: Von Nordafrika bis in den hohen Norden Skandinaviens.

4 Kleiner Feuerfalter *Lycaena phlaeas.* 14–16 mm, bewohnt Waldränder, Felder, Gärten und Parks in Städten. Er kommt bis in einer Höhe von 2000 m vor. Je nach Biotop treten zwei und mehr Generationen jährlich auf. Die Raupen halten sich meist auf Sauerampfer *(Rumex acetosella* und *R. acetosa)* auf, auch auf Gemeinem Dost *(Origanum vulgare).* Innerhalb seines großen Verbreitungsgebietes (von Nordafrika bis in den äußersten Norden Europas) gibt es verschiedene geographische Rassen und Farbformen.

5 Dukatenfalter *Heodes virgaureae.* 18–20 mm, tritt von Juni bis August in nur einer Generation auf. Er fliegt in der Ebene und im Gebirge bis zu einer Höhe von 2400 m. Am liebsten sucht er Waldränder und Wiesen auf. Die Raupen schlüpfen im April aus den überwinternden Eiern, sie ernähren sich vom Kleinen und Wiesensauerampfer *(Rumex acetosa, R. acetosella).* Verbreitung: Großteil Europas (fehlt auf den Britischen Inseln und in Süditalien), Klein- und Mittelasien, Fernost.

6 Brauner Feuerfalter, Schwefelvögelchen *Heodes tityrus.* 15–17 mm, fliegt in zwei, im Süden noch teilweise in einer dritten Generation. Auf Wiesen und Feldern ist er zahlreich anzutreffen, er steigt bis ins Gebirge auf (in den Alpen bis rund 2000 m). Die Raupe lebt auf Sauerampferarten und auf Besenginster. Verbreitung: Großteil Europas (kommt in Großbritannien, Südspanien und im fennoskandischen Raum nicht vor), Kleinasien.

7 Violetter Feuerfalter *Heodes alciphron.* 18–20 mm, kommt in Vorgebirgs- und Gebirgsgegenden an Bachrändern und Waldwegen vor. Ziemlich seltene Art. Verbreitung: Europa (fehlt auf den Britischen Inseln, in einem Teil Westeuropas und in Fennoskandien).

1
2
7
3
5a
5♀
3a
5♂
6
4a
4

Familie Bläulinge – *Lycaenidae*

1 Dunkelbrauner Bläuling, Heidenwiesenbräunling *Aricia agestis.* 13–14 mm, hat in Mitteleuropa zwei, in Südeuropa drei Generationen jährlich. Er fliegt an trockenen Stellen. Verbreitung: Von West- und Südeuropa über ganz Mitteleuropa, kommt nicht auf der Pyrenäenhalbinsel und in Nordeuropa vor.

2 Schwarzgefleckter Bläuling, Thymianheidenbläuling *Marculinea arion.* 18–23 mm, fliegt im Juni/Juli auf steppenartigen Wiesen, Wiesen mit Buschbestand und an sonnigen Waldrändern. Er gehört zu den größten Arten der ganzen Familie. Seine Raupen entwickeln sich zuerst auf dem Feldthymian *(Thymus),* später in Ameisenhaufen. Verbreitung: Von Westeuropa über Sibirien bis nach China.

3 Grünblauer Bläuling, Esparsettenbläuling *Agrodiaetus damon.* 17–19 mm, fliegt im Juli/August mit Vorliebe in Hügellandschaften mit Kalksteinuntergrund. Ab September befressen die Raupen Esparsette *(Onobrychis sativa),* nach der Überwinterung verpuppen sie sich gegen Frühlingsausgang. Verbreitung: Nur stellenweise (Spanien, Frankreich, Mitteleuropa, Dalmatien usw.).

4 Violetter Kronwickenbläuling *Lycaeides argyrognomon.* 10–16 mm. Der Schmetterling fliegt in zwei Generationen (Mai-Juni, Juli-August), gehört aber nicht zu den häufigsten Arten. In einigen Gebieten kommt er überhaupt nicht vor. Er fliegt um Waldränder und Gebüsche, wo die Nährpflanze seiner Raupen, die bunte Kronwicke *(Coronilla varia)* wächst. Die Raupen schlüpfen schon bald im Frühling aus den überwinternden Eiern. Verbreitung: In relativ kleinen, unzusammenhängenden Gebieten Mitteleuropas und Italiens; in Frankreich, Skandinavien und auf dem Balkan nur stellenweise.

5 Silbergrüner Bläuling, Steppenheidebläuling *Lysandra coridon.* 17–20 mm, Männchen und Weibchen zeichnen sich durch auffallende Farbunterschiede aus. Der Schmetterling hält sich gern in Steppengebieten mit Kalksteinuntergrund auf, häufig auch an Bahndämmen, Feldwegen usw. Er kommt bis zu 2000 m hoch vor und fliegt jährlich in einer Generation im Juli/August. Hauptnahrung der Raupen sind Hufeisenklee *(Hippocrepis comosa),* Kronwicke *(Coronilla varia)* und andere Wickengewächse *(Viciaceae).* Verbreitung: Von den Pyrenäen über den Südteil Großbritanniens, West- und Mitteleuropa, berührt Italien und teilweise auch den Balkan. Kommt nicht in Skandinavien vor.

6 Hauhechel-Bläuling *Polyommatus icarus.* 14–18 mm, gehört bei uns zu den sehr häufigen Bläulingen. Das Weibchen trägt am Rand seiner braunen Flügel farbige Punkte. Je nach geographischer Lage des Standortes treten jährlich eine bis drei Generationen auf. Steigt von der Ebene bis ins Hochgebirge auf (in Mitteleuropa sogar über 2000 m). Die Raupen überwintern, sie ernähren sich von Klee *(Trifolium), Hauhechel (Ononis)* und Ginster *(Genista).* Verbreitung: Ganz Europa, Nordafrika, gemäßigtes Asien.

7 Violetter Waldbläuling, Dunkelbläuling *Cyaniris semiargus.* (♂ + ♀) 16–18 mm, gehört in Hügellandschaften zu den häufigen Arten an Waldwegen und trockenen Hängen. Er steigt auch in die Gebirgsregion auf, in den Alpen bis zu 2500 m, bringt ein bis zwei Generationen jährlich hervor. Seine Raupen leben meist auf Pflanzen der Gattungen Klee *(Trifolium),* Steinklee *(Melilotus),* Wundklee *(Anthyllis),* Ginster *(Genista)* u. ä. Sie überwintern und verpuppen sich erst im Frühling. Verbreitung: Von Nordafrika (Marokko) bis in die südlichen Teile Nordeuropas, gemäßigtes Asien, Mongolei.

1
2
3 ♀
4
3 ♂
5 ♀
5 ♂
6 ♂
7 ♀
6 ♀
7 ♂

Familie Fleckenfalter – *Nymphalidae*

1 Großer Schillerfalter *Apatura iris.* 35–40 mm, kommt von Juni bis August in Wäldern vor. Die Weibchen fliegen in Kronenhöhe, die Männchen sitzen oft in Grüppchen auf Waldwegen, wo sie Wasser saugen. Auch Pferde- und Rinderexkremente suchen sie auf. Die Raupen leben auf verschiedenen Weidenarten, gelegentlich auch auf Espen; sie überwintern. Verbreitung: Von Westeuropa über die gemäßigte Zone Asiens bis Japan. Fehlt jedoch in Südeuropa und Skandinavien. Fliegt bisweilen nach Finnland. Alle europäischen Arten der Gattung sind geschützt!

2 Veilchen-Perlmutterfalter *Clossiana euphrosyne.* 21–25 mm, über Tiefland und Berge verbreitet, bringt je nach den klimatischen Bedingungen der Gegend ein bis zwei Generationen hervor. Er zeigt sich auf Waldwiesen und Wegen, am Waldrand, auf buschbestandenen Hängen und Lichtungen. Die Raupen ernähren sich von verschiedenen Veilchenarten *(Viola).* Sie überwintern. Verbreitung: Großteil Europas (fehlt auf den Mittelmeerinseln), in Asien bis zum Amur, Kamtschatka. Alle europäischen Arten der Gattung sind geschützt!

3 Märzveilchen-Perlmutterfalter *Argynnis adippe.* 29–34 mm, sucht oft mit verwandten Perlmutterfalterarten blühende Disteln auf Lichtungen, Rodungen und an Waldwegen auf. Im ganzen ähnelt seine Färbung den anderen Perlmutterfaltern. An der Flügelunterseite kann man ihn verläßlich bestimmen: Dort trägt er zwei Reihen perlmuttfarbener Flecken, zwischen ihnen kreisförmige bräunliche Flecken mit Perlmuttzentrum (**3a**). Auch an der Flügelbasis sitzen Perlmuttflecken. Die Schmetterlinge fliegen von Juni bis August. Bei dieser Art überwintern die ganz jungen Raupen oder solche, die zwar schon entwickelt, aber noch in der Eihülle eingeschlossen sind. Als Nahrung dienen ihnen verschiedene Veilchenarten *(Viola),* auf denen sie sich vom beginnenden Frühjahr bis zum Juni aufhalten. Verbreitung: Ganz Europa (mit Ausnahme des hohen Nordens), die gemäßigte Zone Asiens und Japan. Alle europäischen Arten der Gattung sind geschützt!

4 Kaisermantel, Silberstich *Argynnis paphia.* 33–39 mm, ist hauptsächlich auf Lichtungen, an Wegrändern und am Waldrand anzutreffen. Die Schmetterlinge fliegen meist im Juli/August und besuchen gern verschiedene Disteln, Brombeersträucher usw. Die Raupen ernähren sich von den Blättern verschiedener Veilchen *(Viola).* Die Weibchen legen ihre Eier aber nicht nur auf Veilchen, sondern noch häufiger in Spiralen an Baumstämmen ab. Verbreitung: Fast ganz Europa bis in den hohen Norden hinauf (Südnorwegen, Schweden, Finnland), gemäßigte Zone Asiens (bis Japan), Nordafrika (Algerien).

5 Blauschwarzer Eisvogel *Limenitis reducta.* 26–31 mm, liebt sonnige Hänge. Im Süden bilden sich jährlich drei Generationen, nach Norden nimmt die Anzahl der Generationen ab. In Mitteleuropa, an der Nordgrenze seiner Verbreitung, tritt nur noch eine Generation im Jahr auf. Die Raupen erscheinen ab Juli und nach der Überwinterung bis Mai auf Geißblatt *(Lonicera).* Verbreitung: Vor allem Südeuropa, Transkaukasien (Armenien), Vorderasien (Iran). Alle europäischen Arten der Gattung sind geschützt!

1
2
3
3a
4
5

Familie Fleckenfalter – *Nymphalidae*

1 C-Falter *Polygonia c-album.* 22–25 mm, hat seinen Namen von der weißen Zeichnung auf der Unterseite seiner Hinterflügel, die wie der Buchstabe C aussieht. Die Schmetterlinge überwintern und legen im Frühjahr ihre Eier. Die Raupen entwickeln sich im Mai/Juni auf Brennesseln, schwarzen und roten Johannisbeeren, auf Hopfen usw. Die Imagines dieser Generation fliegen im Juni/Juli. Oft kommt noch eine unvollständige zweite Generation vor. Verbreitung: Eurasien, Nordafrika.

2 Tagpfauenauge *Inachis io.* 27–35 mm, sucht schon in den ersten Frühlingstagen Blüten auf. Nach der Überwinterung leben die alten Tiere bis Mai, ab Juli fliegt die nächste Generation. Die Raupe frißt Brennesselblätter. Die Schmetterlinge fliegen an verschiedenen Biotopen vom Tiefland bis ins Gebirge hinein. Verbreitung: Europa, gemäßigte Zone Asiens bis Japan.

3 Trauermantel *Nymphalis antiopa.* 35–45 mm, verläßt schon zu Frühjahrsbeginn seine Winterverstecke. Meist hält er sich in Wassernähe, an sonnigen Waldrändern, Waldwegen und Lichtungen vom Tiefland bis ins Gebirge hinein auf. Seine Raupen zeigen sich im Juni/Juli auf Birken, Espen, Pappeln, Weiden usw. Sie verpuppen sich bald, und die Imago erscheint im Hochsommer bzw. im Herbst; sie überwintert. Verbreitung: Großteil Europas, gemäßigte Zone Asiens, Nordamerika. Alle europäischen Arten der Gattung sind geschützt!

4 Großer Fuchs *Nymphalis polychloros.* 29–33 mm, galt früher als Schädling in Gärten, heute ist er in vielen Gegenden bereits selten. Er zeigt sich im Frühjahr (überwinternde Exemplare) und dann wieder im Juli, bis er in seinen Winterverstecken verschwindet. Südlich der Alpen bringt er zwei, sonst nur eine Generation hervor. Die Raupen leben auf verschiedenen Laubbäumen (Pappeln, Weiden, Ulmen, Obstbäumen, vor allem Birne, Kirsche, Apfel). Verbreitung: Großteil Europas.

5 Kleiner Fuchs *Aglais urticae.* 23–28 mm, fliegt bereits im März aus seinem Winterquartier. Er lebt auf Lichtungen, am Waldrand, auf Wiesen und Feldern vom Tiefland bis ins Hochgebirge (3000 m). Die Raupe lebt von Mai bis Juli auf Brennesseln. Die neue Schmetterlingsgeneration erscheint bald darauf vom Sommer bis in den Herbst. Die Imago überwintert. Verbreitung: Von Westeuropa bis Japan.

6 Distelfalter *Vanessa cardui.* 27–31 mm, fliegt im Zickzack über trockene Felder und Wiesen. Er gehört zu den Wanderfaltern, die schon ab April/Mai aus dem Süden nach Mitteleuropa geflogen kommen. Die Nachkommen dieser Generation kehren im Herbst meist wieder in den Süden zurück. Die Raupen leben mit Vorliebe auf Brennesseln, Disteln und Huflattichblättern. Verbreitung: Fast über die ganze Welt.

7 Admiral *Vanessa atalanta.* 27–30 mm, ist auch, wie der vorgenannte Schmetterling, kein echter Bewohner Mitteleuropas. Er fliegt im Frühjahr aus dem Süden ein und gründet eine neue Generation, die im Sommer und Herbst auf Wiesen, in Gärten, an Waldrändern und auf Lichtungen anzutreffen ist. Er sitzt gern auf Baumstümpfen und verletzten Stämmen, aus denen Saft austritt. Auch an überreifem Obst saugt er gerne. Zwar suchen die Schmetterlinge auch nördlich der Alpen Winterverstecke auf, doch kommen die meisten um. Die Raupen fressen die Blätter von Brennesseln. Verbreitung: Ganz Europa, Kleinasien, Iran, Nordafrika, Nordamerika, Neuseeland (vermutlich eingeschleppt).

Schmetterlinge

Familie Augenfalter – *Satyridae*

1 Ochsenauge *Maniola jurtina.* 22–28 mm, fliegt von Juni bis August überall vom Tiefland bis ins Hochgebirge. Die Raupen fressen Gräser. Verbreitung: Von Nordafrika bis zum Süden Nordeuropas, Ural, Kleinasien, Iran.

2 Kleiner Brocken-Mohrenfalter, Borstgras-Bergmohr *Erebia epiphron.* 17–19 mm, ist ein Überbleibsel der eiszeitlichen Schmetterlingsfauna. Er kommt nur im Hochgebirge vor (Alpen, Hohe Tatra, Karpaten), dort bis zu 3000 m Höhe. Sein Flug ist langsam, er sitzt gern auf Pflanzen. Die Raupen ernähren sich von Gräsern (Rasenschmiele – *Deschampsia caespitosa* u. a.), überwintern und verpuppen sich im Juli. Diese Art bildet in ihrem Verbreitungsgebiet mehrere geographische Rassen aus. Alle europäischen Arten der Gattung sind geschützt!

3 Rundaugen-Mohrenfalter, Frischwiesen-Schwärzling *Erebia medusa.* 23–24 mm, ist von Niederungen bis ins Gebirge verbreitet. Am zahlreichsten fliegt er im Mai und Juni, in größeren Höhen auch noch im Juli, meist auf Wiesen und Waldlichtungen. Die Raupen ernähren sich von Gräsern, sie überwintern. Verbreitung: Europa (außer dem Norden, Großbritannien, der Pyrenäenhalbinsel und dem größten Teil Italiens).

4 Damenbrett *Melanargia galathea.* 23–28 mm, die Fleckenform auf den Flügeln dieses Schmetterlings und seine Gesamtfärbung variieren stark. Manche Exemplare sind weißlich, andere gelblich. Von Juni bis August kommen sie häufig vor, sie zeigen sich auf buschbestandenen Hängen, an Waldwegen und -rändern und an Bahndämmen. Besonders im Hügelland sind sie sehr häufig, doch fliegen sie auch in Gebirgslagen (bis ca. 1700 m, in Afrika sogar noch höher). Die Raupen ernähren sich von verschiedenen Gräsern, wie z. B. vom Gemeinen Knäuelgras *(Dactylis glomerata),* Aufrechter Trespe *(Bromus erectus),* Honiggras *(Holcus),* Lieschgras *(Phleum)* u. a. Die Raupen überwintern. Verbreitung: Großteil Europas (fehlt in Skandinavien), Transkaukasien, Iran, Nordafrika. Alle europäischen Arten der Gattung sind geschützt!

5 Waldbrettspiel *Pararge aegeria.* 22–25 mm, bringt in tieferen Lagen zwei Generationen jährlich hervor, in höheren nur eine. Er fliegt ruckartig nur über kurze Strecken, besonders an Waldrändern, auf kleinen Lichtungen, auf Schneisen und an Wegrändern. Seine Raupen leben auf Gräsern, wie Quecken, Knäuelgras, Rispengras u. a. Sowohl Raupen als auch Puppen überwintern. Verbreitung: Europa, Klein-, Vorder- und Mittelasien, Nordafrika.

6 Braunauge *Lasiommata maera.* 20–29 mm, fliegt in nördlicheren Breiten im Juni/Juli, im Süden in zwei Generationen (Mai-Juni, August-September) auf Waldwiesen und Lichtungen. Meist kommt er zahlreich vor, er geht auch ins Hochgebirge (bis 2000 m hoch). Die Raupen leben auf verschiedenen Waldgräsern, sie überwintern. Verbreitung: Europa (auch im Norden, fehlt aber in Großbritannien und verschiedenen Mittelmeerinseln), Klein-, Vorder- und Mittelasien, Himalaja, Nordafrika. Alle europäischen Arten der Gattung sind geschützt!

7 Kleiner Heufalter *Coenonympha pamphilus.* 14–16 mm, bringt zwei, auch drei Generationen hervor, zeigt sich daher im Süden schon ab April, weiter nördlich ab Mai bis in den Herbst. Er fliegt überall, auch in Stadtnähe, vom Tiefland bis ins Gebirge (1800 m) langsam von Blüte zu Blüte. Seine Raupen ernähren sich von verschiedenen Gräsern. Verbreitung: Ganz Europa bis in den Hohen Norden, Klein- und Vorderasien (Irak, Iran), Nordafrika. Alle europäischen Arten der Gattung sind geschützt!

1

2

3

4

6

5

7

Schmetterlinge

Familie Glucken – *Lasiocampidae*

1 Kiefernspinner *Dendrolimus pini.* 25–36 mm, variiert in seiner Färbung von ganz dunkel bis hell. Er fliegt von Juni bis August in trockenen Kiefernwäldern und in Mischwäldern mit Kiefernbestand, da ihre Nadeln die Hauptnahrung der Raupen darstellen. Die Raupe überwintert ein- bis zweimal und verpuppt sich in einem Kokon auf Astgabeln oder am Stamm. Verbreitung: Großteil Europas, China, Japan.

2 Wollafter *Eriogaster lanestris.* 15–22 mm, fliegt im März/April auf sonnigen Hängen und Lichtungen mit reichem Birkenbestand. Das Weibchen ist größer als das Männchen und hat am Hinterleib ein Büschel grauer Haare. Die Raupen entwickeln sich meist auf Birkengebüsch, auf Schlehen, Weidenbüschen usw. Sie leben gesellig in einem großen Nest, das sie sich spinnen, und verpuppen sich in einem festen Kokon in der Erde oder an der Oberfläche. Die Puppe überwintert, manchmal sogar mehrmals. Verbreitung: Mittel- und Nordeuropa, nördlicher Teil Südeuropas, Sibirien.

3 Eichenspinner *Lasiocampa quercus.* 26–37 mm, bringt mehrere Formen hervor, die sich in Färbung und Lebensweise unterscheiden. Außerdem ist die Größe beider Geschlechter unterschiedlich. In unseren Breiten fliegen die Schmetterlinge hauptsächlich im Juli/August in Eichen- und Laubmischwäldern sowie auf heidebestandenen Flächen. Die Raupe ernährt sich von Eichenlaub, Birken- und Heidelbeerblättern usw. Je nach den Umständen überwintern Raupen und Puppen ein- bis zweimal. Verbreitung: Mittel- und Südeuropa, Kleinasien, Transkaukasien, Sibirien.

4 Kupferglucke *Gastropacha quercifolia.* 27–43 mm, tritt in einer ganzen Reihe von Farbvariationen auf. Im Juli und Anfang August fliegt der Schmetterling abends in Obst- und Ziergärten, in Hainen und auf Heideflächen. Tagsüber bleibt er in einem Versteck, die Vorderflügel dachförmig über dem Körper zusammengelegt, die Hinterflügel seitlich darunter hervorschauend. Die Raupe lebt auf Obstbäumen, Haselsträuchern, Weiden usw. Sie überwintert und verpuppt sich im Frühjahr in einem grauschwarzen Kokon in der Baumrinde und in Astgabeln. Da der Schmetterling früher als Schädling galt, ist er an einigen Stellen völlig ausgerottet worden. Verbreitung: Europa, Kleinasien, China, Japan.

5 Ringelspinner *Malacosoma neustria.* 13–20 mm, taucht von Ende Juni bis Mitte August in Laubwäldern, Obstgärten und Obstbaumalleen auf. Den Raupen dient vor allem Obstbaum- und Eichenlaub als Nahrung. Das Weibchen legt seine Eier in dichten Ringen um dünne Zweige, die Eier überwintern. Die Raupen treten im Mai und Juni auf, sie verpuppen sich in einem Kokon zwischen Blättern oder auf einem Blatt. Hin und wieder werden sie als Schädlinge angeführt. Verbreitung: Paläarktische Region (außer dem nördlichen Teil).

6 Brombeerspinner *Macrothylatia rubi.* 24–33 mm, fliegt von Mai bis Juli auf Wiesen, Moor- und Heideflächen. Die Raupe ernährt sich von kleineren Pflanzen, häufig von Brombeer- und Himbeerblättern. Bis zum Winter wächst sie heran, sie überwintert. Im Frühjahr verpuppt sie sich auf der Erdoberfläche in einem grauen Kokon. Verbreitung: Großteil Europas, Kleinasien.

1
2
3
4
5
6

Familie *Lemoniidae*

1 Wiesenspinner *Lemonia dumi.* 25–29 mm, ist ein Spätsommer- und Herbstschmetterling (August-November). Das Weibchen ist im ganzen etwas heller als das Männchen. Die Schmetterlinge zeigen sich in Niederungen und Hügellandschaften meist an Waldrändern und auf Wiesen. Aus den weißlichen, dunkel gesprenkelten Eiern schlüpfen dunkelbraune Raupen, die im Mai/Juni auf Korbblütlern leben, vor allem auf Löwenzahn und verschiedenen Habichtskrautarten. Sie verpuppen sich entweder unter Laub oder im Erdreich. Verbreitung: Von der Balkanhalbinsel bis Südschweden und Finnland, Ural. Alle europäischen Arten der Gattung sind geschützt!

Familie Pfauenspinner – *Saturniidae*

2 Großes Nachtpfauenauge
Saturnia pyri. 60–72 mm, der größte europäische Schmetterling. Das Männchen unterscheidet sich vom Weibchen vor allem durch die gekämmten Fühler. Die Schmetterlinge fliegen in Mainächten und suchen Weinberge, Obstgärten und Parks auf. Tagsüber halten sie sich auf Stämmen, an Zäunen, im Gras usw. verborgen. Die Raupe lebt vor allem auf Birnen-, Apfel-, Mirabellen- und anderen Obstbäumen sowie auf Ahorn. Gegen Sommerausgang erreicht sie eine Länge von etwa 12 cm, ist hellgrün und trägt eine Vielzahl Warzen mit hellblauen Spitzen. Fühlt sie sich bedroht, stößt sie wahrnehmbare Geräusche aus. Sie verpuppt sich in einem sehr festen Kokon auf Bäumen, in Astgabeln, manchmal auch zu ebener Erde. Die Puppe überwintert, manchmal sogar zweimal. Verbreitung: Hauptsächlich Südeuropa, Klein- und Vorderasien (Iran). Die Nordgrenze seiner Verbreitung verläuft annähernd durch Mitteleuropa. Schmetterlingssammler setzen Große Nachtpfauenaugen manchmal in freier Natur aus.

3 Kleines Nachtpfauenauge
Eudia pavonia. 28–40 mm, das Männchen unterscheidet sich nicht nur durch gekämmte Fühler, sondern auch in der Färbung vom Weibchen. Seine Hinterflügel haben einen gelbbraunen Ton, dagegen haben alle vier Flügel des Weibchens annähernd die gleiche Grundfarbe. Die Schmetterlinge sieht man schon ab April an Waldrändern und auf Lichtungen. Die Männchen fliegen gewandt, gelegentlich auch an sonnigen Tagen, die Weibchen sitzen meist auf Zweigen. Der Schmetterling kommt vom Tiefland bis in die Hochgebirgsregion (etwa 2000 m Höhe) vor. Aus den Eiern schlüpfen schwarze Raupen, die in der ersten Zeit gesellig leben. Später ändert sich ihre Farbe ins Grünliche, und sie suchen einzeln ihre Nährpflanzen, Schlehen, Rosen, Heidelbeeren, Himbeeren und auch Weiden auf. Sie verpuppen sich in einem braunen Kokon. Gelegentlich kommt es zu Kreuzungen zwischen dieser Art und der oben genannten sowie anderen verwandten Arten. Verbreitung: Großteil der paläarktischen Region.

Familie *Syssphingidae*

4 Nagelfleck *Aglia tau.*
27–42 mm, sein Artname rührt von der weißen Zeichnung in den dunklen Augen auf den Flügeln her, die an den griechischen Buchstaben „Tau" erinnert. Das Männchen ist kleiner, und seine gelbbraune Färbung ist intensiver als die des Weibchens. Die Schmetterlinge fliegen in Laubwäldern, häufig in Buchenbeständen, von Ende März bis Mai. Auch in Hochgebirgslagen finden sie sich (Alpen, Hohe Tatra). Die Raupe ernährt sich von Buchen-, Birken-, Linden-, Erlen-, Eichen- und anderen Laubbaumblättern. Die Puppe überwintert. Das Hauptverbreitungsgebiet des Schmetterlings erstreckt sich über Mitteleuropa.

1
2
3♀
3♂
4

Schmetterlinge

Familie Birkenspinner – *Endromididae*

1 Birkenspinner *Endromis versicolora.* 25–39 mm, erscheint im zeitigen Frühjahr, manchmal schon Mitte Februar/März. Er fliegt in lichten Wäldern mit Birken und anderen Laubhölzern (Linden, Erlen), die den Raupen Nahrung bieten. Die Weibchen sitzen auf Zweigen in den Baumkronen, die Männchen fliegen an sonnigen Tagen. Die Raupe verpuppt sich in einem schwarzen Kokon auf der Erde, die Puppe überwintert. Verbreitung: Europa (außer im Süden), Sibirien.

Familie Sichelflügler – *Drepanidae*

2 Sichelspinner *Drepana falcataria.* 16–18 mm, bringt ein bis zwei Generationen hervor, unter besonders günstigen Bedingungen auch noch eine dritte, allerdings unvollständige. Er bewohnt von April bis August Laubwäldchen, Bachränder, Heidefläche und Lichtungen. Die Raupen ernähren sich von Birken- und Erlenlaub, die Puppe überwintert. Verbreitung: Großteil Europas.

Familie Wollrückenspinner – *Thyatiridae*

3 Roseneule *Thyatira batis.* 18–19 mm, fliegt nach Sonnenuntergang auf Lichtungen, Schneisen, an Waldrändern, in Gärten und Parks. Sie kommt von Mai bis Anfang Juli vor, manchmal noch in einer unvollständigen zweiten Generation. Nährpflanzen der Raupen sind Himbeer- und Brombeersträucher. Die Puppe überwintert. Verbreitung: Großer Teil Europas, Transkaukasien, Sibirien, Japan, Nordindien.

Familie Spanner – *Geometridae*

4 Großes Jungfernkind *Brephos parthenias.* 18–19 mm, fliegt von Anfang März tagsüber in Birkenwäldern, auf Lichtungen, an Wegrändern usw. Seine Raupen leben meist auf Birken, die Puppe überwintert. Verbreitung: Mittel- und Nordeuropa, Sibirien.

5 Grünes Blatt *Geometra papilionaria.* 21–29 mm, lebt von Juni bis August an den Rändern von Birken- oder Laubmischwäldern. Die Raupe frißt Blätter von Birken, Haselsträuchern, Linden, Buchen, Erlen. Die Raupe überwintert. Verbreitung: Mittel- und Nordeuropa, Kleinasien, Sibirien, Japan.

6 Ampferspanner *Calothysanis amata.* 14–17 mm, fliegt meistens in zwei Generationen (Mai-Oktober) in feuchten Wäldern, Gebüschen an Wasserrändern, an Waldrändern u. ä. Er findet sich auch in Parks, Gärten, sogar in Häusern. Die Raupen ernähren sich von verschiedenen Ampfer- und Knötericharten, sie überwintern. Verbreitung: Paläarktische Region, kommt aber nicht in Nordeuropa vor.

7 Scopula ornata. 11–12 mm, zeigt sich in großer Zahl von Mai bis September in zwei Generationen an trockenen Stellen. Nährpflanzen der Raupen sind z. B. Feldthymian, Dost, Ehrenpreis, Schafgarbe, Sauerampfer u. a. Die Raupe überwintert. Verbreitung: Europa (außer dem Norden), Klein- und Mittelasien, Amur, Nordafrika.

8 Sterrha aversata. 14–15 mm, sehr variabel. Häufiger als die typische Form mit dem dunklen Streifen auf den Flügeln kommt die hier abgebildete Form *spoliata* vor. Die Schmetterlinge fliegen in zwei Generationen von Mai bis September in lichten Wäldern, auf Lichtungen usw. Die Raupen überwintern. Verbreitung: Großteil Europas (fehlt im Norden und einigen Gebieten Spaniens), Transkaukasien, Klein- und Vorderasien.

1

7

4

5

3

2

6

8

Familie Spanner – *Geometridae*

1 Grauspanner *Anaitis plagiata.* 18–23 mm, gehört zu den großen und häufigen Spannerarten, kommt in zwei Generationen vor (Mai-Oktober), hält sich am liebsten an trockenen, warmen Hängen, Waldrändern und in Steppengebieten auf. Die Raupe befrißt Johanniskraut *(Hypericum perforatum),* sie überwintert. Verbreitung: Großteil der paläarktischen Region, fehlt in Nordeuropa.

2 Semiothisa clathrata. 10–12 mm, ist in der Färbung sehr variabel. Der Schmetterling fliegt auf Wiesen, an Waldrändern und auf Feldern, Lichtungen u. ä. Von April bis August entstehen zwei Generationen. Die Raupen ernähren sich von den Blättern der verschiedenen Klee-Arten und Luzerne. Die Raupen der Frühjahrsgeneration leben im Mai/Juni, die der Herbstgeneration wachsen bis September heran und verpuppen sich, so daß das Puppenstadium überwintert. Verbreitung: Paläarktische Region.

3 Kleiner Frostspanner *Operophthera brumata.* 16–18 mm, ist bekannt für stark ausgebildeten Geschlechtsdimorphismus. Das Männchen hat normal entwickelte Flügel, das Weibchen statt dessen nur Flügelstummel, mit denen es nicht fliegen kann. Die Männchen fliegen ab Mitte Oktober bis Dezember am Spätnachmittag. Sie kommen nicht nur an Waldrändern vor, sondern sind häufig auch in Obstgärten und Parks. Nährpflanzen der Raupen sind vor allem Obst- und andere Laubbäume. Die Eier überwintern. Verbreitung: Mittel- und Nordeuropa (fehlt im Süden), Transkaukasien, Amur.

4 Stachelbeerspanner, Harlekin *Abraxas grossulariata.* 17–21 mm, weist eine farblich sehr variable Flügelzeichnung auf. Er lebt in Gärten, Parks und an Waldrändern, fliegt von Juni bis August. Die Raupen fressen Laub von Stachelbeeren, Johannisbeeren, Traubenkirschen, Schlehen, Weiden, Haselsträuchern und anderen. Sie überwintern und verpuppen sich im Juni des folgenden Jahres. Dieser Schmetterling wurde früher als Schädling betrachtet, ist aber heute vielfach aus Gebieten, in denen er früher zahlreich auftrat, gänzlich verschwunden. Verbreitung: Großteil Europas, Westasien u. a.

5 Wellenlinienspanner *Calocalpe undulata.* 17–18 mm, trägt eine sehr auffällige Zeichnung auf beiden Flügelpaaren. Fliegt von Juni bis August in feuchten Wäldern, an Waldrändern, auf Lichtungen, in Parks und in Gärten. Die Raupen ernähren sich mit Vorliebe von Salweiden, Erlen, Heidelbeeren, Espen, die Puppe überwintert. Verbreitung: Nord- und Mitteleuropa, gemäßigte Zone Asiens, Nordamerika.

6 Cidaria luctuata. 14–15 mm, bringt in einem Jahr zwei Generationen hervor (Mai-Juni, Juli-August). Meist zeigt er sich an Waldrändern, auf Ufergebüsch, Lichtungen usw. Die Raupen ernähren sich von Weidenröschenblättern *(Epilobium),* sie überwintern. Verbreitung: Mittel- und Nordosteuropa (fehlt in der Norddeutschen Tiefebene), Sibirien, Mittelasien, Nordamerika.

7 Cidaria ocellata. 13–14 mm, fliegt in zwei Generationen (Mai-Juni, Juli-August) auf Wiesen, Heideflächen, an Waldrändern und in Gärten. Die Raupen fressen Labkraut *(Galium).* Sie wachsen bis zum Herbst heran und spinnen sich ein, erst nach der Überwinterung verpuppen sie sich. Verbreitung: Großteil Europas, Kleinasien.

8 Schwarzfleckenspanner *Lomaspilis marginata.* 12–14 mm, trägt eine recht variable Zeichnung. Kommt entweder in nur einer oder auch noch einer zweiten Teilgeneration von April bis August vor. Sein Biotop sind Erlenufergebüsche, Waldränder, tiefliegende Wiesen, Heideflächen, Parks und Gärten. Nährpflanzen der Raupen sind Salweiden (auch andere Weidenarten), Espen, Birken, Haselsträucher u. a. Die Puppe überwintert. Verbreitung: Großteil Europas, Mittelasien, Südostsibirien.

Schmetterlinge

1

2

3

4

5

6

7

8

Familie Spanner – *Geometridae*

1 Birkenspanner *Biston betularia.* 21–32 mm, kommt in mehreren Formen vor, von denen die dunkelflüglige *f. carbonaria* am bekanntesten ist. Sie fliegt in Mai- und Juninächten, tagsüber sitzt der Schmetterling auf Baumstämmen. Die Raupe frißt Blätter verschiedener Gehölze (Eiche, Pappel, Ulme, Schlehe, Birne, Rose u. a.). Verbreitung: Europa, Transkaukasien, Sibirien, Japan.

2 Chiasma clathrata. 11–15 mm, hat normalerweise gelblich-weiße Flügel, die aber auch sattgelb oder ganz weiß sein können. Fliegt auf Wiesen, an Wald- und Wegrändern. Die Raupen ernähren sich von Klee, die Puppen überwintern. Verbreitung: Europa, West- und Mittelasien, Sibirien, Japan.

3 Großer Frostspanner *Erannis defoliaria.* 22–26 mm, lebt in Wäldern und Gärten, wo seine Raupen früher zu den Schädlingen zählten. Die Schmetterlinge erscheinen erst ab Ende September und fliegen bis Anfang Dezember. Den Raupen dient das Laub verschiedener Bäume und Sträucher als Nahrung. Die Eier überwintern. Verbreitung: Von Norditalien bis Südskandinavien, Transkaukasien.

4 Gelbspanner *Opisthograptis luteolata.* 19–22 mm, fliegt in der Regel in einer Generation von Mai bis Juni. In günstigen Jahren erscheint auch noch eine zweite Generation (f. *aestiva*), deren Tiere kleiner sind und eine sattere gelbe Färbung haben. Der Biotop dieser Art sind lichte Wälder, Rodungen, Parks und Gärten. Die Raupe ernährt sich hauptsächlich von Weißdorn, Weiden-, Hasel- und Obstbaumblättern. Die Puppe überwintert. Verbreitung: Europa, West- und Mittelasien, Nordafrika.

5 Holunderspanner *Urapteryx sambucaria.* 27–30 mm, tritt vereinzelt im Juni/Juli an Waldrändern, Ufern, in Parks und in Gärten auf. Die Raupe ernährt sich vom Laub des Schwarzen Holunders *(Sambucus nigra),* Efeu, Erlen, Schlehen und anderer Pflanzen. Sie überwintert und verpuppt sich im Juni des folgenden Jahres. Verbreitung: Mittel- und Südeuropa, Transkaukasien, Japan.

6 Heidespanner *Ematurga atomaria.* 14–17 mm, bringt in höheren Lagen eine, in niedrigeren zum Teil noch eine zweite Generation hervor. Er fliegt auf Heideflächen, Waldwiesen und in Hainen, kommt gelegentlich zahlreich vor. Seine Raupen fressen Heidekraut, Wicken, Beifuß und andere Gewächse. Verbreitung: Europa, Klein-, Vorder- und Mittelasien, Sibirien.

7 Ennomos erosaria. 16–21 mm, kommt von Juni bis September in Laubwäldern (hauptsächlich Eichenwäldern) und Gärten vor. Die Raupen ernähren sich von Eichen-, Buchen-, Birken- und Lindenlaub. Die Eier überwintern. Verbreitung: Mittel-, Südwest- und Osteuropa, Transkaukasien.

8 Boarmia repandata. 21–25 mm, fliegt von Ende Mai bis August vor allem in Wäldern, Buschsteppen und Gärten. Die Raupen leben auf Laub- und Nadelhölzern sowie auf zahlreichen kleineren Gewächsen. Sie überwintern. Verbreitung: Europa, Mittelasien.

9 Kiefernspanner *Bupalus piniarius.* 19–22 mm, kommt oft zahlreich in Kiefern- und Nadelmischwäldern vor, fliegt von Ende April bis Ende Juli. Die Raupe frißt Nadeln ab, wodurch sie stellenweise Schaden anrichtet. Die Puppen überwintern. Verbreitung: Mittel- und Nordeuropa, Transkaukasien, Sibirien.

1
2
3
4
5
6
7
8
9

Familie Schwärmer – *Sphingidae*

1 Abendpfauenauge *Smerinthus ocellatus.* 33–44 mm, fliegt von Mai bis Juli während der späten Nachtstunden bis in die Morgendämmerung. Tritt in feuchten Wäldern, Parks, Gärten und an Flußufern vom Tiefland bis ins Gebirge (in den Alpen bis 2000 m) auf. Tagsüber sitzt der Schmetterling auf Ästen und Stämmen, bei Gefahr spreizt er die Hinterflügel mit großen, augenförmigen Flecken. In Mitteleuropa tritt meist nur eine Generation auf, im Süden kommt noch eine zweite hinzu, die bis Oktober fliegt. Hauptnährpflanzen der Raupen: verschiedene Weidenarten, Pappeln, Linden, Traubenkirschen, Schlehen und einige Obstbäume. Die Raupen wachsen bis zum Herbst heran und verpuppen sich im Erdreich. Die Puppe überwintert. Verbreitung: Europa, Transkaukasien, Kleinasien.

2 Totenkopf *Acherontia atropos.* 45–60 mm, ist allgemein wegen seiner eigenartigen Brustzeichnung bekannt, die man mit einem Totenkopf vergleichen kann. Er ist ein wärmeliebender Wanderschmetterling, der zu Sommeranfang aus dem Süden, d. h. aus dem tropischen Afrika, nach Europa einfliegt. Die Weibchen legen ihre Eier auf Kartoffelkraut und andere Nachtschattengewächse *(Solanaceae).* Die ausgewachsene Raupe kriecht im Herbst in den Boden, wo sie sich einen großen Kokon aus Erde herstellt, um sich darin zu verpuppen. Überleben die Puppen den Winter, schlüpfen aus ihnen im Frühling die Schmetterlinge. Die Weibchen sind in unseren Breiten jedoch nicht vermehrungsfähig. Verbreitung: Äthiopische Region und Madagaskar; fliegt nach Mitteleuropa ein, nach Transkaukasien, Iran.

3 Lindenschwärmer *Mimas tiliae.* 30–40 mm, gehört zu den häufigen Schwärmerarten, er ist sowohl in Färbung als auch in seiner Größe recht variabel. In Mitteleuropa zeigt sich meist nur eine Generation (von April bis Juli), im Süden noch eine zweite (August-Oktober). Er fliegt abends in Lindenalleen, Parks (sucht gern Ligusterbüsche auf), auch an Waldrändern bis ins Gebirge. Das Weibchen legt eine größere Anzahl grünlicher Eier einzeln auf die Blattunterseiten in Baumkronen, am häufigsten in Linden, aber auch in Ulmen, Erlen, Birken, Ahorn, Eschen, Roßkastanien, Eichen, Nußbäumen. Nach ein bis zwei Wochen schlüpfen die Raupen, die sich hoch in den Ästen aufhalten. Nach dem Heranwachsen verkriechen sie sich zur Verpuppung flach in den Boden. Dazu stellen sie sich einen Kokon aus Lehm her. Die Puppe überwintert. Verbreitung: Großteil der paläarktischen Region.

4 Eichenschwärmer *Marumba quercus.* 45–55 mm, gehört zu den südlichen Arten. Fliegt ab Mai, im Norden erst ab Juni in Eichenwäldern. Tagsüber ruht er in Kronen niedriger Bäume oder in Gebüschen aus. Das Weibchen legt über hundert grüne Eier einzeln auf Eichenblätter ab. Spätestens nach zwei Wochen schlüpfen die Raupen, die Eichen- *(Quercus)* und Stechpalmenblätter *(Ilex)* befressen. Sie wachsen langsam und bleiben etwa sieben Wochen auf ihren Nährpflanzen. Die ausgewachsenen Raupen ändern ihre Färbung und kriechen zur Verpuppung unters Laub oder flach in den Boden, die Puppe überwintert. Verbreitung: Süd- und Westeuropa, in Mitteleuropa in Österreich und der Tschechoslowakei (wo die Nordgrenze ihrer Verbreitung verläuft), fliegt auch nach Deutschland. Transkaukasien, Klein- und Vorderasien.

1
2
3
4

Familie Schwärmer – *Sphingidae*

1 Oleanderschwärmer *Daphnis nerii.* 47–56 mm, gehört ohne Zweifel zu den schönsten Arten der ganzen Familie. Seine Raupen erkennt man sehr leicht an den zwei großen „Augen" im ersten Körperdrittel. Ihre Nährpflanze ist der Oleander *(Nerium oleander).* Dieser herrliche Schwärmer ist in den Tropen Afrikas und Asiens sowie in den Subtropen Süd- und Südosteuropas beheimatet. Von dort begibt er sich auf weite Flüge, so daß er nicht nur bis Mitteleuropa, sondern sogar bis in den hohen Norden (Finnland, Schweden) vordringt. Auch die Britischen Inseln und Irland fliegt er an.

2 Linienschwärmer *Celerio livornica.* 37–41 mm, eine wärmeliebende südliche Art. Seine Raupen fressen vor allem Weinblätter, aber auch Weidenröschen, Labkraut oder Sauerampfer. Verbreitung: Südeuropa und Südasien. Die Art fliegt auch nach Mitteleuropa ein, aber selten. Etwas zahlreicher kommt sie in Großbritannien und Irland vor.

3 Labkrautschwärmer *Celerio galii.* 32–35 mm, fliegt abends die Blüten von Leinkraut, Winde, Weidenröschen und anderen Pflanzen auf Waldlichtungen an. Bei ihrer Nahrungssuche sind die Raupen nicht wählerisch, sie finden sich auch oft auf Labkraut, das sie mit den Blüten abfressen. Frisch geschlüpfte Raupen sind schwarz, erst später verfärben sie sich und werden grün oder grauschwarz. Das Vorhandensein von ovalen gelblichen Flecken an den Seiten läßt sie den Raupen der Schwärmerart *Celerio euphorbiae* ähnlich erscheinen, die haben aber doppelte Seitenflecken, und ihr Hinterleibsdorn ist am Ende schwarz. Dabei ist interessant, daß es gelungen ist, beide Arten miteinander zu kreuzen. Die Kreuzung aus Labkrautschwärmer-Männchen und dem Weibchen des *Celerio euphorbiae* wird Hybr. *galiphorbiae* genannt, die aus *euphorbiae*-Männchen und Labkrautschwärmer-Weibchen Hybr. *kindervateri.* Verbreitung: Gemäßigte Zone Eurasiens, fliegt auch nach Irland ein.

4 Theretra alecto. 37–43 mm, gehört zu den tropischen und subtropischen Arten, die jährlich mehrere Generationen hervorbringen. In Europa zeigt er sich nur im Süden. Seine mächtigen grünen Raupen mit auffallenden ovalen Augen an den Körperseiten ernähren sich von Weinrebenlaub.

5 Kiefernschwärmer *Hyloicus pinastri.* 33–45 mm, lebt meist in Kiefernwäldern. Tagsüber sitzen die Schmetterlinge auf den Kiefernstämmen. Durch seine Färbung paßt er sich derart der Borke, auf der er sitzt, an, daß er kaum zu sehen ist. Dieser Schmetterling ist sehr variabel. Einige Exemplare haben auf den Flügeln deutlich sichtbare dunkle Flecken, andere haben dunklere Flügel, so daß die Zeichnung verschwindet. Diese dunklen, sog. melanistischen Formen kommen oft in der Nähe von Großstädten vor. Die Weibchen legen ihre Eier einzeln oder gruppenweise auf Kiefernnadeln ab, die später den Raupen (**5a**) als Nahrung dienen. Die ausgewachsenen Raupen verpuppen sich in unmittelbarer Nähe der Stämme. Verbreitung: Fast über das ganze gemäßigte Eurasien, in Europa fehlt er nur im Norden und in Irland.

1
2
3
4
5
5a

Familie Schwärmer – *Sphingidae*

1 Mittlerer Weinschwärmer *Deilephila elpenor.* 25–32 mm, kommt von Mai bis August vor, fliegt spät abends und in der Nacht. Er sucht die Blüten von Flieder, Geißblatt, Petunien, Natternkopf, Seifenkraut und anderen Gewächsen auf, um aus ihnen im Flug Nektar zu saugen. Die Weibchen legen ihre Eier einzeln an die Blattunterseite ihrer Nährpflanzen, d. h. auf Weidenröschen, Labkraut, Geißblatt, Weinrebe, Springkraut u. a. Die Raupen tragen am Vorderteil ihres Körpers eine Warnzeichnung, sie verpuppen sich in der Erde. Verbreitung: Großteil der paläarktischen Region.

2 Ligusterschwärmer *Sphinx ligustri.* 44–50 mm, fliegt in der Dämmerung von Mai bis Juli. Tagsüber sitzt er an Baumrinde geschmiegt, an Zäunen usw. In Ruhe hält er die Flügel dachförmig zusammengelegt. Diese Art kommt auch heute noch zahlreich in Großstadtparks, vor allem in der Nähe von Fliederbüschen vor. Das Weibchen legt seine hellgrünen Eier einzeln auf die Blätter verschiedener Pflanzen wie Flieder, Liguster, Schneebeere und Schneeball, Pfaffenhütchen, Holunder. Nach etwa 10 Tagen schlüpft die Raupe, die sich an der Blattunterseite aufhält. In Ruhestellung hebt sie den Vorderkörper wie eine Sphinx (daher der wissenschaftliche Name *Sphinx* für die Gattung). Vor Wintereintritt kriecht sie in die Erde, um sich dort zu verpuppen, die Puppen überwintern. Verbreitung: Fast ganz Europa (fehlt in Irland), großer Teil der gemäßigten Zone Asiens.

3 Skabiosenschwärmer *Hemaris tityus.* 19–21 mm, unterscheidet sich von den übrigen großen Schwärmern vor allem durch die durchsichtigen Flügel. Der Schmetterling fliegt tagsüber, hauptsächlich in den Mittagsstunden, auf Wiesen, Lichtungen und Rainen an Blüten, aus denen er im Flug Nektar saugt. In einem Jahr bringt er ein bis zwei Generationen hervor. Das Weibchen legt seine hellgrünen Eier einzeln ab. Nährpflanzen sind vor allem Knautien und Skabiosen. Verbreitung: Ganz Europa mit Ausnahme des Nordens. Alle europäischen Arten der Gattung sind geschützt!

4 Taubenschwanz *Macroglossum stellatarum.* 21–24 mm, gehört zu den Wanderfaltern, die im Mai nach Europa einfliegen. Sie sind ausgezeichnete Flieger, und man trifft sie nicht selten in Städten, Parks und Gärten an, bei bewölktem Wetter ebenso wie bei sonnigem. Die Raupen entwickeln sich meist auf Labkraut, Waldmeister und Vogelmiere. Verbreitung: Über die ganze paläarktische Region mit Ausnahme des Hohen Nordens.

5 Nachtkerzenschwärmer *Proserpinus proserpinus.* 19–24 mm, gehört bereits zu den selteneren Schmetterlingen; an vielen Fundorten ist er in den letzten Jahren ausgestorben. Die Imago fliegt im Mai/Juni nach Sonnenuntergang die Blüten von Weidenröschen, Nachtkerze, Natternkopf und anderen Gewächsen an, um aus ihnen Nektar zu saugen. Aus den glänzendgrünen, verhältnismäßig kleinen Eiern schlüpfen nach etwa 10 Tagen Raupen, die sich vor allem von Weidenröschen *(Epilobium),* Nachtkerzen *(Oenothera)* und *Lithrum* ernähren. Vor dem Verpuppen kriechen sie flach unter die Erdoberfläche, die Puppen überwintern. Verbreitung: Mittel- und Südeuropa, Umgebung des Kaspischen Meeres.

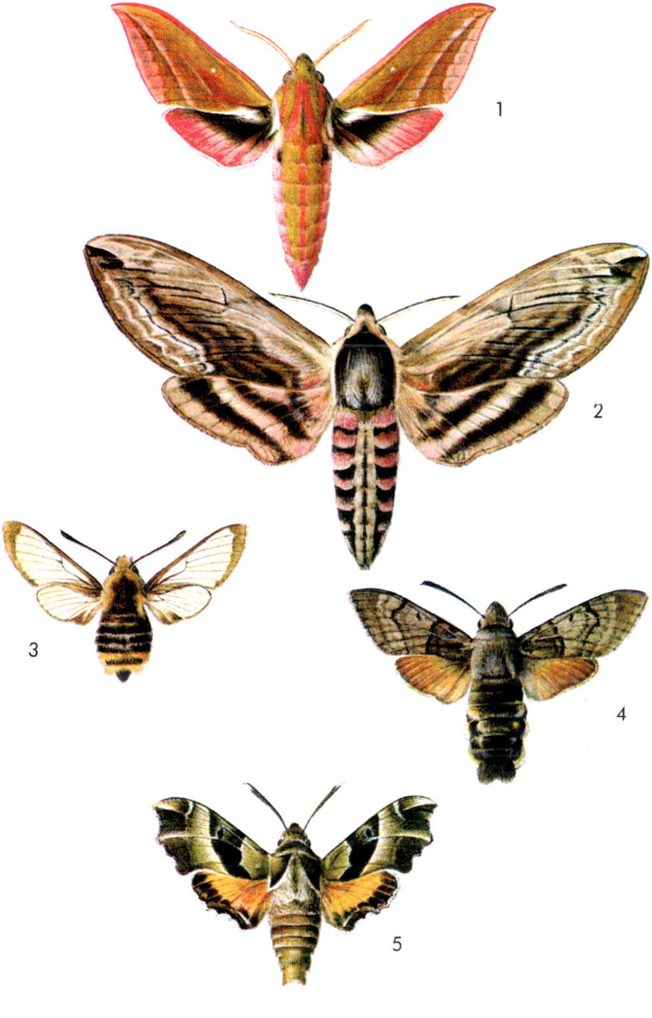
1
2
3
4
5

Familie Zahnspinner – *Notodontidae*

1 Mondvogel *Phalera bucephala.* 24–32 mm, leicht kenntlich an der eigenartigen Färbung. Der ähnlich gefärbte *P. bucephaloides* hat am Vorderflügelende einen größeren helleren Fleck, dazu einen weiteren rundlichen gelben Fleck im Vorderteil des Flügels. Fliegt von Mai bis Juli an Bachrändern, in feuchten Wäldern und in Parks. Im Süden treten zwei Generationen auf. Die Raupen kommen im Juli/August auf Weiden, Pappeln, Birken, Erlen, Eichen und anderen Laubbäumen vor. Sie verpuppen sich in der Erde, die Puppen überwintern. Verbreitung: Großteil Europas (fehlt im Hohen Norden), Kleinasien, Sibirien, Nordostafrika.

2 Großer Gabelschwanz *Cerura vinula.* 28–36 mm, fliegt von Ende April bis Anfang Juli auf Wiesen, an Büschen, in verlassenen Steinbrüchen und in Parks. In Form und Farbe ist die Raupe sehr auffällig, sie ernährt sich von Weiden-, Pappel- und Espenblättern. Sie verpuppt sich in einem festen Kokon, den sie aus Holzspänen zusammenklebt. Die Puppe überwintert. Verbreitung: Europa, Klein- und Mittelasien, Sibirien, Japan, Nordafrika. Alle europäischen Arten der Gattung sind geschützt.

3 Frostspinner *Ptilophora plumigera.* 18–20 mm, fliegt von Ende Oktober bis Ende November vor allem in Laubwäldern und Parks. Die Raupen schlüpfen im Mai aus den überwinternden Eiern und ernähren sich von den Blättern des Feld- und Bergahorns *(Acer campestre* und *Acer pseudoplatanus),* seltener von Buchenblättern. Verbreitung: Europa (von Norditalien bis Südskandinavien), Nordasien, Japan.

4 Eichenzahnspinner *Peridea anceps.* 25–35 mm, fliegt von Ende April bis Ende Mai in Eichenwäldern, besonders an sonnigen Hängen. Die Raupe frißt Eichenlaub, die Puppe überwintert. Verbreitung: Europa (von Mittelitalien bis Skandinavien), Transkaukasien, Amur.

Familie Prozessionsspinner – *Thaumetopoeidae*

5 Eichenprozessionsspinner *Thaumetopoea processionea.* 13–18 mm, ein Eichenwaldbewohner. Die Schmetterlinge fliegen hauptsächlich im Juli/August. Das Weibchen legt seine Eier in großen Paketen ab und bedeckt sie mit Härchen, um sie vor Feinden und Kälte zu schützen. Aus den überwinternden Eiern schlüpfen im Mai Raupen, die auf den Zweigen Nester spinnen, in denen sie sich aufhalten. Nachts verlassen sie ihre Nester und kriechen in dichten Reihen auf Stämmen und Ästen entlang zu ihrer Nahrung, dem Eichenlaub. In ihren Nestern, die auch Larvenhäute und Exkremente enthalten, verpuppen sich die Raupen in einem Kokon. Die Raupen werden gelegentlich zu Schädlingen. Verbreitung: Mittel- und Südeuropa (fehlt stellenweise völlig: in Südbayern, im Nordteil der Norddeutschen Tiefebene), Kleinasien. Stark gefährdet!

6 Kiefernprozessionsspinner *Traumatocampa pinivora.* 17–19 mm, bewohnt trockene Kiefernwälder, in denen er während der Monate Juli und August fliegt. Die Weibchen legen ihre Eier an die Nadeln schwächlicher und kränkelnder Bäume. Die Raupen fressen Nadellaub und bewohnen Nester, die sie sich in den Zweigen spinnen. Sie verpuppen sich unter der Erde. Die Puppe überwintert, manchmal ein- bis zweimal. Gelegentlicher Schädling. Verbreitung: Nord- und Mitteleuropa, stellenweise zahlreich (Brandenburg, Lausitz). Stark gefährdet!

1
2
3
4
5
6

Familie Trägspinner – *Lymantriidae*

1 Schlehenspinner *Teia recens.* 11–15 mm, zeichnet sich durch Geschlechtsdimorphismus aus: Das Weibchen ist gedrungen und hat nur winzige Flügelstummel, das Männchen besitzt normale Flügel. Von Juni bis Oktober treten in der Regel zwei bis drei Generationen auf. Die Eier überwintern. Die Raupen fressen die Blätter verschiedener Laubbäume und Sträucher, z. B. von Eichen, Buchen, Weiden, Obstbäumen. Sie verpuppen sich in einem feinen Kokon. Verbreitung: Europa (West-, Mittel- und Nordeuropa), Transkaukasien, Sibirien, Nordchina, Japan.

2 Schwammspinner *Lymantria dispar.* 18–36 mm, zeichnet sich wie die vorige Art durch Geschlechtsdimorphismus aus. Fliegt im Juli/August in Laubwäldern und Gärten. Das Weibchen legt seine Eier auf einmal ab und bedeckt sie mit einer Haarschicht. Dieses Gebilde erinnert an einen Baumpilz. Die Raupen sind polyphag, sie ernähren sich vom Laub verschiedener Laub- und Nadelhölzer, gelegentlich richten sie Schaden an. Verbreitung: Großteil Europas, Transkaukasien, Klein-, Vorder- und Mittelasien, Sibirien, China, Japan, Nordafrika.

3 Nonne *Lymantria monacha.* 19–27 mm, farblich stark variierend. Die Imago erscheint von Juni bis September; die Weibchen sitzen auf der Rinde, die Männchen fliegen. Sie kommen hauptsächlich in Nadelwäldern, aber auch in Laubholzbeständen vor. Das Weibchen legt nach und nach 100–400 Eier in kleinen Gruppen unter Rindenschuppen. Die Eier überwintern, die Raupen schlüpfen schon im April. Sie sind berüchtigt für ungeheure Verwüstungen, die sie vor allem in Fichtenmonokulturen angerichtet haben. Heute sind solche Erscheinungen jedoch selten. Verbreitung: Europa (vom Westen über Mitteleuropa bis in den Osten), Transkaukasien, Sibirien, Japan.

4 Pappelspinner *Leucoma salicis.* 22–26 mm, fliegt am zahlreichsten im Juli um Pappelbestände an Bachrändern, Straßen, in Parks usw. Die Raupen fressen Pappel- und Weidenblätter, sie überwintern. Verbreitung: Europa (von Skandinavien bis Italien), Klein- und Mittelasien, Sibirien, Nordafrika.

5 Goldafter *Euproctis chrysorrhoea.* 17–22 mm, hat meist weiße Flügel, einige Exemplare tragen aber auf den Vorderflügeln schwarze Punkte. Die Schmetterlinge zeigen sich von Juni bis September in Obstgärten, Alleen und Laubwäldern. Das Weibchen legt seine Eier auf Zweige und Blätter und bedeckt sie mit einer Schicht goldschimmernder Härchen. Nährpflanzen der Raupen sind Obstbäume und verschiedene andere Laubbäume, z. B. Eichen. Die Raupen leben anfangs gesellig in Nestern, die sie sich spinnen, und überwintern auch darin. Sie verpuppen sich in einem dünnen eiförmigen Kokon. Verbreitung: Europa, Kaukasus, Transkaukasien, Kleinasien, Nordafrika.

6 Streckfuß, Rotschwanz *Calliteara pudibunda.* 21–29 mm, fliegt nachts von April bis Juni in Laubwäldern und Parks. Das Weibchen legt immer einige Dutzend Eier auf einmal an die Stämme. Nährpflanzen der Raupen sind meist Buchen, Eichen, Birken, manchmal auch Rosen, Birnen, Weiden, Ulmen u. a. Im Herbst verpuppt sich die Raupe in einem Gespinst unter trockenen Blättern, die Puppe überwintert. Verbreitung: Europa (hauptsächlich Mittel- und Westeuropa, gegen Süden wird er seltener), Transkaukasien, Mittelasien, Westsibirien.

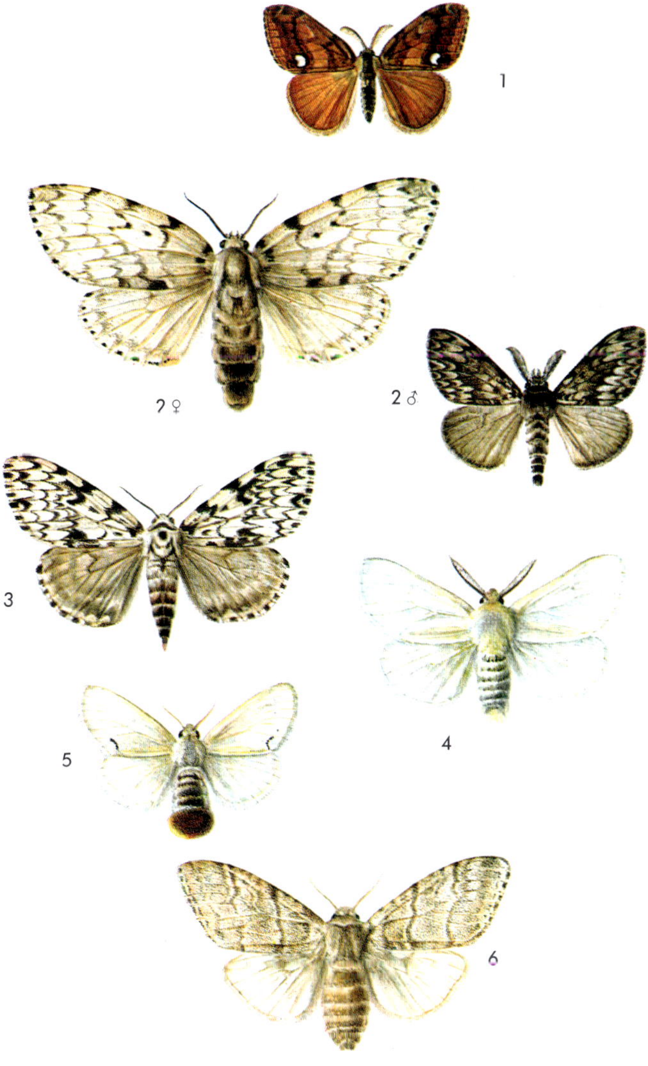
1
2 ♀
2 ♂
3
4
5
6

Familie Bärenspinner –
Arctiidae

1 Spanische Fahne *Callimorpha dominula.* 21–27 mm, fliegt von Mai bis Juli tagsüber auf Waldwiesen und an Wasserläufen. Sie kommt bis ins Hochgebirge (Alpen, Hohe Tatra) hinein vor. Ihre Raupen ernähren sich von Taubnesseln, Brennesseln, Hahnenfuß, Vergißmeinnicht und einer Reihe anderer Gewächse. Sie überwintern und verpuppen sich auf der Erde. Verbreitung: Europa (fehlt in Holland, Irland, Schottland), einige Teile Asiens.

2 Brauner Bär *Arctia caja.* 26–37 mm, gehört zu den bekanntesten Arten. Er zeigt große Variabilität in der Flügelzeichnung. Sitzt tagsüber auf Stämmen und Pflanzen, an Mauern usw. Dabei sind die Hinterflügel verdeckt, die Vorderflügel verschmelzen durch ihre Färbung mit der Umgebung. Fliegt im Juli/August, im Süden kommt zum Teil noch eine zweite Generation vor. Die haarige, am Körpervorderteil mit rostfarbenen Haaren bedeckte Raupe ernährt sich von verschiedenen Pflanzenarten, z. B. von Himbeeren, Heidelbeeren, Schlehen, Heidekraut u. a. Die Raupe überwintert. Im folgenden Jahr verpuppt sie sich auf dem Boden in einem Kokon. Verbreitung: Ganz Europa, Klein- und Vorderasien, Sibirien, Japan, Pamir. Alle europäischen Arten der Gattung sind geschützt!

3 Schwarzer Bär *Arctia villica.* 28–32 mm, bewohnt mit Vorliebe durchsonnte Hänge mit steppenartigem Charakter, Waldsteppen und Gartenanlagen in Städten. Fliegt im Juni/Juli, seine Raupe frißt an Taubnesseln, Löwenzahn, Schafgarbe und überwintert. Sie verpuppt sich auf der Erde. Verbreitung: Europa (verschwindet in der heutigen Zeit in einigen Gegenden, z. B. Thüringen), Vorderasien. Vom Aussterben bedroht!

4 Siebbär *Coscinia cribraria.* 15–21 mm, fliegt von Juni bis August auf Heideflächen oder Lichtungen in Kiefernbeständen. Die Raupen schlüpfen im Herbst aus, sie ernähren sich von verschiedenen Pflanzen, wie z. B. Wegerich, Löwenzahn, Heidekraut. Sie überwintern und verpuppen sich im Frühjahr. Verbreitung: Europa, Nordasien.

5 Jakobskrautbär *Thyria jacobaeae.* 18–21 mm, kommt von Mai bis Juli in feuchten Tälern, Steinbrüchen und an Waldrändern vor. Seine Raupen leben von Juli bis September auf Jakobskreuzkraut *(Senecio jacobaea)*, in Gebirgslagen auf Pestwurz- und Huflattichblättern an Wasserläufen. Vor Wintereintritt verpuppen sie sich, die Puppen überwintern in einem dünnen Kokon im Erdreich oder an der Oberfläche. Verbreitung: Europa, Westasien (bis zum Altai).

6 Russischer Bär *Euplagia quadripunctaria.* 26–30 mm, fliegt am häufigsten in den Augusttagen. Liebt Steinbrüche und Felstäler, vor allem Biotope mit Kalksteinuntergrund sowie Wasserränder, die mit Gemeinem Dost bewachsen sind. Die Raupen erscheinen im September und ernähren sich zunächst von kleineren Plfanzen wie Taub- und Brennessel, nach der Überwinterung gehen sie an Hasel- und Himbeersträucher. Verbreitung: Große Teile Europas (der Norden ausgenommen), Klein- und Vorderasien (Iran), Westasien.

7 Purpurbär *Rhyparia purpurata.* 20–26 mm, kommt im Juni/Juli auf feuchten Waldwiesen vor, wo seine Raupen verschiedene krautige und holzige Pflanzen aufsuchen, z. B. Labkraut, Heidekraut, Besenginster, Schlehen, Birken. Die Raupe überwintert und verpuppt sich im Frühjahr. Verbreitung: Großer Teil Europas (im Westen seltener), Nordasien, Japan.

1

2

3

4

6

5

7

Familie Eulenfalter – *Noctuidae*

1 Saateule *Scotia segetum.* 16–21 mm, zählt zu den häufigsten Schmetterlingsarten. Das Weibchen hat Borstenfühler, das Männchen gekämmte Fühler. Ein bis zwei Generationen (südlich der Juliisotherme von 20°) fliegen vor allem in Feldern und Gärten. Die Schmetterlinge der ersten Generation tauchen im Mai/Juni, die der zweiten vom August bis Oktober auf, manchmal sogar bis November. Tagsüber halten sie sich versteckt, nachts fliegen sie Blüten an. Das Weibchen legt einige hundert Eier auf Gänsefuß, Melde, Wegerich usw. ab. Die Raupen kann man auf etwa fünfzig Pflanzenarten finden. Die fast ausgewachsenen Raupen verbergen sich tagsüber im Erdreich, wo sie feine Würzelchen abfressen, nachts kriechen sie ins Freie auf die Pflanze und befressen die Blätter. Da sie auch manchmal die Blätter von Kulturpflanzen befallen (z. B. Zukkerrübe, Mais, Sonnenblume, Gemüse), können sie Schäden verursachen. Die Raupe überwintert. Verbreitung: Europa (einschließlich Norden), Asien (fehlt in Sibirien), Afrika, Nordamerika.

2 Gemeine Graseule *Scotia exclamationis.* 17–19 mm, neigt zur Bildung schwarzer (melanistischer) Formen. Der Flügelfleck hat die Form eines Ausrufungszeichens. Der Schmetterling kommt in einer oder zwei Generationen vor, ähnlich wie die Saateule. Verbreitung: Europa, Sibirien bis China, Nordafrika.

3 Hausmutter *Noctua pronuba.* 26–29 mm, bringt in kühleren Gebieten eine, in wärmeren zwei bis drei Generationen jährlich hervor. Tagsüber halten sich die Schmetterlinge versteckt, nachts fliegen sie. Mit Vorliebe leben sie in Parks und Gärten. Die Raupe frißt an den Blättern von Primeln, Veilchen und Gräsern (einschließlich Getreide und Unkraut). Sie überwintert. Verbreitung: Paläarktische Region (außer dem Hohen Norden).

4 Große Heidelbeereule *Eurois occulta.* 24–30 mm, gehört zu den selteneren Arten. Sie fliegt von Juni bis August in Mooren und Kiefernwäldern, wo Heidel- und Preiselbeeren, die Nährpflanzen der Raupen, wachsen. Die Raupe überwintert. Verbreitung: Mittel- und Nordeuropa, im Norden Südeuropas, über Sibirien bis Korea, Nordamerika.

5 Schwarzes C *Amathes c-nigrum.* 19–21 mm, trägt seinen Namen nach der Zeichnung auf dem Vorderflügel, die wie ein schwarzer Buchstabe C aussieht. In Mitteleuropa treten zwei, im Norden nur eine und im Süden drei Generationen auf. Die Raupen entwickeln sich an den verschiedensten Pflanzen, sie befallen auch Mais, Klee, einige Gemüsearten. Ausgewachsene Raupen kriechen zur Verpuppung in die Erde. Verbreitung: Europa, Iran, Sibirien, Japan, Indien, Nordamerika.

6 Kohleule *Mamestra brassicae.* 19–23 mm, lebt in Mitteleuropa in zwei Generationen jährlich. Sie fliegt nachts, häufig auf Gemüsefeldern und in Gärten. Die polyphage Raupe lebt oft auf Gemüsepflanzen, Rüben, Salat, Erbsen, Sonnenblumen usw. Die Puppe überwintert. Verbreitung: Eurasien.

7 Schilfgraseule *Mythimna conigera.* 17–18 mm, fliegt von Juni bis August auf Blüten, die Raupe ernährt sich von Gräsern und kleinen Pflanzen. Verbreitung: Europa, Transkaukasien, Sibirien, Japan, Indien.

8 Silbermönch *Cucullia argentea.* 16–18 mm, fliegt von Mai bis Juli auf Sandböden. Die Raupen leben auf Beifuß *(Artemisia).* Verbreitung: Hauptsächlich Mitteleuropa, nach Osten bis zum Altai und Amur. Vom Aussterben bedroht! Alle europäischen Arten der Gattung sind geschützt.

1
2
3
4
5
6
7
8

Schmetterlinge

Familie Eulenfalter – *Noctuidae*

1 Pfeileule *Apatele psi.* 16–21 mm, zeigt sich in ein bis zwei Generationen fast überall. Nährpflanzen der Raupen sind vor allem Weiden, Pappeln, Linden, Birken, Ulmen, Haselsträucher, Kirschen, Birnen u. a. Die Puppe überwintert. Verbreitung: Europa (außer dem Norden), Transkaukasien, Klein-, Vorder- und Ostasien.

2 Wicklergrüneulchen *Earias chlorana.* 9–11 mm, kommt in zwei Generationen (Mai-Juni, Juli-August) auf Wiesen und im Weidenufergebüsch vor, in Gärten und in Parks. Das Weibchen legt seine Eier auf die Spitzen von Weidenzweigen. Die Raupen verspinnen die obersten Blätter und halten sich darunter verborgen. Herangewachsen, verlassen sie dieses Versteck und verpuppen sich auf Zweigen oder Blättern. Die Puppe überwintert. Verbreitung: Europa (vom Nordteil Südeuropas bis zum Süden Skandinaviens), Sibirien.

3 Schwarzes Ordensband *Mormo maura.* 33–35 mm, tritt am zahlreichsten im Juli/August in grasbestandenen Tälern, nach Möglichkeit in Wassernähe auf. Die Raupen leben auf Löwenzahn, Sauerampfer, Taubnessel und auf den Blättern verschiedener Sträucher. Sie überwintern. Verbreitung: Europa (von der Norddeutschen Tiefebene bis nach Süden), Vorderasien.

4 Weidengelbeule *Cirrhia togata.* 16–17 mm, kommt von Juli bis Oktober an Waldrändern, in verlassenen Steinbrüchen, an Ufern und in Gärten vor. Ihre Eier überwintern, die Raupen schlüpfen im März, fressen zuerst Salweidenkätzchen, später halten sie sich auf kleineren Pflanzen auf. Verbreitung: Europa (von Mittelitalien bis Südskandinavien), Ural, Altai, Japan, Nordamerika.

5 Graswurzeleule *Apamea monoglypha.* 22–26 mm, kommt von Juni bis September auf Waldlichtungen, Schneisen und Heideflächen vor, in der Nähe von Gewässern und oft auch in Häusern. Die Raupe frißt an den Wurzeln verschiedener Grasarten (Gattungen *Dactylis, Bromus, Calamagrostis* u. a.); sie überwintert. Verbreitung: Europa (fehlt im Norden und Süden), Vorderasien, Sibirien.

6 Forleule *Panolis flammea.* 16–17 mm, schlüpft im April aus der überwinternden Puppe. Die Schmetterlinge fliegen im Kiefern- und Fichtenhochwald. Die Weibchen legen ihre Eier in Reihen auf einjährige Nadeln ab. Die Raupen schlüpfen schon eine Woche nach der Eiablage (je nach Temperaturverhältnissen auch später) und befressen die Nadeln seitlich, an der Spitze beginnend. Die ausgewachsene Raupe läßt sich an einer Faser hinunter oder kriecht am Baum hinab. Sie verpuppt sich unter der Streu. In einigen Gegenden gilt sie als Schädling. Verbreitung: Europa (von Mittelitalien bis in die Nordgebiete Skandinaviens), über Asien bis nach Japan.

7 Malachiteule *Staurophora celsia.* 20–22 mm, fliegt von Ende August bis Anfang Oktober in lichten Kiefernwäldern und an Heiderändern. Die Raupen leben an den Wurzeln verschiedener Gräser *(Deschampsia caespitosa, Calamagrostis epigeios* u. a.). Die Eier überwintern. Verbreitung: Mittel- und Nordeuropa, Ostsibirien, Amur.

8 Haseleule. *Colocasia coryli.* 17–19 mm, bildet in der Regel nur eine Generation im April/Mai, manchmal fliegt auch noch eine zweite im Juli/August. Sie kommt in Laubwäldern, in Gärten und Parks zahlreich vor. Die Raupen fressen an Blättern von Eichen, Buchen, Linden, Birken, Haselsträuchern u. a., die Puppe überwintert. Verbreitung: Europa (von Norditalien bis Skandinavien), Transkaukasien, Ostasien.

1
2
3
4
5
6
7
8

Familie Eulenfalter – *Noctuidae*

1 Blaues Ordensband *Catocala fraxini.* 40–48 mm, gehört zu den größten Nachtfaltern. Fliegt von Ende Juli bis Mitte Oktober in bewaldeten Tälern, an den Rändern von Laubwäldern, an Ufern. Die Raupe ernährt sich am liebsten von Pappelblättern, die Eier überwintern. Verbreitung: Europa (vom Nordteil Südeuropas bis Südskandinavien), Transkaukasien, Amur, Nordamerika. Alle europäischen Arten der Gattung sind geschützt!

2 Gammaeule *Autographa gamma.* 20 mm, ist nach der Zeichnung auf den Vorderflügeln benannt, die wie der griechische Buchstabe Gamma aussieht. Die Schmetterlinge fliegen von April bis November häufig auf Feldern, Wiesen und in Gärten. Im Frühling und Sommer kommen viele Vertreter dieser Art vom Süden und Südosten. Ihre Nachkommen (eine, manchmal auch zwei Generationen) kehren im Sommer und Herbst wieder in den Süden zurück. Die Raupen leben auf über 100 verschiedenen Pflanzenarten (z. B. Klee, Taubnesseln, Kohl, Erbsen, Wicken, Sonnenblumen). Meist überwintert die Art im Raupenstadium. Bei starker Vermehrung können sie Schäden verursachen. Verbreitung: Paläarktische, äthiopische und orientalische Region.

3 Großes Eichenkarmin *Astiodes sponsa.* 30–33 mm, trägt rot und dunkel gestreifte Hinterflügel. Es fliegt von Ende Juli bis Mitte September hauptsächlich in Eichenwäldern, aber bisweilen auch in Gärten und Parks. Die Raupen fressen Eichenlaub. Die Eier überwintern. Verbreitung: Ganz Europa.

4 Braune Tageule *Ectypa glyphica.* 13–14 mm, fliegt ab Ende April meist in zwei Generationen, die dicht aufeinanderfolgen. Die Schmetterlinge treten bis Ende August auf, ihre Färbung ist sehr variabel. Auf Wiesen, Lichtungen und an Waldrändern kommen sie zahlreich vor, ihre Raupen bevorzugen Kleeblätter *(Trifolium)* als Nahrung. Die Puppen überwintern. Verbreitung: Europa (außer dem Polargebiet), Klein- und Mittelasien, Amur, Japan.

5 Gelbes Ordensband *Ephesia fulminea.* 23–25 mm, gehört zu den Schmetterlingen, deren Zahl in den letzten Jahren ständig zurückgeht. Kommt von Juni bis August an durchsonnten Hängen, Waldrändern und in Gärten vor. Die Raupen ernähren sich von Schlehen, Traubenkirsche, Pflaumenblättern u. a. Die Eier überwintern. Verbreitung: Europa (fehlt in Großbritannien und im Süden), Ural, Ussuri, Japan.

6 Zimteule *Scoliopteryx libatrix.* 19–24 mm, zeigt sich in der Nähe von schilfbestandenen Ufern, an Waldrändern, in Gärten und Parks. Sie fliegt in zwei Generationen. Die Schmetterlinge der ersten leben im Juni/Juli, die der zweiten fliegen bis August, überwintern und leben im nächsten Jahr bis in den Juni. Zum Überwintern verkriechen sich die Schmetterlinge gern in Kellern, Höhlen und hohlen Bäumen. Die Raupe ernährt sich von Weiden- und Pappelblättern. Verbreitung: Europa (nicht im Norden und Süden), Kleinasien, Sibirien bis Korea und Japan, Nordamerika.

7 Zünslereule *Hypena proboscidalis.* 18–20 mm, fliegt in einer oder auch zwei Generationen von Mai bis September an Waldrändern, auf Lichtungen und Schneisen, an Ufern, im Schilf, in Gärten und in der Nähe menschlicher Behausungen. Die Raupen halten sich auf Brennesseln, Ziest, Hopfen usw. auf, sie überwintern. Verbreitung: Großteil Europas, Klein- und Mittelasien, Ostsibirien.

1
3
2
5
4
6
7

Ordnung Schnabelfliegen –
Mecoptera
Familie Skorpionsfliegen –
Panorpidae

1 Gemeine Skorpionsfliege *Panorpa communis.* 20 mm, Spannweite 25–30 mm, kommt von Frühling bis Herbst zahlreich im Unterholz und an Bachrändern vor. Das Männchen läßt sich leicht an den bräunlichen zangenförmigen Gonopodien am Hinterleib vom Weibchen unterscheiden. Imago und Larven sind räuberisch, sie ernähren sich von kleineren Insekten und Larven. Verbreitung: Europa.

Familie Mückenhafte –
Bittacidae

2 Bittacus italicus. Spannweite 35–40 mm, verrät seine Zugehörigkeit zu den Schnabelfliegen durch seine längliche, in einen bräunlichen Rüssel ausgezogene Kopfform. Die Länge seiner Beine und die Körperform ähneln eher der der Schnaken. Tagsüber hält er sich in der Vegetation verborgen, mit Eintritt der Dämmerung fliegt er an Wasserläufen und auf Wiesen. Verbreitung: Europa. In der BRD ausgestorben oder verschollen!

Ordnung Zweiflügler – *Diptera*
Unterordnung Mücken –
Nematocera
Familie Schnaken oder Stelzmücken – *Tipulidae*

3 Kohlschnake *Tipula oleracea.* 15–23 mm, fliegt in zwei Generationen (April-Mai, August-September). Das Weibchen legt nach und nach 700–1000 Eier in den Boden, mit Vorliebe auf Feldern mit Schmetterlingsblütlern. Die Larven ernähren sich von Wurzeln und verpuppen sich auch im Boden. Die Larven der zweiten Generation überwintern. Verbreitung: Europa Nordafrika (Marokko).

Familie Stechmücken –
Culicidae

4 Gemeine Stechmücke *Culex pipiens.* 3,4–5 mm, tritt jährlich in drei bis vier Generationen auf. Die Weibchen überwintern in Kellern und fliegen bald im Frühling aus. Obwohl sie hauptsächlich Vogelblut saugen, werden sie auch den Menschen durch Stiche lästig. Die Männchen stechen nicht. Ihre Larven leben in Wasserbehältern in der Nähe menschlicher Behausungen (auch in Gärten). Auch die Puppe lebt im Wasser. Verbreitung: Fast über die ganze Welt.

Familie Zuckmücken –
Chironomidae

5 Chironomus plumosus. 10–12 mm, ähnelt einer Mücke, sticht aber nicht. Fliegt in Schwärmen um stehende Gewässer, in denen sich seine Larven und Puppen entwickeln. Die Larven sind etwa 25 mm lang und blutrot gefärbt. Sie dienen als Fischfutter, Angler verwenden sie als Köder. Verbreitung: West-, Mittel- und Nordeuropa.

Familie Kriebelmücken –
Simuliidae

6 Simulium equinum. 2,2–3,5 mm, fliegt in großer Anzahl von März bis September in Bachnähe. Besonders an heißen Tagen und vor Gewittern setzen sich die Weibchen auf Menschen und Tiere, um Blut zu saugen. Die Männchen schwärmen in der Dämmerung über dem Wasser. Verbreitung: Europa, Nordafrika.

Familie Haarmücken –
Bibionidae

7 Märzfliege *Bibio marci.* 10–13 mm, gehört zu den häufigsten und bekanntesten Arten. Im März/April tritt sie auf; ihre Larven leben in der Erde und fressen an den Wurzeln. Oft in Gärten. Verbreitung: Europa.

Familie Gallmücken –
Cecidomyiidae

8 Große Buchenblattgallmücke *Mikiola fagi.* 4–5 mm, ist in der Hauptsache durch die kegelförmigen, 4–12 mm langen Gallen ihrer Larven bekannt, die oft in Gruppen auf der Blattoberseite von Buchen sitzen. Die Imago schlüpft Ende März aus. Verbreitung: Europa.

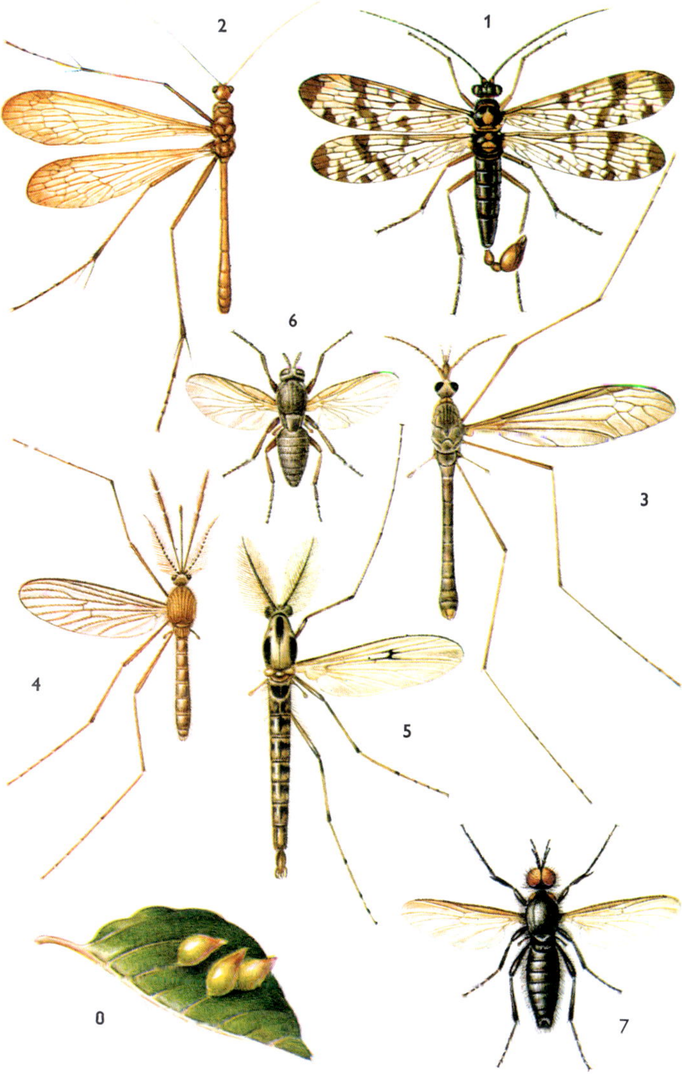
2
1
6
3
4
5
0
7

Zweiflügler

Unterordnung Fliegen – *Brachycera*
Familie Waffenfliegen – *Stratiomyidae*

1 Chamäleonfliege *Stratiomys chamaeleon.* 14–15,5 mm, sitzt auf den Dolden von Möhren und anderen Gewächsen auf feuchten Wiesen und Wegrändern. Sie lebt im Gebirgsvorland und im Hochgebirge (2000 m). Das Weibchen legt seine Eier auf die Blattunterseite von Wasserpflanzen. Die Larven leben im Wasser, sie sind räuberisch. Verbreitung: Mittel- und Südeuropa, Transkaukasien, Sibirien.

2 Chloromyia formosa. 6,5–9 mm, kommt von Mai bis Juli sehr häufig auf Blüten und Büschen vor, sucht gern feuchte Stellen auf. Die Larven sind saprophag, leben in verwesenden Stoffen und sind z. B. im Kompost sehr zahlreich. Verbreitung: Europa, Nordafrika.

Familie Bremsen – *Tabanidae*

3 Rinderbremse *Tabanus bovinus.* 19–24 mm, ist in Wäldern und auf Wiesen von Frühjahr bis Herbst sehr häufig, kommt von Niederungen bis ins Hochgebirge vor (Alpen 2000 m). Die Weibchen ernähren sich von Säugetierblut und fallen manchmal in großer Zahl Rinder und Pferde auf der Weide an. Die Männchen ernähren sich von süßen Blütensäften. Verbreitung: Ganz Europa, Sibirien, Nordafrika.

4 Haematopota pluvialis. 8–12 mm, wird im Sommer zu einem lästigen und in großer Zahl auftretenden Quälgeist für Warmblütler, auch für den Menschen. Kommt von Mai bis in den Spätherbst in Wäldern und an Wegen vor. Bei aufkommendem Gewitter besonders zudringlich. Geht bis ins Hochgebirge (Alpen, über 2000 m). Verbreitung: Über die ganze paläarktische Region.

5 Chrysops caecutiens. 7,5–11 mm, ist im Sommer und besonders an feuchteren Stellen zu finden. Die Weibchen saugen Blut von Rindern, Pferden und Menschen. Verbreitung: Ganz Europa, Sibirien.

Familie Schnepfenfliegen – *Rhagionidae*

6 Rhagio scolopaceus. 13–18 mm, kommt von Mai bis August in Wäldern auf Stämmen und gefälltem Holz vor. Sie sitzt in einer für sie charakteristischen Haltung: die Beine gespreizt und den Vorderkörper erhoben. Dabei sieht sie einer Schnabelfliege recht ähnlich. Die Larven sind Räuber, sie ernähren sich von verschiedenen Insekten. Sie leben im Holz und in der Erde. Verbreitung: Ganz Europa.

Familie Stilettfliegen – *Therevidae*

7 Thereva plebeja. 8–12 mm, kommt von Mai bis September auf Waldlichtungen und in Gärten vor. Steigt bis ins Hochgebirge auf (Alpen, etwa 2500 m). Die länglichen weißen Larven sind Räuber, sie leben in der Streu und stellen den Larven verschiedener anderer Insekten nach. Verbreitung: Europa, Sibirien, Nordafrika.

Familie Fensterfliegen – *Scenopinidae*

8 Scenopinus fenestralis. 3–6 mm, zeigt sich im Juni/Juli sehr häufig in Häusern an Fensterscheiben. Ihre Larven sind saprophag (fressen verwesende Stoffe). Verbreitung: Europa, Nordafrika, Nordamerika, östlicher Teil Indiens.

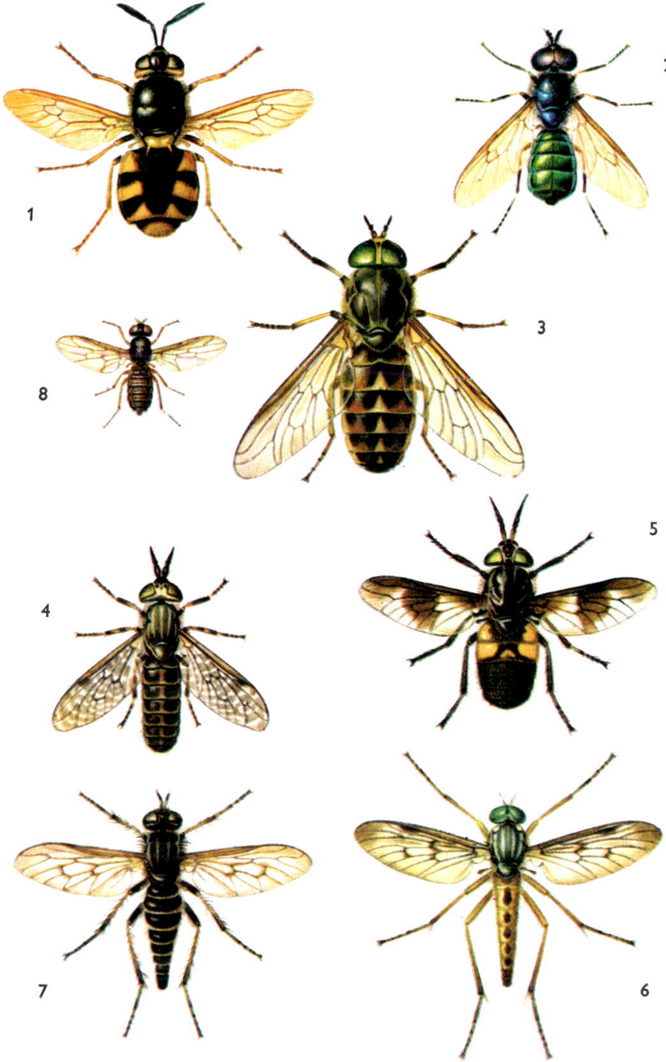
1
2
3
8
5
4
7
6

Familie Raubfliegen – *Asilidae*

1 Hornissenjagdfliege *Asilus crabroniformis.* 16–30 mm, lebt räuberisch wie die anderen Raubfliegenarten. Zeigt sich von Juni bis September auf Waldlichtungen und Feldern. Gern sitzt sie auf gefälltem Holz und lauert auf ihre Opfer. Ihre Nahrung besteht aus Fliegen, Heuschrecken und auch Hautflüglern (z. B. Wespen); sie stößt ihren Rüssel in die gefangene Beute und saugt sie aus. Verbreitung: Europa, Asien, Nordafrika.

2 Mordfliege *Laphria flava.* 16–25 mm, eine der bekanntesten Arten aus dieser Familie. Sie tritt vom Frühjahr bis in den Herbst auf, am häufigsten jedoch im Juni/Juli. Zusammen mit verwandten Arten sitzt sie im Wald auf Klafterholz, an Pflanzen bevorzugt sie Weidenröschen *(Epilobium)* und wartet dort auf Beute: Käfer, Hautflügler, Zweiflügler, Wanzen und andere Insektenarten. Sie kommt bis ins Hochgebirge vor (Alpen, über 2000 m). Verbreitung: Ganz Europa.

3 Neoitamus cyanurus. 11–17 mm, fliegt von Mai bis August in Kiefern- oder Birkenwäldern, auch auf Weiden ist sie anzutreffen. Sie jagt alle möglichen Insekten, oft sogar sehr große Schmetterlinge, Libellen, Zweiflügler, Käfer usw. Verbreitung: Über ganz Europa.

Familie Wollschweber – *Bombyliidae*

4 Bombylius major. 8–12 mm, gehört zu den ausgezeichneten Fliegern. In der Gesamtform erinnert er etwas an ein kleines Hummelmännchen. Im Frühling, April/Mai, fliegt er auf Blumen und taucht seinen ungewöhnlich langen Rüssel hinein, um Nektar zu saugen. Die Larven entwickeln sich in den Nestern einiger Erdbienenarten (aus den Gattungen *Andrena, Coletes*). Verbreitung: Europa, Japan, Nordafrika, Nordamerika.

5 Villa hottentotta. 12–16 mm, kommt im Juli/August häufig auf Blüten vor, hält sich vorwiegend an sonnigen Standorten auf. Die Larve parasitiert auf den Raupen verschiedener Schmetterlingsarten (z. B. der Gattungen *Mamestra, Agrotis, Panolis* u. a. der Familie Eulen, *Noctuidae*). Verbreitung: Europa, Nordafrika.

Familie Tanzfliegen – *Empididae*

6 Empis livida. 8–9 mm, hat am inneren Augenrand einen gut sichtbaren Einschnitt (Erkennungszeichen für die ganze Familie). Der lange Rüssel ist senkrecht abwärts geneigt. Die Imago fliegt in großen Schwärmen, man sagt, sie „tanzt" (daher die Bezeichnung „Tanzfliegen"). Das Männchen bringt dem Weibchen vor der Kopulation ein Beutetier, meist eine Fliege, die das Weibchen dann aussaugt. Die Larven sind räuberisch und leben im Boden. Verbreitung: Großteil Europas.

Familie Langbeinfliegen – *Dolichopodidae*

7 Dolichopus ungulatus. 4,8–7 mm, hält sich sowohl an trockenen als auch an feuchten Standorten auf. Kommt von Juni bis August häufig vor. Verbreitung: Europa (von Italien bis Nordskandinavien).

2
4
6
1
5
3
7

Familie Schwebfliegen – *Syrphidae*

1 Cheilosia illustrata. 9 mm, lebt auf Doldenblütlern. Verbreitung: Ganz Europa.

2 Scaeva pyrastri. 14–19 mm, fliegt von Mai bis Oktober auf blühenden Möhrengewächsen bis ins Hochgebirge. Verbreitung: Europa, Nord- und Westasien, Nordafrika, Nordamerika.

3 Schlammfliege *Eristalis tenax.* 15–19 mm, gehört zu den häufigsten Schwebfliegenarten, sie erinnert etwas an eine Biene. Die Imago fliegt von April bis Oktober und sitzt gern auf Blüten. Die Larven leben in Misthaufen und Jauchegruben, auch zählen sie zu den häufigen Bewohnern ländlicher Aborte ohne Wasserspülung. Die Larve ist grau und walzenförmig, sie hat am Körperende ein 2–3 cm langes Röhrchen, durch das sie atmet. Verbreitung: Über die ganze Welt.

4 Myathropa florea. 12–16 mm, ist von Frühjahr bis Herbst auf verschiedenen Blüten ein häufiger Gast. Auf der Brust trägt sie eine Zeichnung, die an den „Totenkopf" auf der Brust des Totenkopfschwärmers erinnert. Verbreitung: Großteil der paläarktischen Region.

5 Volucella pellucens. 15–16 mm, hat am Schildchenrand (Scutellum) einen Kranz dunkler Haare. Die Imago besucht ab April bis in den Oktober hinein Blüten. Ihre Entwicklung vollzieht sich in den Nestern der Gemeinen Wespe *(Paravespula vulgaris)* und *P. germanica.* Das Weibchen fliegt ins Wespennest und legt seine Eier auf die kugelige Wabe ab, die Larve dringt ein und lebt als Ektoparasit (auf der Körperoberfläche) der Wespenlarve. Später durchbohrt sie die Zellwand und frißt tote Wespen auf dem Boden des Nests. Im Winter verkriecht sich die Larve in die Erde, im Frühjahr erfolgt die Verpuppung. Verbreitung: Europa, Sibirien bis Japan.

6 Sericomyia borealis. 16–18 mm, kommt von Mai bis September vor, sucht gern Feldthymian *(Thymus)* auf. Die Larven bevorzugen feuchte Wiesen. Verbreitung: Großteil Europas, Japan, Nordamerika.

7 Episyrphus balteatus. 11–12 mm, gehört zu den häufigsten Arten bei uns. Fliegt an Waldwegen, in Gärten und Parks. Das Tierchen „hängt" gleichsam in der Luft, fliegt plötzlich ein Stück weiter, um danach wieder an den alten Platz zurückzukehren. Verbreitung: Europa, Asien, Nordafrika, Australien.

8 Pipiza quadrimaculata. 6–8 mm, gehört zu den kleineren Arten, die sich von April bis Mai häufig auf Blüten einfinden. Verbreitung: Europa, Nordamerika.

9 Baccha elongata. 7–11 mm, ist auffallend dünn mit einem keulenförmig erweiterten Hinterleibsende. Die Imago findet sich schon im April auf Blüten und Büschen ein und hält sich dort bis Oktober auf. Die Larve jagt Blattläuse. Verbreitung: Ganz Europa.

Zweiflügler

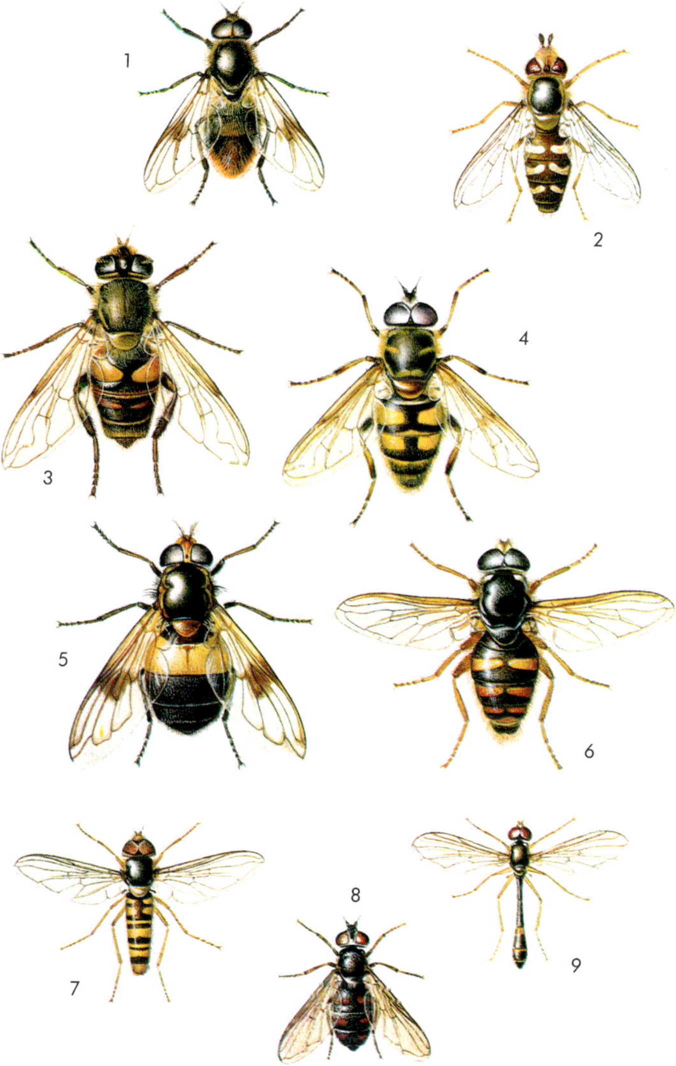

Zweiflügler

Familie Dickkopffliegen – *Conopidae*

1 Sicus ferrugineus. 9–13 mm, gehört zu den mittelgroßen Zweiflüglerarten, ist überall häufig. Die Larven entwickeln sich in den Nestern verschiedener Hummelarten, z. B. der Steinhummel *(Bombus lapidarius)* oder der Erdhummel *(Bombus terrestris).* Verbreitung: Paläarktische Region.

Familie Nacktfliegen – *Psilidae*

2 Möhrenfliege *Psila rosae.* 4,5–6 mm, bringt im Laufe des Jahres zwei Generationen hervor. Die Imago erscheint in der zweiten Maihälfte (aus der überwinternden Puppe) und dann wieder im August. Das Weibchen legt seine Eier in Wurzelnähe von Möhren, Petersilie und Sellerie in den Boden. Die Larven dringen in die Wurzeln ein und nagen sich unter der Außenhaut einen Gang zur Spitze. Die jüngeren Pflanzen gehen ein, die Wurzeln älterer Pflanzen faulen und werden bitter. Die Puppen überwintern. Verbreitung: Europa, Vorderasien (Syrien), Nordafrika (Algerien), Nordamerika.

Familie Fruchtfliegen – *Trypetidae*

3 Mittelmeerfruchtfliege *Ceratitis capitata.* 4,5–6,5 mm, gehört zu den ernstzunehmenden Obstschädlingen. Im Laufe eines Jahres entstehen 2–7 und mehr Generationen. Das Weibchen legt seine Eier in Früchte (Apfelsinen, Pfirsiche, Mirabellen, Birnen, auch in Tomaten, Paprika u. a.). Die länglichen weißen Larven ernähren sich vom Fruchtfleisch und rufen Fäulnis hervor. Das befallene Obst fällt vorzeitig ab. Verbreitung: Mit dem Obstanbau fast über die ganze Welt verschleppt, vor allem in den Tropen und Subtropen. In Europa besonders im Mittelmeerraum ein wichtiger Schädling, tritt auch in Österreich, Ungarn, der Schweiz und Großbritannien auf.

4 Kirschenfliege *Rhagoletis cerasi.* 3,5–4 mm, zeigt sich am häufigsten im Mai/Juni, mancherorts noch im Juli. Das Weibchen legt mit einem kurzen Legeapparat seine Eier in Kirschen. Die Larve beißt sich allmählich bis zum Kern durch. Die ausgewachsene Larve (sog. „Kirschenwurm") ist etwa 6 mm lang; sie verläßt die Frucht und bohrt sich flach unter die Erdoberfläche ein. Sie überwintert als Puppe. Verbreitung: Großteil Europas (fehlt in Großbritannien), Kaukasus.

Familie Käsefliegen – *Piophilidae*

5 Käsefliege *Piophila casei.* 2,5–4 mm, gehört zu den Schädlingen in Lebensmittellagern und -vorräten. Die Larve lebt in Käse, Fleisch und Exkrementen. Sie kann über 20 cm hoch und ebenso weit springen. Verbreitung: Fast über die ganze Welt.

Familie Lanzenfliegen – *Lonchaeidae*

6 Lonchaea chorea. 3–5 mm, hat in lebendem Zustand gestreifte Augen. Fliegt vom Frühjahr bis in den Herbst. Die Larven entwickeln sich im Mist und unter verwesender Rinde. Verbreitung: Europa.

Familie Bienenläuse – *Braulidae*

7 Bienenlaus *Braula coeca.* 1–1,5 mm, ist flügellos und ähnelt einer Laus. Sie lebt auf Bienen, mit Vorliebe auf der Königin und schmarotzt an der Bienennahrung; Blut saugt sie nicht. Oft findet sich an einer einzigen Biene eine größere Anzahl dieser Insekten. Die Entwicklung spielt sich im Bienenstock ab. Verbreitung: Fast über die ganze Welt.

Familie Taufliegen – *Drosophilidae*

8 Drosophila melanogaster. 2 mm, kommt in Haushaltungen, auf Feldern und in Gärten vor, hauptsächlich in der Nähe von Obst und Obstsäften. Verbreitung: Kosmopolit.

Zweiflügler

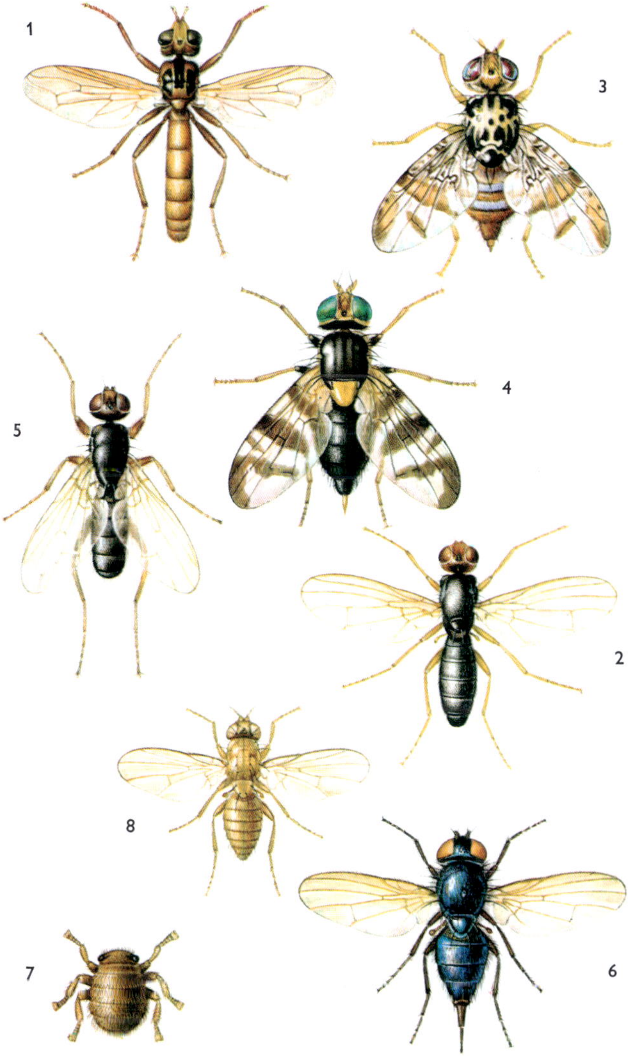

Familie Halmfliegen – *Chloropidae*

1 Gelbe Halmfliege *Chlorops pumilionis.* 2,4–3,5 mm, sammelt auf Pflanzen Nektar und Honigtau. Fliegt schwerfällig und nur über kurze Entfernungen, bildet zwei Generationen im Jahr. Das Weibchen legt seine Eier auf die Blätter von Quecken und Getreide (Weizen, Gerste). Die Larve verursacht Mißbildung des Halmoberteils, dringt auch in die Ähre ein (besonders bei der Gerste). Die Larven der Frühjahrsgeneration können Getreideschäden anrichten, die Larven vom Herbst sind bedeutungslos. Verbreitung: Eurasien, Nordamerika.

2 Fritfliege *Oscinella frit.* 1,5–2 mm, ist ein bekannter und verbreiteter Schädling aller Getreidearten, vor allem von Gerste und Hafer. Die Imago erscheint im Mai auf Feldern. Im Laufe eines Jahres entstehen mehrere Generationen. Die Imago der zweiten Generation ist kleiner und heller. Verbreitung: Europa, Sibirien, Nordamerika.

Familie Blumenfliegen – *Anthomyiidae*

3 Kohlfliege *Delia brassicae.* 5,5–7,5 mm, schlüpft im Frühjahr aus der überwinternden Puppe, sie fliegt im April/Mai. Das Weibchen legt seine Eier in Grüppchen auf den Boden oder auf verschiedene wilde oder kultivierte Kreuzblütler (Blumenkohl, Weiß- und Grünkohl, Rettich u. a.). Die Larven kriechen in die Erde und fressen an den Wurzeln. Schließlich verpuppen sie sich in ihrer Wirtspflanze. Schädling, der zwei bis drei Generationen hervorbringt. Verbreitung: Europa, Nordamerika.

Familie Kotfliegen – *Scatophagidae*

4 Gelbe Dungfliege *Scatophaga stercoraria.* 9–11 mm, ist bis in die Hochgebirgsregion verbreitet (in den Alpen bis 3000 m hoch). Mit Frühjahrsbeginn fliegt sie auf Kot-, Mist- und Abfallhaufen herum und stellt kleineren Insekten nach, die sich dort aufhalten. Verbreitung: Paläarktische und nearktische Region.

5 Amaurosoma flavipes. 4–5 mm, fliegt im Frühjahr. Das Weibchen legt seine Eier auf die höchsten Blätter von Lieschgräsern. Die Larven dringen in die noch geschlossenen Ähren ein und fressen an ihnen. Sie verpuppen sich in der Erde, die Puppe überwintert. Die Larven sind zitronengelb und etwa 8 mm lang. Verbreitung: Mittel- und Nordeuropa.

Familie Echte Fliegen – *Muscidae*

6 Große Stubenfliege *Musca domestica.* 7–9 mm (erscheint oft als verkümmerte Form), verläßt ihr Winterversteck schon im März. Hält sich in Menschennähe auf (synanthrope Art), sticht nicht. Das Weibchen legt insgesamt etwa 150 Eier auf verwesende Stoffe tierischen oder pflanzlichen Ursprungs (Exkremente, Fleisch usw.). Vor der Verpuppung verkriechen sich die Larven meist in die Erde. Lästige Art, die unter europäischen Bedingungen bis zu fünf Generationen im Jahr hervorbringt. Verbreitung: Kosmopolit.

7 Kleine Stubenfliege *Fannia canicularis.* 5–7 mm, gehört zu den sehr häufigen Arten. Kommt vom Frühling bis zum Winter vor, meist in menschlichen Behausungen. Umschwirrt Lampen. Verbreitung: Kosmopolit.

8 Wadenstecher *Stomoxys calcitrans.* 5,5–7 mm, bringt im Jahr mehrere Generationen hervor, im Süden löst eine die andere ab. Die Fliege lebt hauptsächlich auf dem Land, weniger in Städten. Sie ernährt sich vom Blut verschiedener Säugetiere, auch von Menschenblut. Die Stiche schmerzen empfindlich. Das Weibchen legt seine Eier in Exkremente ab. Verbreitung: Über die ganze Welt.

Zweiflügler

1

3

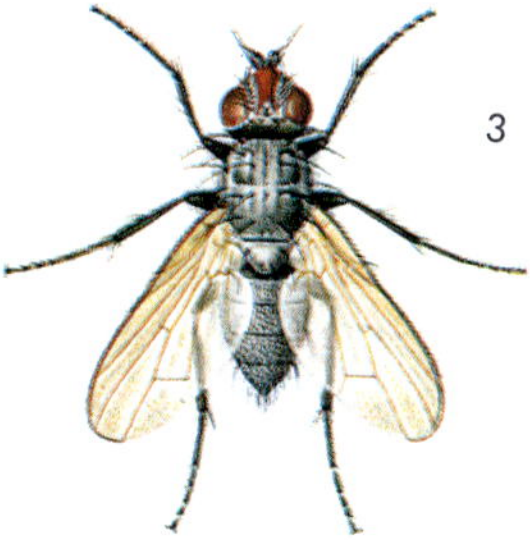

2

4

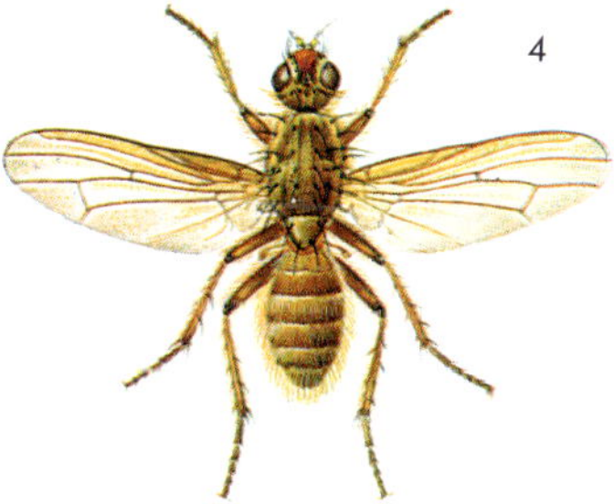

5

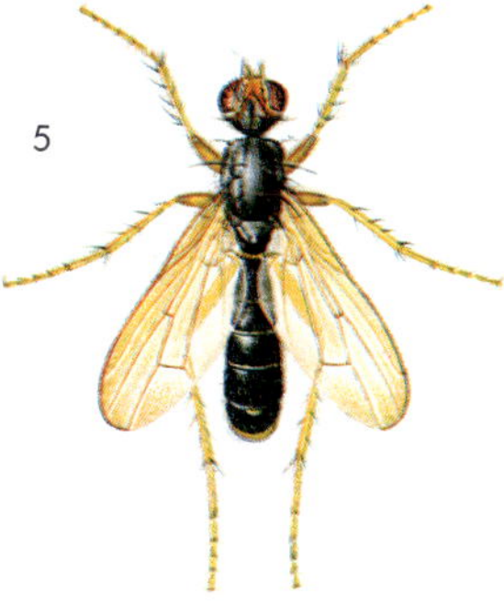

6

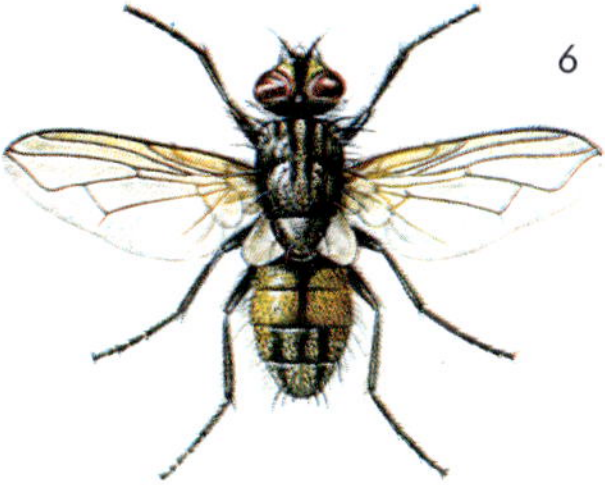

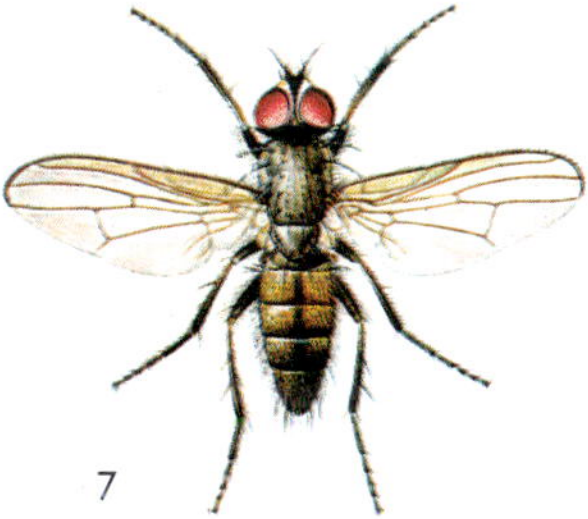

7

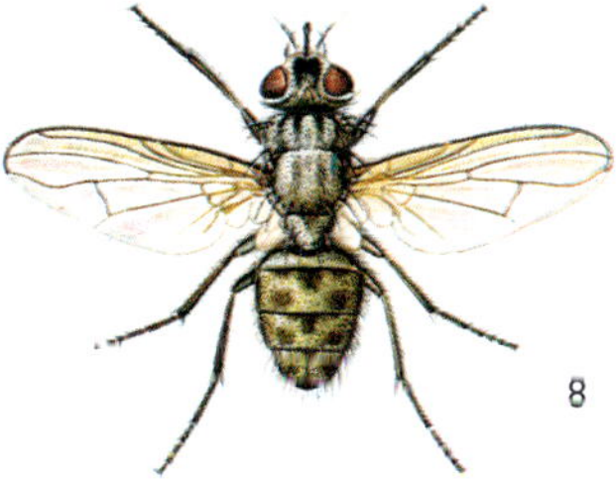

8

Familie Magendasseln – *Gasterophilidae*

1 Gasterophilus intestinalis. 12–15 mm, ein bekannter Pferde- und Eselparasit. Das Weibchen zeichnet sich durch große Fruchtbarkeit aus und legt einige hundert Eier in das Fell des Wirtstieres, vor allem auf dessen vordere Körperteile. Die Larve bleibt lange in der Eihülle und schlüpft erst aus, wenn diese Hülle auf die Zunge des Wirtstieres gelangt. Sie bleibt dann ein paar Tage auf der Zunge und vollzieht ihre weitere Entwicklung im Tiermagen, wo sie heranwächst. Mit den Exkrementen verläßt sie den Tierkörper wieder und verpuppt sich darin oder in der Erde. Verbreitung: Kosmopolit.

Familie Lausfliegen – *Hippoboscidae*

2 Pferdelausfliege *Hippobosca equina.* 7–8 mm, hat einen dorsoventral abgeflachten Körper. Sie hält sich meist auf Rindern, gelegentlich auch auf Pferden und Hunden auf. Sie ernährt sich vom Blut und setzt sich an solchen Stellen fest, von denen sie das befallene Tier nicht entfernen kann. Verbreitung: Kosmopolit.

3 Hirschlausfliege *Lipoptena cervi.* 5,2–5,8 mm, kommt vor allem im Herbst auf Hirschen, Rehen, Dachsen oder Wildschweinen vor und fällt auch den Menschen an. Nach dem Ausschlüpfen hat die Imago zwei Flügel (6 mm lang), die aber abbrechen, sobald das Tier einen Wirt gefunden hat. Ernährt sich von Blut. Verbreitung: Paläarktische Region.

4 Schaflaus *Melophagus ovinus.* 5–6,2 mm, besitzt weder Flügel noch Schwingkölbchen. Lästiger Schafparasit. Verbreitung: Kosmopolit.

Familie Fledermauslausfliegen – *Nycteribiidae*

5 Fledermauslausfliege *Nycteribia biarticulata.* 2,8 mm, flügellos. Lebt verhältnismäßig häufig auf verschiedenen Fledermäusen, z. B. den Gattungen *Plecotus, Myotis, Rhinolophus* u. a. Verbreitung: Europa, Kleinasien, Nordafrika.

Familie Schmeißfliegen – *Calliphoridae*

6 Calliphora vicina. 6–13 mm, kommt sehr häufig in der Nähe des Menschen vor, wo sie auf verwesenden organischen Stoffen sitzt. Das Weibchen legt in die toten Organismen durchschnittlich 600 Eier ab. Schon in sehr kurzer Zeit schlüpfen die Larven, die in das Aas eindringen. Verbreitung: In den meisten Faunenregionen.

7 Kaisergoldfliege *Lucilia caesar.* 6–11 mm, ist auffällig durch ihre metallisch glänzende Färbung, die mitteleuropäische Fauna kennt noch einige ähnlich gefärbte Arten. Wie alle anderen Schmeißfliegen ist auch sie ein manchmal allzu häufiger Gast in menschlichen Behausungen und ihrer unmittelbaren Nähe. Sie sitzt oft in großer Anzahl auf Exkrementen, Kadavern und faulenden Stoffen. In verwesende tierische Stoffe legt das Weibchen seine Eier. Verbreitung: Großteil der paläarktischen Region.

Familie Fleischfliegen – *Sarcophagidae*

8 Graue Fleischfliege *Sarcophaga carnaria.* 13–15 mm, zahlreich und häufig in menschlicher Nähe. Setzt sich auf Blüten und auf Exkremente. Die Weibchen suchen nach Fleisch und anderen Nahrungsresten, um ihre Eier hineinzulegen. Die Art ist besonders in südlichen Ländern unangenehm. Verbreitung: Europa, Afrika.

Zweiflügler

2

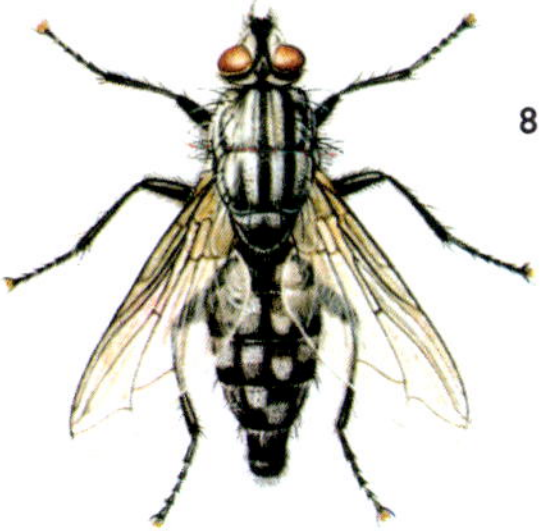

8

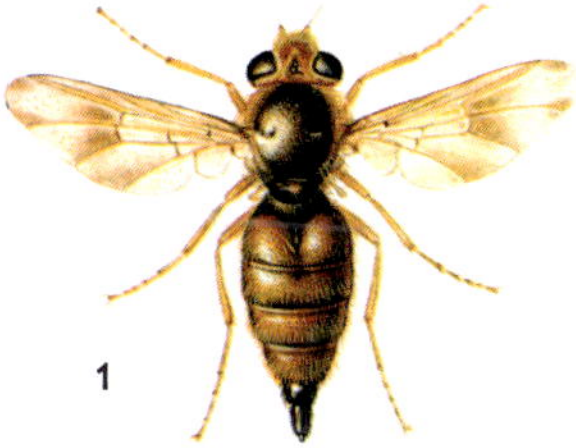

1

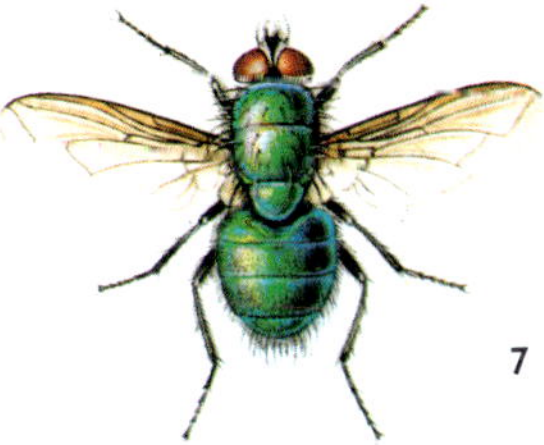

7

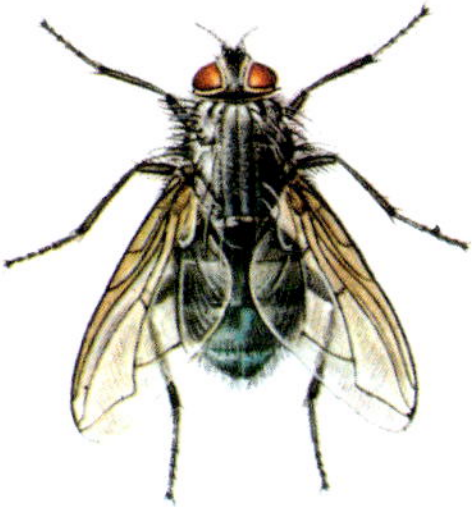

6

4

5

3

Familie Raupenfliegen – *Tachinidae*

1 Tachina fera. 11–14 mm, hat einen größtenteils gelb gefärbten Hinterleib. Hält sich in den Sommermonaten oft auf dem Feldthymian *(Thymus)* auf. Die Larven parasitieren vor allem die Raupen von Noctuiden. Verbreitung: Von Europa bis Japan, Nordafrika.

2 Tachina grossa. 15–20 mm, gehört zu den größten Arten. Erscheint im ganzen Verbreitungsgebiet im Juli und August, aber meist vereinzelt. Die Larven entwickeln sich in den Raupen verschieden großer Schmetterlinge, z. B. *Hyloicus pinastri, Dendrolimus pini, Lasiocampa quercus,* vor allem aber *Macrothylacia rubi.* Verbreitung: Eurasien.

3 Phryxe vulgaris. 5–8 mm, eine der vielen Arten dieser Familie, die sich an der Reduzierung vieler Schädlingsarten in Land- und Forstwirtschaft beteiligen. Die Imago erscheint von Mai bis Oktober auf Doldenblüten. Die Larven entwickeln sich in vielen großen Raupen von Tag- und Nachtfaltern, stark behaarte Raupen werden nur selten parasitiert. Bisher sind 70 Wirtsarten festgestellt worden. Verbreitung: Ganz Eurasien.

Familie Biesfliegen – *Oestridae*

4 Schafbremse *Oestrus ovis.* 10–12 mm, tritt überall da auf, wo Schafe gezüchtet werden. Das Weibchen legt die bereits geschlüpften Larven dem Schaf in die Nüstern. Die Larven dringen zunächst in die Nasen-, später in die Stirnhöhle vor. Ihre Anwesenheit reizt die Schleimhäute, die Schafe niesen viel und magern ab. Die Larven ernähren sich von Schleim; sind sie ausgewachsen (22–28 mm), lassen sie sich durch Niesen wieder aus der Nasenhöhle entfernen und verpuppen sich im Boden. Verbreitung: Kosmopolit.

Familie Hautdasselfliegen – *Hypodermatidae*

5 Große Rinderdasselfliege *Hypoderma bovis.* 13–15 mm, ist der Schrecken weidender Rinder, die bei Annäherung des Weibchens unruhig werden und manchmal panikartig fliehen. Das Weibchen legt seine Eier ins Fell des Rindes, meist in die hinteren Körperpartien (vor allem an die Beine). Die Larven bohren sich durch die Haut in den Körper. Es wurde festgestellt, daß ihr Vorkommen auf Stieren sehr viel häufiger ist als auf Kühen. Die Larve ist oval und ungefähr 30 mm lang. Verbreitung: Paläarktische Region, Nordamerika.

Ordnung Flöhe – *Siphonaptera*
Familie *Pulicidae*

6 Menschenfloh *Pulex irritans.* 2–3,5 mm, zeigt sich meist im Spätsommer. Er lebt auf Menschen, Haustieren und frei lebenden Tieren (Katze, Hund, Wolf, Dachs u. a.). Ernährt sich von Blut. Der seitlich abgeplattete Körper erlaubt ihm die Bewegung im Fell seines Wirts. Er kann gut springen. Man nimmt an, daß dieser lästige Schmarotzer ursprünglich vom Hund auf den Menschen übergegangen ist. Das Weibchen legt ungefähr 400 Eier an verstaubten Stellen oder in Säugetierbauten ab, ihre Entwicklung geht sehr rasch vonstatten. Verbreitung: Kosmopolit.

Familie *Hystrichopsyllidae*

7 Maulwurffloh *Hystrichopsylla talpae.* 3,5–6 mm, ist der größte Floh in der europäischen Fauna. Er lebt auf verschiedenen Säugetieren (Maulwürfen, Spitzmäusen und Mäusen) und in ihren Nestern. Er ist aber nicht häufig und an tiefere Lagen gebunden (vor allem da, wo holzige Pflanzen vorkommen). In den Nestern der Tiere kommt er das ganze Jahr über vor. Verbreitung: Europa (von Großbritannien bis Sibirien), Kaukasus.

Zweiflügler / Flöhe

Register